高等学校计算机类国家级特色专业系列规划教材

网络与信息安全

安葳鹏 汤永利 主编

刘琨 闫玺玺 叶青 副主编

U0224018

清华大学出版社
北 京

内 容 简 介

本书全面系统地讲述了信息安全的理论、原理、技术和应用。本书主要内容包括：对称加密算法（DES、AES、SM4），公钥密码算法（RSA、ECC、SM2），安全散列算法（MD5、SHA、SM3），数字签名（DSS），密钥管理技术，信息隐藏技术，认证技术与访问控制，防火墙，入侵检测技术，漏洞扫描技术，网络安全协议（IPSec、SSL、TLS），操作系统安全、数据库安全，DNS安全以及电子投票与选举安全，网络风险分析与评估，等级保护与测评以及信息安全的相关标准（TCSEC、CC、GB17859），Web安全，E-mail安全（PGP、S/MIME），电子商务安全（SET），以及信息安全法律法规等。

本书可作为信息安全专业本科或研究生的教材，也可作为相关专业技术人员的参考书。

图书在版编目（CIP）数据

网络与信息安全/安葳鹏，汤永利主编. —北京：清华大学出版社，2017（2024.11重印）
（高等学校计算机类国家级特色专业系列规划教材）
ISBN 978-7-302-47585-9

Ⅰ.①网⋯　Ⅱ.①安⋯　②汤⋯　Ⅲ.①计算机网络－计算机安全－高等学校－教材　Ⅳ.①TP393.08

中国版本图书馆 CIP 数据核字(2017)第 154967 号

责任编辑：汪汉友　赵晓宁
封面设计：傅瑞学
责任校对：李建庄
责任印制：丛怀宇

出版发行：清华大学出版社
　　　　　网　　　址：https://www.tup.com.cn，https://www.wqxuetang.com
　　　　　地　　　址：北京清华大学学研大厦 A 座　　　　　邮　　编：100084
　　　　　社 总 机：010-83470000　　　　　邮　　购：010-62786544
　　　　　投稿与读者服务：010-62776969，c-service@tup.tsinghua.edu.cn
　　　　　质量反馈：010-62772015，zhiliang@tup.tsinghua.edu.cn
　　　　　课件下载：https://www.tup.com.cn，010-83470236
印　装　者：三河市龙大印装有限公司
经　　　销：全国新华书店
开　　　本：185mm×260mm　　　印　　张：24　　　字　　数：584 千字
版　　　次：2017 年 11 月第 1 版　　　印　　次：2024 年 11 月第 8 次印刷
定　　　价：69.00 元

产品编号：072188-03

前　言

　　随着国民经济信息化进程的推进以及网络应用的发展和普及,各行各业对计算机网络的依赖程度越来越高,这种高度依赖将使社会变得十分"脆弱",一旦计算机网络受到攻击,不能正常工作,甚至全部瘫痪时,就会使整个社会陷入危机。人类对计算机网络的依赖性越大,对信息安全知识的普及要求就越高。总之,信息安全引起了社会各界的广泛关注。面对这样的局面,高等院校开始将信息安全纳入主修课程,本书正是为适应这样的需求而编写的。

　　本书共分 16 章,比较全面地论述了信息安全的基础理论和技术原理。第 1 章信息安全综述,介绍了有关信息安全的基础知识,以及信息安全研究的目标、内容、发展和意义。第 2 章对称密码体制,介绍了密码学的基本概念,经典的密码体制,分组密码体制(DES、AES、SM4),序列密码的基本思想及常用算法(A5、ZUC)。第 3 章单向散列函数,介绍了 MD5、SHA 和 SM3 算法以及消息认证码。第 4 章公钥密码体制,主要介绍了公钥密码的原理及相关基础知识、RSA 算法、ElGamal 算法、椭圆曲线密码 ECC 和 SM2 算法。第 5 章数字签名技术,介绍了数字签名的基本原理、RSA 签名、ElGamal 签名、SM9 签名,以及盲签名、多重签名、定向签名及其应用。第 6 章密钥管理技术,主要介绍了密钥的生成、分配、交换、存储和保护、密钥共享和托管以及公钥基础设施 PKI。第 7 章信息隐藏技术,介绍了信息隐藏的基本原理、信息隐藏技术、数字水印技术以及可视密码技术。第 8 章认证技术与访问控制,介绍了常见的身份认证技术与应用,访问控制的原理、策略及应用。第 9 章防火墙技术,介绍了防火墙的实现原理、体系结构以及防火墙的部署与应用。第 10 章入侵检测技术,介绍了入侵检测模型、入侵检测技术原理、分类以及入侵检测系统的标准与评估。第 11 章漏洞扫描技术,介绍了安全脆弱性分析、漏洞扫描技术以及常用的扫描工具。第 12 章网络安全协议,介绍了 IPSec 协议、SSL 协议、TLS 协议以及虚拟专用网。第 13 章其他网络安全技术,主要介绍了操作系统安全、数据库安全、物理安全以及软件安全技术。第 14 章应用安全,主要介绍了网络服务安全、电子邮件安全、电子商务安全、DNS 安全以及电子投票与选举安全。第 15 章信息安全管理,介绍了网络风险分析与评估、等级保护与测评以及信息安全的相关标准。第 16 章信息安全法律法规,简单介绍了国际和国内与信息安全相关的法律法规。

　　本书由河南理工大学的安葳鹏、汤永利任主编并负责全书的统稿。此外,安葳鹏编写第 1 章,闫玺玺编写第 2 和第 3 章,汤永利编写第 4～第 6 章,叶青编写第 7、第 15 和第 16 章,刘琨编写第 8 和第 10 章,吴岩编写第 9 和第 11 章,李莹莹编写第 12 章,王小敏编写第 13 章,耿三靖编写第 14 章。

　　在本书编写过程中,得到了河南理工大学领导和教务处以及计算机学院的大力支持,在此表示衷心感谢。

　　由于作者水平有限,书中可能有不当之处,望广大读者提出意见和建议。

编　者

2017 年 9 月

目 录

第 1 章　信息安全综述

本章导读：

通信、计算机和网络等信息技术的发展大大提升了信息的获取、处理、传输、存储和应用能力，信息数字化已经成为普遍现象。互联网的普及更方便了信息的共享和交流，使信息技术的应用扩展到社会经济、政治、军事、个人生活等各个领域。

信息安全是一门交叉学科，涉及多方面的理论和应用知识。信息安全研究大致可以分为基础理论研究、应用技术研究、安全管理研究等。基础理论研究包括密码研究、安全理论研究；应用技术研究包括安全实现技术、安全平台技术研究；安全管理研究包括安全标准、安全策略、安全测评等。

自 20 世纪 40 年代电子计算机在美国诞生以来，计算机应用已逐渐在社会的各个领域中普及。20 世纪 80 年代中后期，随着计算机网络技术的成熟，计算机网络应用迅速普及，从而宣告了第三次工业革命浪潮的到来，即以通过计算机与通信系统实现信息快速传输和共享为标志的信息技术革命。伴随着我国国民经济信息化进程的推进和信息技术的普及，我国各行各业对计算机网络的依赖程度越来越高，这种高度依赖性将使社会变得十分"脆弱"，一旦计算机网络受到攻击，不能正常工作，甚至全部瘫痪时，就会使整个社会陷入危机。尤其是 Internet 广泛应用以来，已经涉及多起国家安全与主权的重大问题。因此在为信息技术带来巨大经济利益而欣喜的同时，必须居安思危。

安全法规、安全技术和安全管理是计算机信息系统安全保护的三大组成部分，它们相辅相成。制定法规的根本目的，在于引导、规范及制约社会成员的行为。安全法规以其公正性、权威性、规范性、强制性成为实施社会计算机安全管理的准绳和依据，有效的计算机安全技术是维护计算机信息系统的有力保障。安全保护的直接目标，是保障计算机信息系统的安全。

国内外大量的调查统计表明，人为或自然灾害所造成的计算机信息系统的损失中，管理不善所占的比例高达 70％以上。安全法规的贯彻、技术措施的实施都离不开强有力的管理。增强管理意识、强化管理措施是做好计算机信息系统安全保护工作的有力保障，安全管理的关键因素是人。

同时，计算机信息系统安全又是动态的。攻击与反攻击、威胁与反威胁是一对永恒的矛盾，安全是相对的，没有一劳永逸的安全防范措施，计算机信息系统安全管理工作必须常抓不懈、警钟长鸣。

信息是人类社会的宝贵资源。功能强大的信息系统，是推动社会发展前进的加速剂和倍增器，它日益成为社会各部门不可缺少的生产和管理手段。信息与信息系统的安全，已经成为崭新的学术技术领域；信息与信息系统的安全管理，也已经成为社会公共安全工作的重要组成部分。

1.1 网络信息安全的目标

无论在计算机上存储、处理和应用，还是在通信网络上传输，信息都可能被非授权访问而导致泄密，被篡改破坏而导致不完整，被冒充替换而导致否认，也可能被阻塞拦截而导致无法存取。这些破坏可能是有意的，如黑客攻击、病毒感染；也可能是无意的，如误操作、程序错误等。

那么，信息安全究竟关注哪些方面呢？尽管目前说法不一，但普遍被接受的观点认为，信息安全的目标是保护信息的机密性、完整性、抗否认性和可用性；也有观点认为是机密性、完整性和可用性，即 CIA(Confidentiality、Integrity、Availability)。

（1）机密性(Confidentiality)。机密性是指保证信息不被非授权访问；即使非授权用户得到信息也无法知晓信息内容，因而不能使用。通常通过访问控制阻止非授权用户获得机密信息，通过加密变换阻止非授权用户获知信息内容。

（2）完整性(Integrity)。完整性是指维护信息的一致性，即信息在生成、传输、存储和使用过程中不应发生人为或非人为的非授权篡改。一般通过访问控制阻止篡改行为，同时通过消息摘要算法来检验信息是否被篡改。

（3）抗否认性(Non-repudiation)。抗否认性是指能保障用户无法在事后否认曾经对信息进行的生成、签发、接收等行为，是针对通信各方信息真实同一性的安全要求。一般通过数字签名来提供抗否认服务。

（4）可用性(Availability)。可用性是指保障信息资源随时可提供服务的特性，即授权用户根据需要可以随时访问所需信息。可用性是信息资源服务功能和性能可靠性的度量，涉及物理、网络、系统、数据、应用和用户等多方面的因素，是对信息网络总体可靠性的要求。

1.2 信息安全的研究内容

信息安全是一门交叉学科，涉及多方面的理论和应用知识。除了数学、通信、计算机等学科外，还涉及法律、心理学等学科。

密码学理论的研究重点是算法，包括数据加密法、数字签名算法、消息摘要算法及相应的密钥管理协议等。这些算法提供两方面的服务：一方面，直接对信息进行运算，保护信息的安全特性，即通过加密变换保护信息的机密性，通过消息摘要变换检测信息的完整性，通过数字签名保护信息的抗否认性；另一方面，提供对身份认证和安全协议等理论的支持。

信息安全理论的研究重点是单机或网络环境下信息防护的基本理论，主要有访问控制（授权）、身份认证、审计追踪（这三者常称为 AAA，即 Authorization、Authentication、Audit)、安全协议等。这些研究成果为建设安全平台提供理论依据。

信息安全技术的研究重点是在单机或网络环境下信息防护的应用技术，目前主要有防火墙技术、入侵检测技术、漏洞扫描技术、防病毒技术等。其研究思路与具体的平台环境关系密切，研究成果直接为平台安全防护和检测提供技术依据。平台安全是指保障承载信息产生、存储、传输和处理的平台的安全和可控。平台由网络设备、主机（服务器、终端）、通信网、数据库等有机组合而成，这些设备组成网络并形成特定的连接边界。平台安全不仅涉及物理安全、网络安全、系统安全、数据安全和边界保护，还包括用户行为的安全。

安全管理也是很重要的。普遍认为，信息安全三分靠技术、七分靠管理，可见管理的分量。管理应该有统一的标准、可行的策略和必要的测评，因此，安全管理包括安全标准、安全策略、安全测评等。这些管理措施作用于安全理论和技术的各个方面。

1.2.1 密码学理论

密码理论(Cryptography)是信息安全的基础，信息安全的机密性、完整性和抗否认性都依赖于密码算法。密码学的主要研究内容是加密算法、消息摘要算法、数字签名算法及密钥管理。

1. 数据加密

数据加密(Data Encryption)算法是一种数学变换，在选定参数(密钥)的参与下，将信息从易于理解的明文加密为不易理解的密文，同时也可以将密文解密为明文。加、解密时用的密钥可以相同，也可以不同。加、解密密钥相同的算法称为对称算法，典型的算法有 DES、AES 等；加、解密密钥不同的算法称为非对称算法，通常一个密钥公开，另一个密钥私藏，因而也称为公钥算法，典型的算法有 RSA、ECC 等。

2. 消息摘要

消息摘要(Message Digest)算法也是一种数学变换，通常是单向(不可逆)的变换，它将不定长度的信息变换为固定长度(如 16B)的摘要，信息的任何改变(即使是 1b)也能引起摘要面目全非，因而可以通过消息摘要检测消息是否被篡改。典型的算法有 MD5、SHA 等。

3. 数字签名

数字签名(Data Signature)主要是消息摘要和非对称加密算法的组合应用。从原理上讲，通过私有密钥用非对称算法对信息本身进行加密，即可实现数字签名功能。用私钥加密只能用公钥解密，使得接收者可以解密信息，但无法生成用公钥解密的密文，从而证明此密文肯定是拥有加密私钥的用户所为，因而是不可否认的。实际实现时，由于非对称算法加、解密速度很慢，通常先计算消息摘要，再用非对称加密算法对消息摘要进行加密而获得数字签名。

4. 密钥管理

密码算法是可以公开的，但密钥必须严格保护。如果非授权用户获得加密算法和密钥，则很容易破解或伪造密文，加密也就失去了意义。密钥管理(Key Management)研究的主要内容是密钥的产生、发放、存储、更换和销毁的算法和协议等。

5. 身份认证

身份认证(Authentication)是指验证用户身份与其所声称的身份是否一致的过程。最常见的身份认证是口令认证，口令认证是在用户注册时记录下其用户名和口令，在用户请求服务时出示用户名和口令，通过比较其出示的用户名和口令与注册时记录下的是否一致来鉴别身份的真伪。复杂的身份认证则需要基于可信的第三方权威认证机构的保证和复杂的密码协议来支持，如基于证书认证中心(CA)和公钥算法的认证等。

身份认证研究的主要内容包括认证的特征(知识、推理、生物特征等)和认证的可信协议及模型。

6. 授权和访问控制

授权和访问控制(Authorization and Access Control)是两个关系密切的概念,常常替换使用。它们的细微区别在于,授权侧重于强调用户拥有什么样的访问权限,这种权限是系统预先设定的,并不关心用户是否发起访问请求;而访问控制是对用户访问行为进行控制,它将用户的访问行为控制在授权允许的范围之内,因此,也可以说,访问控制是在用户发起访问请求时才起作用。打个形象的比喻,授权是签发的通行证,而访问控制则是卫兵,前者规定用户是否有权出入某个区域,而后者检查用户在出入时是否超越了禁区。

授权和访问控制研究的主要内容是授权策略、访问控制模型、大规模系统的快速访问控制算法等。

7. 审计和追踪

审计和追踪(Auditing and Tracing)也是两个关系密切的概念。审计是指对用户的行为进行记录、分析和审查,以确认操作的历史行为。追踪则有追查的意思,通过审计结果追查用户的全程行踪。审计通常只在某个系统内进行,而追踪则需要对多个系统的审计结果综合分析。

审计和追踪主要研究审计素材的记录方式、审计模型及追踪算法等。

8. 安全协议

安全协议(Security Protocol)指构建安全平台时所使用的与安全防护有关的协议,它是各种安全技术和策略具体实现时共同遵循的规定,如安全传输协议、安全认证协议、安全保密协议等。典型的安全协议有网络层安全协议 IPSec、传输层安全协议 SSL、应用层安全电子商务协议 SET 等。

安全协议研究的主要内容是协议的内容和实现层次、协议自身的安全性、协议的互操作性等。

1.2.2 信息安全理论与技术

信息安全的理论与技术包括安全技术研究和平台安全研究。

1. 安全技术

安全技术是对信息系统进行安全检查和防护的技术,包括防火墙技术、漏洞扫描技术、入侵检测技术和防病毒技术等。

1) 防火墙技术

防火墙(Firewall)技术是一种安全隔离技术,它通过在两个安全策略不同的域之间设置防火墙来控制两个域之间的互访行为。隔离可以在网络层的多个层次上实现,目前应用较多的是网络层的包过滤技术和应用层的安全代理技术。包过滤技术通过检查信息流的信源和信宿地址等方式确认是否允许数据包通行,而安全代理则通过分析访问协议、代理访问请求来实现访问控制。

防火墙技术的主要研究内容包括防火墙的安全策略、实现模式、强度分析等。

2) 漏洞扫描技术

漏洞扫描(Vulnerability Scanning)是针对特定信息网络中存在的漏洞而进行的。信息网络中无论是主机还是网络设备都可能存在安全隐患,它们有些是系统设计时考虑不周而留下的,有些是系统建设时出现的。这些漏洞很容易被攻击,从而危及信息网络的安全。

由于安全漏洞大多是非人为的、隐蔽的,因此,必须定期扫描检查、修补加固。操作系统经常出现的补丁模块就是为修补和加固发现的漏洞而开发的。由于漏洞扫描技术很难自动分析系统的设计和实现,因此很难发现未知漏洞。目前的漏洞扫描更多的是对已知漏洞检查定位。

漏洞扫描技术研究的主要内容包括漏洞的发现、特征分析以及定位、扫描方式和协议等。

3) 入侵检测技术

入侵检测(Intrusion Detection)是指通过对网络信息流的提取和分析发现非正常访问模式的技术。目前主要有基于用户行为模式、系统行为模式和入侵特征的检测等。在实现时,可以只检测针对某主机的访问行为,也可以检测针对整个网络的访问行为,前者称为基于主机的入侵检测,后者称为基于网络的入侵检测。

入侵检测技术研究的主要内容包括信息流提取技术、入侵特征分析技术、入侵行为模式分析技术、入侵行为关联分析技术和高速信息流快速分析技术等。

4) 防病毒(Anti-Virus)技术

病毒是一种具有传染性和破坏性的计算机程序。自从 1988 年出现 Morris 蠕虫以来,计算机病毒成为家喻户晓的计算机安全隐患之一。随着网络的普及,计算机病毒的传播速度大大加快,破坏力也在增强,出现了智能病毒、远程控制病毒等。因此,研究和防范计算机病毒也是信息安全的一个重要方面。

病毒防范研究的主要内容包括病毒的作用机理、病毒的特征、病毒的传播模式、病毒的破坏力、病毒的扫描和清除等。

2. 平台安全

1) 物理安全

物理安全(Physical Security)是指保障信息网络物理设备不受物理损坏,或是损坏时能及时修复或替换。

物理安全通常是针对设备的自然损坏、人为破坏或灾害损坏而提出的。目前常见的物理安全技术有备份技术(热备、冷备、同城、异地)、安全加固技术、安全设计技术等。例如,保护 CA 认证中心,采用多层安全门和隔离墙,核心密码部件还要用防火、防盗柜保护。

2) 网络安全

网络安全(Network Security)的目标是防止针对网络平台的实现和访问模式的安全威胁。在网络层,大量的安全问题与连接的建立方式、数据封装方式、目的地址和源地址等有关。例如,网络协议在建立连接时要求 3 次应答,就导致了通过发起大量半连接而使网络阻塞的 SYN-Flooding 攻击。

网络安全研究的内容主要有安全隧道技术、网络协议脆弱性分析技术、安全路由技术、安全 IP 协议等。

3) 系统安全

系统安全(System Security)是各种应用程序的基础。系统安全关心的主要问题是操作系统自身的安全性问题。信息的安全措施是建立在操作系统之上的,如果操作系统自身存在漏洞或隐蔽通道,就有可能使用户的访问绕过安全机制,使安全措施形同虚设。因此,系统自身的安全性非常重要。现在商用操作系统自身的安全级别都不高,并且存在大量漏洞,研究系统安全就更为重要。

系统安全研究的主要内容包括安全操作系统的模型和实现、操作系统的安全加固、操作系统的脆弱性分析、操作系统与其他开发平台的安全关系等。

4）数据安全

数据是信息的直接表现形式，数据安全（Data Security）的重要性则不言而喻。数据安全主要关心数据在存储和应用过程中是否会被非授权用户有意破坏，或被授权用户无意破坏。数据通常以数据库或文件形式来存储，因此，数据安全主要是数据库或数据文件的安全问题。数据库系统或数据文件系统在管理数据时采取什么样的认证、授权、访问控制及审计等安全机制，达到什么安全等级，机密数据能否被加密存储等，都是数据的安全问题。

数据安全研究的主要内容有安全数据库系统、数据存取安全策略和实现方式等。

5）用户安全

用户安全（User Security）问题有两层含义：一层是合法用户的权限是否被正确授权，是否有越权访问，是否只有授权用户才能使用系统资源，如一个普通的合法用户可能被授予了管理员的身份和权限；另一层是被授权的用户是否获得了必要的访问权限，是否存在多业务系统的授权矛盾等。

用户安全研究的主要内容包括用户账户管理、用户登录模式、用户权限管理、用户角色管理等。

6）边界保护

边界保护（Boundary Protection）关心的是不同安全策略的区域边界连接的安全问题。不同的安全域具有不同的安全策略，将它们互联时应该满足什么样的安全策略，才不会破坏原来的安全策略，应该采取什么样的隔离和控制措施来限制互访，各种安全机制和措施互联后满足什么样的安全关系，这些问题都需要解决。

边界保护研究的主要内容是安全边界防护协议和模型、不同安全策略的连接关系问题、信息从高安全域流向低安全域的保密问题、安全边界的审计问题等。

1.2.3　信息安全管理

1. 安全策略研究

安全策略是安全系统设计、实施、管理和评估的依据。针对具体的信息和网络的安全应保护哪些资源、花费多大代价、采取什么措施、达到什么样的安全强度，都是由安全策略决定的。不同的国家和单位针对不同的应用都应制定相应的安全策略。例如，什么级别的信息应该采取什么保护强度，针对不同级别的风险能承受什么样的代价，这些问题都应该制定策略。

安全策略研究的内容包括安全风险的评估、安全代价的评估、安全机制的制定以及安全措施的实施和管理等。

2. 安全标准研究

安全标准研究是推进安全技术和产品标准化、规范化的基础。各国都非常重视安全标准的研究和制定。主要的标准化组织都推出了安全标准，著名的安全标准有可信计算机系统的评估准则（TCSEC）、通用准则（CC）、安全管理标准 ISO 17799 等。

安全标准给出了技术发展、产品研制、安全测评、方案设计等多方面的技术依据。例如，TCSEC 将安全划分为 7 个等级，并从技术、文档、保障等方面规定了各个安全等级的要求。

安全标准研究的主要内容包括安全等级划分标准、安全技术操作标准、安全体系结构标准、安全产品测评标准和安全工程实施标准等。

3. 安全测评研究

安全测评是依据安全标准对安全产品或信息系统进行安全性评定。目前开展的测评有技术评测机构开展的技术测评，也有安全主管部门开展的市场准入测评。测评包括功能测评、性能测评、安全性测评、安全等级测评等。

安全测评研究的内容有测评模型、测评方法、测评工具、测评规程等。

1.3　信息安全的发展

信息安全已经历了漫长的发展过程。某种意义上说，从人类开始信息交流就涉及信息的安全问题。从古代烽火传信到今天的通信网络，只要存在信息交流，就存在信息欺骗。信息安全的发展可以划分为经典信息安全阶段和现代信息安全阶段。经典信息安全阶段主要是通过对文字信息进行加密变换来保护信息，现代信息安全阶段则充分应用了计算机、通信等现代科技手段。

1.3.1　经典信息安全

在这一阶段，人们似乎更关注信息通信的保密性，通常采用一些简单的替代或置换来保护信息，这些变换是密码学的雏形。这一阶段发展了很多密码算法，但基本的方法都是将字母编号后平移、旋转、置换、扩展等，如将字母编号平移产生了凯撒密码。其他的算法还有单表置换算法、Vigenere 算法、Vernam 算法、Hill 算法等。此外，还发展了密码分析和破译方法。

1.3.2　现代信息安全

随着数学、计算机和通信技术的发展，信息的处理能力和传输能力大大提高，传统的密码变换已不能满足信息化的要求。因此，信息安全加速发展，出现了现代密码理论、计算机安全和通信安全的新理论、新技术。

1. 现代密码理论

现代密码理论起源于 20 世纪 70 年代，但其理论基础可以追溯到 1949 年 Shannon 的论文——《保密通信的理论基础》。现代密码理论充分结合了数学理论基础和计算机计算能力，提出了密码算法的框架结构，其标志性的成果首推 DES 算法和 RSA 算法。

数据加密标准(DES)是 1977 年美国国家标准局正式公布实施的。该算法在后来的 20 年一直作为国际最通用的分组加密算法在使用。虽然后来出现了其改进算法 3DES，但 3DES 除了增加了 DES 加、解密的运算次数和顺序外，并没有本质的突破。DES 算法将数据按 64b 分组进行加密，其密钥长度也是 64b，其中每 8b 中有一位校验位，因此 DES 的有效密钥长度为 56b。DES 不仅仅是一个加密算法，它还代表了现代对称密码算法的一般性结构，后来很多算法都是在 DES 结构上发展起来的。

现代密码的另一个标志就是公钥密码体制的提出。Diffie 和 Hellman 在其《密码学的新方向》论文中首次提出了非对称密码算法的思想。两年后，Rivest、Shamir 和 Adleman 提出的 RSA 算法体现了公钥算法的思想。RSA 算法至今仍然是公钥密码算法的典型代表。

目前，密码学的研究依然炙手可热，美国花巨资历时 3 年遴选了代替 DES 算法的 AES 算法，欧洲也正在制定新的欧洲密码体制。在公钥体制方面，椭圆曲线算法 ECC 是目前研究的热点。

2. 计算机安全

第一台电子计算机出现于 1946 年，那时人们都在关注提高计算机的功能和性能，还没有意识到计算机安全的重要性，只考虑到物理安全问题。随着多用户、多进程计算机的出现，众多用户在同一台计算机上工作，产生了计算机账户管理和资源分配等需求，因此出现了身份认证和访问控制，开始在操作系统中设置专门的用户口令文件和用户账户文件，并在用户登录时引发身份认证进程。计算机还为不同的用户设置了专用目录和公用目录，根据预先分配给用户的权限来控制其访问的范围。20 世纪 70 年代初出现的 UNIX 操作系统就具备了这样的安全机制。

1988 年，出现了 Morris 蠕虫病毒，防病毒开始成为计算机安全的主要任务之一。至今，防止网络环境下的病毒扩散仍然是计算机安全的一项重要内容。

3. 网络安全

计算机网络的发展向信息安全提出了新的挑战，尤其是 Internet 的出现使信息安全在学术界、产业界和主管部门都掀开了新的一页。从 20 世纪 90 年代开始，计算机网络安全研究进一步加强。尽管信息安全的学科建设还不完善，但信息安全作为一个独立的交叉学科，其地位越来越重要。

首先，安全通信协议的研究成果显著，出现了 IPSec、SSL、SHTTP、SET 等安全协议。

其次，安全技术研究也开始加强，出现了漏洞扫描技术、入侵检测技术、防火墙技术、VPN 技术等，并开发出相应的产品。

再次，安全操作系统的需求也越来越明显，出现了商用 C2、B1 级操作系统。

最后，安全标准的制定也开始加速，出现了 CC、ISO 17799 等安全标准。

4. 信息保障

目前，在国际研究前沿，信息安全已上升到信息保障的高度，提出了计算环境安全、通信网安全、边界安全及安全支撑环境和条件的概念，并开始研究信息网络的生存性等课题。

总之，信息安全还没有形成完整的学科概念，但其发展速度正在加快，研究人员正在增加，信息安全作为独立产业的形态开始显现，主管部门也在加大管理力度，并加紧制定信息安全法律、法规。信息安全学科正顺应时代需要不断发展和完善。

1.4　研究网络与信息安全的意义

目前，研究网络安全已经不只是为了信息和数据的安全，网络安全已经渗透到国家的政治、经济、军事等领域。

1. 网络安全与政治

目前,政府上网已经大规模地发展起来,电子政务工程已经在全国开展。政府网络的安全直接代表了国家的形象。

2. 网络安全与经济

一个国家信息化程度越高,整个国民经济和社会运行对信息资源和信息基础设施的依赖程度也越高。当计算机网络因安全问题被破坏时,其经济损失是无法估计的。

我国计算机犯罪的增长速度超过了传统的犯罪,1997 年 20 多起,1998 年 142 起,1999年 908 起,2000 年上半年 1420 起,再后来就没有办法统计了。利用计算机实施金融犯罪已经渗透到了我国金融行业的各项业务中。近几年已经破获和掌握 100 多起,涉及的金额达数亿元。

3. 网络安全与社会稳定

在互联网上散布一些虚假信息、有害信息对社会管理秩序造成的危害,要比现实社会中一个谣言大得多。1994 年 4 月,河南商都热线一个 BBS,一篇说交通银行郑州支行行长携巨款外逃的帖子,造成了社会的动荡,3 天 10 万人上街排队,一天提了 10 多亿。2001 年 2月 8 日,正值春节期间,新浪网遭受攻击,电子邮件服务器瘫痪了 18 小时,造成了几百万的用户无法正常联络。

4. 网络安全与军事

在第二次世界大战中,美国破译了日本的密码,将日本人的舰队几乎全歼,重创了日本海军。目前的军事战争更是信息化战争,谁掌握了战场上的信息权,谁就将取得最后的胜利。

网络与信息安全是把双刃剑。安全性高,固然可以保证国家和民众的财产和正常生活,可是犯罪分子也可以用它来危害社会。有报道称,现在的恐怖分子都使用加密的电子邮件互相联络,从而难以发现他们的行踪。著名美国学者 Bruce Schneier 在其所著《应用密码学》中描绘了一个利用计算机密码学犯罪的场景。当具有纸质现金特点的数字现金广泛使用时,将会出现理论上安全的犯罪。歹徒绑架人质,然后要求以数字现金的形式支付赎金。这种犯罪几乎绝对安全:支付赎金时没有物理接触,依靠网络和公共媒体(如报纸)完成;同时,数字现金和纸质现金一样是不可追踪的,警察不能像追踪转账支票一样来追踪数字现金。

小　　结

本章主要介绍了有关网络安全的基础知识。计算机网络安全是指利用网络管理控制和技术措施,保证在一个网络环境里信息数据的保密性、完整性及可使用性。网络安全的结构层次主要包括物理安全、安全控制和安全服务。网络面临众多的安全威胁,安全威胁的产生有其内在的原因。目前,国际和国内都有相关标准来评价网络安全。网络安全已经渗透到国家的政治、经济、军事等多个领域。

习　题　1

1. 信息安全的目标是什么?

2. 简述信息安全的学科体系。

3. 信息安全的理论、技术和应用是什么关系? 如何体现?

4. 请分别举两个例子说明网络安全与政治、经济、社会稳定和军事的联系。

5. 如何理解网络与信息安全是把双刃剑? 犯罪分子可以用它来危害社会,是否可以认为这是为保证网络与信息安全必须付出的代价?

第2章　对称密码体制

本章导读：

密码学是研究如何实现秘密通信的科学,包括两个分支,即密码编码学和密码分析学。密码编码学是对信息进行编码实现信息保密性的科学;而密码分析学是研究、分析、破译密码的科学。

对称密码体制根据对明文加密方式的不同而分为分组密码和流密码,本章将对分组密码和流密码的一些经典算法进行介绍。

2.1　密码学基础

2.1.1　密码学基本概念

对需要保密的消息进行编码的过程称为加密,编码的规则称为加密算法。需要加密的消息称为明文,明文加密后的形式称为密文。将密文恢复为明文的过程称为解密,解密的规则称为解密算法。加密算法和解密算法通常在一对密钥控制下进行,加密算法中的密钥称为加密密钥,解密算法中的密钥称为解密密钥。

一个密码系统(体制)包括所有可能的明文、密文、密钥、加密算法和解密算法。密码系统的安全性基于密钥而非加密和解密算法的细节,这意味着算法可以公开,甚至可以当成一个标准加以公布。

密码系统从原理上可分为两大类,即单密钥系统和双密钥系统。单密钥系统又称为对称密码系统或秘密密钥密码系统,单密钥系统的加密密钥和解密密钥或者相同,或者实质上等同,即易于从一个密钥得出另一个密钥,如图 2-1 所示。

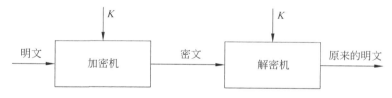

图 2-1　单密钥密码的加、解密过程

对明文的加密有两种形式:一种是对明文按字符逐位加密,称为流密码或序列密码;另一种是先对明文消息分组,再逐组加密,称为分组密码。

双密钥系统又称为非对称密码系统或公开密钥密码系统。双密钥系统有两个密钥,一个是公开的,用 K_1 表示,谁都可以使用;另一个是私人密钥,用 K_2 表示,只有采用此系统的人才可掌握。从公开的密钥推不出私人密钥,如图 2-2 所示。

双密钥密码系统的主要特点是将加密和解密密钥分开。即用公开的密钥 K_1 加密消息,发送给持有相应私人密钥 K_2 的人,只有持有私人密钥 K_2 的人才能解密;而用私人密钥

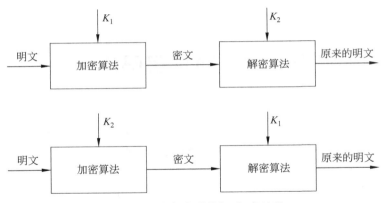

图 2-2 双密钥密码的加、解密过程

K_2 加密的消息,任何人都可以用公开的密钥 K_1 解密,此时说明消息来自持有私人密钥的人。前者可以实现公共网络的保密通信,后者则可以实现对消息进行数字签名。

经典密码体制采用手工或机械操作实现加、解密,相对简单。回顾和研究这些密码的原理和技术,对于理解、设计和分析现代密码仍然具有借鉴的价值。经典密码大体上可分为 3 类,即单表代换密码、多表代换密码和多字母代换密码。

2.1.2 经典密码体制

1. 单表代换密码

在经典密码体制中,最典型的是替换密码,其原理可以用一个例子来说明。

将字母 a,b,c,d,…,w,x,y,z 的自然顺序保持不变,但使之与 D,E,F,G,…,Z,A,B,C 分别对应(即将字母表中的每个字母用其后的第三个字母进行循环替换)。若明文为 student,则对应的密文为 VWXGHQW(此时密钥为 3)。这就是凯撒(Kaesar)密码,也称为移位代换密码。凯撒密码仅有 26 个可能的密钥,非常不安全。如果允许字母表中的字母用任意字母进行替换,即上述密文能够是 26 个字母的任意排列,则将有 26!或多于 4×10^{26} 种可能的密钥。这样的密钥空间甚至对计算机来说穷举搜索密钥也是不现实的。

下面是一个由加密函数组成的"随机"置换。

明文: a b c d e f g h i j k l m n o p q r s t u v w x y z
密文: X N Y A H P O G Z Q W B T S F L R C V M U E K J D I

解密函数是以下的一个逆置换。

A B C D E F G H I J K L M N O P Q R S T U V W X Y Z
d l r y v o h e z x w p t b g f j q n m u s k a c i

作为一个练习,读者可以试着利用解密函数解密下列密文。

MGZVY ZLGHC MHJMY XSSFM NHAHY CDLMHA

由于英文字母中各字母出现的频度早已有人进行过统计,所以根据字母频度表可以很容易对替换密码进行破译。替换密码是对所有的明文字母都用一个固定的代换进行加密,因而称为单表代换密码。为了抗击字母频度分析,随后产生了多表代换密码和多字母代换密码。

2. 多表代换密码

多表代换密码中最著名的一种密码称为维吉尼亚(Vigenere)密码。这是一种以移位代换为基础的周期代换密码，m 个移位代换表由 m 个字母组成的密钥字确定(这里假设密钥字中 m 个字母不同，如果有相同的，则代换表的个数是密钥字中不同字母的个数)。如果密钥字为 deceptive，则

明文：w e a r e d i s c o v e r e d s a v e y o u r s e l f
密钥：d e c e p t i v e d e c e p t i v e d e c e p t i v e
密文：Z I C V T W Q N G R Z G V T W A V Z H C Q Y G L M G J

其中，密钥字母 a, b, ⋯, y, z 对应数字 0, 1, ⋯, 24, 25。密钥字母 d 对应数字 3，因而明文字母 w 在密钥字母 d 的作用下向后移 3 位，得到密文字母 Z；明文字母 e 在密钥字母 e 的作用下向后移 4 位，得到密文字母 I，以此类推。解密时，密文字母在密钥字母的作用下向前移位。

在维吉尼亚密码中，如果密钥字的长度是 m，明文中的一个字母能够映射成这 m 个可能的字母中的一个。容易看出，维吉尼亚密码中长度为 m 的可能密钥字的个数是 26^m，甚至对于一个较小的 m 值，如 $m=5$，密钥空间也超过了 1.1×10^7，这个空间已经足以阻止手工穷举密钥搜索。

为方便记忆，维吉尼亚密码的密钥字常常取于英文中的一个单词、一个句子或一段文章。因此，维吉尼亚密码的明文和密钥字母频率分布相同，仍然能够用统计技术进行分析。要抗击这样的密码分析，只有选择与明文长度相同并与之没有统计关系的密钥内容。1918年美国电报电话公司的 G. W. Vernam 提出这样的密码系统：明文英文字母编成 5bit 二元数字，称为五单元波多代码(Baudot Code)，选择随机二元数字流作为密钥，通过执行明文和密钥的逐位异或操作，产生密文，可以简单地表示为

$$C_i = p_i \oplus k_i$$

式中，p_i 表示明文的第 i 个二元数字；k_i 表示密钥的第 i 个二元数字；C_i 表示密文的第 i 个二元数字；$\oplus$ 表示异或操作。解密仅需执行相同的逐位异或操作，即

$$p_i = C_i \oplus k_i$$

Vernam 密码系统的密钥若不重复使用，就能得到一次一密密码。若密钥有重复，尽管使用长密钥增加了密码分析的难度，但只要有了足够的密文，使用已知的或可能的明文序列，或二者相结合也能够破译。

3. 多字母代换密码

前面介绍的密码都是以单个字母作为代换的对象，如果对多于一个字母进行代换，就是多字母代换密码。它的优点是容易将字母的频度隐蔽，从而抗击统计分析。首先介绍 Hill 密码，它是数学家 Lester Hill 于 1929 年研制的。虽然这类密码由于加密操作复杂而未能广泛应用，但仍在很大程度上推进了经典密码学的研究。

Hill 密码将明文分成 m 个字母一组的明文组，若最后一组不够 m 个字母就用字母补足，每组用 m 个密文字母代换，这种代换由 m 个线性方程决定，其中字母 a, b, ⋯, y, z 分别用数字 0, 1, ⋯, 24, 25 表示。若 $m=3$，该系统可以描述为

$$C_1 = (k_{11}p_1 + k_{12}p_2 + k_{13}p_3) \bmod 26$$

$$C_2 = (k_{21}p_1 + k_{22}p_2 + k_{23}p_3) \bmod 26$$
$$C_3 = (k_{31}p_1 + k_{32}p_2 + k_{33}p_3) \bmod 26$$

可用列向量和矩阵表示为

$$\begin{pmatrix} C_1 \\ C_2 \\ C_3 \end{pmatrix} = \begin{pmatrix} k_{11} & k_{12} & k_{13} \\ k_{21} & k_{22} & k_{23} \\ k_{31} & k_{32} & k_{33} \end{pmatrix} \begin{pmatrix} p_1 \\ p_2 \\ p_3 \end{pmatrix}$$

或

$$\boldsymbol{C} = \boldsymbol{KP}$$

式中,$\boldsymbol{C}$ 和 $\boldsymbol{P}$ 分别为密文和明文向量;$\boldsymbol{K}$ 为密钥矩阵,操作要执行模 26 运算。

例如,用密钥

$$\boldsymbol{K} = \begin{pmatrix} 11 & 3 \\ 8 & 7 \end{pmatrix}$$

来加密明文 july。将明文分成两个组 ju 和 ly,分别为 $(9, 20)$ 和 $(11, 24)$,计算为

$$\begin{pmatrix} 11 & 3 \\ 8 & 7 \end{pmatrix} \begin{pmatrix} 9 \\ 20 \end{pmatrix} = \begin{pmatrix} 99 + 60 \\ 72 + 140 \end{pmatrix} = \begin{pmatrix} 3 \\ 4 \end{pmatrix} (\bmod 26)$$

$$\begin{pmatrix} 11 & 3 \\ 8 & 7 \end{pmatrix} \begin{pmatrix} 11 \\ 24 \end{pmatrix} = \begin{pmatrix} 121 + 72 \\ 88 + 168 \end{pmatrix} = \begin{pmatrix} 11 \\ 22 \end{pmatrix} (\bmod 26)$$

因此,july 的加密结果为 DELW。为了解密,必须先计算密钥矩阵 $\boldsymbol{K}$ 的逆矩阵,即

$$\boldsymbol{K}^{-1} = \begin{pmatrix} 7 & 23 \\ 18 & 11 \end{pmatrix} \bmod 26$$

然后计算

$$\begin{pmatrix} 7 & 23 \\ 18 & 11 \end{pmatrix} \begin{pmatrix} 3 \\ 4 \end{pmatrix} = \begin{pmatrix} 9 \\ 20 \end{pmatrix}$$

$$\begin{pmatrix} 7 & 23 \\ 18 & 11 \end{pmatrix} \begin{pmatrix} 11 \\ 22 \end{pmatrix} = \begin{pmatrix} 11 \\ 24 \end{pmatrix}$$

最后,得到正确的明文 july。

当 Hill 密码的密钥矩阵为一置换矩阵时,相应的密码就是置换密码,也称为换位密码。它对明文 m 字母组中的字母位置重新排列,而不改变明文字母。在置换密码系统中,使用字母比使用数字更方便,密钥使用置换而不使用矩阵。如 $m = 6$,用密钥置换

$$\boldsymbol{K} = \begin{pmatrix} 1 & 2 & 3 & 4 & 5 & 6 \\ 3 & 5 & 1 & 6 & 4 & 2 \end{pmatrix}$$

对明文 wearediscoveredsaveyourself 进行加密。首先将明文分成 6 个字母长的明文组

weared　iscove　redsav　eyours　elfabc

然后将每个 6 字母长的明文组按密钥置换 $\boldsymbol{K}$ 重新排列为

AEWDRE　CVIEOS　DARVSE　ORESUY　FBECAL

所以,密文是 AEWDRECVIEOSDARVSEORESUYFBECAL。密文能利用密钥置换的逆置换,即

$$\boldsymbol{K}^{-1} = \begin{pmatrix} 1 & 2 & 3 & 4 & 5 & 6 \\ 3 & 6 & 1 & 5 & 2 & 4 \end{pmatrix}$$

以类似的方式来解密。

4. 转轮密码

使用密码机可以使前面介绍的密码系统更复杂、更安全,这些机器也可加速密码系统的加、解密过程,同时提供大量可选择的密钥。转轮密码是一组转轮或接线编码轮所组成的机器,用于实现长周期的多表代换密码,它是经典密码学最杰出的代表,曾经被广泛应用于军事和外交保密通信。最有名的两类密码机是 Enigma 和 Hagelin。Enigma 密码机由德国 Arthur Scherbius 发明,在第二次世界大战中,曾经装备于德军。Hagelin 密码机由瑞典 Boris Caesar Wilhelm Hagelin 发明,第二次世界大战中,Hagelin C-36 曾经装备于法军; Hagelin C-40,即 M-209 转轮机,曾经装备于美军,一直沿用到 20 世纪 50 年代。另外,在第二次世界大战中,美国的 SIGABA 和日本的 RED 和 PURPLE 都是转轮密码机。

2.2 分组密码原理

对称密码体制根据对明文加密方式的不同而分为分组密码和流密码。前者按一定长度(如 64bit、128bit 等)对明文进行分组,然后以组为单位进行加、解密;后者则不进行分组,而是按位进行加、解密。

分组密码系统对不同的组采用同样的密钥 k 来进行加、解密。设密文组为 $y = y_1 y_2 \cdots y_m$,则对明文组 $x = x_1 x_2 \cdots x_m$,用密钥 k 加密可得到 $y = e_k(x_1) e_k(x_2) \cdots e_k(x_m)$。

流密码的基本思想是利用密钥 k 产生一个密钥流 $z = z_0 z_1 \cdots$,并使用以下规则加密明文串 $x = x_0 x_1 x_2 \cdots$,$y = y_0 y_1 y_2 \cdots = e_{z_0}(x_0) e_{z_1}(x_1) e_{z_2}(x_2) \cdots$。密钥流由密钥流发生器 f 产生: $z_i = f(k, \sigma_i)$,这里的 σ_i 是加密器中的记忆元件(存储器)在时刻 i 的状态,f 是由密钥 k 和 σ_i 产生的函数。

分组密码和流密码加密的区别在于记忆性,如图 2-3 所示。流密码的滚动密钥 $z_0 = f(k, \sigma_0)$ 由函数 f、密钥 k 和指定的初态 σ_0 完全确定。此后,由于输入加密器的明文可能影响加密器中内部记忆元件的存储状态,因而,$\sigma_i (i > 0)$ 可能依赖于 $k, \sigma_0, x_0, x_1, \cdots, x_{i-1}$ 等参数。

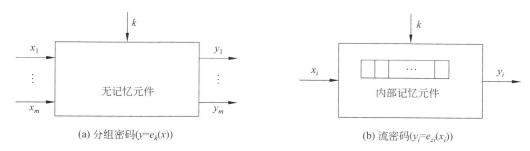

(a) 分组密码($y = e_k(x)$)　　　　　　　　(b) 流密码($y_i = e_{z_i}(x_i)$)

图 2-3　分组密码和流密码加密

2.2.1 分组密码设计原理

分组密码是将明文消息编码表示后的明文数字序列 $x_0, x_1, x_2, \cdots$,划分成长度为 n 的组 $\boldsymbol{x} = (x_0, x_1, x_2, \cdots, x_{n-1})$(可看成长度为 n 的矢量),每组分别在密钥 $k = (k_0, k_1, \cdots, k_{m-1})$

的控制下变换成等长的密文数字序列 $y=(y_0,y_1,\cdots,y_{n-1})$，其加密函数是 $E:V_n\times K\to V_n$，V_n 是 n 维矢量空间，K 为密钥空间，如图 2-4 所示。在相同的密钥 k 的控制下，加密函数可以看成是函数 $E(o,k):V_n\to V_n$。这实质上是对字长为 n 的数字序列进行置换。在二元的情况下，x 和 y 都是二元序列，共有 2^n 个不同的明文分组。为了使加密运算可逆，从而解密运算可行，每个明文分组应对应唯一一个密文分组，即置换 $E(o,k)$ 是可逆的。众所周知，V_n 上这样的置换共有 $2^n!$ 个，因而密钥个数最多为 $2^n!$ 个。实际应用中的许多分组密码，如 DES、IDEA 等，所用的置换只不过是上述置换集中一个很小的子集。

图 2-4　分组密码模型

　　分组密码设计就是要找到一种算法，能在密钥的控制下，从一个足够大、足够好的置换子集中简单、迅速地选出一个置换，对当前输入的明文数字组进行加密变换。因此，设计的算法应满足下述安全性和软/硬件实现的要求。

　　(1) 分组长度应足够大，使得不同明文分组的个数 2^n 足够大，以防止明文被穷举法攻击。如 $n=64$，则在进行攻击时用 2^{32} 个分组密文成功的概率为 $1/2$，同时需要 $2^{32}\times64b=2^{15}$ MB 的存储空间，因而采取穷举法攻击是不可行的。新的算法标准一般要求 $n=128$。

　　(2) 密钥空间应足够大，尽可能消除弱密钥，从而使所有密钥同等概率，以防穷举密钥攻击。同时，密钥不能太长，以利于密钥管理。DES 采用 56b 有效密钥，现在看来显然不够长。今后一段时间内，128b 密钥应该是足够安全的。

　　(3) 由密钥确定的算法要足够复杂，充分实现明文与密钥的扩散和混淆，没有简单关系可循，要能抵抗各种已知的攻击，如差分攻击和线性攻击等。另外，还要求有较高的非线性阶数。

　　(4) 软件实现的要求。尽量使用适合编程的子块和简单的运算。密码运算在子块上进行，因此要求子块的长度能适应软件编程，如 8b、16b、32b 等。应尽量避免按比特置换，在子块上进行的密码运算应尽量采用易于软件实现的运算。最好是使用处理器的基本运算，如加法、乘法、移位等。

　　(5) 硬件实现的要求。加密和解密应具有相似性，即加密和解密过程的不同应仅仅在于密钥的使用方式上，以便采用同样的器件来实现加密和解密，以节省费用和体积。尽量采用标准的组件结构，以便能在超大规模集成电路中实现。

　　需要指出的是，混淆和扩散是 Shannon 提出的设计密码系统的两种基本方法。Shannon 认为，在理想密码系统中，密文的所有统计特性都应与所使用的密钥独立，然而实用的密码系统都很难达到这个目标。在扩散中，要求明文的统计结构扩散消失到密文的统计特性中。要做到这一点，必须让明文的每个比特影响到密文许多比特的取值，即每个密文比特被许多明文比特影响。所有的分组密码都包含明文分组到密文分组的代换，而具体代换依赖于密钥。混淆则是试图使得密文的统计特性与密钥的取值之间的关系尽量复杂。扩散和混淆的目的都是为了挫败推测出密钥的尝试，从而抗击统计分析。

迭代密码是实现混淆和扩散原则的一种有效方法。合理选择的轮函数经过若干次迭代后能够提供必要的混淆和扩散。所以本书中讨论的分组密码只是迭代分组密码。分组密码由加密算法、解密算法和密钥扩展算法 3 部分组成。解密算法是加密算法的逆过程,由加密算法唯一确定,因而主要讨论加密算法和密钥扩展算法。

2.2.2　分组密码的一般结构

分组密码的结构一般可以分为两种,即 Feistel 网络结构和 SP 网络结构。

1. Feistel 网络结构

Feistel 网络是由 Horst Feistel 在设计 Lucifer 分组密码时发明的,并因为被 DES 采用而流行。许多分组密码采用了 Feistel 网络,如 FEAL、Blowfish、RC5 等。

一个分组长度为 n(偶数)比特的 m 轮 Feistel 网络的加密过程如下。给定明文 P,将 P 分成左右长度相等的两半分别记为 L_0 和 R_0,从而 $P=L_0R_0$。进行 m 轮完全类似的迭代运算后,再将左、右相等的两半合并,产生密文分组。可以根据下列规则计算 $L_iR_i(1\leqslant i\leqslant m)$:

$$L_i = R_{i-1}, R_i = L_{i-1} \oplus F(R_{i-1}, K_i)$$

在进行 m 轮迭代运算后,将 L_m 和 R_m 再进行交换,最后输出的密文分组是 $C=R_mL_m$;其中 $\oplus$ 表示两个比特串的"异或",$F: V_n/2 * V_N \rightarrow V_n/2$ 是轮函数(后面将详细介绍),K_i 是由种子密钥 K 生成的子密钥,N 为子密钥的长度,如图 2-5 所示。

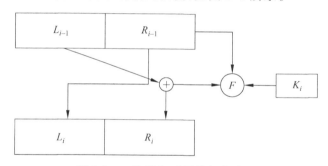

图 2-5　一轮 Feistel 网络加密过程

每轮中都对数据的左半部分进行代换,方法是先对右边一半数据应用轮函数,然后将输出的数据与左半部分进行异或。轮函数 F 的结构一直不变,但作为控制参数的每轮子密钥一般不同。全部代换完成后,再做一次置换操作交换左、右两半数据。

Feistel 网络的安全性和软、硬件实现速度取决于下列参数。

(1) 分组长度。分组长度越大,则安全性越高(其他条件相同时),但同时加、解密速度也越慢。64b 的分组目前也可以使用,但最好采用 128b。

(2) 密钥长度。密钥长度越大,则安全性越高(其他条件相同时),但同时加、解密速度也越慢。64b 密钥现在已不够安全,128b 是一个折中的选择。

(3) 循环次数。Feistel 网络结构的一个特点是循环次数越多,则安全性越高,通常选择 16 次。

(4) 子密钥算法。子密钥算法越复杂,安全性越高。

(5) 轮函数。轮函数越复杂,安全性越高。

(6) 快速的软件实现。有时候客观条件不允许用硬件实现,算法被镶嵌在应用程序中。

此时,算法的执行速度是关键。

（7）算法简洁。通常算法越复杂越好,但采用简洁算法也不无裨益。如果算法比较容易解释清楚,就能通过分析算法而获知算法抗各种攻击的能力,将有助于设计高强度的算法。

上述这些要求并不能保证完全一致,有时甚至是互相制约的,应根据具体应用情况折中处理。

现在简单讨论 Feistel 网络的解密过程。Feistel 网络解密过程与其加密过程实质是相同的。以密文分组作为算法的输入,但以相反的次序使用子密钥,即第一轮使用是 K_m,第二轮使用 K_{m-1},直至第 m 轮使用 K_1。这意味着可以用同样的算法来进行加、解密。

可以证明,明文分组等于在上述算法中输入相应的密文分组而得到的输出结果。类似加密过程,解密过程可以概括为:先将密文分组 $C=R_mL_m$ 分成左、右长度相等的两半,分别记为 L_0' 和 R_0',可以根据下列规则计算 $L_i'R_i'(1\leqslant i\leqslant m)$,即

$$L_i'=R_{i-1}', \quad R_i'=L_{i-1}'\oplus F(R_{i-1}',K_i')$$

最后输出的分组是 $R_m'L_m'$;这里 $K_i'=K_{m-1}$。这样,只要证明 $R_m'=L_0$ 和 $L_m'=R_0$ 即可。显然,$L_0'=R_m$ 且 $R_0'=L_m$,根据加、解密规则,有

$$L_1'=R_0'=L_m=R_{m-1},R_1'=L_0'\oplus F(R_0',K_1')=R_m\oplus F(L_m,K_{m-1})=L_{m-1}$$
$$L_2'=R_1'=L_{m-1}=R_{m-2},R_2'=L_1'\oplus F(R_1',K_2')=R_{m-1}\oplus F(L_{m-1},K_{m-2})=L_{m-2}$$

递归,有

$$L_{m-1}'=R_{m-2}'=L_2=R_1,R_{m-1}'=L_{m-2}'\oplus F(R_{m-2}',K_{m-1}')=R_2\oplus F(L_2,K_1)=L_1$$
$$L_m'=R_{m-1}'=L_1=R_0,R_m'=L_{m-1}'\oplus F(R_{m-1}',K_m')=R_1\oplus F(L_1,K_0)=L_0$$

这就验证了解密过程的正确性。注意,以上解密过程并不要求轮函数 F 是可逆的。

Feistel 网络有几种推广的形式。在 Feistel 网络中,L_i' 和 R_i' 的长度是相等的,如果 L_i' 和 R_i' 长度不相等,则称为非平衡 Feistel 网络。在非平衡 Feistel 网络中,每一轮中的 F 函数都是相同的,只是密钥不同,如果每一轮中的 F 函数也是变化的,则称为非齐次非平衡 Feistel 网络,如 Khufu、MD4 等算法均采用了这种结构。

2. SP 网络结构

SP 网络是分组密码的另一种重要结构,SAFER、SHARK、AES 等著名的密码算法都采用此结构。在这种结构中,每一轮的输入首先被一个由子密钥控制的可逆函数 S 作用,然后再对所得结果用置换(或可逆线性变换)P 作用。S 和 P 被分别称为混淆层和扩散层,起混淆和扩散的作用,如图 2-6 所示。设计者可以根据 S 和 P 的某些密码指标来估计 SP 型密码对抗差分密码分析和线性密码分析的能力。与 Feistel 网络相比,SP 网络密码可以得到更快的扩散,但加、解密通常不相似。

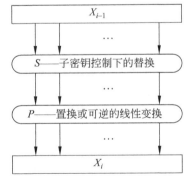

图 2-6　一轮 SP 网络加密过程

2.3　数据加密标准

数据加密标准(Data Encryption Standard,DES)是迄今为止使用最广泛的加密算法。1973 年 5 月 13 日,美国国家标准局(National Bureau of Standards,NBS)公布了一项公告,

征求国家密码标准方案。IBM 提交了他们研制的一种密码算法,该算法是由早期的 Lucifer 密码改进而得的。在经过大量的公开讨论之后,该密码算法于 1977 年 1 月 15 日被正式批准为美国联邦信息处理标准,即 FIPS-46,同年 7 月 15 日开始生效。规定每隔 5 年由美国国家保密局(National Security Agency)重新评估它是否继续作为联邦加密标准。最近的一次评估是在 1994 年 1 月,当时决定 1998 年 12 月以后,DES 不再作为联邦加密标准。新的美国联邦加密标准称为高级加密标准(Advanced Encryption Standard,AES)。尽管如此,DES 对推进密码理论的发展和应用仍起了重要作用,并对学习和研究分组密码的基本理论、设计思想和实际应用有着珍贵的参考价值。

2.3.1 DES 描述

DES 是分组长度为 64b 的分组密码算法,密钥长度也是 64b,其中每 8b 有一位奇偶校验位,因此有效密钥长度为 56b。DES 算法是公开的,其安全性依赖于密钥的保密程度。DES 结构框图如图 2-7 所示。

初始置换 IP 和初始逆置换 IP^{-1}:将 64b 明文数据用初始置换 IP 置换,得到一个乱序的 64b 明文分组,然后分成左、右等长的 32b,分别记为 L_0 和 R_0。进行 16 轮完全类似的迭代运算后,将所得左、右长度相等的两半 L_{16} 和 R_{16} 交换得到 64b 数据 $R_{16}L_{16}$。最后再用初始逆置换 IP^{-1} 进行置换,产生密文数据组。置换表自左向右、自上而下的 64 个位置对应 64b 数据组,置换表中的数字表示将 64b 数据组中该数字所在位置的比特置换为该数字表示的位置的比特。初始置换 IP 和初始逆置换 IP^{-1} 如表 2-1 所示。

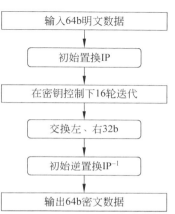

图 2-7 DES 算法框图

表 2-1 初始置换 IP 和初始逆置换 IP^{-1}

初始置换 IP								初始逆置换 IP^{-1}							
58	50	42	34	26	18	10	2	40	8	48	16	56	24	64	32
60	52	44	36	28	20	12	4	39	7	47	15	55	23	63	31
62	54	46	38	30	22	14	6	38	6	46	14	54	22	62	30
64	56	48	40	32	24	16	8	37	5	45	13	53	21	61	29
57	49	41	33	25	17	9	1	36	4	44	12	52	20	60	28
59	51	43	35	27	19	11	3	35	3	43	11	51	19	59	27
61	53	45	37	29	21	13	5	34	2	42	10	50	18	58	26
63	55	47	39	31	23	15	7	33	1	41	9	49	17	57	25

例如,将 64b 数据表示为 $M=(m_1,m_2,\cdots,m_{64})$,则在初始置换 IP 的作用下变为

$$IP(M) = (m_{58},m_{50},m_{42},m_{34},m_{26},m_{18},m_{10},m_2\cdots,m_{63},m_{55},m_{47},m_{39},m_{31},m_{23},m_{15},m_7)$$

如果将 IP(M)用初始逆置换 IP^{-1} 作用,将会得到 M。例如,M 中的第 60 位 m_{60},在 IP(M)中

位于第 9 位,IP(M)在初始逆置换 IP^{-1} 作用下,第 9 位移至第 60 位。这说明 IP 和 IP^{-1} 互逆。

迭代变换:迭代变换是 DES 算法的核心部分,如图 2-8 所示。每轮开始时将输入的 64b 数据分成左、右长度相等的两半,右半部分原封不动地作为本轮输出的 64b 数据的左半部分,同时对右半部分进行一系列的变换,即用轮函数 F 作用右半部分,然后将所得结果 (32b 数据)与输入数据的左半部分进行逐位异或,最后将所得数据作为本轮输出的 64b 数据的右半部分。

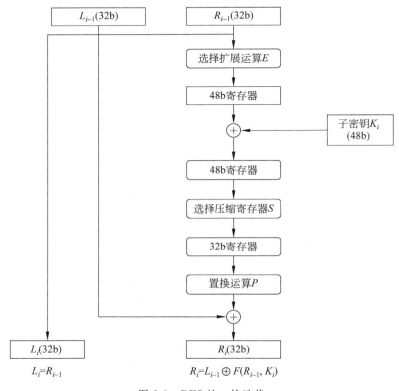

图 2-8 DES 的一轮迭代

从图 2-8 可以看出,轮函数 F 由选择扩展运算 E 与子密钥的异或运算、选择压缩运算 S 和置换 P 组成。下面分别介绍这几种运算。

选择扩展运算 E:将输入的 32b 数据扩展为 48b 的输出数据,扩展变换如表 2-2 所示。

如果将输入的 32b 数据按 E 中所标位置顺序读出,则可得到 48b 的输出数据。可以看出,1、4、5、8、9、12、13、16、17、20、21、24、25、28、29、32 这 16 个位置上的数据都被读了两次。

与子密钥的异或运算:将选择扩展运算的 48b 输出数据与子密钥 K_i(48b)进行异或运算。

选择压缩运算:将输入的 48b 数据从左至右分成 8 组,每组 6b。然后输入 8 个 S 盒,每个 S 盒为一非线性代换,有 4b 输出,如图 2-9 所示。

表 2-2　扩展变换 E

E					
32	1	2	3	4	5
4	5	6	7	8	9
8	9	10	11	12	13
12	13	14	15	16	17
16	17	18	19	20	21
20	21	22	23	24	25
24	25	26	27	28	29
28	29	30	31	32	1

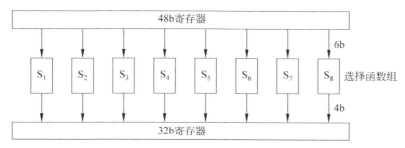

图 2-9　选择压缩运算 S

盒 S_1、S_2、S_3、S_4、S_5、S_6、S_7、S_8 的选择函数如表 2-3 所示。

表 2-3　选择函数

盒	行\列	0	1	2	3	4	5	6	7	8	9	10	11	12	13	14	15
S_1	0	14	4	13	1	2	15	11	8	3	10	6	12	5	9	0	7
	1	0	15	7	4	14	2	13	1	10	6	12	11	9	5	3	8
	2	4	1	14	8	13	6	2	11	15	12	9	7	3	10	5	0
	3	15	12	8	2	4	9	1	7	5	11	3	14	10	0	6	13
S_2	0	15	1	8	14	6	11	3	4	9	7	2	13	12	0	5	10
	1	3	13	4	7	15	2	8	14	12	0	1	10	6	9	11	5
	2	0	14	7	11	10	4	13	1	5	8	12	6	9	3	2	15
	3	13	8	10	1	3	15	4	2	11	6	7	12	0	5	14	9
S_3	0	10	0	9	14	6	3	15	5	1	13	12	7	11	4	2	8
	1	13	7	0	9	3	4	6	10	2	8	5	14	12	11	15	1
	2	13	6	4	9	8	15	3	0	11	1	2	12	5	10	14	7
	3	1	10	13	0	6	9	8	7	4	15	14	3	11	5	2	12
S_4	0	7	13	14	3	0	6	9	10	1	2	8	5	11	12	4	15
	1	13	8	11	5	6	15	0	3	4	7	2	12	1	10	14	9
	2	10	6	9	0	12	11	7	13	15	1	3	14	5	2	8	4
	3	3	15	0	6	10	1	13	8	9	4	5	11	12	7	2	14

盒	行\列	0	1	2	3	4	5	6	7	8	9	10	11	12	13	14	15
S_5	0	2	12	4	1	7	10	11	6	8	5	3	5	13	0	14	9
	1	14	11	2	12	4	7	13	1	5	0	15	10	3	9	8	6
	2	4	2	1	11	10	13	7	8	15	9	12	5	6	3	0	14
	3	11	8	12	7	1	14	2	13	6	15	0	9	10	4	5	3
S_6	0	12	1	10	15	9	2	6	8	0	13	3	4	14	7	5	11
	1	10	15	4	2	7	12	9	5	6	1	13	14	0	11	3	8
	2	9	14	15	5	2	8	12	3	7	0	4	10	1	13	11	6
	3	4	3	2	12	9	5	15	10	11	14	1	7	6	0	8	13
S_7	0	4	11	2	14	15	0	8	13	3	12	9	7	5	10	6	1
	1	13	0	11	7	4	9	1	10	14	3	5	12	2	15	8	6
	2	1	4	11	13	12	3	7	14	10	15	6	8	0	5	9	2
	3	6	11	13	8	1	4	10	7	9	5	0	15	14	2	3	12
S_8	0	13	2	8	4	6	15	11	1	10	9	3	14	5	0	12	7
	1	1	15	13	8	10	3	7	4	12	5	6	11	0	14	9	2
	2	7	11	4	1	9	12	14	2	0	6	10	13	15	3	5	8
	3	2	1	14	7	4	10	8	13	15	12	9	0	3	5	6	11

对每个盒 S_i,6b 输入中的第 1 和第 6b 组成的二进制数确定 S_i 的行,中间 4 位二进制数用来确定 S_i 的列。S_i 中相应行、列位置的十进制数的 4 位二进制数表示作为输出。

例如,S_2 的输入为 101001,则行数和列数的二进制表示分别是 11 和 0100,即第 3 行和第 4 列,S_2 的第 3 行、第 4 列的十进制数为 3,用 4 位二进制数表示为 0011,所以 S_2 的输出为 0011。置换 P 如表 2-4 所示。

表 2-4 置换 P

	P				P		
16	7	20	21	2	8	24	14
29	12	28	17	32	27	3	9
1	15	23	26	19	13	30	6
5	18	31	10	22	11	4	25

最后需要描述的是用密钥 K 来产生 16 个 48b 的子密钥 $K_i(1 \leqslant i \leqslant 16)$ 的方法。

子密钥的产生:给定 64b 的密钥 K,用置换选择 1(PC-1)作用,去掉了输入的第 8、16、24、32、40、48、56、64 位,这 8b 是奇偶校验位,并重排实际 56b 的密钥。将得到的 56b 数据分成左、右等长的 28b,分别记为 C_0 和 D_0。对 $1 \leqslant i \leqslant 16$,计算

$$C_i = \text{LS}_i(C_{i-1}) \quad \text{和} \quad D_i = \text{LS}_i(D_{i-1})$$

将每轮 56b 数据 $C_i D_i$ 用置换选择 2(PC-2)作用,去掉第 9、18、22、25、35、38、43、54 位,同时重排剩下的 48b,输出作为 K_i,产生子密钥的密钥编排算法如图 2-10 所示。这里 LS_i

表示循环左移 1 位($i=1,2,9,16$ 时)或 2 位(其他情况),置换选择 1(PC-1)和置换选择 2(PC-2)如表 2-5 所示。

表 2-5　置换选择 PC-1 和置换选择 PC-2

PC-1							PC-2					
57	49	41	33	25	17	9	14	17	11	24	1	5
1	58	50	42	34	26	18	3	28	15	6	21	10
10	2	59	51	43	35	27	23	19	12	4	26	8
19	11	3	60	52	44	36	16	7	27	20	13	2
63	55	47	39	31	23	15	41	52	31	37	47	55
7	62	54	46	38	30	22	30	40	51	45	33	48
14	6	61	53	45	37	29	44	49	39	56	34	53
21	13	5	28	20	12	4	46	42	50	36	29	32

　　进行 16 轮完全类似的迭代运算后,将所得左、右长度相等的两半 L_{16} 和 R_{16} 交换,得到 64b 数据 $R_{16}L_{16}$,用初始逆置换 IP^{-1} 进行置换,产生密文数据组。置换表自左向右、自上而下的 64 个位置对应 64b 数据组,置换表中的数字表示将 64b 数据组中的该数字所在位置的比特转换为该数字表示的位置的比特。

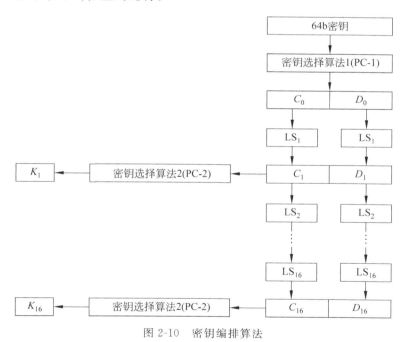

图 2-10　密钥编排算法

　　解密:由于 DES 算法是在 Feistel 网络结构的输入和输出阶段分别添加初始置换 IP 和初始逆置换 IP^{-1} 而构成的,所以它的解密使用与加密同样的算法,只是子密钥的使用次序相反。

2.3.2 DES 问题讨论

当 DES 算法被建议作为一个标准时,曾出现过很多批评,其中最有争议的问题之一就是 S 盒是 DES 的安全核心,因为在 DES 算法中,除了 S 盒外,所有计算都是线性的,然而 S 盒的设计准则并没有完全得到规范,有人认为 S 盒可能存在陷门。不能排除这种说法,但至今没有迹象表明 S 盒中存在陷门。

1976 年,美国国家安全局公布了下列几条 S 盒的设计原则。

(1) S 盒的每一行是整数 $0,1,\cdots,15$ 的一个置换。

(2) 没有一个 S 盒是它输入的线性或仿射函数。

(3) 改变 S 盒的一个输入比特至少要引起两比特的输出改变。

(4) 对任何一个 S 盒 $S_i(1\leqslant i\leqslant 8)$ 和任何一个输入 x(6b 串),$S_i(x)$ 与 $S_i(x\oplus 001100)$ 至少要有两个比特不同。

(5) 对任何一个 S 盒 $S_i(1\leqslant i\leqslant 8)$ 和任何一个比特对 (e,f),$S_i\neq S_i(x\oplus 11ef00)$。

(6) 对任何一个 S 盒 $S_i(1\leqslant i\leqslant 8)$,如果固定一个输入,考察一个特定输出比特的值,该输出比特值为 0 的个数与输出比特值为 1 的个数接近。

其中,六维矢量 $x=(x_1 x_2 x_3 x_4 x_5 x_6)=(abcdef)$ 表示一个 S 盒的 6 个输入端。

据说后面两个特性是为通过美国国家安全局要求的设计准则而专门导出的。目前仍然不知道在 S 盒的构造中是否使用了进一步的设计准则。

关于 DES 算法的另一个最有争议的问题就是担心实际 56b 的密钥长度不足以抵御穷举攻击,因为密钥量只有 $2^{56}\approx 10^{17}$ 个。事实证明确实如此。早在 1977 年,Diffie 和 Hellman 就建议制造每秒能测试 10^6 个密钥的 VLSI 芯片。每秒测试 10^6 个密钥的机器大约需要一天时间就可以搜索完整个 DES 密钥空间。他们估计制造这样的机器大约需要 2 千万美元。

在 CRYPTO'93 大会上,Session 和 Wiener 给出了一个非常详细的密钥搜索机器的设计方案,这个机器基于并行运算的密钥搜索芯片,16 次加密能同时完成。此芯片每秒能测试 5×10^7 密钥,用 5760 个芯片组成的系统需要花费 10 万美元,平均用 15 天左右就可以找到 DES 密钥,如果一个机器使用 10 个这样的系统将花费 100 万美元,但可将平均搜索时间降到 3.5h 左右。1997 年 1 月 28 日,美国的 RSA 数据安全公司在 RSA 安全年会上公布了一项"秘密密钥挑战"竞赛,其中包括悬赏 1 万美元破译密钥长度为 56b 的 DES。美国科罗拉多州的程序员 Verser 从 1997 年 3 月 13 日起,用了 96 天时间,在 Internet 上数万名志愿者的协同工作下,于 6 月 17 日成功找到了 DES 的密钥,赢得了 1 万美元。这一事件表明,依靠 Internet 的分布式计算能力,用穷举式攻击方法破译 DES 已成为可能,这意味着,随着计算能力的增长,必须相应地增加算法密钥的长度。1998 年 7 月,电子前沿基金会使用一台 25 万美元的计算机在 56h 内破译了 56b 密钥的 DES。1999 年 1 月 RSA 数据安全会议期间,电子前沿基金会用 22h15min 就宣告破解了 DES 的密钥。

2.3.3 DES 的变形

美国已经决定 1998 年 12 月以后,DES 不再作为联邦加密标准。新的美国联邦加密标准被称为高级加密标准(Advanced Encryption Standard,AES)。1997 年 9 月 12 日美国联邦登记处(FR)公布了征集 AES 候选算法的通告。在新的加密标准实施之前,由于 DES 容易受到穷举式攻击,人们已着手研究替代的加密算法。为了使已有的 DES 算法投资不浪费,人们尝试用 DES 和多个密钥进行多次加密,其中三重 DES 已被广泛采用。

1. 双重 DES

最简单的多次加密形式是用两个密钥进行两次加密,如图 2-11 所示。已知一个明文 P 和两个加密密钥 K_1 和 K_2,密文为 $C = E_{K2}(E_{K1}(P))$。解密要求密钥以相反的次序使用: $P = D_{K1}(D_{K2}(C))$。对 DES 来说,这个算法的密钥长度是两个密钥长度的和,即 112b,因此密码强度似乎增加了一倍,但问题并不这么简单,需要严格的数学证明。

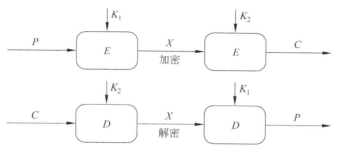

图 2-11　双重加密

假设对于 DES 和所有 56b 密钥,任意给定两个密钥 K_1 和 K_2,都能找到一个密钥 K_3,使得 $E_{K2}(E_{K1}(P)) = E_{K3}(P)$。如果假设成立,则 DES 的两重加密或者多重加密都将等价于用一个 56b 密钥的一次加密。

直观上看,上面的假设不可能为真。因为 DES 加密事实上就是从一个 64b 分组到另一个 64b 分组的置换,而 64b 分组共有 2^{64} 种可能的状态,因而可能的置换个数为

$$2^{64}! > 10^{347380\,000\,000\,000\,000\,000} > 10^{3 \times 10^{20}}$$

另一方面,DES 的每个密钥确定了一个置换,因而总的置换个数为 $2^{56} < 10^{17}$。虽然有许多证据支持上面的假设不成立,但直到 1992 年才有人证明了这个结果。

2. 中途攻击

现在已经知道使用 DES 算法用不同的密钥进行两次加密并不等价于一次 DES 加密。但是用另一种方法可以攻击这种算法,这种方法不依赖于任何 DES 的特殊属性,它对任何分组密码都有效,通常称其为中途攻击算法。

中途攻击算法基于以下观察,如果有 $C = E_{K2}(E_{K1}(P))$,则 $X = E_{K1}(P) = D_{K2}(C)$(见图 2.11)。给定一个已知明文、密文对 (P, C),攻击方法如下:首先用所有 2^{56} 个可能的密钥加密 P,得到 2^{56} 个可能的值,把这些值从小到大存在一个表中,然后再用所有 2^{56} 个可能的密钥对 C 进行解密,每次做完解密都将所得的值与表中值进行比较,如果发现与表中的一个值相等,则它们对应的密钥就可能分别是 K_1 和 K_2。现在用一个新的明文、密文对检测所得到的两个密钥,如果满足 $E_{K1}(P) = D_{K2}(C)$,则把它们接受为正确的密钥。

对于任意一个给定的明文 P,双重 DES 产生的密文值有 2^{64} 种可能。双重 DES 实际使用了一个 112b 的密钥,因此有 2^{112} 种可能的密钥。平均来说,对于一个给定的明文 P,将产生一个给定密文 C 的不同的 112b 的密钥个数是 $2^{112}/2^{64} = 2^{48}$,因而上述过程对于第一对明文、密文有 2^{48} 次加、解密结果相等。如果再加上一对已知明文、密文,误报率为 $2^{48}/2^{64} = 2^{-16}$,因此,已知两对明文、密文,实施中途攻击检测到正确密钥的概率为 $1 - 2^{-16}$。攻击的

工作量为 2^{56}，这与攻击 DES 的工作量 2^{55} 差不多。

3. 三重 DES

对付中途攻击的有效方法是用 3 个密钥进行 3 次加密。这将把已知明文攻击的工作量提高到 2^{112}，这个密钥长度大大提高了抗攻击强度。其缺点是要使用 $3 \times 56 = 168$bit 的密钥。作为替代方案，Tuchman 建议使用两个密钥进行加密-解密-加密(EDE)的方案，即加密为 $C = E_{K1}(D_{K2}(E_{K1}(P)))$，解密为 $P = D_{K1}(E_{K2}(D_{K1}(C)))$，如图 2-12 所示。

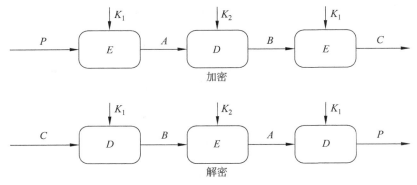

图 2-12　三重加密

第二个步骤使用解密并没有密码编码上的考虑，相对于使用加密，它的唯一优点是可以使三重 DES 的用户能够解密原来仅用一重 DES 加密的数据，即 $P = D_{K1}(E_{K1}(D_{K1}(C))) = D_{K1}(C)$。

使用两个密钥的三重 DES 是比较受欢迎的一个算法，已被密钥管理标准 ANS X9.17 和 ISO 8732 采用。

目前还没有针对两个密钥三重 DES 的实用攻击方法，但有一些设想，限于篇幅，这里不做介绍。

虽然针对两个密钥的三重 DES 并没有实用的攻击方法。但许多研究人员感到具有 3 个密钥的三重 DES 是更好的选择。其加、解密过程为

$$C = E_{K3}(D_{K2}(E_{K1}(P))), \quad P = D_{K1}(E_{K2}(D_{K3}(C)))$$

与一重 DES 的兼容性可以通过取 $K_1 = K_2$ 或 $K_3 = K_2$ 得到。

2.4　高级加密标准

1997 年 4 月 15 日，(美国)国家标准技术研究所(NIST)发起征集高级加密标准 AES 的活动，目的是确定一个非保密的、可以公开技术细节的、全球免费使用的分组密码算法，以作为新的数据加密标准。1997 年 9 月 12 日，美联邦登记处公布了正式征集 AES 候选算法的通告。作为进入 AES 候选过程的一个条件，开发者必须承诺放弃被选中算法的知识产权。许多个人和公司积极响应。AES 的基本要求是：比三重 DES 快；至少与三重 DES 一样安全；数据分组长度为 128b；密钥长度为 128/192/256b。1998 年 8 月 12 日，在首届 AES 会议上指定了 15 个候选算法。根据 Miles Smid 在 RSA'99 会议上提供的结果，有关第二轮 AES 候选算法的概况如表 2-6 所示。

表 2-6 第二轮 AES 候选算法概况

候选算法	结　构	迭代圈数	简　单　评　述	分析	速度
CAST-256	EXT. Feistel	48	加拿大的 Entrust Canada 公司开发的 CAST-128 的新一版本。算法的速度适中,比哈姆的比较分析似乎觉得它的保密性不太可靠,不过对此尚有争议	—	中
Crypton	SP Network	12	韩国 Future System 公司开发。这种 SQUARE 算法在加、解密过程中执行相同操作。许多人指出其速度问题,尤其在 Java 环境下的速度	弱	快
DEAL	Feistel	6,8	加拿大 Outerbridge 公司开发。算法分析揭示与三重 DES 有许多相似之处。没有料到它会通过第一轮	弱	中
DFC	Feistel	8	法国 ENS/CNRS 实验室联合开发。DFC 即使不算太快,也算得上使用 64b 处理器时的最佳实施算法	弱	中
E2	Feistel	12	日本 NTT 公司开发。已通过一系列演示向与会者证明 E2 算法,尤其在使用 Pentium Pro/II 处理器进行的试验中突出表现了 E2 的速度	弱	快
Frog	SP Network	8	哥斯达黎加 TecApro 公司开发,其设计和面向比特的结构显示 Frog 算法是针对 32 位处理器而创造的,它是竞争中的最慢算法之一	弱	中
HPC	Omin		5 种美国开发的算法之一,由于过多地注重 64b CPU,HPC 未能赢得广泛关注	—	慢
LOK197	Feistel	16	澳大利亚公司开发。澳大利亚密码学家拒绝放弃其算法会力挫群雄的希望。然而,密码分析似乎已经揭示出它的某些安全缺陷	弱	中
Magenta	Feistel	6,8	德国德意志电信公司开发。对 Magenta 的试验持续了好几天时间,不少密码专家认为它不可能在竞争中取胜	弱	慢
MARS	EXT. Feistel	32	美国 IBM 公司开发。MARS 的知识产权地位有些模糊不清,尽管不少论文表达了赞赏意见,但这种缺少透明度的情况势必妨碍它的竞争力	—	快
RC6	Feistel	16	美国 RSA 公司开发。里维斯特(Rivest)认为主要的焦点是保密性和在特定环境下的性能,RC6 是 Sun 公司列举的具有最佳 Java 性能的 5 种算法之一	—	快
Rijndael	Square	10,12,14	比利时公司开发。这个欧洲出品算法是最受宠的算法之一,非常完整,非常适合于散列函数	—	快
SAFER+	SP Network	8,12,16	美国 Cylink 公司开发。密码学家们非常看好这个算法,即使未被选作 AES,它也有可能被用在许多产品之中	弱	中

候选算法	结　　构	迭代圈数	简　单　评　述	分析	速度
SERPENT	SP Network	32	以色列、英国、挪威3国密码学家联合开发。以色列密码学家比哈姆(Biham)证实,在使用 Pentium Pro 处理器时,算法可达到 DES 的性能水准。然而,有人指出,这个性能与用 C 语言实现有关,所以完全取决于用作基准的编译程序	弱	中
Twofish	Feistel	16	美国 Counterpane 公司开发。Twofish 算法在 32b CPU 和低到中级智能卡上性能卓著。Twofish 是密码学家们进行过最彻底试验的算法之一,而且还被认为是最完美地遵守 NIST 提出的原则的算法之一	弱	中

　　1999 年 3 月 22 日第二次 AES 会议上,全球各机构和个人对 15 个候选算法的分析结果进行了研讨,并于 1999 年 8 月将候选名单减少为 5 个,这 5 个算法是 RC6、Rijndael、SERPENT、Twofish 和 MARS。2000 年 4 月 13 日,在第三次 AES 会议上,又对这 5 个候选算法的各种分析结果进行了讨论。2000 年 10 月 2 日,NIST 宣布了获胜者——Rijndael 算法。至此,历时 3 年的遴选过程宣告结束,并确定比利时研究者 Vincent Rijmen 和 Joan Daemen 研制的 Rijndael 算法为新的数据加密标准 AES。AES 算法的设计考虑到以下 3 条准则。

　　(1) 能抵抗所有已知的攻击。

　　(2) 在多个平台上同时运行时速度要快,并且编码紧凑。

　　(3) 设计简单。

　　在大多数分组密码中,轮变换中有 Feistel 结构,通常将中间状态的部分比特不加改变简单转置到下一轮的其他位置。AES 算法的轮变换中没有 Feistel 结构,轮变换是由 3 个不同的可逆一致变换组成,称为层,这里的一致是指状态的每个比特都是用类似的方法进行处理的。不同层的选择建立在宽轨迹策略的应用基础上,这是提供抗差分密码分析和线性密码分析的一种设计方法,在宽轨迹策略中,每层都有它自己的函数。

　　(1) 线性混合层:确保多轮之上的高度扩散。

　　(2) 非线性层:具有最优-最差情形的非线性 S 盒的并行应用。

　　(3) 密钥加层:轮密钥简单地异或到中间状态上。

　　AES 是一个迭代分组密码,其分组长度和密钥长度都可以改变。分组长度和密钥长度可以独立地设定为 128b、192b 或者 256b。第一轮之前,应用了一个密钥加层,它对密码的安全性不做任何贡献。为了使加密和解密在结构上更为相似,最后一轮的线性混合层与其他的混合层不同,可以证明它不会影响算法的安全性。图 2-13(a)是 AES 加密算法的框图。

1. 一轮 AES 结构

　　每一轮变换由 4 个不同的可逆变换组成:字节代替 BS、行移位 SR、列混合 MC 和轮密钥异或。这 4 个变换构成 3 层,即非线性层(字节代替 BS)、线性混合层(行移位 SR 和列混合 MC)和密钥加层,如图 2-13(b)所示。最后一轮稍微有点不同,比其他轮少了变换列混合 MC。

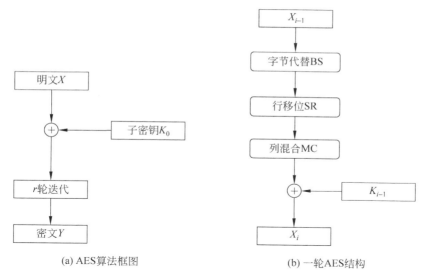

(a) AES算法框图　　　　　　　　(b) 一轮AES结构

图 2-13　AES 算法结构

如果记与轮密钥 k_i 异或的变换为 $O_{k_i}(0 \leqslant i \leqslant r)$,则加密过程可表示为

$$Y = O_{kr} \cdot \text{SR} \cdot \text{BS} \cdot O_{kr-1} \cdot \text{MC} \cdot \text{SR} \cdot \text{BS} \cdots O_{k1} \cdot \text{MC} \cdot \text{SR} \cdot \text{BS} \cdot O_{k0}(X)$$

式中,"·"表示变换的复合;$k_i(0 \leqslant i \leqslant r)$ 是由密钥 K 产生的轮密钥。

2. 状态、密钥和轮数

各个不同的变换都在称为状态的中间结果上运算。状态可以用一个字节矩形阵列来表示,该阵列有 4 行,列数记为 N_b 并且等于分组长度除以 32。

密钥类似地用一个 4 行的字节矩形阵列表示,列数记为 N_k 并且等于密钥长度除以 32,如图 2-14 所示。

$a_{0,0}$	$a_{0,1}$	$a_{0,2}$	$a_{0,3}$	$a_{0,4}$	$a_{0,5}$
$a_{1,0}$	$a_{1,1}$	$a_{1,2}$	$a_{1,3}$	$a_{1,4}$	$a_{1,5}$
$a_{2,0}$	$a_{2,1}$	$a_{2,2}$	$a_{2,3}$	$a_{2,4}$	$a_{2,5}$
$a_{3,0}$	$a_{3,1}$	$a_{3,2}$	$a_{3,3}$	$a_{3,4}$	$a_{3,5}$

$k_{0,0}$	$k_{0,1}$	$k_{0,2}$	$k_{0,3}$
$k_{1,0}$	$k_{1,1}$	$k_{1,2}$	$k_{1,3}$
$k_{2,0}$	$k_{2,1}$	$k_{2,2}$	$k_{2,3}$
$k_{3,0}$	$k_{3,1}$	$k_{3,2}$	$k_{3,3}$

图 2-14　状态($N_b = 6$)和密钥($N_k = 4$)布局的例子

有时这些分组被看成是 4B 矢量的一维阵列,其中每个矢量由矩形阵列中相应的列组成。因而一维阵列的长度有 4、6 或 8,分别用 0~3、0~5 或 0~7 标记。4B 矢量有时被看成是字。

约定用 (a, b, c, d) 表示 4B 矢量或字的时候,a、b、c、d 分别是列中位置在 0、1、2、3 的字节。

在与外界交互的时候,输入输出被看成是 8b 的一维阵列,从 0~$4N_{b-1}$。因而分组的长度有 16B、24B 或 32B,标记范围分别为 0~5、0~23 或 0~31。

密钥也被看成是 8b 的一维阵列,从 0~$4N_{k-1}$。因而分组的长度有 16B、24B 或 32B,标记范围分别为 0~15、0~23 或 0~31。

输入的明文字节按 $a_{0,0}, a_{1,0}, a_{2,0}, a_{3,0}, a_{0,1}, a_{1,1}, a_{2,1}, a_{3,1} \cdots$ 的顺序映射到状态字节上。

密钥按 $k_{0,0}, k_{1,0}, k_{2,0}, k_{3,0}, k_{0,1}, k_{1,1}, k_{2,1}, k_{3,1} \cdots$ 的顺序映射到阵列上。密码运算结束时,密文的输出是以同样的次序从状态字节中取状态字而获得的。如果一个字节的一维标记是 n 并且二维标记是 (i, j) 则有

$$i = n \bmod 4, \quad j = [n/4], \quad n = 4j + i$$

标记 j 是 4B 矢量或字中的第 n 字节数,而 j 正是对该矢量或字的标记。

轮数与 N_b 和 N_k 的值有关。如果记轮数为 r,则它们的关系如表 2-7 所示。

表 2-7 轮数 r 与 N_b 和 N_k 的关系

轮数 r 与 N_b 和 N_k			
r	$N_b = 4$	$N_b = 6$	$N_b = 8$
$N_k = 4$	10	12	14
$N_k = 6$	12	12	14
$N_k = 8$	14	14	14

3. 字节代替变换

字节代替变换是一个非线性的字节代替,它在每个状态字节上独立进行运算。代替表(或 S 盒)是可逆的,并且是由两个可逆的变换复合而成。

- 首先在有限域 $GF(2^8)$ 中取逆元,00 的逆元规定为 00。
- 其次,将所得逆元经过下面定义的(GF(2)上的)仿射变换的作用,即

$$
\begin{bmatrix} y_0 \\ y_1 \\ y_2 \\ y_3 \\ y_4 \\ y_5 \\ y_6 \\ y_7 \end{bmatrix} =
\begin{bmatrix}
1 & 1 & 1 & 1 & 1 & 0 & 0 & 0 \\
0 & 1 & 1 & 1 & 1 & 1 & 0 & 0 \\
0 & 0 & 1 & 1 & 1 & 1 & 1 & 0 \\
0 & 0 & 0 & 1 & 1 & 1 & 1 & 1 \\
1 & 0 & 0 & 0 & 1 & 1 & 1 & 1 \\
1 & 1 & 0 & 0 & 0 & 1 & 1 & 1 \\
1 & 1 & 1 & 0 & 0 & 0 & 1 & 1 \\
1 & 1 & 1 & 1 & 0 & 0 & 0 & 1
\end{bmatrix}
\begin{bmatrix} x_0 \\ x_1 \\ x_2 \\ x_3 \\ x_4 \\ x_5 \\ x_6 \\ x_7 \end{bmatrix} +
\begin{bmatrix} 0 \\ 1 \\ 1 \\ 0 \\ 0 \\ 0 \\ 1 \\ 1 \end{bmatrix}
$$

S 盒对状态所有字节的变换记为 BS,图 2-15 所示是变换 BS 所用的 S 盒。

4. 行移位变换

在行移位变换中,状态的第一行没有任何变化,第二行循环移位 C_1 字节,第三行循环移位 C_2 字节,第四行循环移位 C_3 字节。位移量 C_1、C_2 和 C_3 与分组长度 N_b 有关,如表 2-8 所示。

表 2-8 不同分组长度的位移量

N_b	C_1	C_2	C_3
4	1	2	3
6	1	2	3
8	1	3	4

	0	1	2	3	4	5	6	7	8	9	a	b	c	d	e	f
0	63	7c	77	7b	f2	6b	6f	c5	30	01	67	2b	fe	d7	ab	76
1	ca	82	c9	7d	fa	59	47	f0	ad	d4	a2	af	9c	a4	72	c0
2	b7	fd	93	26	36	3f	f7	cc	34	a5	e5	f1	71	d8	31	15
3	04	c7	23	c3	18	96	05	9a	07	12	80	e2	eb	27	b2	75
4	09	83	2c	1a	1b	6e	5a	A0	52	3b	d6	b3	29	e3	2f	84
5	53	d1	00	ed	20	fc	b1	5b	6a	cb	be	39	4a	4c	58	cf
6	d0	ef	aa	fb	43	4d	33	85	45	f9	02	7f	50	3c	9f	a8
7	51	a3	40	8f	92	9d	38	f5	bc	b6	da	21	10	ff	f3	d2
8	cd	0c	13	ec	5f	97	44	17	c4	a7	7e	3d	64	5d	19	73
9	60	81	4f	dc	22	2a	90	88	46	ee	b8	14	de	5e	0b	db
a	e0	32	3a	0a	49	06	24	5c	c2	d3	ac	62	91	95	e4	79
b	e7	c8	37	6d	8d	d5	4e	a9	6c	56	f4	ea	65	7a	ae	08
c	ba	78	25	2e	1c	a6	b4	c6	e8	dd	74	1f	4b	bd	8b	8a
d	70	3e	b5	66	48	03	f6	0e	61	35	57	b9	86	c1	1d	9e
e	e1	f8	98	11	69	d9	8e	94	9b	1e	87	e9	ce	55	28	df
f	8c	a1	89	0d	bf	e6	42	68	41	99	2d	0f	b0	54	bb	16

图 2-15　BS 所用的 S 盒

所有状态的位移变换记为 SR。图 2-16 描述了变换 SR 在状态行上的作用效果。

$a_{0,0}$	$a_{0,1}$	$a_{0,2}$	$a_{0,3}$	$a_{0,4}$	$a_{0,5}$
$a_{1,0}$	$a_{1,1}$	$a_{1,2}$	$a_{1,3}$	$a_{1,4}$	$a_{1,5}$
$a_{2,0}$	$a_{2,1}$	$a_{2,2}$	$a_{2,3}$	$a_{2,4}$	$a_{2,5}$
$a_{3,0}$	$a_{3,1}$	$a_{3,2}$	$a_{3,3}$	$a_{3,4}$	$a_{3,5}$

$\Rightarrow$

$a_{0,0}$	$a_{0,1}$	$a_{0,2}$	$a_{0,3}$	$a_{0,4}$	$a_{0,5}$
$a_{1,1}$	$a_{1,2}$	$a_{1,3}$	$a_{1,4}$	$a_{1,5}$	$a_{1,0}$
$a_{2,2}$	$a_{2,3}$	$a_{2,4}$	$a_{2,5}$	$a_{2,0}$	$a_{2,1}$
$a_{3,3}$	$a_{3,4}$	$a_{3,5}$	$a_{3,0}$	$a_{3,1}$	$a_{3,2}$

图 2-16　SR 作用在状态行上

5. 列混合变换

在列混合变换中,将状态的列视为有限域 $GF(2^8)$ 上的四维向量并且与 $GF(2^8)$ 上的一个固定的可逆方阵 A 相乘,所有状态列的混合记为 MC。

$$\begin{bmatrix} b_{0,j} \\ b_{1,j} \\ b_{2,j} \\ b_{3,j} \end{bmatrix} = \begin{bmatrix} 02 & 03 & 01 & 01 \\ 01 & 02 & 03 & 01 \\ 01 & 01 & 02 & 03 \\ 03 & 01 & 01 & 02 \end{bmatrix} \begin{bmatrix} a_{0,j} \\ a_{1,j} \\ a_{2,j} \\ a_{3,j} \end{bmatrix}$$

6. 轮密钥加

用简单的比特异或将一个轮密钥作用在状态上。轮密钥通过密钥调度算法从密钥中产生,其长度等于分组长度。

7. 密钥调度算法

轮密钥通过密钥调度算法从密钥中产生,这其中包括两个组成部分,即密钥扩展和轮密钥选取。基本原理如下。

- 所有轮密钥比特的总数等于轮数加 1 乘以分组长度(如 128b 的分组长度和 10 轮迭代,共需要 1408b 的密钥)。
- 将密码密钥扩展成一个扩展密钥。
- 轮密钥按下述方式从扩展密钥中选取:第一轮密钥由一开始的 N_b 个字组成,第二个轮密钥由接下来的 N_b 个字组成,如此继续下去。

密钥扩展:扩展密钥是一个 4B 的直线阵列,记 $W = (w_0, w_1, \cdots, w_{N_{b(r+1)}})$,开始 N_k 个字由密钥组成,其他字由前面字的递归定义。N_k 不大于 6 的情况与 N_k 大于 6 的情况扩展算法是不同的。

对于 $N_k \leqslant 6$,有

$$w_i = \begin{cases} k_i & \text{如果 } i \leqslant N_k \\ w_{i-N_k} \oplus S(R(w_{i-1})) \oplus c_{i/N_k} & \text{如果 } i \text{ 是 } N_k \text{ 的倍数} \\ w_{i-N_k} \oplus w_{i-1} & \text{其他} \end{cases}$$

可以看出,开始 N_k 个字是由密钥填充的,随后的每个字 w_i 等于前面的字 w_{i-1} 和 N_k 个位置之前的字 w_{i-N_k} 的异或。对于 N_k 的整数倍处的字,在异或之前,要对 w_{i-1} 进行变换,并且还要异或一个轮常数,这个变换由函数 S 和 R 复合而得,函数 $S(0)$ 是把 AES 的 S 盒作用到输入字的每个字节上,函数 $R(0)$ 是把输入字的 4 个字节循环移位一个字节,如输入字为 (a, b, c, d),则输出字为 (b, c, d, a)。轮常数与 N_k 无关,定义为

$$c_i = (c_{0,i}, 00, 00, 00)$$

其中 $c_{0,0} = 01$,$c_{0,i} = x \oplus c_{0,i-1}$。

对于 $N_k > 6$,有

$$w_i = \begin{cases} k_i & \text{如果 } i \leqslant N_k \\ w_{i-N_k} \oplus S(R(w_{i-1})) \oplus c_{i/N_k} & \text{如果 } i \text{ 是 } N_k \text{ 的倍数} \\ w_{i-N_k} \oplus S(w_{i-1}) & \text{如果 } i-4 \text{ 是 } N_k \text{ 的倍数} \\ w_{i-N_k} \oplus w_{i-1} & \text{其他} \end{cases}$$

可以看出,$N_k > 6$ 与 $N_k \leqslant 6$ 时密钥扩展算法的区别在于,当 i 满足 $i-4$ 是 N_k 的整数倍时,在异或之前,要把 AES 的 S 盒作用到 w_{i-1} 的每个字节。

2.5 SM4 商用密码算法

2.5.1 SM4 算法背景

国家密码管理局于 2012 年 3 月 21 日发布第 23 号公告,将 SM4 算法确定为国内官方公布的第一个商用密码算法。SM4 算法的前身是用于我国无线局域网产品的加密算法 SMS4 算法,它于 2006 年 1 月 6 日发布,在 2007 年 12 月,SMS4 算法被宣布为中国可信安全技术平台规范的对称密码算法。这对我国密码学研究以及密码算法的本土化具有重要意义。自从 SM4 密码算法公布以来,针对它的各类研究也在逐步开展,它也在逐步被应用于商用密码领域,如基于 SM4 设计的 DSP 和智能卡已广泛应用于银行、保险、交通等领域。与此同时,针对 SM4 算法的密码分析、软硬件设计实现和攻击与防护等领域也在展开。国

内有些学者曾对 SM4 算法的 S 盒的代数性质和布尔函数性质进行了分析,验证了 SM4 算法的 S 盒设计已达到了欧美分组密码标准算法的 S 盒设计水准,已具有较好的安全特性。

与 DES 和 AES 一样,SM4 也是分组密码算法。它的分组长度和密钥长度都是 128b,加密算法和密钥扩展算法都采用 32 轮非线性迭代结构。它仍然具有分组密码的经典特征,加密算法与解密算法结构相同,只是轮密钥的使用顺序相反。

前面介绍的几种分组密码都有自己的核心结构,DES 是 Feistel 结构和 SP 结构,AES 是非线性结构的 S 盒,那么,SM4 的核心是什么呢? 其实 SM4 算法也有它的 S 盒。

2.5.2　SM4 算法描述

与 DES 和 AES 算法类似,SM4 算法是一种分组密码算法。SM4 算法明文分组长度为 128b,经过 32 轮迭代和一次反序变换,得到 128b 密文;密钥生成器产生 32 个子密钥,分别参与到每一轮的变换中完成轮加密。而解密算法与加密算法结构相同,只是轮密钥的使用顺序相反。SM4 算法框架如图 2-17 所示。

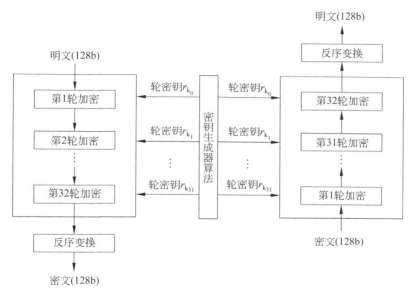

图 2-17　SM4 算法框架

1. 参数产生

SM4 算法中所需的符号和惯例如下。

1) 字与字节

用 Z_2^e 表示 e 比特的向量集,Z_2^{32} 中的元素称为字,Z_2^8 中的元素称为字节。

2) S 盒

S 盒为固定的 8b 输入、8b 输出的置换,记为 Sbox(.)。

3) 基本运算

在本算法中采用以下基本运算:$\oplus$ 表示 32b 异或;$<<<i$ 表示 32b 循环左移 i 位。

4) 密钥及密钥参量

加密密钥长度为 128b,表示为 $M_K=(M_{K_0},M_{K_1},M_{K_2},M_{K_3})$,其中 $M_{K_i}(i=0,1,2,3)$ 为

字。轮密钥表示为$(r_{k_0}, r_{k_1}, \cdots, r_{k_{31}})$，其中$r_{k_i}(i=0, \cdots, 31)$为字。轮密钥由加密密钥生成。$F_K = (F_{K_0}, F_{K_1}, F_{K_2}, F_{K_3})$为系统参数，$C_K = (C_{K_0}, C_{K_1}, \cdots, C_{K_{31}})$为固定参数，用于密钥扩展算法中，其中$F_{K_i}(i=0, \cdots, 3)$、$C_{K_i}(i=0, \cdots, 31)$为字。

2. 轮函数

SM4 算法中的每一次迭代运算即为一个轮变换。轮变换函数 F 的内部流程图如图 2-18 所示。

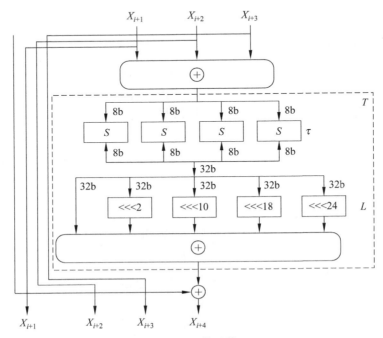

图 2-18　轮函数

设输入为$(X_0, X_1, X_2, X_3) \in (Z_2^{32})^4$，轮密钥为$r_k \in Z_2^{32}$，则轮函数 F 为 $F(X_0, X_1, X_2, X_3, r_k) = X_0 \oplus T(X_1 \oplus X_2 \oplus X_3 \oplus r_k)$ 整体的轮函数为

$$X_{i+4} = F(X_i, X_{i+1}, X_{i+2}, X_{i+3}, r_{k_i}) = X_i \oplus T(X_{i+1} \oplus X_{i+2} \oplus X_{i+3} \oplus r_{k_i})$$

式中，$i \in \{0, 1, 2, \cdots, 31\}$；$T$ 为一个合成置换，作用于 $Z_2^{32} \to Z_2^{32}$ 并且可逆，由非线性变换 τ 和线性变换 L 复合而成，表达式为 $T(.) = L(\tau(.))$。非线性变换 τ 和线性变换 L 的具体形式如下。

1）非线性变换 τ

非线性变换 τ 由 4 个平行的 S 盒构成。

设输入为$A = (a_0, a_1, a_2, a_3) \in (Z_2^8)^4$，输出为$B = (b_0, b_1, b_2, b_3) \in (Z_2^8)^4$，则

$$(b_0, b_1, b_2, b_3) = \tau(A) = (\mathrm{Sbox}(a_0), \mathrm{Sbox}(a_1), \mathrm{Sbox}(a_2), \mathrm{Sbox}(a_3))$$

2）线性变换 L

非线性变换 τ 的输出是线性变换 L 的输入。设输入为$B \in Z_2^{32}$，输出为 C，则

$$C = L(B) = B \oplus (B << 2) \oplus (B << 10) \oplus (B << 18) \oplus (B << 24)$$

3）S 盒

S 盒中的数据均采用十六进制，如表 2-9 所示。

表 2-9 SM4 的 S 盒

	0	1	2	3	4	5	6	7	8	9	a	b	c	d	e	f
3	e4	b3	1c	a9	c9	08	e8	95	80	df	94	fa	75	8f	3f	a6
4	47	07	a7	fc	f3	73	17	ba	83	59	3c	19	e6	85	4f	a8
5	68	6b	81	b2	71	64	da	8b	f8	eb	0f	4b	70	56	9d	35
6	1e	24	0e	5e	63	58	d1	a2	25	22	7c	3b	01	21	78	87
7	d4	00	46	57	9f	d3	27	52	4c	36	02	e7	a0	c4	c8	9e
8	ea	bf	8a	d2	40	c7	38	b5	a3	f7	f2	ce	f9	61	15	a1
9	e0	ae	5d	a4	9b	34	1a	55	ad	93	32	30	f5	8c	b1	e3
a	1d	f6	e2	2e	82	66	ca	60	c0	29	23	ab	0d	53	4e	6f
b	d5	db	37	45	de	fd	8e	2f	03	ff	6a	72	6d	6c	5b	51
c	8d	1b	af	92	bb	dd	bc	7f	11	d9	5c	41	1f	10	5a	d8
d	0a	c1	31	88	a5	cd	7b	bd	2d	74	d0	12	b8	e5	b4	b0
e	89	69	97	4a	0c	96	77	7e	65	b9	f1	09	c5	6e	c6	84
f	18	f0	7d	ec	3a	dc	4d	20	79	ee	5f	3e	d7	cb	39	48

例如,输入'ac',则经过 S 盒后的值为表中第 a 行和第 c 列的值,Sbox('ac')='0d'。

3. 密钥扩展

SM4 算法中的轮密钥由加密密钥通过密钥扩展算法生成,如图 2-18 所示。

设用于密钥扩展算法的加密密钥长度为 128b,表示为 $M_K = (M_{K_0}, M_{K_1}, M_{K_2}, M_{K_3})$,系统参数为 $F_K = (F_{K_0}, F_{K_1}, F_{K_2}, F_{K_3})$,$C_K = (C_{K_0}, C_{K_1}, C_{K_2}, C_{K_3})$ 其中,$F_{K_i}(i=0,\cdots,3)$,$C_{K_i}(i=0,\cdots,3)$ 均为一个字。

其中 $M_{K_i}(i=0,1,2,3)$ 为字。轮密钥表示为 $(r_{k_0}, r_{k_1}, \cdots, r_{k_{31}})$,其中 $r_{k_i}(i=0,\cdots,31)$ 为字。轮密钥由加密密钥生成。

令 $k_i \in Z_2^{32}$,$i=0,1,\cdots,35$,轮密钥为 $r_{k_i} \in Z_2^{32}(i=0,1,\cdots,31)$,则轮密钥生成方法如下。

首先,$(K_0, K_1, K_2, K_3) = (M_{K_0} \oplus F_{K_0}, M_{K_1} \oplus F_{K_1}, M_{K_2} \oplus F_{K_2}, M_{K_3} \oplus F_{K_3})$。

然后,对 $i=0,1,\cdots,31$,有

$$r_{k_i} = K_{i+4} = K_i \oplus T'(K_{i+1} \oplus K_{i+2} \oplus K_{i+3} \oplus C_{K_i})$$

其中需要说明如下。

(1) T' 变换与加密算法轮函数的 T 基本相同,只将其中的线性变换 L 修改为以下 L':

$$L'(B) = B \oplus (B <<< 13) \oplus (B <<< 23)$$

(2) 系统参数 F_K 的取值,采用十六进制表示为

$$F_{K_0} = (\text{A3B1BAC6}), \quad F_{K_1} = (\text{56AA3350}),$$

$$F_{K_2} = (\text{677D9197}), \quad F_{K_3} = (\text{B27022DC})$$

(3) 固定参数 CK 的取值方法如下。

设 $ck_{i,j}$ 为 CK_i 的第 j 个字节($i=0,1,2,\cdots,31$;$j=0,1,2,3$),即

$$CK_i = (ck_{i,0}, ck_{i,1}, ck_{i,2}, ck_{i,3}) \in (Z_2^8)^4$$

则 $ck_{i,j} = (4i+j) \times 7 \pmod{256}$。而 32 个固定参数 CK_i，其十六进制表示如表 2-10 所示。

表 2-10　32 个固定参数 CK_i

00070e15	1c232a31	383f464d	545b6269
70777e85	8c939aa1	a8afb6bd	c4cbd2d9
e0e7eef5	fc030a11	181f262d	343b4249
50575e65	6c737a81	888f969d	a4abb2b9
c0c7ced5	dce3eaf1	f8ff060d	141b2229
30373e45	4c535a61	686f767d	848b9299
a0a7aeb5	bcc3cad1	d8dfe6ed	f4fb0209
10171e25	2c333a41	484f565d	646b7279

（4）加、解密算法。

定义反序变换 R 为

$$R = (X_0, X_1, X_2, X_3) = (X_3, X_2, X_1, X_0), X_i \in Z_2^{32} \ (i = 0,1,2,3)$$

设明文输入为 $(X_0, X_1, X_2, X_3) \in (Z_2^{32})^4$，密文输出为 $(Y_0, Y_1, Y_2, Y_3) \in (Z_2^{32})^4$，轮密钥为 $r_{k_i} \in Z_2^{32}, i = 0, 1, 2, \cdots, 31$，则本算法的加密变换为

$$X_{i+4} = F(X_i, X_{i+1}, X_{i+2}, X_{i+3}, r_{k_i})$$
$$= X_i \oplus T(X_{i+1} \oplus X_{i+2} \oplus X_{i+3} \oplus r_{k_i}), \quad i = 0, 1, \cdots, 31$$

最后一轮变换时，输出为

$$(Y_0, Y_1, Y_2, Y_3) = R(X_{32}, X_{33}, X_{34}, X_{35}) = (X_{35}, X_{34}, X_{33}, X_{32})$$

SM4 算法的解密变换与加密变换结构相同，不同的仅是轮密钥的使用顺序。加密时轮密钥的使用顺序为 $(r_{k_0}, r_{k_1}, \cdots, r_{k_{31}})$，解密时轮密钥的使用顺序则逆向进行，即 $(r_{k_{31}}, r_{k_{30}}, \cdots, r_{k_0})$。

SM4 算法的加密变换过程具体请参考图 2-19。

① 将明文 M 转换成二进制位（bit）表示，然后以 128b 为长度进行分组，P 是其中一组。

② 128b 的分组 P 按序均分成 4 份，每份 32b。

③ 以 X_1, X_2, X_3, r_{k_0} 为输入，使用非线性函数 $T(\cdot, \cdot, \cdot, \cdot)$ 进行处理。再将其与 X_0 进行异或运算，输出 X_4（32b）。

④ 第 2～32 轮与第 1 轮进行同样的处理。

⑤ 输出 X_{35} 的值。

⑥ 将 $X_{32}, X_{33}, X_{34}, X_{35}$ 的值反序变换，赋给 Y_0, Y_1, Y_2, Y_3。

其他分组都按 2～6 的步骤进行加密。

2.5.3　SM4 算法安全性分析

SM4 算法的分组长度和密钥长度均为 128b。加、解密算法与密钥扩展算法都采用 32 轮迭代结构，轮函数采用线性变换和非线性变换复合在一起的方式，增强了算法的安全性。

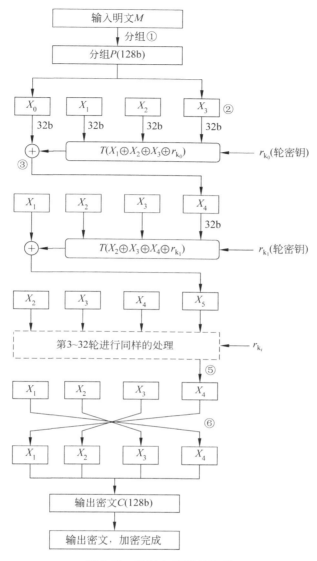

图 2-19　SM4 加密算法流程

其中线性变换使用的 S 盒为 8b 输入、8b 输出的置换,可以使用明文和轮密钥产生充分的混淆和扩散,而且它可以被灵活替换,以应对突发性的安全威胁;具有较高的非线性扩散程度;其单轮变换密钥保墒且只有一个不动点;整体加密变换的不动点平均个数为一个。

在工程实现上,SM4 算法的加、解密结构相同;加密与解密算法时间相同;硬件集成上密钥扩展与数据加密可平行计算;适用于 8、16、32、64 位处理器的软件加密;适用于高、低端的应用;适用于 IC 卡实现;适合芯片集成,芯片集成度低。

SM4 算法一步迭代的非线性运算单位是 32b,比 Feistel 网络(非线性运算单位为 64b)和 SP 网络(非线性运算单位为 128b)的线性扩散和差分扩散的速度要慢。SM4 算法从中获得的益处是非线性程度的提高和芯片集成度的降低。

2.6　序列密码简介

2.6.1　序列密码的概念

序列密码也称为流密码(Stream Cipher),它是对称密码算法的一种。序列密码具有实现简单、便于硬件实施、加解密处理速度快、没有或只有有限的错误传播等特点,因此在实际应用中,特别是专用或机密机构中保持着优势,典型的应用领域包括无线通信、外交通信。

1949年,Shannon证明了只有一次一密的密码体制是绝对安全的,这给序列密码技术的研究以强大的支持,序列密码方案的发展是模仿一次一密系统的尝试,或者说"一次一密"的密码方案是序列密码的雏形。如果序列密码所使用的是真正随机方式的、与消息流长度相同的密钥流,则此时的序列密码就是一次一密的密码体制。若能以一种方式产生一随机序列(密钥流),这一序列由密钥所确定,则利用这样的序列就可以进行加密,即将密钥、明文表示成连续的符号或二进制,对应地进行加密。

序列密码将明文消息序列 $m = m_1, m_2, \cdots$,用密钥流序列 $k = k_1, k_2, \cdots$,逐位加密,得密文序列 $c = c_1, c_2, \cdots$,其中加密变换为 E_k: $c_i = E_k(m_i)$。若记 $c = E_k(m)$,其解密变换为 D_k: $m_i = D_k(c_i)$。记为 $m = D_k(c)$。

在实用的序列密码中,加密变换常采用二元加法运算,即

$$\begin{cases} c_i = m_i \oplus k_i, \\ m_i = c_i \oplus k_i \end{cases}$$

图 2-20 便是一个二元加法流密码系统的模型。

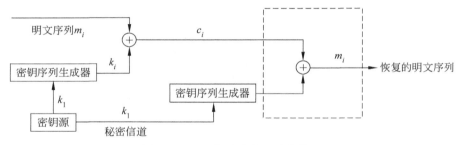

图 2-20　二元加法流密码系统模型

图中,k_1 为密钥序列生成器的初始密钥或称种子密钥。为了密钥管理的方便,k_1 一般较短,它的作用是控制密钥序列生成器生成长的密钥流序列 $k = k_1, k_2, \cdots$。

恢复明文的关键是知道 k_i,如果"黑客"知道了 k_i,当然也就知道了 m_i,因此密码系统的安全性取决于密钥流的性能。当密钥流序列是完全随机序列时,该系统便被称为完善保密系统,即不可破的。然而,在通常的序列密码中,加、解密用的密钥序列是安全的伪随机序列。

近年来,序列密码的理论得到了较大的发展,相对而言,分组密码的研究进展较为缓慢,其主要原因有以下几点。

(1)序列密码的密码结构较分组密码简单。

（2）序列密码有较为理想的数学分析工具，如频谱理论和技术、代数等。

（3）分组密码的一个不足之处在于相同的明文组可能对应相同的密文组，给密码分析者充分利用明文语言的多余度进行分析提供了可能性，使得密文的串检验破译构成了对分组密码的一种挑战。

（4）目前大多数国家和外交保密通信仍然以序列密码为主。

2.6.2　序列密码的分类

按照加密方式，序列密码一般分为两类，即同步序列密码与自同步序列密码。

（1）同步序列密码。同步序列密码是指密钥的生成独立于消息与密文的序列密码，加密过程为

$$\sigma_{t+1} = f(\sigma_t, K, \mathrm{IV}),$$
$$z_t = g(\sigma_t, K, \mathrm{IV}),$$
$$c_t = h(z_t, m_t),$$

式中，σ_0 为由密钥 K 和初始向量 IV 决定的初始状态；f 为状态转移函数；g 为密钥流 z_t 的产生函数；h 为密钥流 z_t 与消息 m_t 结合产生密文 c_t 的输出函数。

（2）自同步序列密码。自同步序列密码是指密钥流输出由密钥 K、初始向量 IV 和此前固定长度的密文所决定的序列密码，加密过程可描述为

$$\sigma_t = (c_{t-n}, c_{t-n+1}, \cdots, c_{t-1}),$$
$$z_t = g(\sigma_t, K, \mathrm{IV}),$$
$$c_t = h(z_t, m_t),$$

式中，$\sigma_0 = (c_{-n}, c_{-n+1}, \cdots, c_{-1})$ 为初始状态；K 为密钥；IV 为初始向量；g 为密钥流 z_t 的产生函数；h 为密钥流 z_t 与消息 z_t 结合消息 m_t 产生密文 c_t 的输出函数。

按照应用环境的不同，序列密码又可分为面向软件的序列密码与面向硬件的序列密码。面向软件的序列密码要求软件加、解密高速率、高性能；而面向硬件的序列密码则要满足内存小、门数少、耗能低等极端硬件需求。

2.6.3　同步流密码

在同步流密码中，由于 $z_i = f(k, \sigma_i)$ 与明文字符无关，因而密文字符 $y_i = e_{zi}(x_i)$ 也不依赖于此前的明文字符。因此，可将同步流密码的加密器分成密钥流生成器和加密变换器两个部分。如果与上述加密变换对应的解密变换为 $x_i = d_{zi}(y_i)$，则可给出同步流密码的模型，如图 2-21 所示。

同步流密码的加密变换 e_{zi} 可以有多种选择，只要保证变换是可逆的即可。实际使用的数字保密通信系统一般都是二元系统，因而在有限域 GF(2) 上讨论的二元加法流密码（如图 2-22 所示）是最受欢迎的流密码体制，其加密变换可表示为 $y_i = z_i \oplus x_i$。

一次一密密码是加法流密码的原型。事实上，如果 $z_i = k_i$（即密钥用作滚动密钥流）则加法流密码就退化成一次一密密码。实际使用时，密码设计者的最大愿望是设计出一个滚动密钥生成器，使得密钥 K 经其扩展成的密钥流序列 z 具有以下一些性质，即极大的周期、良好的统计特性、抗线性分析、抗统计分析等。

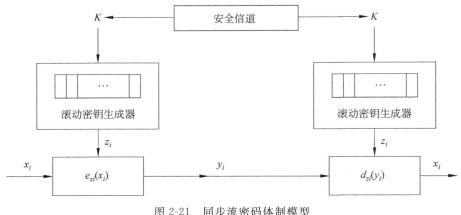

图 2-21　同步流密码体制模型

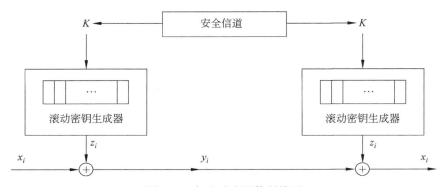

图 2-22　加法流密码体制模型

2.6.4　密钥流生成器

同步流密码的关键是密钥流生成器。一般可将其看成是一个参数为 k 的有限状态自动机,由一个输出符号集 Z、一个状态集 Σ、两个函数 φ 和 ψ 以及一个初始状态 σ_0 所组成,如图 2-23(a)所示。状态转移函数 $\varphi: \sigma_i \to \sigma_{i+1}$,将当前状态 σ_i 变为一个新状态 σ_{i+1},输出函数 $\psi_i: \sigma_i \to z_i$,将当前状态 σ_i 变为输出符号集中的一个元素 z_i。这种密钥流生成器设计的关键在于找出适当的状态转移函数 φ 和输出函数 ψ,使得输出序列 z 满足极大的周期、良好的统计特性、抗线性分析和抗统计分析等要求,并且要求在设备上是节省的和容易实现的。为了实现这一目标,必须采用非线性函数。

由于非线性的 φ 的有限状态自动机理论很不完善,相应的密钥流生成器的分析工作受到极大的限制。而采用线性的 φ 和非线性的 ψ 时,却能够进行深入的分析,并可以得到好的生成器。为方便,可将这类生成器分成驱动部分和非线性组合部分,如图 2-23(b)所示。驱动部分控制状态转移,并为非线性组合部分提供统计性能良好的序列;而非线性组合部分利用这些序列组合出满足要求的密钥流序列。

密钥流事实上是一个无限长序列。由于一个有限状态机在确定的逻辑连接下,迟早要进入周期状态。因而实际得到的密钥流本质上是一个周期序列。用 s 表示序列 $s_0, s_1, \cdots$,如果存在正整数 p,使得 $s_{i-p} = s_i (i=1,2,\cdots)$,则称序列 s 为周期序列,满足上式的最小正整

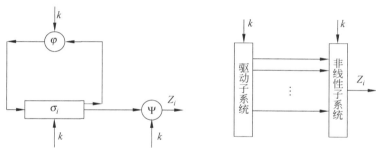

(a) 作为有限状态自动机的密钥流生成器　　　　(b) 密钥流生成器的分解

图 2-23　同步流密码密钥流生成器

数 p 称为序列 s 的周期。

设计流密码系统一般可以从两个方面进行考虑：一方面是从系统自身的复杂性度量出发，如输出密钥序列的周期、线性复杂度、随机性等；另一方面从抗已知攻击出发，如线性逼近、统计分析等。目前设计密钥流生成器主要有以下准则。

（1）密钥量足够大：一般密钥长度为 128b 或 256b。

（2）周期要足够长：一般为 2^{128} 或 2^{256}。

（3）线性复杂度：一般要求密钥序列的线性复杂度大于周期长度的一半，同时要有好的线性复杂度稳定性、好的线性复杂度曲线等。

（4）良好的统计持性：如均匀的 0、1 分布和游程分布。

（5）混淆和扩散：如每个密钥流比特是全部或大多数密钥比特的一个复杂变换结构。

（6）组合函数：良好的密码学性质等。

上述设计准则都是设计安全流密码生成器所必须要考虑的。

一般来说，流密码总是比分组密码要快，通常使用的代码也比分组密码少得多。如最常用的流密码 RC4，比最快的分组密码至少快两倍。RC4 可以只用 30 行代码写成，而大多数分组密码则需要数百行代码。

2.7　常用的序列密码算法

2.7.1　A5 序列密码算法

A5 序列密码算法是 1989 年由法国人开发，用于蜂窝式电话系统（GSM）加密的算法，它用于对从电话到基站连接的加密，先后开发了 3 个版本。

1. 基本用法

A5-1 算法用于用户的手机到基站之间的通信加密，通信内容到基站后先解密变成明文，然后再进行基站到基站之间，以及基站到用户手机之间的信息加密，完成通信内容在通信过程的加密保护。A5 算法的通信模式如图 2-24 所示。

图 2-24　A5 算法的通信模式

1）应用环节

只需考察用户 A 到基站 1 之间的通信内容的加、解密,中间消息的传送由基站到基站之间的加密完成,而接收方用户 B 对消息的加、解密与用户 A 到基站 1 之间的通信完全类似,只不过用户 B 先解密消息。

2）基本密钥 K_{A1}

（1）基本密钥 K_{A1}:预置在 SIM 卡中,与基站 1 共享。

（2）生存期:一旦植入 SIM 卡将不再改变。

（3）用途:用来分配用户与基站之间的会话密钥。

3）会话密钥 K

（1）产生方式:每次会话时,基站产生一个 64b 的随机数。

（2）分配方式:利用基本密钥 K_{A1},使用其他密码算法将 K 加密传给用户手机。

（3）生存期:仅用于一次通话时间。

4）明文处理

按照每帧 228b 分为若干帧后逐帧加密

$$M = M_1 \parallel M_2 \parallel \cdots \parallel M_i \parallel \cdots, \qquad |M_i| = 228,$$

每帧处理方式相同,每帧的处理方式如图 2-25 所示。

图 2-25 A5 算法的明文每帧处理方式

5）加密方式

A5 算法的加密方式为

$$E_K(M) = E_{k2}(M_1)E_{k2}(M_2)E_{k3}(M_3)\cdots$$

在加密过程中一次通话使用一个会话密钥,对每帧使用不同的帧密钥。帧会话密钥的帧序号长度为 22b。帧会话密钥共产生 228b 乱数,实现对本帧 228b 通信数据的加、解密。明密文结合方式是逐位模 2 加。一次通话量最多 2^{22} 帧数据,约 0.89×2^{30} b。

2. A5-1 序列密码算法

A5-1 算法的结构如图 2-26 所示,其前馈函数为

$$f(x_1, x_2, x_3) = x_1 \oplus x_2 \oplus x_3$$

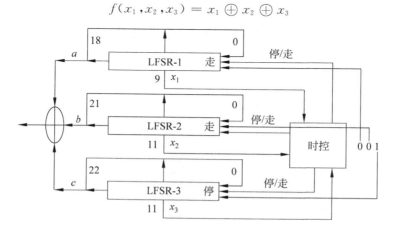

图 2-26 A5-1 算法结构框图

A5-1 算法使用 3 个级数为 9、22 和 23 的本原寄存器,这 3 个本原寄存器的本原反馈多

项式分别为

$$f_1(x) = x^{19} \oplus x^{18} \oplus x^{17} \oplus x^{14} \oplus 1$$

$$f_2(x) = x^{22} \oplus x^{21} \oplus 1$$

$$f_3(x) = x^{23} \oplus x^{22} \oplus x^{19} \oplus x^{18} \oplus 1$$

在 A5-1 算法中,LFSR 的移位方式为左移方式。各寄存器的编号从第 0 级编号到第 $n-1$ 级编号。移存器的左移与右移,除移位方式不同外,其工作原理相同。n 级左移 LFSR 的结构框图如图 2-27 所示。

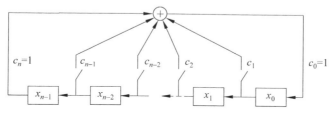

图 2-27　A5-1 算法的 n 级左移 LFSR 的结构框图

1) 算法初始化

初始化是利用一次通话的会话密钥 K 和帧序号设定 3 个移存器的起点,即初始状态。A5-1 算法的初始化过程分为 3 个步骤:

步骤 1:将 3 个 LFSR 的初态设置为全零向量。

步骤 2:3 个 LFSR 都规则运动 64 次,每次运动 1 步。

在第 i 步运动时,3 个 LFSR 的反馈内容都首先与密钥的第 i 比特模 2 加,并将模 2 加结果作为 LFSR 反馈的内容。下面以移存器 1 为例说明密钥参与过程,即

$$K = K_{64} K_{63} \cdots K_1$$

$$f_1(x) = x^{19} \oplus x^{18} \oplus x^{17} \oplus x^{14} \oplus 1$$

其初始状态为

$$S_0 = (x_{18}, x_{17}, \cdots, x_0) = (0, 0, \cdots, 0);$$

动作 1 步后的状态为

$$S_1 = (x_{18}, x_{17}, \cdots, x_0) = (0, 0, \cdots, k_1)$$

动作 2 步后的状态为

$$S_2 = (x_{18}, x_{17}, \cdots, x_0) = (0, 0, \cdots, k_1, k_2)$$

动作 14 步后的状态为

$$S_{14} = (x_{18}, x_{17}, \cdots, x_0) = (0, 0, \cdots, k_1, k_2, \cdots, k_{13}, k_{14})$$

动作 15 步后的状态为

$$S_{15} = (x_{18}, x_{17}, \cdots, x_0) = (0, 0, \cdots, k_1, k_2, \cdots, k_{14}, k_1 \oplus k_{15})$$

3 个寄存器各动作 64 步,完成密钥参与过程。

步骤 3:3 个 LFSR 都规则运动 22 次,每次动作 1 步。在第 i 步动作时,3 个 LFSR 的反馈内容都首先与帧序号的第 i 比特模 2 加,并将模 2 加的结果作为 LFSR 反馈的内容;帧序号比特的序号是从最低位编到最高位。

2) 乱数生成与加、解密

A5 算法中,LFSR 的不规则动作采用钟控方式。钟控信号 x_1 取自 LFSR-1 第 9 级;钟

控信号 x_2 取自 LFSR-2 第 11 级;钟控信号 x_3 取自 LFSR-3 第 11 级。其控制方式为择多原则,见表 2-11。

表 2-11　钟控方式

(x_1,x_2,x_3)	000	001	010	011	100	101	110	111
LFSR-1	动	动	动	不动	不动	动	动	动
LFSR-2	动	动	不动	动	动	不动	动	动
LFSR-3	动		动	动	动	动	不动	动

关于加密:

步骤 1:3 个 LFSR 以钟控方式连续动作 100 次,但不输出乱数。

步骤 2:3 个 LFSR 以钟控方式连续动作 114 次,在每次动作后,3 个 LFSR 都将最高级寄存器的值输出,这 3 个比特的模 2 加就是当前时刻输出的 1b 乱数。

连续动作 114 步,共输出 114b 乱数,用于对用户手机基站传送的 114b 数据的加密。

加密方式为

$$c_i = m_i \oplus d_i; \quad i = 1,2,\cdots,114$$

关于解密:

步骤 1:3 个 LFSR 以钟控方式连续动作 100 次,但不输出轮数。

步骤 2:3 个 LFSR 以钟控方式连续动作 114 次,在每次动作后,3 个 LFSR 都将最高级寄存器中的值输出,这 3 个比特的模 2 就是当时时刻输出的 1b 乱数。

连续动作 114 步,共输出 114b 乱数,这 114b 用于对基站到用户手机传送的 114b 数据的解密。

解密方式为

$$m_i' = c_i' \oplus d_i; \quad i = 115,116,\cdots,228$$

2.7.2　ZUC 序列密码算法

ZUC 算法由中国科学院数据保护和通信安全研究中心研制,是加密算法 128-EEA3 和完整性算法 128-EIA3 的核心。这是第一个成为国际标准的我国自主研制的密码算法,展现了中国密码行业的一大进步。

ZUC 算法的原理十分清晰易懂,有着流密码体制的典型特点。在流密码中,每运行一次加密算法就会得到一个流密钥,将待加密的明文按所需长度分组,之后用加密算法产生的密钥流对明文消息组分别进行加密,从而获得相应密文。ZUC 算法的原理也是如此,它以 128b 的初始密钥和 128b 的初始向量作为输入,每运行一次就会输出一组 32b 的密钥字序列。ZUC 算法中前 32 步只用来初始化,不会生成密钥,并且丢弃第 33 步的输出,也就是由第 34 步开始输出密钥流,此时每运行一次 ZUC 算法就会得到一个流密钥,将相关明文与之异或即可得到相应密文。为了增强算法的安全性,ZUC 算法一直有不同的更新版本问世,各版本之间在算法的初始化阶段稍有差别,本节将以 ZUC 算法最新的 1.6 版本为例进行详细描述。

ZUC 整体结构如图 2-28 所示,分为 3 个组成部分,分别是线性反馈移位寄存器

（LFSR）、比特重组（BR）和非线性函数 F。线性反馈移位寄存器由 16 个 31 位的寄存器组成；比特重组是一个过渡层，它的主要工作是从线性反馈移位寄存器的 8 个寄存器单元抽取 128b 内容组成 4 个 32b 字，以供下层非线性函数 F 和密钥输出使用；非线性函数 F 是一个输入输出都为 32b 的功能函数。

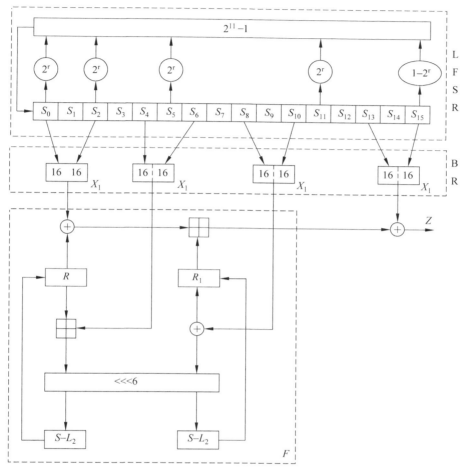

图 2-28　ZUC 算法的结构框图

1. 线性反馈移位寄存器（LFSR）

LFSR 由 16 个 31 位的寄存器单元 $(s_0, s_1, \cdots, s_{15})$ 组成，每一个都是定义在素域 $GF(2^{31}-1)$ 上。LFSR 有两种状态，即初始化状态和工作状态。详细步骤表示如下。

（1）初始化状态详细步骤如下。

LFSRWithInitialisationMode(u) {

$v = 2^{15}s_{15} + 2^{17}s_{13} + 2^{21}s_{10} + 2^{20}s_4 + (1+2^8)s_0 \bmod(2^{31}-1)$;

$s_{16} = (v+u) \bmod (2^{31}-1)$;

如果 $s_{16} = 0$，则置 $s_{16} = 2^{31}-1$;

$(s_1, s_2, \cdots s_{15}, s_{16}) \rightarrow (s_0, s_1, \cdots s_{14}, s_{15})$

}

（2）工作状态详细步骤如下。

LFSRWithWorkMode() {

$v = 2^{15}s_{15} + 2^{17}s_{13} + 2^{21}s_{10} + 2^{20}s_4 + (1 + 2^8)s_0 \bmod(2^{31} - 1)$;

如果 $s_{16} = 0$，则置 $s_{16} = 2^{31} - 1$;

$(s_1, s_2, \cdots s_{15}, s_{16}) \rightarrow (s_0, s_1, \cdots s_{14}, s_{15})$

}

2. 比特重组（BR）

比特重组是一个过渡层，它的主要任务是从 LFSR 的 8 个寄存器单元 $S_0, S_2, S_5, S_7,$ S_9, S_{11}, S_{14} 和 S_{15} 抽取 128b 内容组成 4 个 32b 的字 X_0, X_1, X_2 和 X_3，以供下层非线性函数 F 和密钥输出使用。详细步骤如下。

BitReconstruction() {

$X_0 = s_{15H} \parallel s_{14L}$;

$X_1 = s_{11L} \parallel s_{9H}$;

$X_2 = s_{7L} \parallel s_{5H}$;

$X_3 = s_{2L} \parallel s_{0H}$;

}

3. 非线性函数 F

非线性函数 F 有两个 32 位的存储单元 R_1, R_2，输入为 X_0, X_1, X_2，输出为 32 位的字 W。详细步骤如下。

$F(X_0, X_1, X_2)$ {

$W = (X_0 \oplus R_1) \boxplus R_2$;

$W_1 = R_1 \boxplus X_1$;

$W_2 = R_2 \boxplus X_2$;

$R_1 = S(L_1(W_{1L} \parallel W_{2H}))$;

$R_2 = S(L_2(W_{2L} \parallel W_{1H}))$.

}

4. ZUC 密钥封装

LFSR 的寄存器单元 $S_i = k_i \parallel d_i \parallel iv_i (0 \leqslant i \leqslant 15)$，每个 S_i 含 8b key、8b IV、15b D，S_i 长度为 $8 + 8 + 15 = 31b$。其中 k 为 128b 的初始密钥，iv 为 128b 的初始向量，D 为已知的 240b 的整型常量字符串。k、iv、D 都分别表示成 16 个子串级联的形式，$k = k_0 \parallel \cdots \parallel k_{15}$、iv $= iv_0 \parallel \cdots \parallel iv_{15}$、$D = d_0 \parallel \cdots \parallel d_{15}$，$D$ 的 16 个已知子串表示如下。

$$d_0 = 100010011010111_2$$
$$d_1 = 010011010111100_2$$
$$d_2 = 110001001101011_2$$
$$d_3 = 001001101011110_2$$
$$d_4 = 101011110001001_2$$
$$d_5 = 011010111100010_2$$
$$d_6 = 111000100110101_2$$
$$d_7 = 000100110101111_2$$

$$d_8 = 100110101111000_2$$
$$d_9 = 010111100010011_2$$
$$d_{10} = 110101111000100_2$$
$$d_{11} = 001101011110001_2$$
$$d_{12} = 101111000100110_2$$
$$d_{13} = 011110001001101_2$$
$$d_{14} = 111100010011010_2$$
$$d_{15} = 100011110101100_2$$

ZUC 的运行过程分为初始化阶段和工作阶段。

1）初始化阶段

首先用密钥重载方法将 LFSR 进行初始状态载入，R_1、R_2 也初始化为全 0。初始化阶段会将下面的操作运行 32 轮。

（1）Bitreorganization（）；

（2）$W = F(X_0, X_1, X_2)$；

（3）LFSRWithInitialisationMode（W＞＞1）；

2）工作阶段

工作阶段需要先将下面的操作运行一轮。

（1）Bitreorganization（）；

（2）$F(X_0, X_1, X_2)$；

（3）LFSRWithWorkMode（）；

然后就可以生成密钥流了，将下面的操作运行一次就会生成一个 32b 密钥 Z。

（1）Bitreorganization（）；

（2）$Z = F(X_0, X_1, X_2) \oplus X_3$；

（3）LFSRWithWorkMode（）。

小　　结

本章首先介绍了密码学的基本概念，并简单介绍了经典密码体制中单表代换密码、多表代换密码和多字母代换密码。然后重点介绍了对称密码体制。

对称密码体制根据对明文加密方式的不同而分为分组密码和序列密码。分组密码按一定长度对明文进行分组，然后以组为单位进行加、解密；序列密码则不进行分组，而是按位进行加、解密。数据加密标准 DES 是分组长度为 64b 的分组密码算法，密钥长度也是 64b，其中每 8b 有一位奇偶校验位，因此有效密钥长度为 56b，所生成的密文也是 64b。DES 算法是公开的，其安全性依赖于密钥的保密程度。高级加密标准 AES 是一个迭代分组密码，其分组长度和密钥长度都可以改变，分组长度和密钥长度可以独立地设定为 128b、192b 或者 256b。

最后，简单介绍了序列密码的基本思想，序列密码是一次只对明文消息的单个字符进行加、解密变换，具有算法实现简单、速度快、错误传播少等特点。另外，针对常用的序列密码算法进行了详细的描述，如 A5、ZUC 序列密码算法。

习 题 2

1. 概念解释：分组密码、流密码、对称密码、非对称密码。

2. 设 a～z 的编号为 1～26，空格为 27，采用凯撒(Kaesar)密码算法为 $C=k_1M+k_2$，取 $k_1=3$，$k_2=5$，$M=$ Henan Polytechnic University，计算密文 C。

3. 设 a～z 的编号为 1～26，空格为 27，采用 Vigenere 方案，已知密钥字为 dog，给出明文：wearediscoveredsaveyourself，找出对应的密文。

4. 编制一个 DES 算法，设密钥为 SECURITY，明文 NETWORK INFORMATION SECURITY，计算密文，并列出每一轮的中间结果。

5. AES 算法采用什么结构？与 DES 算法结构有何区别？

6. 如果在 8b 的 CFB 方式下密文字符的传输中发生 1b 的差错，这个差错会传播多远？

7. 描述流密码的密钥生成过程。

第 3 章　单向散列函数

本章导读：

随着以 Internet 为基础的电子商务技术的迅猛发展，以公钥密码术、数字签名等为代表的加密安全技术已成为研究的热点。单向散列函数是数字签名中的一个关键环节，可以大大缩短签名时间并提高安全性。另外，在消息完整性检测、内存的散布分配、操作系统中账号口令的安全存储中，单向散列函数也有重要应用。

3.1　单向散列函数概述

单向散列函数（Hash Function，又称哈希函数、杂凑函数）是将任意长度的消息 M 映射成一个固定长度散列值 h（设长度为 m）的函数 H，即

$$h = H(M)$$

散列函数要具有单向性，则必须满足以下特性。

- 给定 M，很容易计算 h。
- 给定 h，根据 $H(M)=h$ 反推 M 很难。
- 给定 M，要找到另一个消息 M' 并满足 $H(M)=H(M')$ 很难。

在某些应用中，单向散列函数还要满足抗碰撞（Collision）的条件：要找到两个随机的消息 M 和 M'，使 $H(M)=H(M')$ 很难。

在实际中，单向散列函数是建立在压缩函数之上的，如图 3-1 所示。

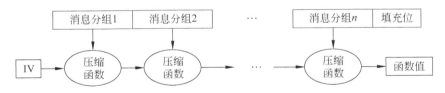

图 3-1　单向散列函数的工作模式

给定一任意长度的消息输入，单向函数输出长度为 m 的散列值。压缩函数的输入是消息分组和前一分组的输出（对第一个压缩函数，其输入为消息分组 1 和初始化向量 IV），输出是到该点的所有分组的散列，即分组 M_i 的散列值为

$$h_i = f(M_i, h_{i-1})$$

该散列值和下一轮的消息分组一起作为压缩函数下一轮的输入。最后一个分组的散列就是整个消息的散列。

单向散列函数是从全体消息集合到一个具有固定长度的消息摘要的变换，可分为两类，即带密钥的单向散列函数和不带密钥的单向散列函数。带密钥的单向散列函数可用于认证、密钥共享和软件保护等方面。

3.2 MD5 算法

3.2.1 算法

MD(Message Digest)表示消息摘要,MD5 是 MD4 的改进版,它是 RSA 公钥密码算法的首位发明人 Ron Rivest 设计的。该算法对输入的任意长度消息产生 128b 长度的散列值或称消息摘要。MD5 算法如图 3-2 所示。

由图 3-2 可知,MD5 算法包括以下 5 个步骤。

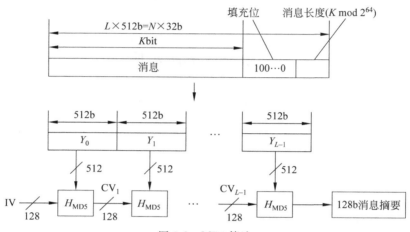

图 3-2 MD5 算法

1. 附加填充位

首先填充消息,使其长度为一个比 512 的倍数小 64b 的数。填充方法:在消息后面填充一位 1,然后填充所需数量的 0。填充位的位数为 1～512。

2. 附加长度

将原消息长度的 64b 表示附加在填充后的消息后面。当原消息长度大于 2^{64} 时,用消息长度 mod 2^{64} 填充。这时,消息长度恰好是 512 的整数倍。令 $M[0\sim N-1]$ 为填充后消息的各个字(每字为 32b),N 是 16 的倍数。

3. 初始化 MD 缓冲区

初始化用于计算消息摘要的 128b 缓冲区。这个缓冲区由 4 个 32b 寄存器 A、B、C、D 表示。寄存器的初始化值为(按低位字节在前的顺序存放)

$$A:01\quad 23\quad 45\quad 67$$
$$B:89\quad ab\quad cd\quad ef$$
$$C:fe\quad dc\quad ba\quad 98$$
$$D:76\quad 54\quad 32\quad 10$$

4. 按 512b 的分组处理输入消息

这一步为 MD5 的主循环,包括 4 轮,如图 3-3 所示。每个循环都以当前正在处理的 512b 分组 Y_q 和 128b 缓冲值 ABCD 为输入,然后更新缓冲内容。

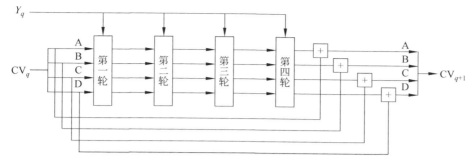

图 3-3　单个 512b 分组的 MD5 主循环处理

在图 3-3 中，4 轮的操作类似，每一轮进行 16 次操作。各轮的操作过程如图 3-4 所示。

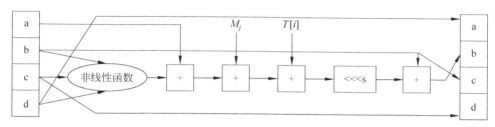

图 3-4　MD5 某一轮的执行过程

4 轮操作的不同之处在于每轮使用的非线性函数不同。在第一轮操作之前，首先把 A、B、C、D 复制到另外的变量 a、b、c、d 中。这 4 个非线性函数分别为（其输入输出均为 32b 字）

$$F(X,Y,Z) = (X \wedge Y) \vee ((\sim X) \wedge Z)$$
$$G(X,Y,Z) = (X \wedge Z) \vee (Y \wedge (\sim Z))$$
$$H(X,Y,Z) = X \oplus Y \oplus Z$$
$$I(X,Y,Z) = Y \oplus (X \vee (\sim Z))$$

式中，$\wedge$ 表示按位与；$\vee$ 表示按位或；$\sim$ 表示按位反；$\oplus$ 表示按位异或。

此外，由图 3-4 可知，这一步中还用到了一个有 64 个元素的表 $T[1 \sim 64]$，$T[i] = 2^{32} \times \mathrm{abs}(\sin(i))$，$i$ 的单位为 rad。

根据以上描述，将这一步骤的处理过程归纳如下。

```
for  i=0  to  N/16-1  do      /* 每次循环处理 16 个字，即 512b 的消息分组 */
                              /* 把第 i 个字块 (512b) 分成 16 个 32b 子分组复制到 X 中 */
for  j=0 to 15 do
    Set  x[j] to M[1*16+j]
end                           /* j 循环 */
/* 把 A 存为 AA, B 存为 BB, C 存为 CC, D 存为 DD */
AA=A
BB=B
CC=C
DD=D
/* 第一轮 */
/* 令[abcd  k  s  i]表示操作
```

$$a = b + ((a + F(b,c,d) + X[k] + T[i]) <<< s)$$

其中, Y<<<s 表示 Y 循环左移 s 位 * /

/* 完成下列 16 个操作 */

[ABCD 0 7 1] [DABC 1 12 2] [CDAB 2 17 3] [BCDA 3 22 4]
[ABCD 4 7 5] [DABC 5 12 6] [CDAB 6 17 7] [BCDA 7 22 8]
[ABCD 8 7 9] [DABC 9 12 10] [CDAB 10 17 11] [BCDA 11 22 12]
[ABCD 12 7 13] [DABC 13 12 14] [CDAB 14 17 15] [BCDA 15 22 16]

/* 第二轮 */
/* 令[abcd k s i]表示操作
$$a = b + ((a + G(b,c,d) + X[k] + T[i]) <<< s) * /$$

/* 完成下列 16 个操作 */

[ABCD 1 5 17] [DABC 6 9 18] [CDAB 11 14 19] [BCDA 0 20 20]
[ABCD 5 5 21] [DABC 10 9 22] [CDAB 15 14 23] [BCDA 4 20 24]
[ABCD 9 5 25] [DABC 14 9 26] [CDAB 3 14 27] [BCDA 8 20 28]
[ABCD 13 5 29] [DABC 2 9 30] [CDAB 7 14 31] [BCDA 12 20 32]

/* 第三轮 */
/* 令[abcd k s t]表示操作
$$a = b + ((a + H(b,c,d) + X[k] + T[i]) <<< s) * /$$

/* 完成以下 16 个操作 */

[ABCD 5 4 33] [DABC 8 11 34] [CDAB 11 16 35] [BCDA 14 23 36]
[ABCD 1 4 37] [DABC 4 11 38] [CDAB 7 16 39] [BCDA 10 23 40]
[ABCD 13 4 41] [DABC 0 11 42] [CDAB 3 16 43] [BCDA 6 23 44]
[ABCD 9 4 45] [DABC 12 11 46] [CDAB 15 16 47] [BCDA 2 23 48]

/* 第四轮 */
/* 令[abcd k s t]表示操作
$$a = b + ((a + I(b,c,d) + X[k] + T[i]) <<< s) * /$$

/* 完成以下 16 个操作 */

[ABCD 0 6 49] [DABC 7 10 50] [CDAB 14 15 51] [BCDA 5 21 52]
[ABCD 12 6 53] [DABC 3 10 54] [CDAB 10 15 55] [BCDA 1 21 56]
[ABCD 8 6 57] [DABC 15 10 58] [CDAB 6 15 59] [BCDA 13 21 60]
[ABCD 4 6 61] [DABC 11 10 62] [CDAB 2 15 63] [BCDA 9 21 64]

A=A+AA
B=B+BB
C=C+CC
D=D+DD
end   /* i 循环 */

5. 输出

由 A、B、C、D 这 4 个寄存器的输出按低位字节在前的顺序(即以 A 的低字节开始、D 的高字节结束)得到 128b 的消息摘要。

以上就是对 MD5 算法的描述。MD5 算法的运算均为基本运算,比较容易实现且速度很快,从网上可以找到实现 MD5 的源代码。

3.2.2 举例

以求字符串"abc"的 MD5 散列值为例来说明上面描述的过程。"abc"的二进制表示为

01100001 01100010 01100011。

1. 填充消息

消息长 24,先填充 1 位 1,然后填充 423 位 0,再用消息长 24,即 0x00000000　00000018 填充,则有

$M[0]=61626380$　　$M[1]=00000000$　　$M[2]=00000000$　　$M[3]=00000000$

$M[4]=00000000$　　$M[5]=00000000$　　$M[6]=00000000$　　$M[7]=00000000$

$M[8]=00000000$　　$M[9]=00000000$　　$M[10]=00000000$　　$M[11]=00000000$

$M[12]=00000000$　　$M[13]=00000000$　　$M[14]=00000000$　　$M[15]=00000018$

2. 初始化

A：01　23　45　67

B：89　ab　cd　ef

C：fe　dc　ba　98

D：76　54　32　10

3. 主循环

利用 3.2.1 小节中描述的处理过程对字块 1(本例只有一个字块)进行处理。变量 a、b、c、d 每一次计算后的中间值不再详细列出。

4. 输出

消息摘要＝90015098　3cd24fb0　d6963f7d　28e17f72

3.3　SHA-1 算法

3.3.1　算法

SHA 是美国 NIST 和 NSA 共同设计的安全散列算法(Secure Hash Algorithm),用于数字签名标准 DSS(Digital Signature Standard)。SHA 的修改版 SHA-1 于 1995 年作为美国联邦信息处理标准公告(FIPS PUB 180-1)发布。目前,SHA-1 与 MD5 是应用最广泛的两个算法。

SHA-1 产生消息摘要的过程类似 MD5,如图 3-5 所示。

SHA-1 的输入为长度小于 2^{64} 位的消息,输出为 160b(20B)的消息摘要。具体过程如下。

1. 填充消息

首先将消息填充为 512b 的整数倍,填充方法和 MD5 完全相同:先填充一个 1,然后填充一定数量的 0,使其长度比 512 的倍数少 64b;接下来用原消息长度的 64b 表示填充。这样,消息长度就成为 512 的整数倍。以 $M_0,M_1,\cdots,M_n$ 表示填充后消息的各个字块(每字块为 16 个 32b 字)。

2. 初始化缓冲区

在运算过程中,SHA-1 要用到两个缓冲区,两个缓冲区均有 5 个 32b 的寄存器。第一个缓冲区标记为 A、B、C、D、E;第二个缓冲区标记为 H_0,H_1,H_2,H_3,H_4。此外,运算过程中还用到一个标记为 $W_0,W_1,\cdots,W_{79}$ 的 80 个 32b 字序列和一个单字的缓冲区 TEMP。在

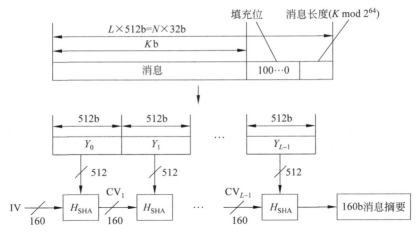

图 3-5　SHA-1 算法

运算之前,初始化$\{H_j\}$:

$$
\begin{cases}
H_0 = 0\text{x}67452301 \\
H_1 = 0\text{x}EFCDAB89 \\
H_2 = 0\text{x}98BADCFE \\
H_3 = 0\text{x}10325476 \\
H_4 = 0\text{x}C3D2E1F0
\end{cases}
$$

3. 按 512b 的分组处理输入消息

SHA-1 运算主循环包括 4 轮,每轮 20 次操作。SHA-1 用到一个逻辑函数序列 f_0, $f_1,\cdots,f_{79}$。每个逻辑函数的输入为 3 个 32b 字,输出为一个 32b 字。定义如下(B、C、D 均为 32b 字)。

$$f_t(B,C,D) = (B \wedge C) \vee (\sim B \wedge D) \qquad (0 \leqslant t \leqslant 19)$$
$$f_t(B,C,D) = B \oplus C \oplus D \qquad (20 \leqslant t \leqslant 39)$$
$$f_t(B,C,D) = (B \wedge C) \vee (B \wedge D) \vee (C \wedge D) \quad (40 \leqslant t \leqslant 59)$$
$$f_t(B,C,D) = B \oplus C \oplus D \qquad (60 \leqslant t \leqslant 79)$$

其中,运算符的定义与 3.1 节中 MD5 运算中的相同。

SHA-1 运算中还用到了常数字序列 $K_0,K_1,\cdots,K_{79}$,其值为

$$K_t = 0\text{x}5A827999 \qquad (0 \leqslant t \leqslant 19)$$
$$K_t = 0\text{x}6ED9EBA1 \qquad (20 \leqslant t \leqslant 39)$$
$$K_t = 0\text{x}8F1BBCDC \qquad (40 \leqslant t \leqslant 59)$$
$$K_t = 0\text{x}CA62C1D6 \qquad (60 \leqslant t \leqslant 79)$$

SHA-1 算法按以下步骤处理每个字块 M_j。

(1) 把 M_i 分为 16 个字 $W_0,W_1,\cdots,W_{15}$,其中,W_0 为最左边的字。

(2) for $t=16$ to 79 do

　　let $W_t = (W_{t-3} \quad W_{t-8} \quad W_{t-14} \quad W_{t-16}) <<< 1$

(3) let $A=H_0,B=H_1,C=H_2,D=H_3,E=H_4$

(4) for $t=0$ to 79 do

$$TEMP = (A \lll 5) + f_t(B, C, D) + E + W_t + K_t$$
$$E = D; D = C; C = (B \lll 30); B = A; A = TEMP$$

(5) let $H_0 = H_0 + A; H_1 = H_1 + B; H_2 = H_2 + C; H_3 = H_3 + D; H_4 = H_4 + E$

4. 输出

在处理完 M_n 后,160b 的消息摘要为 H_0、H_1、H_2、H_3、H_4 级联的结果。

3.3.2 举例

以求字符串"abc"的 SHA-1 散列值为例来说明上面描述的过程。"abc"的二进制表示为 01100001 01100010 01100011。

1. 填充消息

消息长 24,先填充 1 位 1,然后填充 423 位 0,再用消息长 24,即 0x00000000 000000 18 填充。

2. 初始化

$$H_0 = 0x6745\ 2301$$
$$H_1 = 0xEFCDAB89$$
$$H_2 = 0x98BADCFE$$
$$H_3 = 0x10325476$$
$$H_4 = 0xC3D2EIF0$$

3. 主循环

处理消息字块 1(本例中只有 1 个字块),分成 16 个字,即

$W[0]=61626380$	$W[1]=00000000$	$W[2]=00000000$	$W[3]=00000000$
$W[4]=00000000$	$W[5]=00000000$	$W[6]=00000000$	$W[7]=00000000$
$W[8]=00000000$	$W[9]=00000000$	$W[10]=00000000$	$W[11]=00000000$
$W[12]=00000000$	$W[13]=00000000$	$W[14]=00000000$	$W[15]=00000018$

然后根据 3.3.1 小节中描述的处理过程计算,其中,循环"for t=0 to 79"中,各步 A、B、C、D、E 的值如下:

	A	B	C	D	E
$t=0$:0	116FC33	67452301	7BF36AE2	98BADCFE	10325476
$t=1$:8	990536D	0126FC33	59D148C0	7BF36AE2	98BADCFE
$t=2$:A	1390F08	8990536D	C045BF0C	59D148C0	7BF36AE2
$t=3$:C	DD8E11B	A1390F08	626414DB	C045BF0C	59D148C0
$t=4$:C	FD499DE	CDD8E11B	284E43C2	626414DB	C045BF0C
$t=5$:3	FC7CA40	CFD499DE	F3763846	284E43C2	626414DB
$t=6$:9	93E30C1	3FC7CA40	B3F52677	F3763846	284E43C2
$t=7$:9	B8C07D4	993E30C1	0FF1F290	B3F52677	F3763846
$t=8$:4	B6AE328	9E8C07D4	664F8C30	0FF1F290	B3F52677
$t=9$:8	351F929	4B6AE328	27A301F5	664F8C30	0FF1F290
$t=10$:F	BDA9E89	8351F929	12DAB8CA	27A301F5	664F8C30
$t=11$:6	3188FE4	FBDA9E89	60D47E4A	12DAB8CA	27A301F5

$t=12$: 4	607B664	63188FE4	7EF6A7A2	60D47E4A	12DAB8CA
$t=13$: 9	128F695	4607B664	18C623F9	7EF6A7A2	60D47E4A
$t=14$: 1	96BEE77	9128F695	3181ED99	18C623F9	7EF6A7A2
$t=15$: 2	0BDD62F	196BEE77	644A3DA5	1181ED99	18C623F9
$t=16$: 4	E925823	20BDD62F	C65AFB9D	644A3DA5	1181ED99
$t=17$: 8	2AA6728	4E925823	C82f758B	C65AFB9D	644A3DA5
$t=18$: D	C64901D	82AA6728	D3A49608	C82F758B	C65AFD9D
$t=19$: F	D9E1D7D	DC64901D	20AA99CA	D3A49608	C82F758B
$t=20$: 1	A37B0CA	FD9E1D7D	77192407	20AA99CA	D3A49608
$t=21$: 3	3A23BFC	1A37B0CA	7F67875F	77192407	20AA99CA
$t=22$: 2	1283486	33A23BFC	868DEC32	7F67875F	77192407
$t=23$: D	541F12D	21283486	0CE88EFF	868DEC32	7F67875F
$t=24$: C	7567DC6	D541F12D	884AOD21	0CE88EFF	868DEC32
$t=25$: 4	8413BA4	C7567DC6	75507C4B	884AOD21	0CE88EFF
$t=26$: B	E35FBD5	48413BA4	B1D59F71	75507C4B	884A0D21
$t=27$: 4	AA84D97	BE35FBD5	12104EE9	B1D59F71	75507C4D
$t=28$: 8	370B 52E	4AA84D97	6F8D7EF5	12104EE9	B1D59F71
$t=29$: C	5F6AF5D	8370B52E	D2AA1365	6F8D7EF5	12104EE9
$t=30$: 1	267B407	C5FBAF5D	A0DC2D4B	D2AA1365	6F8D7EF5
$t=31$: 3	B845D33	1267B407	717EEBD7	A0DC2D4B	D2AA1365
$t=32$: 0	46FAA0A	3B845D33	C499ED01	717EEBD7	A0DC2D4B
$t=33$: 2	C0EBC11	046FAA0A	CEE1174C	C499ED01	717EEBD7
$t=34$: 2	1796AD4	2C0EBC11	8116EA82	CEE174C	C499ED01
$t=35$: D	CBBB0CB	21796AD4	4B03AF04	811BEA82	CEE1174C
$t=36$: 0	F11FD8	DCBBB0CB	085E5AB5	4B03AF04	811BEA82
$t=37$: D	C63973F	0F511FD8	F72EEC32	085E5AB5	4B03AF04
$t=38$: 4	C986405	DC63973F	03D447F6	F72EEC32	085E5AB5
$t=39$: 3	2DE1CBA	4C986405	F718E5CF	03D447F6	F72EEC32
$t=40$: F	C87DEDF	32DE1CDA	53261901	F718E5CF	03D447F6
$t=41$: 9	70A0D5C	FC87DEDF	8CD7872E	53261901	F718E5CF
$t=42$: 7	F193DC5	970A0D5C	FF21F7B7	8CB7872E	53261901
$t=43$: E	E1B1AAF	7F193DC5	25C28357	FF21F7B7	8CB7872E
$t=44$: 4	0F28E09	Ee1B1AAF	5FC64F71	25C28357	FF21F7B7
$t=45$: 1	C51E1F2	40F28E09	FB86C6AB	5FC64F71	25C28357
$t=46$: A	01B846C	1C51E1F2	503CA382	FB86C6AB	5FC64F71
$t=47$: B	EAD02CA	A01B846C	8714787C	503CA382	FB86C6AB
$t=48$: B	AF39337	BEAD02CA	2806E11B	8714787C	503CA382
$t=49$: 1	20731C5	BAF 39337	AFAB40B2	2806E11B	8714787C
$t=50$: 6	41DB2CE	120731C5	EEBCE4CD	AFAB40B2	2806E11B

$t=51$：3	847AD66	641DB2CE	4481CC71	EEBCE4CD	AFAB40B2
$t=52$：E	490436D	3847AD66	99076CB3	4481CC71	EEBCE4CD
$t=53$：2	7E9F1D8	E490436D	8E11EB59	99076CB3	4481CC71
$t=54$：7	B71F76D	27E9F1D8	792410DB	8E11EB59	99076CB3
$t=55$：5	E6456AF	7B71F76D	09FA7C76	792410DB	8E11EB59
$t=56$：C	846093F	5E6456AF	5EDC7DDB	09FA7C76	792410DB
$t=57$：D	262FF50	C846093F	D79915AB	5EDC7DDB	09FA7C76
$t=58$：0	9D785FD	D262FF50	F211824F	D79915AB	5EDC7DDB
$t=59$：3	F52DE5A	09D785FD	3498BFD4	F211824F	D79915AB
$t=60$：D	756C147	3F52DE5A	4275E17F	3498BFD4	F211824F
$t=61$：5	48C9CB2	D756C147	8FD4B796	4275E17F	3498BFD4
$t=62$：B	66C020B	548C9CB2	F5D5B051	8FD4B796	4275E17F
$t=63$：6	B61C9E1	B66C020B	9523272C	F5D5B051	8FD4B796
$t=64$：1	9DFA7AC	6B61C9E1	ED9B0082	9523272C	F5D5B051
$t=65$：1	01655F9	19DFA7AC	5ADB7278	D9B0082	9523272C
$t=66$：0	C3DF2B4	101655F9	0677E9EB	5AD87278	ED9B0082
$t=67$：7	8DD4D2B	0C3DF2B4	4405957E	0677E9EB	5AD87278
$t=68$：4	97093C0	78DD4D2B	030F7CAD	4405957E	0677E9EB
$t=69$：3	F2588C2	497093C0	DE37534A	030F7CAD	4405957E
$t=70$：C	199F8C7	3F2588C2	125C24F0	DE37534A	030F7CAD
$t=71$：3	9859DE7	C199F8C7	8FC96230	125C24F0	DE37534A
$t=72$：E	DB42DE4	39859DE7	F0667E31	8FC96230	125C24F0
$t=73$：1	1793F6F	EDB42DE4	CE616779	F0667E31	8FC96230
$t=74$：5	EE76897	11793F6F	3B6D0B79	CE616779	F0667E31
$t=75$：6	3F7DAB7	5EE76897	C45E4FDB	3B6D0B79	CE616779
$t=76$：A	079B7D9	63F7DAB7	D7B9DA25	C45E4FDB	3B6D0B79
$t=77$：8	60D21CC	A079B7D9	D8FDF6AD	D7B99A25	C45E4FDB
$t=78$：5	738D5E1	860D21CC	681E6DF6	D8FDF6AD	D7B9DA25
$t=79$：4	2541B35	5738D5E1	21834873	681E6DF6	D8FDF6AD

字块 1 处理完后，$\{H_j\}$ 的值为

$H_0＝6745230 1＋4254 1 B 3 5＝A 9993 E 3 6$

$H_1＝E FCDAB 89＋573 8 D 5 E 1＝4706816 A$

$H_2＝98 BADCFE＋2 1 8 3 4 8 7 3＝BA 3 E 2 5 7 1$

$H_3＝1 0 3 2 5 4 7 6＋6 8 1 E 6 D F 6＝7850 C 2 6 C$

$H_4＝C 3 D 2 E 1 F 0＋D 8 FDF 6 A D＝9 C D 0 D 8 9 D$

4. 输出

消息摘要：A9993E36　　4706816A　　BA3E2571　　7850C26C　　　9CD0D89D

3.3.3　SHA-1 与 MD5 的比较

SHA-1 与 MD5 的比较如表 3-1 所示。

表 3-1 SHA-1 与 MD5 的比较

特　征　项	SHA-1	MD5
Hash 值长度	160b	128b
分组处理长度	512b	512b
步数	80(4×20)	64(4×16)
最大消息长度	≤2^{64} b	不限
非线性函数个数	3(第 2、4 轮相同)	4
常数个数	4	64

根据各项特征,简要地说明它们之间的不同。

(1) 安全性。SHA-1 所产生的摘要较 MD5 长 32b。若两种散列函数在结构上没有任何问题,SHA-1 比 MD5 更安全。

(2) 速度。两种方法都考虑了以 32b 处理器为基础的系统结构,但 SHA-1 的运算步骤较 MD5 多了 16 步,而且 SHA-1 记录单元的长度比 MD5 多了 32b。因此,若是以硬件来实现 SHA-1,其速度大约比 MD5 慢 25%。

(3) 简易性。两种方法都相当简单,在实现上不需要很复杂的程序或是大量的存储空间,然而总体上来讲,SHA-1 每一步的操作都比 MD5 简单。

3.4　SM3 密码杂凑算法

SM3 密码杂凑算法适用于商用密码应用中的数字签名和验证,消息认证码的生成与验证以及随机数的生成,可满足多种密码应用的安全需求。此算法对输入长度<2^{64}的比特消息,经过填充和迭代压缩,生成长度为 256b 的杂凑值,其中使用了异或、模、模加、移位、与、或、非运算,由填充、迭代过程、消息扩展和压缩函数等构成。

1. 符号

A、B、C、D、E、F、G、H:8 个字寄存器或它们的值的串联。

$B^{(i)}$:第 i 个消息分组。

CF:压缩函数。

FF_j:布尔函数,随 j 的变化取不同的表达式。

GG_j:布尔函数,随 j 的变化取不同的表达式。

IV:初始值,用于确定压缩函数寄存器的初态。

P_0:压缩函数中的置换函数。

P_1:消息扩展中的置换函数。

T_j:常量,随 j 的变化取不同的值。

m:消息。

m':填充后的消息。

mod:模运算符。

∧:32b 与运算符。

∨：32b 或运算符。

⊕：32b 异或运算符。

¬：32b 非运算符。

＋：mod 2^{32} 算术加运算符。

<<<k：循环左移 k 比特符。

运算←：左向赋值运算符。

2. 常数与函数

初始值，即

IV = 7380166f 4914b2b9 172442d7 da8a0600 a96f30bc 163138aa e38dee4d b0fb0e4e

常量，即

$$T_j = \begin{cases} 79cc4519 & 0 \leqslant j \leqslant 15 \\ 7a879d8a & 16 \leqslant j \leqslant 63 \end{cases}$$

布尔函数，即

$$\mathrm{FF}_j(X,Y,Z) = \begin{cases} X \oplus Y \oplus Z & 0 \leqslant j \leqslant 15 \\ (X \wedge Y) \vee (X \wedge Z) \vee (Y \wedge Z) & 16 \leqslant j \leqslant 63 \end{cases}$$

$$\mathrm{GG}_j(X,Y,Z) = \begin{cases} X \oplus Y \oplus Z & 0 \leqslant j \leqslant 15 \\ (X \wedge Y) \vee (\neg X \wedge Z) & 16 \leqslant j \leqslant 63 \end{cases}$$

式中，X、Y、Z 为字。

置换函数，即

$$P_0(X) = X \oplus (X << 9) \oplus (X << 17)$$
$$P_1(X) = X \oplus (X << 15) \oplus (X << 23)$$

式中，X 为字。

3. 算法描述

1）算法概述

对长度为 $l(l<2^{64})$b 的消息 m，SM3 杂凑算法经过填充和迭代压缩，生成杂凑值，杂凑值长度为 256b。

2）填充

假设消息 m 的长度为 lb。首先将比特"1"添加到消息的末尾，再添加 k 个"0"，k 是满足 $l+1+k \equiv 448 \bmod 512$ 的最小的非负整数。然后再添加一个 64b 串，该比特串是长度为 l 的二进制表示。填充后的消息 m' 的比特长度为 512 的倍数。

3）迭代压缩

（1）迭代过程。将填充后的消息 m' 按 512b 进行分组：
$$m' = B^{(0)} B^{(1)} \cdots B^{(n-1)}$$

式中，$n = \dfrac{(l+k+65)}{512}$。

对 m' 按下列方式迭代：

for $i=0$ To $n-1$

$V^{(i+1)} = \mathrm{CF}(V^{(i)}, B^{(i)})$

endfor

其中，CF 是压缩函数，$V^{(0)}$ 为 256b 初始值 IV，$B^{(i)}$ 为填充后的消息分组，迭代压缩的结果为 $V^{(n)}$。

(2) 消息扩展。将消息分组 $B^{(i)}$ 按以下方法扩展生成 132 个字 $W_0, W_1, \cdots, W_{67}, W'_0, W'_1, \cdots, W'_{63}$，用于压缩函数 CF。

① 将消息分组 $B^{(i)}$ 划分为 16 个字 $W_0, W_1, \cdots, W_{15}$。

② for $j = 16$ to 67

$W_j \leftarrow P_1(W_{j-16} \oplus W_{j-9} \oplus (W_{j-3} <<< 15)) \oplus (W_{j-3} <<< 7) \oplus W_{j-6}$

endfor

③ for $j = 0$ to 63

$W'_j = W_j \oplus W_{j+4}$

endfor

(3) 压缩函数。令 A、B、C、D、E、F、G、H 为字寄存器，SS1、SS2、TT1、TT2 为中间变量，压缩函数 $V^{(i+1)} = \mathrm{CF}(V^{(i)}, B^{(i)})$，$0 \leqslant i \leqslant n-1$。计算过程描述如下。

$ABCDEFGH \leftarrow V^{(i)}$

For $j = 0$ TO 63

$SS1 \leftarrow ((A <<< 12) + E + (T_j <<< j)) <<< 7$

$SS2 \leftarrow SS1 \oplus (A <<< 12)$

$TT1 \leftarrow FF_j(A, B, C) + D + SS2 + W'_j$

$TT2 \leftarrow GG_j(E, F, G) + H + SS1 + W_j$

$D \leftarrow C$

$C \leftarrow B <<< 9$

$B \leftarrow A$

$A \leftarrow TT_1$

$H \leftarrow G$

$G \leftarrow F <<< 19$

$F \leftarrow E$

$E \leftarrow P_0(TT2)$

endfor

$V^{(i+1)} \leftarrow ABCDEFGH \oplus V^{(i)}$

其中，字的存储为大端格式。

4）杂凑值

$ABCDEFGH \leftarrow V^{(n)}$

输出 256b 的杂凑值 $y = ABCDEFGH$。

3.5　消息认证码

与密钥相关的单向散列函数通常称为 MAC(Message Authentication Code，消息认证码)，用公式表示为

$$MAC = C_K(M)$$

式中,M 为可变长的消息;K 为通信双方共享的密钥;C 为单向散列函数。

MAC 可为拥有共享密钥的双方在通信中验证消息的完整性,也可被单个用户用来验证其文件是否被改动,工作机制如图 3-6 所示。

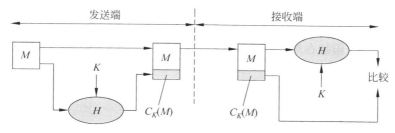

图 3-6　MAC 的工作机制

下面介绍由 RFC 2104 定义的 HMAC 算法,HMAC（Keyed-Hashing for Message Authentication）用一个秘密密钥和一个单向散列函数来产生和验证 MAC。

为了论述的方便,首先给出 HMAC 中用到的参数和符号。

B：计算消息摘要时输入块的字节长度（如对于 SHA-1,$B=64$）。

H：散列函数,如 SHA-1、MD5 等。

ipad：将数值 0x36 重复 B 次。

opad：将数值 0x5c 重复 B 次。

K：共享密钥。

K_0：在密钥 K 的左边项加 0,使其长度为 B 字节的密钥。

L：消息摘要的字节长度（如对于 SHA-1,$L=20$）。

t：MAC 的字节数。

text：要计算 HMAC 的数据。数据长度为 n 字节,n 的最大值依赖于采用的 Hash 函数。

$X \parallel Y$：将字串连接起来,即把字串 Y 附加在字串 X 后面。

$\oplus$：异或符。

密钥 K 的长度应不小于 $L/2$。当使用长度大于 B 的密钥时,先用 H 对密钥求得散列值,然后用得到的 L 字节结果作为真正的密钥。

利用 HMAC 算法计算数据 text 的 MAC 过程如图 3-7 所示。

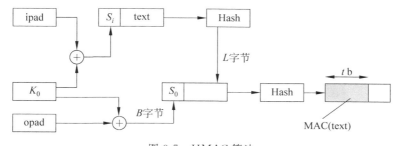

图 3-7　HMAC 算法

由图 3-7 可知,HMAC 执行的是以下操作。

$$\text{MAC(text)}_t = \text{HMAC}(K, \text{text})_t = H((K_0 \oplus \text{opad}) \| H((K_0 \oplus \text{ipad}) \| \text{text}))_t$$

(1) 如果 K 的长度等于 B，设置 $K_0 = K$ 并跳转到第（4）步。

(2) 如果 K 的长度大于 B，对 K 求散列值：$K_0 = H(K)$。

(3) 如果 K 的长度小于 B，在 K 的左边添加 0 得到 B 字节的 K_0。

(4) 执行 $K_0 \oplus \text{ipad}$。

(5) 将数据 text 附加在第（4）步结果的后面。

$$(K_0 \oplus \text{ipad}) \| \text{text}$$

(6) 将 H 应用于第（5）步的结果。

$$H((K_0 \oplus \text{ipad}) \| \text{text})$$

(7) 执行 $K_0 \oplus \text{opad}$。

(8) 把第（6）步的结果附加在第（7）步的结果后面。

$$(K_0 \oplus \text{opad}) \| H((K_0 \oplus \text{ipad}) \| \text{text})$$

(9) 将 H 应用于第（8）步的结果。

$$H((K_0 \oplus \text{opad}) \| H((K_0 \oplus \text{ipad}) \| \text{text}))$$

(10) 选择第（9）步结果的最左边 t 字节作为 MAC。

HMAC 算法可以和任何单向散列函数结合使用，而且对 HMAC 实现做很小的修改就可用一个新的散列函数代替原来的散列函数。

3.6　对单向散列函数的攻击

对单向散列函数攻击的目的在于破坏单向散列函数的某些特性，比如可以根据输出求得输入，找到一条新消息使它的输出与原消息的输出相同，或者找到不同的两个消息，使它们的输出相同。

1. 字典攻击

有一种称为字典攻击的方法，对用单向散列函数加密的口令文件特别有效。攻击者编制含有多达几十万个常用口令的表，然后用单向散列函数对所有口令进行运算，并将结果存储到文件中去。攻击者非法获得加密的口令文件后，将比较这两个文件，观察是否有匹配的口令密文。这就是字典式攻击，它的成功率非常高。

Salt（添加符）是使这种攻击更困难的一种方法。Salt 是一随机字符串，它与口令连接在一起，再用单向散列函数对其运算。然后将 Salt 值和单向散列函数运算的结果存入主机数据库中。攻击者必须对所有可能的 Salt 值进行计算，如果 Salt 的长度为 64b，那么攻击者的计算量就增大了 2^{64} 倍，同时存储量也增大了 2^{64} 倍，使用字典攻击几乎不可能。如果攻击者得知 Salt 值后进行攻击，那就不得不重新计算所有可能的口令，仍然是很困难的。

2. 生日攻击

对单向散列函数有两种穷举攻击的方法。第一种是最明显的，给定消息 M 的散列值 $H(M)$，破译者逐个生成其他消息 M'，以使 $H(M) = H(M')$。第二种攻击方法更巧妙，攻击者寻找两个随机的消息，即 M 和 M'，并使 $H(M) = H(M')$（称为碰撞），这就是生日攻击，它比第一种方法更容易。

生日悖论是一个标准的统计问题。房子里面应有多少人才能使至少一人与你的生日相同的概率大于 1/2 的答案是 253。既然这样,那么应该有多少人才能使他们中至少两个人的生日相同的概率大于 1/2 呢? 答案出乎意料——23 人。

寻找特定生日的某人类似于第一种方法,而寻找两个随机的具有相同生日的两个人则是第二种攻击,这就是生日攻击名称的由来。

假设一个单向散列函数是安全的,并且攻击它最好的方法是穷举攻击。假定其输出为 m b,那么寻找一个消息,使其散列值与给定散列值相同,则需要计算 2^m 次;而寻找两个消息具有相同的散列值仅需要试验 $2^{m/2}$ 个随机的消息。每秒能运算 100 万次单向散列函数的计算机得花 600 000 年才能找到一个消息与给定的 64b 散列值相匹配。同样的机器可以在大约一个小时里找到一对有相同散列值的消息。

这就意味着如果用户对生日攻击非常担心,那么用户所选择的单向散列函数其输出长度应该是用户本以为可以的两倍。例如,如果用户想让他们成功破译系统的可能性低于 $1/2^{80}$,那么应该使用输出为 160b 的单向散列函数。

需要指出的是,找到单向散列函数的碰撞并不能证明单向散列函数就彻底失效了。因为产生碰撞的消息可能是随机的,没有什么实际意义。最致命的破解是对给定的消息 M,较快地找到另一消息 M' 并满足 $H(M) = H(M')$,当然 M' 应该有意义并最好符合攻击者的意图。

小　　结

本章对单向散列函数做了基本的定义,介绍了 3 种目前普遍使用的单向散列函数,即 MD5、SHA-1 以及我国的 SM3 算法。希望读者经过讨论和比较,能对单向散列函数设计的理念有所理解。所有的密码算法都要同时兼顾安全性和简易性。对安全性的考虑,不外乎明文、密文的长度及对数据的非线性方式处理;对简易性的考虑不外乎反复地使用简单的运算及使用特殊的系统结构。

习　题　3

1. 选择题。

(1) 进行消息认证时,经常利用安全单向散列函数产生消息摘要。安全单向散列函数不具有下面(　　)特性。

    A. 相同输入产生相同输出　　　　　　　　B. 提供随机性或者伪随机性

    C. 易于实现　　　　　　　　　　　　　　D. 根据输出可以确定输入消息

(2) MD5 算法以(　　)b 分组来处理输入文本。

    A. 64　　　　　　B. 128　　　　　　C. 256　　　　　　D. 512

(3) SHA-1 算法接收任何长度的输入消息,并产生长度为(　　)b 的哈希值。

    A. 64　　　　　　B. 160　　　　　　C. 128　　　　　　D. 512

(4) 生日攻击是针对(　　)密码算法的分析方法。

    A. DES　　　　　B. AES　　　　　C. RC4　　　　　D. MD5

（5）下面（　　）不是 Hash 函数的主要应用。

　　A．文件校验　　　　B．数字签名　　　　C．数据加密　　　　D．认证协议

2．散列函数应该满足哪些性质？

3．编制一个程序，用 MD5 算法计算自选文件的散列值。

4．编制一个程序，用 SHA-1 算法计算自选文件的散列值。

5．比较 MD5 和 SHA-1 算法的相同和不同点。

6．给出一种利用 DES 构造散列函数的算法。

第 4 章　公钥密码体制

本章导读：

传统密码系统有以下两个特点。

（1）加密和解密时所使用的密钥是相同的或者类似的，从加密密钥可以很容易地推导出解密密钥；反之亦然。因此常称传统密码系统为单钥密码系统或对称钥密码系统。

（2）在一个密码系统中，不能假定加密算法和解密算法是保密的，因此密钥必须保密。然而发送信息的通道往往是不可靠的，所以在传统密码系统中，必须用不同于发送信息的另一个信道来发送密钥。

1976 年，W. Diffie 和 N. E. Hellman 发表的著名论文——"密码学的新方向"，奠定了公钥密码的基础。公钥密码系统提出了一系列新颖的概念和思想，开创了密码学新时代，其特点如下。

（1）加密密钥和解密密钥本质是不同的，知道其中一个，不存在一个有效地推导出另一个密钥的算法，所以公钥密码系统又称为双钥密码系统或非对称密码系统。

（2）不需要分发密钥的额外信道，可以公开加密密钥，这样无损于整个系统的保密性，需要保密的仅仅是解密密钥。

（3）公钥密码系统还带来认证性的好处。

4.1　基　础　知　识

在公钥密码体制以前的整个密码学史中，所有的密码算法，包括原始手工计算的、由机械设备实现的以及由计算机实现的，都是基于代换和置换原理。而公钥密码体制则为密码学的发展提供了新的理论和技术基础。一方面，公钥密码算法的基本工具不再是代换和置换，而是数学函数；另一方面，公钥密码算法是以非对称的形式使用两个密钥，两个密钥的使用对保密性、密钥分配、认证等都有着深刻的意义。可以说，公钥密码体制的出现在密码学史上是一次真正的革命。

公钥密码体制的概念是在解决单钥密码体制中无法克服的两个问题时提出的，这两个问题是密钥分配和数字签名。单钥密码体制在进行密钥分配时，要求通信双方或者已经有一个共享的密钥，或者可借助一个密钥分配中心。对第一个要求，常常可用人工方式传送双方最初共享的密钥，这种方法成本很高，而且还完全依赖信使的可靠性。第二个要求则完全依赖于密钥分配中心的可靠性。

1976 年，W. Diffie 和 M. Hellman 对解决上述两个问题有了突破，从而提出了公钥密码体制。每个人（即使互不相识）各自保存自己的私钥，而将对应的公钥放到一个公共通信簿上，A 要想向 B 发送保密消息 M，他使用 B 的公钥加密，发送 $E_B(M)$ 给 B，只有 B 拥有对应的私钥，所以只有 B 能够解密，得到 $D_B(E_B(M)) = M$。

建立一个公钥密码系统，有两个基本条件。

（1）加密和解密变换必须是计算上容易的，即应该属于 P 问题。

（2）密码分析必须是计算上困难的，如属于 NP 完全问题。

那么，如何选择计算上困难的问题呢？Diffie 和 Hellman 提出了陷门单向函数（Trapdoor One-way Function）的概念，从而指出了解决这一问题的一条途径。

单向函数的概念是：计算起来相对容易，但求逆却非常困难（即在正方向上易于计算而反方向却难以计算）。也就是说，已知 x，很容易计算 $f(x)$。但已知 $f(x)$，却难以计算出 x。在这里，"难"的定义是计算复杂性意义的：即使用世界上所有的计算机来计算，从 $f(x)$ 计算出 x 也要花费数百万年的时间。虽然单向函数有其他密码学的应用，但单向函数不能用作加密。用单向函数加密的信息是毫无用处的，无人能解开它。所以需要陷门单向函数，它是一类有一个秘密陷门的特殊单向函数。考虑加密消息和公钥，单向函数为 $y=f(x,k)$，即知道 x、k，求 y 是容易的；反之，知道 y 求 x 和 k 是困难的。但是如果知道陷门秘密，也能很容易反方向计算单向函数。也就是说，有一些秘密信息 $d(k)$，一旦给出 $d(k)$ 和 y，就很容易计算 x。

现在，就可以用陷门单向函数来解释公钥密码系统。数学上，公钥加密过程是基于单向陷门函数的。加密是容易的，加密指令就是公开密钥 k，任何人都能加密信息（正向计算 $f(x,k)$，x 对应消息 M）。解密是困难的（反向计算 $f(x,k)$），它做得非常困难，以至于不知道陷门秘密 $d(k)$，即使用 Cray 计算机和几百万年的时间都不能解开这个信息。这个秘密或陷门就是私钥 $d(k)$。持有这个秘密，解密就和加密一样容易。

4.1.1 公钥密码的原理

公钥密码算法的最大特点是采用两个相关密钥将加密和解密能力分开，其中一个密钥是公开的，称为公开密钥，简称公开钥，用于加密；另一个密钥为用户专用，因而是保密的，称为秘密密钥，简称秘密钥，用于解密。因此公钥密码体制也称为双钥密码体制。算法有以下重要特性：已知密码算法和加密密钥，求解密密钥在计算上是不可行的。公钥体制加密的框图如图 4-1 所示。

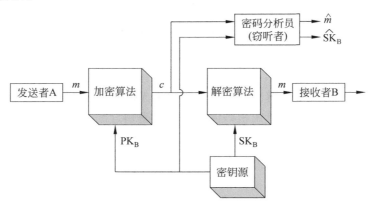

图 4-1 公钥体制加密的框图

加密过程有以下几步。

（1）要求接收消息的端系统，产生一对用来加密和解密的密钥，如图中的接收者 B，产

生一对密钥 PK_B、SK_B，其中 PK_B 是公开钥，SK_B 是秘密钥。

（2）端系统 B 将加密密钥（PK_B）予以公开。另一密钥（SK_B）则保密。

（3）A 要想向 B 发送消息 m，则使用 B 的公开钥加密 m，表示为 $c=E_{PK_B}(m)$，其中 c 是密文，E 是加密算法。

（4）B 收到密文 c 后，用自己的秘密钥 SK_B 解密，表示为 $m=D_{SK_B}(c)$，其中 D 是解密算法。

只有 B 知道 SK_B，所以其他人都无法对 c 解密。

公钥加密算法不仅能用于加、解密，还能用于对发送方 A 发送的消息 m 提供认证，如图 4-2 所示。

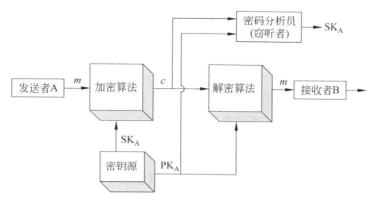

图 4-2　公钥密码体制认证框图

用户 A 用自己的秘密钥 SK_A 对 m 加密，表示为

$$c = E_{SK_A}(m)$$

将 c 发往 B。B 用 A 的公开钥 PK_A 对 c 解密，表示为

$$m = D_{PK_A}(c)$$

因为从 m 得到 c 是经过 A 的秘密钥 SK_A 加密，只有 A 才能做到。因此 c 可当作 A 对 m 的数字签名。另外，任何人只要得不到 A 的秘密钥 SK_A 就不能篡改 m，所以以上过程获得了对消息来源和消息完整性的认证。

以上认证过程中，由于消息是由用户自己的秘密钥加密的，所以消息不能被他人篡改，但却能被他人窃听。这是因为任何人都能用用户的公开钥对消息解密。为了同时提供认证功能和保密性，可使用双重加、解密，如图 4-3 所示。

发送方首先用自己的秘密钥 SK_A 对消息 m 加密，用于提供数字签名。再用接收方的公开钥 PK_B 进行第 2 次加密，表示为

$$c = E_{PK_B}(E_{SK_A}(M))$$

解密过程为

$$m = D_{PK_A}(D_{SK_B}(C))$$

即接收方先用自己的秘密钥，再用发送方的公开钥对收到的密文两次解密。

4.1.2　公钥密码算法应满足的要求

公钥密码算法应满足以下要求。

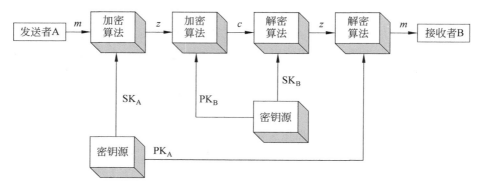

图 4-3　公钥密码体制的认证、保密框图

（1）接收方 B 产生密钥对（公开钥 PK_B 和秘密钥 SK_B）在计算上是容易的。

（2）发送方 A 用接收方的公开钥对消息 m 加密以产生密文 c，即 $c = E_{PK_B}(m)$ 在计算上是容易的。

（3）接收方 B 用自己的秘密钥对 c 解密，即 $m = D_{SK_B}(c)$ 在计算上是容易的。

（4）敌手由 B 的公开钥 PK_B 求秘密钥 SK_B 在计算上是不可行的。

（5）敌手由密文 c 和 B 的公开钥 PK_B 恢复明文 m 在计算上是不可行的。

（6）加、解密次序可换，即 $E_{PK_B}(D_{SK_B}(m)) = D_{SK_B}(E_{PK_B}(m))$。

其中最后一条虽然非常有用，但不是对所有的算法都作要求。

4.2　基本的数学理论

在现代密码学中，需要用到许多数学理论，如数论、信息论、复杂度理论、组合论、概率及线性代数等，均为设计密码系统及协议不可或缺的工具。以下将提供现代密码学中必要的数学基础，以便读者能很快地了解现代密码学中大部分系统的工作原理及如何分析和证明其安全性。

1. 整除和因子（约数）

设 a、$b(b \neq 0)$ 是两个整数，如果存在另一整数 m，使得 $a = mb$，则称 b 整除 a，记为 $b | a$，b 称为 a 的因子，如 $2 | 6$、$-3 | 18$。

整除的性质如下。

（1）如果 $a | b, b | c$，则 $a | c$。

（2）如果 $a | b, a | c$，则 $a | (xb + yc)$，其中 x、$y \in Z$。

（3）如果 $a | b, b | a$，则 $a = \pm b$。

2. 余数（剩余）

如果 a、q 是整数，$n \geqslant 1$，则 a 可以表示为

$$a = qn + r, \quad 0 \leqslant r < n, \quad q = \left\lfloor \frac{a}{n} \right\rfloor$$

$\lfloor x \rfloor$ 表示不大于 x 的最大整数。用 $a \bmod n$ 表示余数。

例 4-1　$a = 73, b = 17$，则 $q = 4, r = 5$，$73 \bmod 17 = 5$。

模运算性质如下。

对于正整数 n,整数 a、b,有

$$[(a \bmod n) + (b \bmod n)] \bmod n = (a + b) \bmod n$$

$$[(a \bmod n) - (b \bmod n)] \bmod n = (a - b) \bmod n$$

$$[(a \bmod n) \times (b \bmod n)] \bmod n = (a \times b) \bmod n$$

3. 最小公倍数、最大公因子

最小公倍数(Least Common Multiple,LCM):非负整数 $d = \text{lcm}(a,b) = \text{lcm}(b,a)$。

最大公因子(Greatest Common Divisor,GCD):正整数 $d = \gcd(a,b) = \gcd(b,a)$。

例 4-2 $\gcd(12,18) = 6$,$\text{lcm}(12,18) = 36$;特殊情况:$\gcd(0,0) = 0$。

性质 4-1

(1) a 和 b 都不为 0 时,$\text{lcm}(a,b) = ab / \gcd(a,b)$。

(2) 对于不全为 0 的 a 和 b,存在两整数 p 和 q,使得 $pa + qb = \gcd(a,b)$。

证明

(1) $\gcd(a,b) = 1$ 时,设 $\text{lcm}(a,b) = 1$,应有 $b|1$,所以 $ab|\text{lcm}(a,b)$,由最小公倍数的定义知,$ab = \text{lcm}(a,b)$。$\gcd(a,b) > 1$ 时,令 $c = \gcd(a,b)$,有 $\gcd(a/c,b/c) = 1$,由上面 $\gcd(a,b) = 1$ 情况的结论可知,$(a/c)(b/c) = \text{lcm}(a/c,b/c) = [\text{lcm}(a,b)]/c$,所以 $ab/c = \text{lcm}(a,b)$。

(2) 设 $b \neq 0$,若 $b|a$,则显然成立。

欧几里得算法(辗转相除法)求最大公因子(如果余数不为 0,则余 1,为互素)。

例 4-3 $\gcd(4864,3458) = 38$

解:$4864 = 1 \times 3458 + 1406$

$3458 = 2 \times 1406 + 646$

$1406 = 2 \times 646 + 114$

$646 = 5 \times 114 + 76$

$114 = 1 \times 76 + 38$

$76 = 2 \times 38 + 0$

注意:要求条件是除数不断减小。

4. 互素

素数:对于 $p \geq 2$,正因子只有 1 及其自己,如 2、3、5、7 等。

合数:除了 1 和自身以外,还有其他因子。

互素:如果 $\gcd(a,b) = 1$,则称 a 与 b 互素(也称 a 和 b 是既约的),如 21 与 50。

唯一分解定理:任意整数 $a(a > 1)$ 都能唯一表示为它的素因子的乘积,即

$$a = p_1^{e_1} p_2^{e_2} \cdots p_k^{e_k}$$

同余:如果 $a(\bmod n) = b(\bmod n)$,则称两整数 a 和 b 模 n 同余。也就是 n 能整除 $(a - b)$,即 $n|(a - b)$。

同余的性质

$$n | (a - b), \rightarrow a \equiv b \bmod n$$

$$(a \bmod n) = (b \bmod n), \rightarrow a \equiv b \bmod n$$

$$a \equiv b \bmod n, \rightarrow b \equiv a \bmod n$$

$$a \equiv b \bmod n, b \equiv c \bmod n, \rightarrow a \equiv c \bmod n$$

$$a \equiv b \bmod n, c \equiv d \bmod n \rightarrow a \pm c \equiv b \pm d \bmod n,$$

$$ac \equiv bd \ \mathrm{mod}\ n, a^m \equiv b^m \ \mathrm{mod}\ n$$

证明如下。

(1) $a = q_1 n + r_1, b = q_2 n + r_2, (a-b) = (q_1 - q_2)n$

所以 $a \equiv b \ \mathrm{mod}\ n$。

(2) $n \mid (a-b), n \mid (b-a)$。

(3) $a = q_1 n + b, b = a - q_1 n = q_2 n + c, a = (q_1 + q_2)n + c$

所以 $a \equiv c \ \mathrm{mod}\ n$。

(4) $a = q_1 n + b, c = q_2 n + d, a \pm c = q_1 n + b \pm (q_2 n + d) = (q_1 \pm q_2)n + (b \pm d)$

所以 $a \pm c \equiv b \pm d \ \mathrm{mod}\ n$。

(5) $ac = (q_1 n + b)(q_2 n + d) = (q_1 q_2 + q_1 d + q_2 b)n + bd$

所以 $ac \equiv bd \ \mathrm{mod}\ n$。

a 的同余类：所有与 a 模 n 同余的整数组成的集合。对于确定的 n，模 n 同余关系把整数集 Z 划分为余数分别为 $0,1,\cdots,n-1$ 的两两不相交的 n 个等价类，也叫模 n 同余类。所有 n 个模 n 剩余类组成的集合，叫做模 n 完全剩余系，记为 Z_n。每一个元素用最小非负剩余表示，即 $Z_n = \{0,1,2,\cdots,n-1\}$。也就是 Z_n 由 0 到 $n-1$ 的整数组成。事实上，每一个数表示的是一个同余类。

5. 加法逆、乘法逆

加法逆：对于加法＋，若 $x + y \equiv 0 \ \mathrm{mod}\ n$，则 y 为 x 的模 n 加法逆元，也称 y 为 $-x$。当 x、$y \in Z_n$ 时有唯一的加法逆元，如 $2 + 6 \equiv 0 \ \mathrm{mod}\ 8$。

如果 y 是 x 的加法逆元，则与 y 模 n 同余的整数（同余类），都是 x 的加法逆元。

例 4-4 $7 + 1 \equiv 0 \ \mathrm{mod}\ 8$

$7 + 9 \equiv 0 \ \mathrm{mod}\ 8$

$7 + 17 = (1 + 2 \times 8) \equiv 0 \ \mathrm{mod}\ 8$

$7 - 7 = 7 + (1 - 8) \equiv 0 \ \mathrm{mod}\ 8$

$7 - 15 = 7 + (1 - 2 \times 8) \equiv 0 \ \mathrm{mod}\ 8$

加法可约律：$(a + b) \equiv (a + c) \ \mathrm{mod}\ n \to b \equiv c \ \mathrm{mod}\ n$。

乘法逆：对于乘法 $\times$，若 $xy \equiv 1 \ \mathrm{mod}\ n$，则 y 为 x 的模 n 乘法逆元，也称 y 为 x 的倒数，记为 $1/x$, or x^{-1}。当 x、$y \in Z_n$ 时，乘法逆唯一，如 $3 \times 3 \equiv 1 \ \mathrm{mod}\ 8$。

对于乘法，不一定都有逆元。可约律不一定成立，如 $6 \times 3 \equiv 6 \times 7 \equiv 2 \ \mathrm{mod}\ 8$，但 3 与 7 并不模 8 同余。

定理 4-1 设 $a \in Z_n$，$\gcd(a,n) = 1$，则 a 在 Z_n 中有乘法逆元（唯一）。

证明 a 与 Z_n 中的数相乘（模乘），结果必不相同；否则，假设 $c < b, a \times b \equiv a \times c \ \mathrm{mod}\ n$，存在两个整数 k_1、$k_2 \to ab = k_1 n + r, ac = k_2 n + r$，所以 $a(b-c) = (k_1 - k_2)n$，因为 $\gcd(a,n) = 1$，所以 a 是 $(k_1 - k_2)$ 的因子，设 $(k_1 - k_2) = k_3 a, a(b-c) = k_3 na, \to b - c = k_3 n$，与 b 和 c 小于 n 矛盾，所以结论成立。

所以 $a \times Z_n$ 的个数与 Z_n 的个数相同，所以必有一个元素，与 a 相乘为 1。

乘法可约律：$(a \times b) \equiv (a \times c) \ \mathrm{mod}\ n$，且 a 有乘法逆元，则 $b \equiv c \ \mathrm{mod}\ n$。

例 4-5 $42 \equiv 7 \ \mathrm{mod}\ 5$，$\gcd(7,5) = 1$，$6 \equiv 1 \ \mathrm{mod}\ 5$。

$$7 \times 3 \equiv 7 \times 8 \equiv 7 \times 13 \equiv 1 \ \mathrm{mod}\ 5$$

$$63 = 9 \times 7 \equiv 7 \text{ mod } 8, \quad \gcd(7,8) = 1, \quad 9 \equiv 1 \text{ mod } 5$$

若 p 为素数,则 Z_p 中每一非 0 元素都与 p 互素,因此有乘法逆。

例 4-6　Z_9 中 1、2、4、5、7、8 有逆。$4^{-1} = 7$。

因为 $4 \times 7 \equiv 4 \times 4^{-1} \equiv 1 \text{ mod } 9$。

$$Z_8 = (0,1,2,3,4,5,6,7); \quad Z_8^* = (1,3,5,7)$$
$$Z_9 = (0,1,2,3,4,5,6,7,8); \quad Z_9^* = (1,2,4,5,7,8)$$
$$Z_7 = (0,1,2,3,4,5,6); \quad Z_7^* = (1,2,3,4,5,6)$$

Z_8 中 1、3、5、7 有逆,都为其自身。

Z_p^*:Z_n 中与 n 互素的所有剩余系的集合,也称为互素(既约)剩余系。

求乘法逆的方法:扩展的欧几里得辗转相除法。

例 4-7　求 Z_{53} 中 49 的逆元。

解: $x = 49^{-1} \to 49x \equiv 1 \text{ mod } 53$

因为 $\gcd(49,53) = 1$

所以 49 和 53 互素。

$$53 = 1 \times 49 + 4$$
$$49 = 4 \times 12 + 1$$

所以 $1 = 49 - 12 \times 4$

$$1 = 49 - 12(53 - 49)$$
$$1 = 13 \times 49 - 12 \times 53$$

故 $13 \times 49 \equiv 1 \text{ mod } 53$

例 4-8　简单的求逆可以直接计算,如 $5^{-1} \text{ mod } 7 = ?$　$3 \times 5 \equiv 1 \text{ mod } 7$。

$$2^{-1} \text{ mod } 5 = ? \quad 2 \times 3 \equiv 1 \text{ mod } 5$$

6. 费马(Fermat)定理

若 p 是素数,a 是正整数且 $\gcd(a,p) = 1$,则 $a^{p-1} \equiv 1 \text{ mod } p$。

还可写为:若 p 是素数,a 是任一正整数,则 $a^p \equiv a \text{ mod } p$。$a$ 的模 p 乘法逆为 a^{p-2}。

证明

$$a \times 0 \equiv 0 \text{ mod } p, \quad a \times Z_p - \{0\} = Z_p - \{0\}$$
$$\{a \text{ mod } p, 2a \text{ mod } p, \cdots, (p-1) \text{ mod } p\} = \{1, 2, \cdots, p-1\}$$

所以

$$a \times 2a \times \cdots \times (p-1) \equiv [(a \text{ mod } p) \times (2a \text{ mod } p) \times \cdots \times (p-1)a \text{ mod } p]\}$$
$$\equiv (p-1)!$$

又因为 $a \times 2a \times \cdots \times (p-1)a = (p-1)! a^{p-1}$

所以 $(p-1)! \, a^{p-1} \equiv (p-1)! \text{ mod } p$

因为 $(p-1)!$ 与 p 互素,因此命题得证。

由费马定理可以得到:a 的模 p 逆元为 a^{p-2}。

7. 欧拉函数

设 n 为一个正整数,小于 n 且与 n 互素的正整数的个数为 n 的欧拉函数,记为 $\varphi(n)$。

定理 4-2　若 n 是两个互素的整数 p 和 q 的乘积,则 $\varphi(n) = \varphi(p)\varphi(q)$。

若 p 和 q 为不同的素数,则 $\varphi(n) = \varphi(p)\varphi(q) = (p-1)(q-1)$。

欧拉定理　若 a 和 n 互素，则 $a^{\varphi(n)}\equiv 1 \bmod n$。所以 a 的逆元为 $a^{\varphi(n)-1}$。

例 4-9　求 $3^{102} \bmod 11$。

解：由 $3^{10}\equiv 1 \bmod 11$，$(3^{10})^{10}\equiv 1 \bmod 11$，　$3^{102}\equiv 3^2\equiv 9 \bmod 11$

$$2^9 = 512 \equiv 6 \bmod 11$$

所以 $2^{-1}=6$，　$2\times 6\equiv 1 \bmod 11$。

解线性同余式：

$$7x\equiv 22 \bmod 31,\quad 7^{-1} \bmod 31 = 9, x = 9\times 22 = 193 \equiv 12 \bmod 31$$

上式 7 的乘法逆可由扩展欧几里得算法得

$$31 = 4\times 7 + 3,\quad 7 = 2\times 3 + 1,$$
$$\rightarrow 1 = 7 - 2\times 3 = 7 - 2\times(31 - 4\times 7) = 9\times 7 - 2\times 31$$

4.3　RSA 密码算法

RSA 密码系统是较早提出的一种公开钥密码系统。1978 年，美国麻省理工学院（MIT）的 Rivest、Shamir 和 Adleman 在题为"获得数字签名和公开钥密码系统的方法"的论文中提出了基于数论的非对称（公开钥）密码体制，称为 RSA 密码体制。RSA 是建立在"大整数的素因子分解是困难问题"基础上的，是一种分组密码体制。

4.3.1　RSA 公钥密码方案

建立一个 RSA 密码体制的过程如下。

（1）用户选择一对不同的大素数 p 和 q，将 p 和 q 保密。

（2）令 $n=pq$，用户公布 n。$\varphi(n)=(p-1)(q-1)$，此处 $\varphi(n)$ 是欧拉函数，保密。

（3）选取正整数 d，使其满足 $\gcd(d,\varphi(n))=1$，将 d 保密。

（4）最后根据公式：$ed\equiv 1(\bmod\ \varphi(n))$，计算 e 并公布。

公开密钥：$k_1=(n,e)$。

私有密钥：$k_2=(p,q,d)$。

RSA 是一种分组密码系统，加密时首先将明文表示成从 0 到 $n-1$ 之间的整数。如果明文太长，可将其变为 n 进制的形式，即令

$$M = M_0 + M_1 n + \cdots + M_{s-1}n^{s-1} + M_s n^s$$

然后分别加密 $(M_0,M_1,\cdots,M_s)$。

（5）加密算法：$C=E(M)\equiv M^e(\bmod\ n)$。

解密算法：$D(C)=C^d(\bmod\ n)$。

下面证明解密过程的正确性。

证明　根据欧拉定理，对任何整数（明文信息）M，只要 $\gcd(M,n)=1$，就有

$$M^{\varphi(n)}\equiv 1(\bmod\ n)$$

现在期望证明 $D(E(M))=M$。有

$$D(E(M)) = (E(M))^d \equiv (M^e)^d = M^{ed}(\bmod\ n)$$

且 $M^{ed}\equiv M^{k\varphi(n)+1}(\bmod\ n)$，其中 k 是某个整数，由欧拉定理可知，对所有不能被 p 整除的 M，有 $M^{P-1}=1\ (\bmod\ p)$，且因为 $p-1$ 整除 $\varphi(n)$，$M^{k\varphi(n)+1}\equiv M(\bmod\ p)$ 也成立。当 M 能被 p

整除时,上式也成立,故上式对所有的 M 成立。

同理有(对 q)

$$M^{k\varphi(n)+1} \equiv M (\bmod q)$$

结合两个方程可得

$$M^{ed} \equiv M^{k\varphi(n)+1} \equiv M (\bmod n)$$

命题得证。

例 4-10　$p=11, q=23, n=pq=11 \times 23=253, \varphi(n)=(11-1)(23-1)=220$, 取 $e=3$, $\gcd(3,220)=1, e$ 为公钥;由扩展欧几里得算法求出 $3 \bmod 220$ 的逆为 $d=147$。明文空间为 $Z_n=\{0,1,2,\cdots,251,252\}$, 对于明文 $m=165$, 则密文

$$c=165^3 \bmod 253 \equiv 154 \cdot 165 \bmod 253 = 110$$

解密过程: $m=110^{147} \bmod 253 = 165$, 采用快速算法,即

$$110^{147} \bmod 253 = (110^2)^{73} \times 110 \bmod 253$$

$$= ((110^2)^2)^{36} \times 110^2 \times 110 \bmod 253$$

$$= (((110^2)^2)^2)^{18} \times 110^2 \times 110 \bmod 253$$

$$= (110^{2 \times 2 \times 2})^9 \times 110^2 \times 110 \bmod 253$$

$$= (110^{2 \times 2 \times 2 \times 2})^4 \times 110^{2 \times 2 \times 2} \times 110^2 \times 110 \bmod 253$$

$$= 110^{2 \times 2 \times 2 \times 2 \times 2 \times 2 \times 2} \times 110^{2 \times 2 \times 2 \times 2} \times 110^2 \times 110 \bmod 253$$

所以可得到下面的模幂算法,即

$$147 = 128 + 16 + 3 = 10010011$$

4.3.2　RSA 的安全性分析

破译 RSA 的难度至少和大数分解的困难性相当,大数分解即已知 p、q 求 $n=pq$ 容易, 但由 n 求 p 则极为困难。产生两个 100 位(十进制)的素数并求它们的乘积(用计算机),只需几秒钟,但分解乘得的结果则需要数十亿年。RSA 的公钥为 (e,n), 私钥为 (d,p)。由公钥很难得到私钥(未知 $\varphi(n)$)。n 通常选 512b、1024b 或 2048b。

破译 RSA 至少与因子分解一样困难。

(1) 如果分析者能分解 n, 就可求出 $\varphi(n)$ 和解密钥 d, 从而破译 RSA, 破译 RSA 并不比因子分解更困难。

(2) 如果分析者不对 n 分解,而求得 $\varphi(n)$, 则可解方程求得 p 和 q, 因此不对 n 进行因子分解而直接求 $\varphi(n)$, 并不比对 n 因子分解更容易。

(3) 分析者既不对 n 因子分解又不求 $\varphi(n)$, 而是直接求解密钥,则能计算 $\varphi(n)$ 的倍数, 可容易分解出 n 的因子。因此,直接计算解密钥 d 并不比对 n 因子分解更容易。

为保障安全性,建议 n 为 200 位十进制, p 和 q 应选择为 100 位左右的大素数。

(1) 因为 RSA 公开了公钥 e, 必须承受选择密文攻击和存在关系 $e \cdot d \equiv 1(\bmod \varphi(n))$, 所以 RSA 是一种特殊的因子分解,而不是一般的因子分解,因此是否存在不用破译因子分解而直接破译 RSA 密码的方法,还不得而知。

(2) RSA 的安全性建立在大合数 n 的分解是困难的基础上,如果分解已知,则就能求出密钥 d。

(3) 选择 n 的注意事项, p 和 q 应为安全素数或强素数。$p=2p_1+1$ 的素数为安全素

数,其中 p_1 为素数。强素数是 $p-1$ 和 $p+1$ 都有大素因子 p_1 和 p_2,并且 p_1+1、p_2+1 等还有大素因子。p 和 q 之差应很大,$p-1$ 与 $q-1$ 的最大公因子应很小等。

(4) 如果已知 $\varphi(n)$,则可得到 n 的分解 p 和 q,由

$$\varphi(n) = (p-1)(q-1) = n+1-(p+q) \rightarrow p+q = n+1-\varphi(n), n = pq$$

所以 p 和 q 是以下方程 $x^2-(n+1-\varphi(n))x+n=0$ 的解,此方程是容易解的。

(5) e 和 d 的选择。e 不能太小,应使其在模 $\varphi(n)$ 的阶最大。d 应大于 n 的长度的 $1/4$。

4.3.3　RSA 的攻击

关于 RSA 还存在很多需要了解的问题。目前,还没有发现针对 RSA 的破坏性攻击。已经预言了几种基于弱明文、弱参数选择或不当执行的攻击,具体如下。

1. 因数分解攻击

RSA 的安全性基于这么一种想法,那就是模要足够大以至于在适当的时间内把它分解是不可能的。如果攻击者能分解 n 并获得 p 和 q,他就可以计算出 $\varphi(n) = (p-1)(q-1)$。然后,因为 e 是公开的,还可以计算出 $d = e^{-1} \bmod \varphi(n)$。密钥 d 是攻击者可以用来对任何加密信息进行解密的暗门。

2. 选择密文攻击

攻击者在发送者 A 和接收者 B 的通信过程中进行窃听,设法成功截取了一个用 A 的公开密钥加密的密文 c,攻击者想要揭示出明文。

分析:攻击者想要得到 m,根据 RSA 体制原理,$m = c^d$,为了恢复 m,攻击者首先选取一个随机数 a,满足 $a < n$,并很容易得到 A 的公钥 e,计算

$$x = a^e \bmod n, \quad y = xc \bmod n, \quad t = a^{-1} \bmod n$$

如果 $x = a^e \bmod n$,那么 $a = x^d \bmod n$。

现在,攻击者发送 y 给 A,并要求 A 对此信息进行签名。此处,A 用其私钥对 y 签名,并将签名后信息回传给攻击者,即

$$u = y^d \bmod n$$

现在攻击者计算

$$tu = a^{-1}y^d = a^{-1}x^dc^d = c^d = m \bmod n$$

因此攻击者获得了明文。

3. 加密指数攻击

为了缩短加密时间,使用小的加密指数 e 是非常诱人的。普通的 e 值是 $e = 3$(第二个素数)。有多种针对低加密指数的潜在攻击,这些攻击一般不会造成系统的崩溃,不过还是得进行预防。为了阻止这些类型的攻击,推荐使用 $e = 2^{16}+1 = 65537$(或者一个接近这个值的素数)。

(1) 广播攻击。如果一个实体使用相同的低加密指数给一个接收者的群发送相同的信息,就会发动广播攻击(Broadcast Attack)。例如,假设有以下的情节:发送者 A 要使用相同的公共指数 $e = 3$ 和模 n_1、n_2 和 n_3,给 3 个接收者发送相同的信息。

$$c_1 = m^3 \bmod n_1, \quad c_2 = m^3 \bmod n_2, \quad c_3 = m^3 \bmod n_3$$

对这些等式运用中国剩余定理,攻击者就可以求出形式为 $c' = m^3 \bmod n_1n_2n_3$ 的等式。这就表明 $m^3 < n_1n_2n_3$,也表明 $c' = m^3$ 是在规则算法中(不是模算法)。攻击者可以求出 $c' = $

$m^{1/3}$ 的值。

（2）相关信息攻击。发送者 A 用 $e=3$ 加密两个明文 m_1 和 m_2，然后再把 c_1 和 c_2 发送给接收者 B。攻击者拦截 c_1 和 c_2，如果能通过一个线性函数把 m_1 和 m_2 联系起来，那么就可以在一个可行的计算时间内恢复 m_1 和 m_2。

（3）短填充攻击。发送者 A 有一条信息 m 要发送给接收者 B。他先用 r_1 对信息填充，加密的结果是得到了 c_1，并把 c_1 发送给接收者 B。攻击者拦截 c_1 并把它丢掉。接收者 B 通知发送者 A 他还没有收到信息，所以发送者 A 就再次使用 r_2 对信息填充，加密后发送给接收者 B。攻击者又拦截了这一信息。攻击者现在有 c_1 和 c_2，并且他知道 c_1 和 c_2 都是属于相同明文的密文。如果 r_1 和 r_2 都是短的，攻击者也许就能恢复原信息 m。

4. 解密指数攻击

可以对解密指数发动攻击有两种攻击方式，分别是暴露解密指数攻击和低解密指数攻击。

（1）暴露解密指数攻击。很明显，如果攻击者可以求出解密指数 d，就可以对当前加密的信息进行解密。不过，到这里攻击还没有停止。如果攻击者知道 d 的值，他就可以运用概率算法来对 n 进行因数分解，并求出 p 和 q 值。因此，如果接收者 B 只改变了泄露解密指数但是保持模 n 相同，因为攻击者有 n 的因数分解，所以他就可以对未来的信息进行解密。这就是说，如果接收者 B 发现解密指数已经泄露，他就要有新的 p 和 q 的值，还要计算出 n，并创建所有新的公钥和私钥。在 RSA 中，如果 d 已经泄露，那么 p、q、n、e 和 d 就必须要重新生成。

（2）低解密指数攻击。接收者 B 也许会想到，运用一个小的私钥 d 就会加快解密的过程。研究表明，如果 $d<1/3n^{1/4}$，一种基于连分数的特殊攻击类型就可以危害 RSA 的安全。要发生这样的事情，必须要有 $q<p<2q$。如果这两种情况存在，攻击者就可以在多项式时间中分解 n。在 RSA 中，推荐用 $d\geqslant1/3n^{1/4}$ 来防御低加密指数攻击。

5. 同模攻击

如果一个组织使用一个共同的模 n，那就有可能发动同模攻击。例如，一个组织中的人也许会让一个可信机构选出 p 和 q，计算出 n 和 $\varphi(n)$，并为每一个实体创建一对指数 (e_i, d_i)。现在假定发送者 A 要发送一则信息给接收者 B。发给接收者 B 的密文是 $c=m^{e_B}$ mod n。接收者 B 用他的私密指数 d_B 来对他的信息 $m'=c^{d_B}$ mod n 解密。问题是如果攻击者是该组织中的一个成员，并且像在低解密指数攻击那一部分中学过的那样，他也得到了分配的指数对 (e_j, d_j)，这样他也就可以对信息解密。运用他自己的指数对 (e_j, d_j)，攻击者可以发动一个概率攻击来分解 n，并得到接收者 B 的 d_B。为了阻止这种类型的攻击，模必须不是共享的。每一个实体都要计算她或他的模。

另外，有一些攻击是针对 RSA 的实现，它们不是攻击基本的算法，而是攻击协议，仅会使用 RSA 而不重视它的实现是不够的，实现细节也很重要。下面介绍两类对 RSA 协议的攻击方法。

攻击环境 1　S 是一个公开的计算机公证中心。实现功能如下：如果用户打算对一份文件进行公证，需首先发送给 S，S 根据用户授权等条件确定是否能接受此请求，若条件满足，S 采用 RSA 方式进行数字签名，然后回送给用户即可。

假定攻击者想让 S 对一个未授权的消息 m' 进行签名，很显然，理论上 S 不会接受此请求。

分析：首先，攻击者选择任意的一个数 x，计算 $y=x^e \bmod n$。他能很容易地获得 e，这是 S 的公开密钥，必须公开以便用来验证他的签名。然后，计算 $m=ym' \bmod n$，并将 m 发送给 S 并让 S 对它签名。S 回送 $m^d \bmod n$，现在攻击者计算 $(m^d \bmod n)x^{-1} \bmod n$，它等于 $(m')^d \bmod n$，是 m' 的签名。

实际上，攻击者可以有多种方法用来完成相同的事，他们利用的缺陷都是指数运算保持了输入的乘积结构，即

$$(ym)^d = y^d m^d \bmod n$$

攻击环境 2 攻击者想让 A 对 m_3 签名。

分析：攻击者产生两份消息 m_1, m_2 满足

$$m_3 \equiv m_1 m_2 \pmod{n}$$

如果他能让 A 对 m_1 和 m_2 签名，则有

$$m_3^d = (m_1^d \bmod n)(m_2^d \bmod n) \pmod{n}$$

他就能得到 A 对 m_3 的签名。

4.4 ElGamal 密码算法

ElGamal 算法是在密码协议中有着大量应用的一类公钥密码算法，它的安全性是基于求解离散对数问题的困难性。在一个有限域 Z_p（p 是素数）上的求解离散对数问题可以表述为：给定 Z_p 的一个本原元 α，对 $\beta \in Z_p^*$，寻找唯一的整数 $a(0 \leqslant a \leqslant p-2)$，使得 $\alpha^a \equiv \beta \bmod p$，记为 $a = \log_\alpha \beta$。一般地，如果仔细选择 p，则认为该问题是困难的。目前还没有找到计算离散对数问题的多项式时间算法。为了抗击已知的攻击，p 应该至少是 150 位以上的十进制整数，并且 $p-1$ 至少有一个大的素因子。

4.4.1 ElGamal 密码方案

设计一个 ElGamal 密码体制的过程如下。

(1) 选择大素数 p，$\alpha \in Z_p^*$ 是一个本原元，p 和 α 是公开的。

(2) 随机选择整数 d，$0 \leqslant d \leqslant p-2$，计算 $\beta = \alpha^d \bmod p$；β 是公钥，d 是私钥。

(3) 明文空间为 Z_p^*，密文空间为 $Z_p^* \times Z_p^*$。

公开密钥：(p, α, β)

私有密钥：d

加密变换：对于任意明文 $m \in Z_p^*$，秘密随机选取一个整数 $k(0 \leqslant k \leqslant p-2)$，密文为

$$c = (\alpha^k \bmod p, \quad m\beta^k \bmod p) = (c_1, c_2)$$

(4) 解密变换：对任意密文 $c = (c_1, c_2) \in Z_p^* \times Z_p^*$，明文为

$$m = c_2 (c_1^d)^{-1} \bmod p$$

解密的正确性：

$$c_1 = \alpha^k \bmod p, \quad c_2 = m\beta^k \bmod p, \quad \beta = \alpha^d \bmod p$$

$$c_2 (c_1^d)^{-1} \equiv m\beta^k (\alpha^{dk})^{-1} \bmod p \equiv m\alpha^{dk}(\alpha^{-dk}) \bmod p \equiv m \bmod p$$

ElGamal 公钥密码体制中，密文依赖于明文 m 和秘密选取的随机整数 k，因此，明文空

间中的一个明文对应密文空间的许多个不同的密文。

例 4-11

（1）选取素数 $p=19$，生成元 $\alpha=2$。

（2）用户 B 选择整数 $d=10$，作为自己的私钥，计算 $\beta=\alpha^d \bmod p=2^{10} \bmod 19=17$ 作为自己的公钥。

（3）用户 A 想秘密地发送明文 $M=11$ 给用户 B，A 选择一个随机数 $k=7$，$0 \leqslant k \leqslant 19-2$，并计算。

$$c_1=\alpha^k \bmod p=2^7 \bmod 19=14, c_2=m\beta^k \bmod p=11 \times 17^{17} \bmod 19=17$$

A 将 $(14,17)$ 发送给 B。

（4）B 计算 $c_2(c_1^d)^{-1} \bmod p=17 \times (14^{10})^{-1} \bmod 19 \equiv 17 \times 4 \equiv 11 \bmod 19$。

4.4.2 ElGamal 公钥密码体制的安全性分析

在这部分内容中，介绍两种针对 ElGamal 密码系统的攻击：基于低模的攻击（Low-Modulus Attacks）和基于已知明文的攻击（Known-Plaintext Attack）。

1. 低模攻击

如果 p 的值不是足够大，攻击者就可以运用一些有效的算法，来解决求 d 或 k 的离散对数问题。如果 p 是小的，攻击者就可以很容易地求出 $d=\log_\alpha\beta \bmod p$，并且把它保存起来，可以用它来解密加密的任何信息。只要加密用的是相同的密钥，这个过程就可以一次完成。攻击者也可以运用 c_1 的值及 $k=\log_\alpha c_1 \bmod p$ 来求出发送者 A 在每次传输时所用的随机数 k 的值。这两种情况都强调 ElGamal 密码系统的安全性依赖于使用大的模解决离散对数问题的不可能性。推荐 p 最小应该是 1024b（300 个十进制数位）。

2. 已知明文攻击

如果发送者 A 使用相同的随机指数 k，加密两个明文 m_1 和 m_2，要是知道 m_1 的话就可以发现 m_2。假定 $c_2=m_1\beta^k \bmod p$ 和 $c_2'=m_2\beta^k \bmod p$。攻击者运用下面的步骤就求出了 m_2，即

$$(\beta^k)=c_2 \times m_1^{-1} \bmod p$$
$$m_2=c_2' \times (\beta^k)^{-1} \bmod p$$

因而，推荐每次加密过程选用一个新的 k 值来阻止已知明文攻击。

为了保证 ElGamal 密码系统的安全性，p 最小应是 300 个十进制数位，并且每次解密 k 都必须为新值。

4.5 椭圆曲线密码算法

椭圆曲线理论在代数学和几何学上已广泛研究了 150 多年之久，是代数几何、数论等多个数学分支的一个交叉点，有着丰富而深厚的理论积累。椭圆曲线密码体制（Elliptic Curve Cryptosystem，ECC）在 1985 年由 Koblitz 和 Miller 提出，随后逐步成为一个十分令人感兴趣的密码学分支，1997 年以来形成了一个研究热点，特别是移动通信安全方面的应用更是加快了这一趋势。

4.5.1 有限域上的椭圆曲线

椭圆曲线就是方程 $y^2 + a_1 xy + a_3 y = x^3 + a_2 x^2 + a_4 x + a_6$ 所确定的平面曲线。经过坐标变换可转化为 $y^2 = x^3 + ax + b$。

有限域上的椭圆曲线：有限域 Z_p（p 为大于 3 的素数）上的椭圆曲线 $y^2 = x^3 + ax + b$ 是满足同余方程 $y^2 \equiv (x^3 + ax + b) \bmod p, a、b \in Z_p$ 的点 $(x,y) \in Z_p \times Z_p$，其中 $4a^3 + 27b^2 \not\equiv 0 \bmod p$，再加上一个无穷远点所组成的集合 E。

可以在椭圆曲线上定义加法运算：对于任意点 $P = (x_1, y_1) \in E$，$Q = (x_2, y_2) \in E$。

$$P + Q = \begin{cases} 0 & \text{若 } x_1 = x_2, y_1 = -y_2 \\ (x_3, y_3) & \text{否则} \end{cases}$$

其中，
$$x_3 = \lambda^2 - x_1 - x_2$$
$$y_3 = \lambda(x_1 - x_3) - y_1$$

$$\lambda = \begin{cases} \dfrac{y_2 - y_1}{x_2 - x_1} & \text{当 } P \neq Q \text{ 时} \\ \dfrac{3x_1^2 + a}{2y_1} & \text{当 } P = Q \text{ 时} \end{cases}$$

另外，对于任意点 $P, P + 0 = P$。

从几何的观点解释椭圆曲线上的加法运算，如图 4-4 所示（$y^2 = x^3 + ax + b$ 中不同的 a 和 b 得到不同的椭圆曲线及其形状，但都是关于 x 轴对称的。图 4-4 所示为 $y^2 = x^3 + ax + b, y = 0$ 时有 3 个实根的情况，还有其他情况，不为 3 个根）。

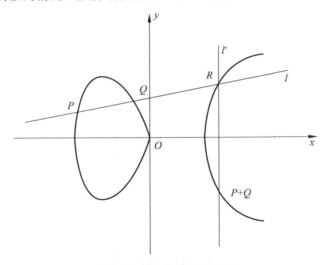

图 4-4　椭圆曲线及其形状

图 4-4 的解释为：设 P 和 Q 是椭圆曲线上的任意两点，l 是连接 P 和 Q 的直线，如果 $P = Q$，则 l 为 P 的切线。设 l 交椭圆曲线 E 与另一点 R，过 R 做 y 轴的平行线 l'，交 E 点于另一点就是 $P + Q$。如果 P 和 Q 关于 x 轴对称或者重合于 x 轴，则直线 l 垂直于 x 轴，这时 l 与椭圆曲线 E 相交于无穷远点，因此 $P + Q = 0$。

可以证明：椭圆曲线 E 关于加法构成一个交换群。

$|E|$ 表示有限域 Z_p 上的椭圆曲线 E 中的点的数目。要精确计算该值是困难的,有 Hasse 定理给出上界和下界。

Hasse 定理 $p+1-2\sqrt{p}\leqslant|E|\leqslant p+1+2\sqrt{p}$。

椭圆曲线上的离散对数问题:设 $p>3$ 是一个素数,E 是有限域 Z_p 上的椭圆曲线,设 G 是 E 的一个循环子群,α 是 G 的一个生成元,$\beta\in G$,已知 α、β,求满足 $n\alpha=\beta$ 的唯一整数 n,$0\leqslant n\leqslant\text{ord}(\alpha)-1$。

4.5.2 椭圆曲线密码方案

(1) 设 $p>3$ 是一个素数,E 是有限域 Z_p 上的椭圆曲线,$\alpha\in G$ 是椭圆曲线上的一个点,并且 α 的阶为 n 且足够大,使得由 α 生成的循环子群中离散对数问题是难解的。p 和 E 以及 α 都公开。

(2) 随机选取整数 d,$0\leqslant d\leqslant\text{ord}(\alpha)-1$,计算 $\beta=d\alpha$,β 是公开钥,d 是保密的私钥。

(3) 明文空间为 $Z_p^*\times Z_p^*$,密文空间为 $E\times Z_p^*\times Z_p^*$;加密时,对于任意明文 $x=(x_1,x_2)\in Z_p^*\times Z_p^*$,秘密随机选取一个整数 k,$0\leqslant k\leqslant\text{ord}(\alpha)-1$,密文为 $y=(y_0,y_1,y_2)$

$$y_0=k\alpha,\quad (c_1,c_2)=k\beta,\quad y_1=c_1x_1,\quad y_2=c_2x_2$$

(4) 解密时,明文为

$$x_1=y_1c_1^{-1}\bmod p,\quad x_2=y_2c_2^{-1}\bmod p,\quad (c_1,c_2)=dy_0$$

解密过程的正确性,即

$$(c_1,c_2)=k\beta=kd\alpha=dk\alpha=dy_0$$
$$y_1c_1^{-1}\bmod p=c_1x_1c_1^{-1}=x_1,\quad y_2c_2^{-1}=c_2x_2c_2^{-1}=x_2$$

4.5.3 椭圆曲线密码体制安全性问题

椭圆曲线密码体制的安全性,依赖于椭圆曲线离散对数问题的难解性。而对椭圆曲线密码体制的攻击,也可以归结到对椭圆曲线离散对数问题的攻击。对所有曲线离散对数的有效攻击方法,主要有以下几种。

1. 穷举搜索法(Naïve Exhaustive Search)

简单计算 α 的倍乘:$\alpha,2\alpha,\cdots$,直至找到 β。最坏情况下该算法需要 n 步椭圆曲线的点加运算,算法的时间复杂度是为 $O(n)$,是指数级的。当 n 足够大(目前大于 2^{80} 足够)时,该算法在计算时间上变得不可行,该方法因此失效。建议给 ECC 选择的椭圆曲线参数中 n 至少大于 2^{191}。

2. 小步大步法(Baby-Step Giant-Step Algorithm)

令 $m=\lfloor\sqrt{n}\rfloor$,则 $k=sm+t,s,t\in[0,m-1]$,s,t 是唯一的。从而 $k\alpha=sm\alpha+t\alpha$,可以预先计算 $sm\alpha(s=1,2,\cdots,m-1)$,并把这些值存储起来,然后计算 $\beta-t\alpha(t=1,2,\cdots,m-1)$,将每次计算结果与存储的 $sm\alpha$ 比较,直到找到相等的值为止,也就找到了 k,事实上此方法是把穷搜法中的部分时间换为空间,以空间换取时间,大约需要存储 $\sqrt{n}$ 个点,最坏需要计算 $\sqrt{n}$ 步。

3. Pohlig-Hellman 算法(Pohlig-Hellman Algorithm)

可以首先将 n 分解为 $n=k_1^{e_1}k_2^{e_2}\cdots k_s^{e_s}$,$k_i(i=1,2\cdots,s)$ 为素数,则寻找 k 便归结为寻找 k

mod $k_i^{e_i}$,然后利用中国剩余定理计算出 k。给定 n,该算法将 ECDLP 分解成 $e_1+e_2+\cdots+$ $e_s \leqslant \log n$ 个子 ECDLP。如果 n 的素因子 k_i 都很小,则这些子 ECDLP 都能很容易求解。因此为了保证 ECC 能抵抗该方法的攻击,要求给 ECC 所选椭圆曲线的阶 n 须有大素数因子,最好 n 就是素数,这样就可以保证用该方法求 ECDLP 时其时间复杂度是指数级的。

4. MOV 攻击

MOV 攻击是把 ECDLP 问题归到有限域上离散对数问题,用攻击有限域上的离散对数的方法来攻击 ECDLP。此攻击只对超奇异椭圆曲线有效,对非超奇异椭圆曲线的攻击则无能为力。

5. SSAS 攻击

SSAS 攻击是针对素数域上,一类称为非正规椭圆曲线(Anomalous Elliptic Curves)的曲线,在 F_p 上且满足 $E(F_p)=p$ 的椭圆曲线称为非正规椭圆曲线。SSAS 攻击是构造了 $E(F_p)$ 到 F_p 的加法群的一个同构映射,使得解这类 ECDLP 是多项式时间的。

另外,还有许多以上方法的变形或改进攻击算法,如 Pollard's rho 算法、并行 Pollard's rho 算法、Weil Descent 攻击、乘积算法攻击等。

椭圆曲线密码目前看来是很安全的,但是由于对椭圆曲线离散对数问题研究至今才 100 多年的历史,相对于整数分解问题 2000 多年的研究历史来说,ECC 究竟有没有亚指数算法,是否真的比 RSA 安全,这也是需要进一步研究的问题。

4.5.4 国产 SM2 椭圆曲线公钥算法

2010 年 12 月,国家密码管理局颁布了一个国家标准——《SM2 椭圆曲线公钥密码算法》(国家密码管理局第 21 号公告),并要求对现有的基于 RSA 算法的电子认证系统、密钥管理系统、应用系统进行升级改造,从 2011 年 7 月 1 日起,投入运行并使用公钥密码的信息系统,应使用 SM2 椭圆曲线密码算法。

从 2007 年起,国家密码管理局组织密码学专家和相关公司成立了专门的研究小组,开始研究起草我国自己的椭圆曲线公钥密码算法标准,历时 3 年,终于完成了 SM2 标准的制定。这项国家标准的颁布,对我国公钥密码算法的理论研究及应用都有重要意义,国内很多的信息安全开发商就可以开发具有自主知识产权的产品。

SM2 椭圆曲线公钥密码算法包括数字签名算法、密钥交换协议和公钥加密算法。

1. SM2 数字签名算法

SM2 椭圆曲线公钥密码算法的数字签名算法,包括数字签名生成算法和验证算法。这里给出了数字签名生成算法和验证算法相应的流程。

每个签名者拥有一个公钥和一个私钥,数字签名算法由签名者用自己的私钥对消息进行签名,并由验证者利用签名者的公钥验证签名的正确性。

假设需要签名的消息为 M,签名者(用户 A)进行签名的过程如下。

(其中 Z_A 为关于用户 A 的可辨别标识;‖ 为拼接;H_v 为消息摘要长度为 v 比特的密码杂凑函数;G 为椭圆曲线的一个基点,其阶为素数;$[k]P$ 为椭圆曲线上点 P 的 k 倍点;d_A 为用户 A 的私钥)

(1) 令 $\overline{M}=Z_A \parallel M$。

(2) 计算 $e=H_v(\overline{M})$。

（3）产生随机数 $k \in [1, n-1]$。

（4）计算椭圆曲线上的点 $(x_1, y_1) = [k]G$。

（5）计算 $r = (e + x_1) \bmod n$，如果 $r = 0$ 或 $r + k = n$，则返回（3）。

（6）计算 $s = ((1 + d_A)^{-1} \cdot (k - r \cdot d_A)) \bmod n$，如果 $s = 0$，则返回（3）。

（7）输出消息 M 的签名 (r, s)。

假设收到消息 M' 及其数字签名 (r', s')，验证者（用户 B）验证签名的过程如下。

（1）检验 $r' \in [1, n-1]$ 是否成立，如果不成立则验证不通过。

（2）检验 $s' \in [1, n-1]$ 是否成立，如果不成立则验证不通过。

（3）令 $\overline{M'} = Z_A \parallel M'$。

（4）计算 $e' = H_v(\overline{M'})$。

（5）计算 $t = (r' + s') \bmod n$，如果 $t = 0$，则验证不通过。

（6）计算椭圆曲线上的点 $(x'_1, y'_1) = [s']G + [t]P_A$。

（7）计算 $R = (e' + x'_1) \bmod n$，检验 $R = r'$ 是否成立，如果成立则验证通过，如果不成立则验证不通过。

2. SM2 密钥交换协议

本节介绍了 SM2 椭圆曲线公钥密码算法的密钥交换协议。

进行交互的两个用户 A 和 B 各自拥有一个公钥和一个私钥，他们用各自的私钥和对方的公钥商定一个只有他们知道的秘密密钥。假设用户 A 和 B 协商获得密钥数据的长度为 klen b，用户 A 为发起方，用户 B 为响应方。用户 A 和用户 B 获得相同密钥的过程如下（其中 KDF 为密钥派生函数；P_B 为用户 B 的公钥）。

对用户 A，有以下算法。

（1）产生随机数 $r_A \in [1, n-1]$。

（2）计算椭圆曲线上的点 $R_A = [r_A]G = (x_1, y_1)$。

（3）将 R_1 发送给用户 B。

对用户 B，有以下算法。

（1）产生随机数 $r_B \in [1, n-1]$。

（2）计算椭圆曲线上的点 $R_B = [r_B]G = (x_2, y_2)$。

（3）从 R_B 中取出域元素 x_2，计算 $\overline{x}_2 = 2^w + (x_2 \,\&\, (2^w - 1))$。

（4）计算 $t_B = (d_B + \overline{x}_2 \cdot r_B) \bmod n$。

（5）验证 R_A 是否满足椭圆曲线方程，如果不满足则协商失败；否则从 R_A 中取出域元素 x_1，计算 $\overline{x}_1 = 2^w + (x_1 \,\&\, (2^w - 1))$。

（6）计算椭圆曲线上的点 $V = [h \cdot t_B](P_A + [\overline{x}_1]R_A) = (x_V, y_V)$，如果 V 是无穷远点，则 B 协商失败。

（7）计算 $K_B = \mathrm{KDF}(x_V \parallel y_V \parallel Z_A \parallel Z_B, \mathrm{klen})$。

（8）计算 $S_B = \mathrm{Hash}(0x02 \parallel y_V \parallel \mathrm{Hash}(x_V \parallel Z_A \parallel Z_B \parallel x_1 \parallel y_1 \parallel x_2 \parallel y_2))$。

（9）将 R_B、S_B 发送给用户 A。

对用户 A，有以下算法。

（1）从 R_A 中取出域元素 x_1，计算 $\bar{x}_1 = 2^w + (x_1 \& (2^w - 1))$。

（2）计算 $t_A = (d_A + \bar{x}_1 \cdot r_A) \bmod n$。

（3）验证 R_B 是否满足椭圆曲线方程，如果不满足则协商失败；否则从 R_B 中取出域元素 x_2，计算 $\bar{x}_2 = 2^w + (x_2 \& (2^w - 1))$。

（4）计算椭圆曲线上的点 $U = [h \cdot t_A](P_B + [\bar{x}_2]R_B) = (x_U, y_U)$，如果 U 是无穷远点，则 A 协商失败。

（5）计算 $K_A = \mathrm{KDF}(x_U \parallel y_U \parallel Z_A \parallel Z_B, \mathrm{klen})$。

（6）计算 $S_B = \mathrm{Hash}(0x02 \parallel y_U \parallel \mathrm{Hash}(x_U \parallel Z_A \parallel Z_B \parallel x_1 \parallel y_1 \parallel x_2 \parallel y_2))$，并检验 $S_1 = S_B$ 是否成立，如果等式不成立则从 B 到 A 的密钥确认失败。

（7）计算 $S_A = \mathrm{Hash}(0x03 \parallel y_U \parallel \mathrm{Hash}(x_U \parallel Z_A \parallel Z_B \parallel x_1 \parallel y_1 \parallel x_2 \parallel y_2))$，将 S_A 发送给用户 B。

对用户 B，有以下算法。

计算 $S_2 = \mathrm{Hash}(0x03 \parallel y_V \parallel \mathrm{Hash}(x_V \parallel Z_A \parallel Z_B \parallel x_1 \parallel y_1 \parallel x_2 \parallel y_2))$，并检验 $S_2 = S_A$ 是否成立，如果等式不成立则从 A 到 B 的密钥确认失败。

3. SM2 公钥加密与解密算法

用户 A（发送方）和用户 B（接收方）进行消息传递，发送方用接收方的公钥对消息进行加密，接收方用自己的私钥对接收到的加密消息进行解密，得到原始消息。假设需要发送的消息为 M，M 的比特长度为 klen，消息加密过程如下（用户 A）（其中 $\oplus$ 为长度相等的两个比特串的异或运算）。

（1）产生随机数 $k \in [1, n-1]$。

（2）计算椭圆曲线上的点 $C_1 = [k]G = (x_1, y_1)$，将 C_1 按照 $x_1 \parallel y_1$ 转换为比特串。

（3）计算椭圆曲线上的点 $S = [h]P_B$，如果 S 是无穷远点，则报错并退出。

（4）计算椭圆曲线上的点 $[k]P_B = (x_2, y_2)$。

（5）计算 $t = \mathrm{KDF}(x_2 \parallel y_2, \mathrm{klen})$ 如果 $t = 0$，则返回执行（1）。

（6）计算 $C_2 = M \oplus t$。

（7）计算 $C_3 = \mathrm{Hash}(x_2 \parallel M \parallel y_2)$。

（8）输出密文 $C = C_1 \parallel C_2 \parallel C_3$。

假设用户 B 收到密文 $C = C_1 \parallel C_2 \parallel C_3$，密文中 C_2 的比特长度为 klen，解密过程如下（用户 B）。

（1）从 C 中取出比特串 C_1，将 C_1 转换为椭圆线上的点，验证 C_1 是否满足椭圆曲线方程，如果不满足则报错并退出。

（2）计算椭圆曲线上的点 $S = [h]C_1$，如果 S 是无穷远点，则报错并退出。

（3）计算椭圆曲线上的点 $[d_B]C_1 = (x_2, y_2)$。

（4）计算 $t = \mathrm{KDF}(x_2 \parallel y_2, \mathrm{klen})$，如果 $t = 0$，则报错并退出。

（5）从 C 中取出比特串 C_2，计算 $M' = C_2 \oplus t$。

（6）计算 $u = \mathrm{Hash}(x_2 \parallel M' \parallel y_2)$，从 C 中取出比特串 C_3，如果 $u \neq C_3$，则报错并退出。

（7）输出明文 M'。

小　　结

公钥密码学是现代密码学的一个重要组成部分,本章主要介绍了公钥密码的原理,具体阐述了 RSA、ElGamal 和椭圆曲线 3 种不同的公钥密码体制,并引入了国产 SM2 椭圆曲线公钥算法,使学生了解非对称密码和对称密码体制的本质区别,熟悉典型的公钥密码体制的原理和方法,掌握公钥密码的应用及安全分析。

习　题　4

1. 请简述对称密码算法和公钥密码算法的区别。

2. 在 RSA 算法中,若用户 Alice 的私钥已泄露,决定更换新的私钥。如果 Alice 在产生新的密钥时并不更新模数,请问这样产生的密钥安全吗? 为什么?

3. 在 RSA 算法中,若已知某用户的公钥信息为 $(e,n)=(31,3599)$,求该用户的私钥是多少?

4. 在使用 RSA 公钥系统中,如果截取了发送给其他用户的密文 $C=2654$,若此用户的公钥为 $(e,n)=(5,35)$,求明文的内容是什么?

5. 在 ElGamal 算法中,取素数 $p=224737$,$\alpha=5$ 是 Z_{224737}^{*} 的一个生成元,明文 $m=1289608$。

(1) 若公钥 $\beta=101934$,随机选取 $k=35276$,问明文 m 加密后的密文是多少?

(2) 若已知明文 m 加密后的密文是 $(c_1,37121)$,那么 c_1 是多少?

6. 对椭圆曲线 $y=x^3+x+6$,考虑点 $G=(2,7)$,已知秘密密钥 $n=7$,计算:

(1) 公开密钥 P_b。

(2) 已知明文 $P_m=(10,9)$,并选择随机数 $k=3$,确定密文 C_m。

7. 分别用 MD5 和 SHA 算法构造一次性口令系统,并给出系统工作流程。

8. 比较和分析 RSA 签名和 ElGamal 签名的优、缺点。

9. 针对国产的 SM2 椭圆曲线公钥算法,请分析其安全性。

第5章　数字签名技术与应用

本章导读：

数字签名是信息安全的一个非常重要的分支，它在大型网络安全通信中的密钥分配、安全认证、公文安全传输以及电子商务系统中的防否认等方面具有重要作用。

数据在不安全的网络上进行传输时，为确保传输数据的安全性，必须采取一系列的安全技术，如加密技术、数字签名技术、身份认证技术、信息隐藏技术等，其中数字签名技术可以保证数据交换的完整性、发送信息的不可否认性，并可对交易者身份进行有效认证，是当前电子商务、电子政务安全的必备技术之一。

数字签名（也称电子签名）的思想与手写签名相似，要保证签发的消息不可伪造、保证收发双方的不可否认，并可经过第三方验证数据传输过程。但电子签名与手写签名也有很大区别，电子签名采用密码学理论与技术保证这一过程，在网络空间具有更高的安全性。

本章主要介绍数字签名的基础原理、常用的签名算法以及国产的 SM9 算法，并介绍了数字签名标准及应用产品。

5.1　数字签名的基本原理

政治、军事、外交等领域的文件、命令和条约，商业中的契约，以及个人之间的书信等，传统上都采用手书签名或印章，以便在法律上能认证、核准和生效。随着计算机通信的发展，人们希望通过电子设备实现快速、远距离的交易，数字（或电子）签名便应运而生，并开始用于商业通信系统，如电子邮递、电子转账和办公自动化等系统中。

类似于手书签名，数字签名也应满足以下要求。

（1）收方能够确认或证实发方的签名，但不能伪造。

（2）发方发出签名的消息送收方后，就不能再否认他所签发的消息。

（3）收方对已收到的签名消息不能否认，即收到认证。

（4）第三者可以确认收发双方之间的消息传送，但不能伪造这一过程。

5.1.1　数字签名与手书签名的区别

数字签名与手书签名的区别在于，手书签名是模拟的且因人而异。数字签名是 0 和 1 的数字串，因消息而异。数字签名与消息认证的区别在于，消息认证使收方能验证消息发送者及所发消息内容是否被篡改过。当收发者之间没有利害冲突时，这对于防止第三者的破坏来说是足够了。但当收者和发者之间有利害冲突时，单纯用消息认证技术就无法解决他们之间的纠纷，此时需借助数字签名技术。

为了实现签名目的，发方须向收方提供足够的非保密信息，以便使其能验证消息的签名。但又不泄露用于产生签名的机密信息，以防止他人伪造签名。因此，签名者和证实者可公用的信息不能太多。任何一种产生签名的算法或函数都应当提供这两种信息，而且从公开的信息很难推测出用于产生签名的机密信息。另外,任何一种数字签名的实现都有赖于精心设计的通信协议。

5.1.2 数字签名的分类

数字签名有两种,一种是对整个消息的签名,一种是对压缩消息的签名,它们都是附加在被签名消息之后或某一特定位置上的一段签名图样。若按明、密文的对应关系划分,每一种又可分为两个子类。一类是确定性数字签名,其明文与密文一一对应,它对特定消息的签名不变化(使用签名者的密钥签名),如 RSA、ElGamal 等签名;另一类是随机化的或概率式数学签名,它对同一消息的签名是随机变化的,取决于签名算法中的随机参数和取值。

一个签名体制一般含有两个组成部分,即签名算法和验证算法。对 M 的签名可简记为 $\mathrm{Sig}(M)=s$(有时为了说明密钥 k 在签名中的作用,也可以将签名写成 $\mathrm{Sig}_k(M)$ 或 $\mathrm{Sig}(M, k)$,而对 s 的证实简记为 $\mathrm{Ver}(s)=\{真,伪\}=\{0,1\}$。签名算法或签名密钥是秘密的,只有签名人掌握。证实算法应当公开,以便于他们进行验证。

一个签名体制可由量 (M, S, K, V) 表示,其中 M 是明文空间,S 是签名的集合,K 是密钥空间,V 是证实函数的值域,由真、伪组成。

对于每一 $k \in K$,有一签名算法,易于计算 $s=\mathrm{Sig}_k(m) \in S$。利用公开的证实算法,即
$$\mathrm{Ver}_k(s, m) \in \{真,伪\}$$
可以验证签名的真伪。

它们对每一 $m \in M$,真签名 $\mathrm{Sig}_k(m) \in S$ 为 $M \to S$ 的映射。易于证实 S 是否为 M 的签名。
$$\mathrm{Ver}_k(s, m)= \begin{cases} 真, & 当 \mathrm{Sig}_k(s, m) 满足验证方程 \\ 伪, & 当 \mathrm{Sig}_k(s, m) 不满足验证方程 \end{cases}$$

体制的安全性在于,从 m 和其签名 s 难以推出 k,或伪造一个 m',使 $\mathrm{Sig}_k(m')$ 满足验证方程。

消息签名与消息加密有所不同,消息加密和解密可能是一次性的,它要求在解密之前是安全的,而一个签名的消息可能作为一个法律上的文件(如合同等)很可能在对消息签署多年之后才验证其签名,且可能需要多次验证此签名。因此,签名的安全性和防伪造的要求会更高,且要求证实速度比签名速度要快些,特别是联机在线时进行实时验证。

5.1.3 使用数字签名

随着计算机网络的发展,过去依赖于手写签名的各种业务都可用这种电子化的数学签名代替,它是实现电子贸易、电子支票、电子货币、电子出版及知识产权保护等系统安全的重要保证。数字签名已经并将继续对人们如何共享和处理网络上信息以及事务处理产生巨大的影响。

例如,在大多数合法系统中对大多数合法的文档来说,文档所有者必须给一个文档附上一个时间标签,指明文档签名对文档进行处理和文档有效的时间与日期。在用数字签名对文档进行标识之前,用户可以很容易地利用电子形式为文档附上电子时间标签。因为数字签名可以保证这一日期和时间标签的准确性和证实文档的真实性,数字签名还提供了一个额外的功能,即它提供了一种接收者可以证明确实是发送者发送了这一消息的方法。

使用电子汇款系统的人也可以利用电子签名。例如,假设有一个人要发送从一个账户到另一个账户转存 10 000 美元的消息,如果这一消息通过一个未加保护的网络,那么"黑

客"就能改变资金的数量从而改变了这一消息。但是,如果发送者对这一消息进行数字签名,由于接收系统核实错误,从而识别出对此消息的任何改动。

大范围的商业应用要求变更手写签名方式时,可以使用数字签名。其中一例便是电子数据交换(Electronic EDI)。EDI 是商业文档消息的交换机制。美国联邦政府用 EDI 技术来为消费者购物提供服务。在 EDI 文档里,数字签名取代了手写签名,利用 EDI 和数字签名,只需通过网络介质(Data Interchang),即可进行买卖并完成合同的签订。

数字签名的使用已延伸到保护数据库的应用中。一个数据库管理者可以配置一套系统,它要求输入消息到数据库的任何人在数据库接收之前必须数字化标识该消息。为了保证真实性,系统也要求用户标识对消息所做的任何修改。在一个用户查看已被标识过的消息之前,系统将核实创建者或编辑者在数据库消息中的签名,如果签名核实结果正确,用户就知道没有未经授权的第三者改变这些消息。

5.2　RSA 签名

安全参数:令 $n = pq$,p 和 q 是大素数,选 e 并计算出 d,使 $ed = 1 \bmod (p-1)(q-1)$,公开 n 和 e,将 p、q 和 d 保密。则所有的 RSA 参数为 $k = (n, p, q, e, d)$。

数字签名:对消息 $M \in Z_n$ 定义

$$S = \mathrm{Sig}(M) = M^d \bmod n$$

为对 M 的签名。

签名验证:对给定的 M、S 可按下式验证:设 $M' = S^e \bmod n$,如果 $M = M'$,则签名为真,否则,不接受签名。

显然,由于只有签名者知道 d,由 RSA 体制可知,其他人不能伪造签名,但容易证实所给任意 (M, S) 对是不是消息 M 和相应的签名所构成的合法对。RSA 体制的安全性依赖于分解的困难性。

ISO/IEC 9796 和 ANSI X9.30—199X 已建议将 RSA 作为数字签名的标准算法。PKCS♯1 是一种采用杂凑算法(如 MD2 或 MD5 等)和 RSA 相结合的公钥密码标准。

5.3　ElGamal 签名

该体制由 T. ElGamal 在 1985 年给出,其修正形式已被美国 NIST 作为数字签名标准(DSS),它是 Rabin 体制的一种变形。此体制专门为签名而设计,方案的安全性基于求离散对数的困难性。可以看出,它是一种非确定性的双钥体制,即对同一明文消息,由于随机参数选择的不同而有不同的签名。

1. 体制参数

p:一个大素数,可使 Z_p 中求解离散对数为困难的问题。

g:是 Z_p 中乘群 Z_p^* 的一个生成元或本原元素。

M:消息空间为 Z_p^*。

S:签名空间为 $Z_p^* \times Z_{p-1}$。

X:用户密钥 $x \in Z_p^*$,公钥为 $y = g^x \bmod p$。

安全参数为：$k=(p,g,x,y)$，其中 p、g、y 为公钥，x 为秘密钥。

2. 签名过程

给定消息 M，发送端用户进行下述工作。

（1）选择秘密随机数 $k \in Z_p^*$。

（2）计算压缩值 $H(M)$，并计算

$$r = g^k \bmod p$$

$$s = (H(M) - xr)k^{-1} \bmod (p-1)$$

（3）将 $\text{Sig}(M,k)=(M,r,s)$ 作为签名，将 (M,r,s) 送给对方。

3. 验证过程

收信人收到 (M,r,s)，先计算 $H(M)$，并按下式验证签名，即

$$y^r r^s = g^{H(M)} \bmod p$$

这是因为 $y^r r^s = g^{rx} g^{sk} = g^{(rx+sk)} \bmod p$，由上式有 $(rx+sk) = H(M) \bmod (p-1)$。

在此方案中，对同一消息 M，由于随机数 k 不同而有不同的签名值 (M,r,s)。

4. 安全性

它依赖于解离散对数问题的困难性。ANSI X9.30—199X 已将 ElGamal 签名体制作为签名标准算法。

5.4 SM9 算法

SM9 算法是基于对的标识密码算法，包含 4 个部分，即数字签名算法、密钥交换协议、密钥封装机制和公钥加密算法。在这些算法中使用了椭圆曲线上的对这一个工具，不同于传统意义上的 SM2 算法，可以实现基于身份的密码体制，也就是公钥与用户的身份信息即标识相关，从而比传统意义上的公钥密码体制有更多优点，省去了证书管理等。其中，数字签名算法适用于接收者通过签名者的标识验证数据的完整性和数据发送者的身份，也适用于第三方确定签名及所签数据的真实性。密钥交换协议可以使用通信双方通过双方的标识和自身的私钥经过两次或者可选 3 次信息传递过程，计算获取一个由双方共同决定的共享秘密密钥。密钥封装机制和公钥加密算法中，利用密钥封装机制可以封装密钥给特定的实体。公钥加密和解密算法即基于标识的非对称秘密算法，该算法使消息发送者可以利用接收者的标识对消息进行加密，唯有接收者可以用相应的私钥对该密文进行解密，从而获取消息。

SM2 中的总则部分同样适用于 SM9，由于 SM9 总则中添加了适用于对的相关理论和实现基础。椭圆曲线双线性对定义和计算在扩域上进行，总则中给出了扩域的表示和运算，数据类型转换同样包括整数与字节串、比特串和字节串、字节串和域元素、点和字节串之间的转换，其中字节串和域元素之间的数据类型转换涉及扩域。系统参数的生成比 SM2 复杂，涉及对的相关参数，验证也复杂。

5.4.1 SM9 加密算法

加密算法由以下 4 个算法构成，即建立（Setup）、密钥提取（KeyGen）、加密（Encrypt）和解密（Decrypt）。

Setup(k)→PK,MSK：建立算法以安全参数 k 为输入，输出为公共参数 PK 和主密

钥 MSK。

KeyGen(PK, MSK, ID)→SK$_{ID}$：密钥提取算法以公共参数 PK、主密钥 MSK 和一个身份信息 ID 为输入，输出该身份信息对应的私钥 SK$_{ID}$。并通过安全信道将 SK$_{ID}$ 返回给对应用户。

Encrypt(PK, M, SK$_{ID}$)→CT：加密算法以公共参数 PK、明文消息 M 以及接收者的身份信息 ID 为输入，输出密文 CT。该算法由信息发送者（加密者）完成，并将密文通过公开信道发送给对应的接收者（解密者）。

Decrypt(PK, CT, SK$_{ID}$)→M：解密算法以公共参数 PK、密文 CT、私钥 SK$_{ID}$ 为输入，在正确解密时输出明文 M，或在不能正确解密时返回符号 $\perp$。该算法由信息接收者（解密者）完成。

算法必须满足正确性约束条件，即对于给定的身份信息 ID 和与之对应的私钥 SK$_{ID}$，有 $\forall M: \text{Decrypt}(PK, \text{Encrypt}(PK, ID, M), SK_{ID}) = M$。

5.4.2　SM9 身份认证

身份认证是网络安全的重要机制之一，也是实现身份信息保密的重要技术。传统身份认证应用系统采用用户名加口令方式实现身份验证，网络之间的信息传输都是明文。这种传统的认证方式存在很多的安全隐患，信息极易泄露。用户为了便于记忆，其用户名和密码往往过于简单且带有一定的规律性，易被猜测、易泄露；同时用户在输入密码时易被偷窥，而密码在传输过程中也易被黑客截获；信息以明文形式传输，或密文的加密强度太低，很容易破解；而使用 PKI/CA 证书体系的身份认证机制，需要事先申请证书，这对用户来说申请过程繁琐、使用复杂，对应用商来说开发难度大、部署困难，难以推广。

而基于身份标识的 SM9 算法通过用户的手机号码或邮件地址作为标识，简单易用，认证过程中没有任何用户名和密码传递，安全可靠。其工作原理主要采用了挑战/应答模式的 CHAP 认证协议，简称 CHAP(CHallenge Authentication Protocol)。该协议基于签名的挑战/应答，可以抵抗木马、口令字典等攻击，如图 5-1 所示。

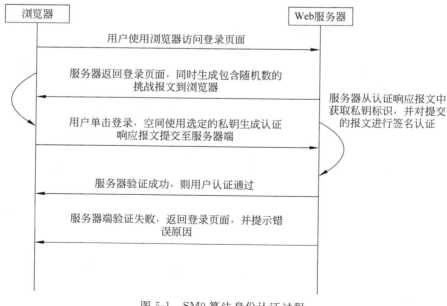

图 5-1　SM9 算法身份认证过程

传统的登录界面是使用用户名和密码,而使用 SM9 提供的登录方式只需输入 KEY 的 PIN 码即可登录。PIN 码可以设置错误次数,登录错误超过设定次数即可自锁。

5.4.3 传统的 PKI 体系与 IBC 体系的对比

现在国际上普遍使用 IBC(Identity-Based Cryptography,标识密码算法),IBC 是新兴的密码技术。在标识的密码系统中,每个实体具有一个有意义的、唯一的标识,如姓名、IP 地址、电子邮箱地址、手机号码等,这个标识本身就是实体的公钥。无须预先协商密码或者交换证书,可以大大减少传统证书体系中申请和验证环节,易于使用。用户的私钥由密钥生成中心(Key Generate Center,KGC)根据系统主密钥和用户标识计算得出,基于身份的标识密码是传统的 PKI 证书体系的最新发展(图 5-2),而 SM9 算法就是国家密码局对国家标识密码体系 IBC 标准的规范,并于 2007 年 12 月 16 日给予国家 IBC 标准 SM9 商密算法型号(图 5-3)。SM9 算法是国家商用密码管理局颁布的合规性算法,可达到相当于 RSA 3072 位加密强度,破解需要大约 2500 亿台高性能计算机计算 10 亿年。

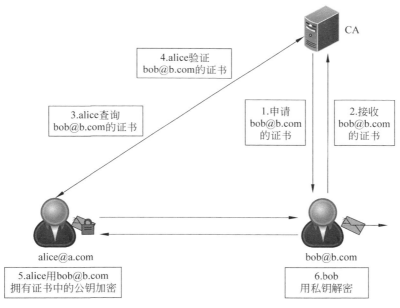

图 5-2 PKI 加密过程

由图 5-2 和图 5-3 可以看出,PKI 体系与 IBC 体系的应用区别,具体见表 5-1。

表 5-1 PKI 与 IBC 体系的区别

PKI 体系	IBC 体系
公钥是随机数	公钥可以是邮箱地址
通过证书将用户的公钥与身份关联起来	公钥即用户的身份标识
信息发送方必须获得接收方的公钥证书	信息发送方只需要获知接收方的身份标识(如姓名、IP 地址、电子邮箱地址、手机号码等)
证书颁发和管理系统复杂难以部署	无需颁发和管理证书

PKI 体系	IBC 体系
每次发送信息之前,都需要与管理中心通信交互,验证证书的有效性	可以本地离线加、解密
难以实现基于属性、策略的加密	可增加时间或固定 IP 等方式解密信息的安全策略控制
存放的收信方证书随发送邮件数量的增大而增多,在线通信交互越繁忙,管理负担和管理成本会同比例放大	发送邮件数量级增大,管理负担和管理成本的增加并不明显
实现成本高,效率低下	实现成本低,效率较高
系统运行维护成本高	运营管理方便,成本低

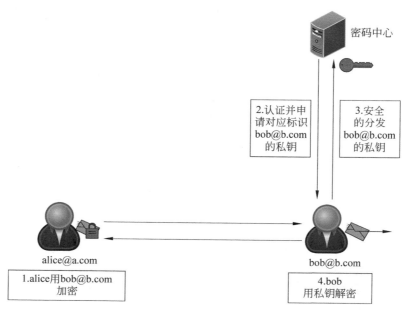

图 5-3　IBC 加密过程

由图 5-2 和图 5-3 的分析可见,与 PKI 体系相比,IBC 体系的应用优势主要表现在以下几个方面。

- 无需 PKI 体系中的数字证书,无需证书颁发机构 CA 中心,无需证书的发布与查询,使用简单,部署方便,尤其适用于海量用户的安全系统。
- 无需 PKI 中证书验证等计算过程,具备较低的计算代价,适用于手机终端。
- 无需 PKI 的在线连接 CA 服务器查询与验证证书状态,具备较低的通信代价。
- 丰富的策略控制机制,将身份认证与访问控制合二为一。

5.4.4　SM9 算法的应用

国际上现在普遍使用 IBC 来解决邮件安全问题。例如,美国 HP 公司的 IBC 加密电子邮件的企业用户已近千家,涉及银行、零售、保险、能源、医疗保健和政府等行业,使用加密邮件用户数量已近数千万,其云端系统年处理超过 12 亿封邮件的加、解密;近 30% 财富 2000 企业都使用其 IBC 技术来实现邮件加密;美国微软、中国台湾趋势科技、SendMail、Proofpoint 等均提供基于 IBC 的安全邮件产品。使用 IBC 来实现的邮件安全方案,用户直接使用邮件地址作为公钥,无须预先协商密码或者交换证书,安全性和易用性得到很好的结合。

在国内,国家密码管理局已经对 IBC 标识密码算法进行标准化,颁发了商密算法型号,即 SM9(商密第九号算法)。SM9 算法无须申请数字证书,在电子邮件加密方面具有不可替代的优势,其加密算法强度足以让现有计算能力无法破解。所以国内相关单位纷纷基于此算法推出邮件安全产品,如奇虎 360 的加密邮箱产品、深圳奥联的 Email 产品都使用了 SM9 算法,以及国内邮件厂商如 Coremail、安宁、亿邮、Fangmail 等均实现了 SM9 的支持,国家信息中心、中国信息安全测评中心也承担了 SM9 的应用示范试点项目,国家密码算法的应用将逐渐普及。

5.5　盲签名及其应用

为了说明盲签名的基本概念,本节假设 Alice 为消息拥有者,Bob 为签名人。在盲签名协议中,Alice 的目的是让 Bob 对某文件进行签名,但又不想让 Bob 知道文件的具体内容,而 Bob 并不关心文件中说些什么,他只是保证他在某一时刻以公正人的资格证实了这个文件。

Alice 从 Bob 处获得盲签名的过程一般有以下几个步骤。

(1) Alice 将文件 m 乘一个随机数得 m',这个随机数通常称为盲因子,Alice 将盲消息 m' 发送给 Bob。

(2) Bob 在 m' 上签名后,将其签名 $Sig(m')$ 送 Alice。

(3) Alice 通过除去盲因子可从 Bob 关于 m' 的签名 $Sig(m')$ 中得到 Bob 关于原始文件 m 的签名 $Sig(m)$。

D. Chaum 关于盲签名曾经给出一个非常直观的说明:盲签名就是先将要隐蔽的文件放进信封里,而除去盲因子的过程就是打开这个信封。当文件在一个信封中时,任何人都不能读它。对文件签名就是通过在信封里放一张复写纸,当签名者在信封上签名时,他的签名便透过复写纸签到了文件上。

下面所介绍的盲签名方案都是在 ElGamal 签名方案上构造的,其中 x 和 $y = a^x \bmod p$ 为签名者 Bob 的私钥和公钥。

5.5.1　盲消息签名

在盲消息签名方案中,签名者仅对盲消息 m' 签名,并不知道真实消息 m 的具体内容。这类签名的特征是:$Sig(m) = Sig(m')$ 或 $Sig(m)$ 含 $Sig(m')$ 中的部分数据。因此,只要签名者保留关于盲消息 m' 的签名,便可确认自己关于 m 的签名。

Alice   Bob

选择消息 $m \in Z_p$,随机数 $h \in Z_{p-1}$。

计算 $\beta = a^h \bmod p$,$m' = mh \bmod (p-1)$ $\xrightarrow{(\beta, m')}$ 选择随机数 $k \in Z_{p-1}$

计算 $r = \beta^k \bmod p$,

$$S = (xr + m'k) \bmod (p-1)$$

$$\mathrm{Sig}(m) = (r,s) \xleftarrow{(r,s)}$$

验证方程为

$$a^s = y^r r^m \bmod p$$

从签名方程 $s = xr + m(k \bmod (p-1))$ 可知

$$a^s = y^r(a^k)^m = y^r a^{kmh} = y^r \beta^{km} = y^r r^m = y^r r^m \bmod p$$

因此,验证方程成立。

可以看出,在上述盲消息签名方案中,Alice 将 Bob 关于 m' 的签名数据作为其对 m 的签名,即 $\mathrm{Sig}(m) = \mathrm{Sig}(m')$。所以,只要 Bob 保留 $\mathrm{Sig}(m')$,便可将 $\mathrm{Sig}(m)$ 与 $\mathrm{Sig}(m')$ 相联系。为了保证真实消息 m 对签名者保密,盲因子尽量不要重复使用。因为盲因子 h 是随机选取,所以,对一般的消息 m 而言,不存在盲因子 h,使 m'($m' = mh \bmod (p-1)$)有意义;否则,Alice 将一次从 Bob 处获得两个有效签名 $\mathrm{Sig}(m)$ 和 $\mathrm{Sig}(m')$,从而使得两个不同的消息对应相同的签名。这一点也是签名人 Bob 最不愿看到的。

盲消息签名方案在电子商务中一般不用于构造电子货币支付系统,因为它不保障货币持有者的匿名性。

5.5.2　盲参数签名

在盲参数签名方案中,签名者知道所签消息 m 的具体内容。按照签名协议的设计,签名收方可改变原签名数据,即改变 $\mathrm{Sig}(m)$ 而得到新的签名,但又不影响对新签名的验证。因此,签名者虽然签了名,却不知道用于改变签名数据的具体安全参数。

　　　　　　　　Alice　　　　　　　　　　Bob

选择 $m \in Z_p$,随机数 $h \in Z_{p-1}$。

计算 $\beta = a^h \bmod p \xrightarrow{(m,\beta)}$ 选择随机数 $k \in Z_{p-1}^*$

计算 $r' = \beta^k \bmod p$

$$s' = k^{-1}(m + xr') \bmod (p-1)$$

新签名 $\mathrm{Sig}(m) = (r,s)$,其中: $\xleftarrow{(r',s')} r = r', s = s'h^{-1} \bmod (p-1)$

验证方程为

$$r^s = a^m y^r \bmod p$$

在上述盲参数签名方案中,m 对签名者并不保密。当 Alice 对 $\mathrm{Sig}(m)$ 做了变化之后,(m,r,s) 和 (m,r',s') 的验证方程仍然相同。

盲参数签名方案的这些性质可用于电子商务系统 CA 中心,为交易双方颁发口令。任何人虽然可验证口令的正确性,但包括 CA 在内谁也不知变化后的口令。在实际应用中,用户的身份码 ID 相当于 m,它对口令产生部门并不保密。用户从管理部门为自己产生的非秘密口令得到秘密口令的方法,就是将 (ID, r', s'),转化为 (ID, r, s)。这种秘密口令并不影响计算机系统对用户身份进行认证。另外,利用盲参数签名方案还可以构造代理签名机制中的授权人和代理签名人之间的授权方程,以用于多层 CA 机制中证书的签发以及电子支票和电子货币的签发。

5.5.3　弱盲签名

在弱盲签名方案中,签名者仅知 $\text{Sig}(m')$ 而不知 $\text{Sig}(m)$。如果签名者保留 $\text{Sig}(m')$ 及其他有关数据,待 $\text{Sig}(m)$ 公开后,签名者可以找出 $\text{Sig}(m')$ 和 $\text{Sig}(m)$ 的内在联系,从而达到对消息 m 拥有者的追踪。

$$
\begin{array}{ll}
\text{Alice} & \text{Bob} \\
\text{选随机数 } a \text{ 和 } b \xleftarrow{\quad r'\quad} \text{选随机数 } k \in (1,p-1) \\
\qquad\qquad\qquad\quad\ \text{计算 } r' = a^k \bmod p \\
\text{计算 } r = r'^a a^b \bmod p \\
m' = amr' r^{-1} \bmod q \xrightarrow{\quad m'\quad} \text{计算 } S' = r'x + km' \bmod q \\
s = (S'rr'^{-1} + mb) \bmod q \xleftarrow{\quad s'\quad} \\
\text{Sig}(m) = (r,s)
\end{array}
$$

验证方程为

$$a^s = y^r r^m \bmod p$$

在上述盲签名方案中,如果签名者 Bob 保留 $(m'r'S',k)$,则当 Alice 公开 $\text{Sig}(m) = (r,s)$ 后,Bob 可求得 $a' = m'm^{-1}r'^{-1}r \bmod q$ 和 $b' = m^{-1}(S - S'rr'^{-1}) \bmod q$。

为了证实 $\text{Sig}(m) = (r,s)$ 是从 $\text{Sig}(m') = (m'r'S')$ 所得,Bob 只需验证等式 $r = r'^a a^b \bmod p$ 是否成立,若成立,则可确认 $a' = a$、$b' = b$,从而确认 $\text{Sig}(m)$ 和 $\text{Sig}(m')$ 相对应。这充分说明上述方案的确是一个弱盲签名方案。

盲消息签名方案与弱盲签名方案的不同之处在于,后者不仅将消息 m 做了盲化,而且对签名 $\text{Sig}(m')$ 做了变化,但两种方案都未能摆脱签名者将 $\text{Sig}(m)$ 和 $\text{Sig}(m')$ 相联系的特性,只是后者隐蔽性更大一些。由此可以看出,弱盲签名方案与盲消息签名方案的实际应用较为类似。

5.5.4　强盲签名

在强盲签名方案中,签名者仅知 $\text{Sig}(m')$,而不知 $\text{Sig}(m)$。即使签名者保留 $\text{Sig}(m')$ 及其他有关数据,仍难以找出 $\text{Sig}(m)$ 和 $\text{Sig}(m')$ 之间的内在联系,不可能对消息 m 的拥有者进行追踪。

$$
\begin{array}{ll}
\text{Alice} & \text{Bob} \\
(\text{公钥}(e,n)) & (\text{密钥 } d) \\
\text{选择盲因子 } r \\
\text{计算 } m' = mr^e \bmod n \xrightarrow{\quad m'\quad} \text{计算盲签名} \\
\qquad\qquad\qquad\quad \xleftarrow{\quad s'\quad} S' = (m')^d \bmod n \\
\text{计算签名,即}
\end{array}
$$

$$s = s'^{-1} \bmod n = m^d \bmod n$$

强盲签名方案是目前性能最好的一个盲签名方案,电子商务中使用的许多数字货币系统和电子投票系统的设计都采用了这种技术。

5.6 多重签名及其应用

多重数字签名的目的是将多个人的数字签名汇总成一个签名数据进行传送,签名收方只需验证一个签名便可确认多个人的签名。

设 $U_1, U_2, \cdots, U_n$ 为 n 个签名者,他们的密钥分别为 x_i,相应的公钥为 $y_i = g^{x_i} \bmod p (i=1,2,\cdots,n)$。

他们所形成的对消息 m 的 n 个签名为 (r_i, s_i),其中 $r_i = g^{k_i} \bmod p$ 和 $s_i = x_i m + k_i r$ $\bmod (p-1)(i=1,2,\cdots,n)$,这里 $r = \prod\limits_{i=1}^{n} r_i \bmod p$,形成的签名 (r_i, s_i) 满足方程 $g^{s_i} = y_i^m r_i^r \bmod p$。

n 个签名人最后形成的多重签名为

$$(m,r,s) = \left(m, \prod_{i=1}^{n} r_i \bmod p, \sum_{i=1}^{n} s_i \bmod p-1\right)$$

它满足方程 $g^s = y^m r^r \bmod p$,其中 $y = \prod\limits_{i=1}^{n} y_i \bmod p$。

由此可以看出,无论签名人有多少,多重签名并没有过多地增加签名验证人的负担。多重签名在办公自动化、电子金融和 CA 认证等方面有重要的应用。

5.7 定向签名及其应用

当通过网络传输电子邮件和有关文件时,为了维护有关权力和合法利益,为了维护网上信息在法律上的严肃性,发送者应当对所发信息进行数字签名,使接收者确信接收到的信息是可信的、合法的和有效的,它可以防止不法者的冒充行为。

对许多签名方案而言,无论什么人,只要获得签名就可验证签名的有效性。这些签名方案包括 RSA 签名方案和 ElGamal 签名方案。为了使特定的收方才能验证签名的有效性,对 RSA 签名而言,可以对签名采用加密传送的方法。由 Chaum 等人提出的不可否认签名方案也具有对签名验证者进行控制的能力。但这种方案的实施需要签名者和验证者之间相互传送有关信息(交互式验证)。但从实际应用看,一般并不需要对签名进行加密,更不必采用较为烦琐的交互式验证。

为此,这里介绍了定向签名的概念,并在 ElGamal 型签名方案和具有消息还原功能的签名方案(简称 MR 型方案)上实现了签名的定向传送。这些方案仅允许特定的收方对签名进行验证,但它们不需要像 RSA 签名那样要对签名加密,也不需要像不可否认签名那样要进行交互式验证。由于具有有向性,这些方案的安全性也得到了加强,极大地缩小了受攻击和受伪造的范围。

1. ElGamal 型定向签名

这里所说的 ElGamal 型签名方案是指 ElGamal 签名方案的各种变形方案。

下面仅在一个特殊的 ElGamal 型签名方案上建立了定向签名方案。这种方法也可以用于其他 ElGamal 型签名方案。在此方案中,设签名人为 A,特定的签名收方为 B。

系统参数：p 是一个素数，q 是 $p-1$ 的素因子，$g \in Z_q$ 且阶为 q，x_A、$x_B \in Z_q$ 分别是 A 和 B 的密钥，相应的公钥分别为 $y_A = g^{x_A} \bmod p$ 和 $y_B = g^{x_B} \bmod p$，$m \in Z_q$ 为待签的消息。

签名方程：签名者 A 为了求得关于消息 m 的签名，选取随机数 $k_A \in Z_q$，然后计算 $c_A = y_B^{x_A + k_B} \bmod p$，$r_A = g^{k_A} \bmod p$ 和 $S_A = c_A x_A - m k_A \bmod q$。

签名：$(m;(r_A, S_A))$。A 将此签名送 B。

签名验证：B 收到签名 $(m;(r_A, s_A))$ 以后，使用自己的密钥 x_B 计算 $c_A = (r_A y_A)^{x_B} \bmod p$，然后验证方程 $y_A^{c_A} = r_A^m g^{s_A} \bmod p$ 是否成立。若成立，则 B 接受 A 关于信息 m 的签名。

因为只有 B 用密钥 x_B 才可获得 c_A，所以除 B 以外的任何人无法验证签名的正确性，因此，该方案是定向签名方案。

2. MR 型定向签名方案

为了验证 ElGamal 型签名的有效性，签名人应将消息 m 连同签名 (r, s) 一起送收方。Nyberg 等人建立了消息恢复型（简称 MR 型）签名方案，使用此方案不必传送消息 m。任何收到签名者，利用签名 (r, s) 便可还原 m。下面介绍在 MR 型签名方案上建立的一个定向签名方案。

系统参数：设 p 和 q 为两个素数且 $q \mid p-1$，$g \in Z_q$ 是阶为 q 的元素。x_A、$x_B \in Z_p^*$ 和 $y_A = g^{x_A} \bmod p$ 及 $y_B = g^{x_B} \bmod p$ 是与签名者 A 和验证者 B 对应的私钥及公钥。

签名方程：为了签署消息 $m \in Z_p$，A 选随机数 $k \in Z_p^*$，并计算 $r_A = m y_B^{-(x_A + k_B)} \bmod p$，$s_A = k_A - r_A x_A \bmod q$ 和 $c_A = q^{k_A} \bmod p$。

签名数据：$(m;(r_A, s_A, c_A))$，A 将其签名数据送 B。

还原方程：验证者 B 利用 $y_A^{r_A} g^{k_A} = c_A \bmod p$ 先验证签名 (r_A, s_A, c_A) 的正确性，然后再利用还原方程，即

$$m = y_A^{(r_A + 1)x_B} y_B^{s_A} r_A \bmod p$$

还原消息 m。

上述还原方程的正确性可通过对方程左边乘 $y_B^{-(x_A + k_A)} y_B^{x_A + k_A}$ 加以验证，这里不再详述。

使用上述方案的优点在于，即使未使用加密方案，除特定接收方 B 之外的任何人无法看到消息 m 的内容。因此，定向 MR 型签名方案既是签名方案，同时又起到了对消息 m 进行加密的作用。

5.8 美国数字签名标准

5.8.1 关注数字签名标准

在 1991 年 8 月 30 日，美国国家标准与技术学会（NIST）联邦注册书上发表了一个通知，提出了一个联邦数字签名标准，NIST 称之为数字签名标准（DSS）。DSS 提供了一种核查电子传输数据及发送者身份的一种方式。NIST 提出："此标准适用于联邦政府的所有部门，以保护未加保密的信息——它同样适用于 E-mail、电子金融信息传输、电子数据交换、软件发布、数据存储及其他需要数据完整性和原始真实性的应用"。

尽管政府各部门使用 NIST 提出的 DSS 是命令所迫，但是他们对 DSS 的采纳使用会对

私人领域产生巨大的影响。除了提供隔离生产线以满足政府和商业需求外,许多厂家设计所有的产品都遵守 DSS 要求。为了更好地理解 DSS 成为私人领域标准的可能性,可以回想 NIST 的前身——国家标准局于 1977 年将数字加密标准(DES)确定为政府标准不久,美国国家标准机构采用了它,从而使它成为一个广泛使用的工业标准。

在过去的 18 个月里,针对曾被媒体和公众兴趣抬高的 NIST 的建议及其细节提出了很重要的问题,这些问题将会关系到未来的信息政策,特别是加密技术。在美国联邦注册通知里,NIST 陈述:它们选择 DSS 是经过挑选的并且它们也遵守了政府以前制定的法律,特别是 1987 年颁布的《计算机安全条例》。政府的命令特别要求 NIST 制定确保联邦计算机系统的信息安全与机密的标准和指导方针。

1987 年颁布的《计算机安全条例》的参考作用很重要,因为在制定这部法律时,国会授予 NIST 在民用计算机安全问题上的权威性,并限制了国家安全局(NSA)在这方面的作用。当国会制定《计算机安全条例》时,国会特别关注国家安全局以不合适的方式限制了对信息的访问。讨论安全法的白宫报告提到,因为国家安全局会对一些他们认为重要的信息访问活动加以限制甚至禁止,他们不能负责保持非国有安全消息。

5.8.2 NSA 的发展

美国国家安全局(NSA)举世闻名并多次受到奖励。在第二次世界大战后的几年里,制作和破解密码对美国国家安全的建立变得越来越重要。杜鲁门总统在 1952 年下令建立国家安全局。国家安全局对所有的美国国防通信、截获和破译国外政府的秘密通信负有责任。通过这一命令,国家安全局就具有了极强的获取和自动扫描大部分情报的权限。如果不是这样,电子信息可能会以任何方式出现在美国的领空。

了解国家安全局的背景很重要,因为在它建立后的 45 年里,国家安全局在美国的保密技术领域扮演着垄断者的角色。它的使命使它必须紧紧把握关键技术,努力保持它的垄断地位并由此抑制保密技术的私有化、非政府化发展和传播。国家安全局压制加密信息技术的动机是显而易见的,因为当信息保密技术传播得更广泛时,国家安全局收集情报的工作会变得更加困难和费时。

国家安全局的垄断地位已经延伸到出口和商业政策中。联邦政府限制具有保密特性的软件产品的出口。特别地,在政府部门设有国防贸易办公室依据军备国防交易规则(ITAR)管理着保密技术的出口。除了具有军用目的的软件产品外,ITAR 还涵盖了许多具有保密性能的商业软件,如 Microsoft Internet Explorer Navigator 等普通软件。根据出口许可证申请制度,国家安全局审查 ITAR 所涵盖的信息安全技术。国家安全局基本上完全控制着商业软件保密技术的出口,这些软件当然是国家安全局所关注的,它认为从本质上讲,这些软件也属于军事装备。

在 1995 年美国政府和国家安全局一起支持用一种称为 Clipper 芯片的新型加密芯片装备的所有美国制造的新型计算机,包括装在汽车内的计算机、电视装置等领域,由于美国商业界意识到未来的电子事务处理必须基于强化的保密技术,所以,这种芯片最初的市场是十分广阔的。在美国政府宣布对它的支持不久,媒体发现一个 Clipper 芯片的重要缺陷。在这种芯片的研究过程中,国家安全局不仅提供了这种芯片设计的原始程序,还在自己芯片里留了一个"后门",也就是国家安全局以不用花费太多破解密码的时间就可获得通过该芯片的任何加密文档或其他的消息。

当商界知道这一消息后,他们的许多领导表示如果美国计算机仍然装配这种芯片,他们将不再购买美国的计算机,结果是,美国政府停止支持这种芯片,而大多数公司也改用许多保密软件保护他们的传输。

国会在通过 1987 年的《计算机安全条例》和民用领域保密技术革新限制时,感到国家安全局对机密领域的扩张。国会特别希望限制军事情报机构的影响,并确保非军用机构的建立和发挥商业安全监督作用。白宫的立法报告指出,在发展民用计算机安全标准时,国家安全局的介入将对保密技术的研究和发展产生重要的影响,对于学术界和国内计算机工业来说尤其如此。许多观察家指出 Clipper 芯片的失败就是民用领域对国家安全局不信任的极好例证,并且也是对国家安全局不信任的极有说服力的理由。

从大的方面来说,数字签名标准发展是计算机安全条例的第一个实际检验。不幸的是,国家树立的在民用与商用机构之间的分界不仅容易排除,而且 DSS 的创建也严重打破了国会所确立的界限。在联邦注册通知里,公布了 1991 年提交的 DSS。通知并没有明确提到NSA,但很明显地暗示 NIST 发展了这个标准。经过政府标准设置过程的详尽分析,计算机专家提交了一个信息自由法规草案给 NIST,现在成了 DSS 发展的一个重要历史资料。与之相对应,NIST 声明所有与选择一个民用和政府计算机安全数字签名标准有关的技术评价都可以不予公开。

当计算机专家在政府法庭迫使 DSS 材料公开之后,NIST 意识到,它具有的相关文档在事实上大部分与国家安全局如出一辙。事实上,NIST 仅建立了 142 页的 DSS 文档,而国家安全局建立了另外的 1138 页。

作为对新闻媒体追查的回应,国家安全局承认它在推动被提议的 DSS 中所发挥的主导作用。NSA 信息政策的主管承认,国家安全局这个坚持与加密发明者做斗争,以抵制他们占有市场的组织,最终促成了高安全性的 DSS 标准的出台。

不用说,国家安全局介入 DSS 的发展引起了经济和技术界的一些风波。事实上,大多数数字签名的实现是基于 Differ-Hellman 算法,而不是 DSS。

5.8.3　DSS 的进展

自从 NIST 推荐数字签名标准以来,它对 DSS 签名作了广泛的修改。DSS 签名为计算和核实数字签名指定了一个数字签名算法(DSA)。DSS 签名使用 FIPS180-1 和安全 Hash标准(SHS)产生和核实数字签名。尽管 NSA 已发展了 SHS,但它却提供了一个强大单向Hash 算法,该算法通过认证手段提供安全性。

SHA 尽管与 Ronald L. Rivest 教授的算法十分相似,但并不相同。如果要了解 SHS 的全部文档,包括有关 SHA 的特别讨论,请访问相关 Web 站点。

5.9　各国数字签名立法状况

世界各国数字签名立法一览表见表 5-2。

表 5-2　世界各国数字签名立法一览表

国家或地区	法 律 名 称	通 过 时 间
俄罗斯	数字签名法	1995 年 1 月 25 日
意大利	数字签名法	1997 年 3 月 15 日
德国	数字签名法条例	1997 年 11 月 15 日
马来西亚	数字签名法	1997 年 6 月 8 日
新加坡	电子交易法	1998 年 6 月 29 日
阿根廷	国家公共机构数字签名设施	1998 年 4 月 16 日
澳大利亚	电子交易法	1999 年 3 月 15 日
韩国	电子商务基本法	1999 年 5 月 26 日
哥伦比亚	电子商务法	1999 年 8 月 21 日
欧盟	电子签名共同框架指令	1999 年 12 月 13 日
芬兰	电子商务管理法	2000 年 1 月 1 日
西班牙	电子签名与记录法令	2000 年 2 月 29 日
日本	电子签名与认证服务法	2000 年 5 月 24 日
英国	电子通信法	2000 年 5 月 25 日
菲律宾	电子商务法	2000 年 6 月 14 日
加拿大	电子信息和文书法	2000 年 6 月 21 日
美国	全球和国家商务中的电子签名法	2000 年 6 月 30 日
爱尔兰	电子商务法	2000 年 7 月 10 日

5.10　数字签名应用系统与产品

　　数字签名与现代加密技术紧密相连,由于技术上的复杂性,许多软件代理商难以提供有关购买或使用加密数字签名软件方面的咨询,而且至今仍未有一种完全安全或是无懈可击的计算机密码系统。但是,从加密的策略来看,只是使窃取秘密信息的代价大于利用这些秘密信息所获得的利益,这样的保密策略就是成功的,所以一些简单的技术和产品也可以抵挡住大多数危险的攻击,而不必过分追求十全十美的技术或产品。由于数字签名主要是以非对称密钥加密来实现的,所以下面谈论的内容不仅是数字签名,而且包括非对称密钥加密。

5.10.1　Outlook Express 的加密与数字签名

　　Microsoft Outlook Express 是目前无数上网的人经常使用的软件,其功能比较完善,特别是它所提供的安全特性支持加密与数字签名,使人们在 Internet 上可以安全地发送和接收电子邮件。具体操作如下。

　　(1) 获取数字证书(Digital ID PIN)。数字证书又称数字标识,它主要用来给电子邮件签名,使收件人可确认邮件确实是由用户发出的,并且是完整的。同时它还可以让其他人发送回复邮件。使用数字凭证之前需要先获取数字凭证,这就要向某一个认为可靠的数字凭证机构领取,然后将公钥部分发给那些需要发加密邮件的人,这样就可以发送签名的或加密的邮件了。

目前国外颁发数字凭证的机构如下。
- VeriSign,http://www.veriSign.com。
- BankGate CA,http://www.bankgate.com。
- GlobalSign NV-SA,http://www.globalSign.com/。
- VerizonBusiness,http://www.verizonbusiness.com/。
- Thawte Consulting,http://www.thawte.com/。

数字凭证公钥部分要分发给别人,而私钥部分必须保管好,如果丢失就不能对邮件进行签名,也不能对别人用公钥加密后发来的邮件进行解密。

(2) 在使用数字凭证发送签名之前,必须使电子邮件账号与数字标识联系起来。

(3) 在 Outlook Express 中使用数字签名,可以在发送的邮件上签署用户唯一的标识,接收据此确认邮件发送者而且邮件在传送过程中保持完整。Outlook Express 的内置安全电子邮件可提供以下的功能。
- 发送数字签名邮件。
- 接收签名邮件。
- 发送加密邮件。
- 接收加密邮件。

5.10.2 AT&T 公司的 SecretAgent

AT&T 公司将该产品定位于联邦政府用户以及与政府有业务往来的企业,SecretAgent 对政府安全方针及诸如 Fortezza 卡的支持使其在同类产品中占有一席之地。SecretAgent 可在 Windows NT 网上安装。SecretAgent 3.14 在密钥生成、加密、数字签名、压缩和译码等方面提供了许多标准供用户选择使用。

SecretAgent 公司完全依赖公共密钥密码技术进行密钥管理。用户可以选用 RSA 或 DSA 密钥,其长度为 512b 或 1024b,并可以在网络上与其他用户共享公共密钥数据库。此外,SecretAgent 还为用户提供了 DES、三重 DES 和 AT&T 公司自己的加密算法 EA2 等多种可选算法。SecretAgent 也支持诸如 Fortezza 卡或 Datakey 公司的 SmartCard 的硬件令牌。

如果用户将文件保存在本地或通过网络与他人共享,只需将加密数据以二进制形式存储即可。如果使用 Internet Mail 或出于其他原因需要使用基于 ASCII 的编码,SecretAgent 可以自动生成自己的密钥以及支持应急访问密钥的 SecretAgent 版本。

该产品的主要功能如下。

(1) SecretAgent。从密钥生成到压缩各个方面都支持多种标准,其功能有加密、数字签名、压缩、解密、自动邮寄加密文件和改变加密标准等,单独的密钥管理工具允许管理员合并公共密钥数据库。与其他大多数加密软件包相同,SecretAgent 并未提供许多工具让用户实施自己公司的标准。SecretAgent 可以使用外部的 X.509 或其他认证服务器。

（2）数据保护。SecretAgent 对文件加密较方便，在主菜单中只需简单地把文件添加到列表中，单击"加密"按钮，输入口令即可完成加密。加密后可删除原文件或让 SecretAgent 在加密的同时自动删除原文件。SecretAgent 带有一些用于 Word for Windows 和 WordPerfect 等应用程序的宏，允许用户使用程序菜单或工具栏对文件进行加密。

（3）数据共享。SecretAgent 在自动与其他软件共享数据的同时，能够很方便地保护用户本地文件的安全。SecretAgent 很适合与其他产品配合使用，它的公共密钥数据库使加密文档用于其他产品变得简单易行，它可以通过遵循 VIM 和 MAPI 规范的电子邮件软件包发送文档，它还自动签名加密文档并且将其转换为 MIME 的信息。

该产品的不足之处：一是 SecretAgent 操作手册有关配置步骤的介绍没有集中在一起介绍，使人感到不方便；二是该产品没有要求用户备份其私钥。

小　　结

数字签名是密码理论与技术的重要应用之一，本章主要介绍了数字签名的基本原理、签名算法，具体阐述了 RSA 签名、ElGamal 签名、SM9 算法、盲签名算法及其应用，并介绍了美国的数字签名标准 DSS 的相关情况，最后介绍了典型的数字签名应用系统及产品，通过本章学习，掌握数字签名的基本原理，熟悉常用的各种签名算法，了解美国数字签名标准与数字签名系统及产品。

习　题　5

1. 简述数字签名和手写签名的区别。
2. 什么是数字签名？它在电子商务中起什么作用？
3. 简述数字签名与数据加密在原理与应用等方面的不同之处。
4. 比较和分析 RSA 签名和 ElGamal 签名的优、缺点。

第6章 密钥管理技术

本章导读:

在现代的信息系统中对信息进行保密通常采用加、解密技术,而对于一个完善的密码系统来说,密码体制、密码算法是可以公开的,加、解密所采用的密钥却是必须保密的。因而,信息的安全性取决于对密钥的安全保护,只要密钥没有被泄露,保密信息仍是安全的。而密钥一旦丢失或出错,不但非法用户可能会窃取信息,而且合法用户也不能正确地提取信息。密钥管理成为信息安全系统中的一个关键问题,如果没有一套完善的密钥管理方法,其困难性和危险性是可想而知的。

密钥的管理是一项复杂而细致的长期工作,既包含一系列的技术问题,又包含与法律法规有关的管理问题。在密钥的产生、存储、备份、分配、交换、保护、更新、控制、丢失、吊销和销毁过程中,必须注意到每一个细小的环节;否则就会造成意想不到的损失。每个密码系统的密钥管理必须根据具体的使用环境和保密要求进行恰当的设计,万能的密钥管理体制是不存在的。

本章主要介绍密钥管理的基础知识,密钥的产生、分配、存储、交换、保护和密钥托管等内容,并引入了公钥基础设施的内容。

6.1 密钥管理概述

6.1.1 密钥管理基础

密钥是指在信息系统的应用过程中,用于控制加密、解密转换操作的参数或符号。以下是和密钥信息相关的几个基本概念。

- 密钥的生存期:指该密钥被授权使用的周期。
- 初始密钥:又称基本密钥,是由用户选择或系统管理员最初分配给每一个用户的。初始密钥可起到标识用户的作用,故有时又称它为用户密钥(User Key)。
- 会话密钥(Session Key):在一个通信或数据交换中不同用户之间所使用的密钥。会话密钥一般可由通信的双方采用协商的方法动态地产生。
- 密钥加密密钥(Key Encrypting Key):指用来对传输的会话密钥或文件加密密钥等进行加密时所使用的密钥,即用来加密密钥的密钥。
- 主密钥(Master Key):是相应的密码系统最重要的密钥,它是负责对密钥加密密钥进行加密的密钥。

密钥管理主要是指对所用密钥生命周期的全过程(产生、存储、分配、使用、废除、归档、销毁)实施的安全保密管理。主要表现在管理体制、管理协议和密钥的产生、分配、更换和注入等。对于军用计算机网络系统,由于用户机动性强,隶属关系和协同作战指挥等方式复杂,因此,对密钥管理提出了更高的要求。

具体的密钥管理包括以下内容。

- 产生与所要求安全级别相称的合适密钥。
- 根据访问控制的要求,决定哪个实体应该接受某一密钥的复制。
- 用可靠办法使这些密钥对开放系统中的实体是可用的,即安全地将这些密钥分配给用户。
- 某些密钥管理功能将在网络应用实现环境之外执行,包括用可靠手段对密钥进行物理地分配。

根据密钥类型,密钥管理技术包括以下内容。

1. 对称密钥管理

对称加密是基于共同保守秘密来实现的。采用对称加密技术的通信双方必须要保证采用的是相同的密钥,要保证彼此密钥的交换是安全可靠的,同时还要设定防止密钥泄密和更改密钥的程序。这样,对称密钥的管理和分发工作将变成一件潜在危险的和繁琐的过程。通过公开密钥加密技术实现对称密钥的管理,使相应的管理变得简单和更加安全,同时还解决了纯对称密钥模式中存在的可靠性问题和鉴别问题。

通信方可以为每次交换的信息(如每次的 EDI 交换)生成唯一一把对称密钥并用公开密钥对该密钥进行加密,然后再将加密后的密钥和用该密钥加密的信息(如 EDI 交换)一起发送给相应的贸易方。由于每次信息交换都对应生成了唯一一把密钥,因此各贸易方就不再需要对密钥进行维护和担心密钥的泄露或过期。这种方式的另一优点是,即使泄露了一把密钥也只将影响一笔交易,而不会影响到贸易双方之间所有的交易关系。这种方式还提供了贸易伙伴间发布对称密钥的一种安全途径。

2. 公开密钥管理/数字证书

贸易伙伴间可以使用数字证书(公开密钥证书)来交换公开密钥。国际电信联盟(ITU)制定的标准 X.509 对数字证书进行了定义,该标准等同于国际标准化组织(ISO)与国际电工委员会(IEC)联合发布的 ISO/IEC 9594-8:195 标准。数字证书通常包含有唯一标识证书所有者(即贸易方)的名称、唯一标识证书发布者的名称、证书所有者的公开密钥、证书发布者的数字签名、证书的有效期及证书的序列号等。证书发布者一般称为证书管理机构(CA),它是贸易各方都信赖的机构。数字证书能够起到标识贸易方的作用,是目前电子商务广泛采用的技术之一。

6.1.2 密钥管理相关的标准规范

目前,国际有关的标准化机构都着手制定关于密钥管理的技术标准规范。ISO 与 IEC 下属的信息技术委员会(JTC1)已制定了关于密钥管理的国际标准规范。该规范主要由 3 部分组成,即密钥管理框架、采用对称技术的机制及采用非对称技术的机制。

6.2 密钥的生成

现代通信技术中需要产生大量的密钥,以分配给系统中的各个节点或实体,如果依靠人工产生密钥的方式就不能适应大量密钥需求的现状,因此实现密钥产生的自动化,不仅可以减轻人工制造密钥的工作负担,而且可以消除人为差错引起的泄密。

6.2.1 密钥产生的技术

密钥的产生目前主要利用噪声源技术。噪声源的功能是产生二进制的随机序列或与之对应的随机数。它是密钥产生设备的核心部件。噪声源的另一个用途是在物理层加密的环境下进行信息填充,使网络具有防止流量分析的功能。当采用序列密码时,也有防止乱数空发的功能。噪声源还被用于某些身份验证技术中,如对等实体鉴别。为了防止口令被窃取,常常使用随机应答技术,这时的提问与应答是由噪声源控制的。

噪声源输出随机数序列,按照产生的方法可分为以下几种。

1. 伪随机序列

用数学方法和少量的种子密钥产生周期很长的随机序列。伪随机序列一般都有良好的、能受理论检验的随机统计特性,但当序列的长度超过了唯一解距离时,就成了一个可预测的序列。

2. 物理随机序列

用热噪声等客观方法产生的随机序列。实际的物理噪声往往要受到温度、电源、电路特性等因素的限制,其统计特性常带有一定的偏向性。

3. 准随机序列

用数学方法和物理方法相结合产生的随机序列。准随机序列可以克服前两者的缺点。

物理噪声源基本上分为 3 类,即基于力学的噪声源技术、基于电子学的噪声源技术、基于混沌理论的噪声源技术。

6.2.2 密钥产生的方法

1. 主机主密钥的产生

这类密钥通常要用掷硬币或骰子,从随机数表中选数等随机方式产生,以保证密钥的随机性,避免可预测性。而任何机器和算法所产生的密钥都有被预测的危险,主机主密钥是控制产生其他加密密钥的密钥,而且长时间保持不变,因此它的安全性是至关重要的。

2. 加密密钥的产生

加密密钥可以由机器自动产生,也可以由密钥操作员选定。加密密钥构成的密钥表存储在主机中的辅助存储器中,只有密钥产生器才能对此表进行增加、修改、删除和更换密钥,其副本则以秘密方式送给相应的终端或主机。一个由 n 个终端用户组成的通信网,若要求任一对用户之间彼此能进行保密通信,则需要 C_n^2 个密钥加密密钥。当 n 较大时,难免有一个或数个被敌手掌握。因此,密钥产生算法应当能够保证其他用户的密钥加密密钥仍有足够的安全性。可用随机比特产生器(如噪声二极管振荡器等)或伪随机数产生器生成这类密钥,也可用主密钥控制下的某种算法来产生。

3. 会话密钥的产生

会话密钥可在密钥加密密钥作用下通过某种加密算法动态地产生,如用初始密钥控制一非线性移位寄存器或用密钥加密密钥控制 DES 算法产生。初始密钥可用产生密钥加密密钥或主机主密钥的方法生成。

6.3　密钥分配

密钥分配是密钥管理系统中最为复杂的问题：密钥的分配一般要解决两个问题：一是采用密钥的自动分配机制，以提高系统的效率；二是尽可能减少系统中驻留的密钥量。根据不同的用户要求和网络系统的大小，有不同的解决方法。根据密钥信息的交换方式，密钥分配可以分成3类，即人工密钥分发、基于可信第三方的密钥分发和基于认证的密钥分发。

1. 人工密钥分发

在很多情况下，用人工的方式给每个用户发送一次密钥。通信过程中的信息用这个密钥加密后，再进行传送。对一些保密要求很高的部门，采用人工分配是可取的，只要密钥分配人员是忠诚的，并且实施的计划周密，则人工分配密钥是安全的。随着计算机通信技术的发展，人工分配密钥的安全性将会加强。然而，人工分配密钥存在着不适应现代计算机网络的发展需要。利用计算机网络的数据处理和数据传输能力实现密钥分配自动化，无疑有利于密钥安全，反过来又提高了计算机网络的安全。

2. 基于可信第三方的密钥分发

基于可信第三方的密钥分发中可信的第三方在其中扮演两种角色。

(1) 密钥分发中心（Key Distribution Center，KDC）。

(2) 密钥转换中心（Key Translation Center，KTC）。

上述方案的优势在于，用户 A 知道自己的密钥和 KDC 的公钥，就可以通过密钥分发中心获取他将要进行通信的他方的公钥，从而建立正确的保密通信。大多数的密钥分发方法都适合于特定的应用和情景。例如，依赖于时间戳的密钥分发方案比较适合本地认证环境，因为在这种环境中，所有的用户都可访问大家都信任的时钟服务器。

3. 基于认证的密钥分发

基于认证的密钥分发也可以用来进行建立成对的密钥。基于认证的密钥分发技术分为两类。

(1) 用公开密钥加密系统，对本地产生的加密密钥进行加密，来保护加密密钥在发送到密钥管理中心的过程，整个技术叫做密钥传送。

(2) 加密密钥由本地和远端密钥管理实体一起合作产生密钥。这个技术叫做密钥交换或密钥协议。

6.4　密钥交换

Diffie-Hellman 公开密钥算法是 W. Diffie 和 M. Hellman 于 1976 年提出的第一个公钥密码算法，已在很多商业产品中得以应用。由于该算法本身限于密钥交换的用途，被许多商用产品用作密钥交换技术，因此该算法通常称为 Diffie-Hellman 密钥交换。这种密钥交换技术的目的在于使得两个用户安全地交换一个秘密密钥以便用于以后的报文加密。

Diffie-Hellman 密钥交换算法的有效性依赖于计算离散对数的难度。简言之，可以如下定义离散对数：首先定义一个素数 p 的原根，为其各次幂产生从 1 到 $p-1$ 的所有整数根，也就是说，如果 a 是素数 p 的一个原根，那么数值

$$a \bmod p, a^2 \bmod p, \cdots, a^{p-1} \bmod p$$

是各不相同的整数,并且以某种排列方式组成了从 1 到 $p-1$ 的所有整数。

对于一个整数 b 和素数 p 的一个原根 a,可以找到唯一的指数 i,使得

$$b = a^i \bmod p \quad \text{其中} \quad 0 \leqslant i \leqslant (p-1)$$

指数 i 称为 b 的以 a 为基数的模 p 的离散对数或者指数。该值被记为 $\text{ind}_{a,p}(b)$。

基于此,可以定义 Diffie-Hellman 密钥交换算法。图 6-1 表示 Diffie-Hellman 密钥交换过程。

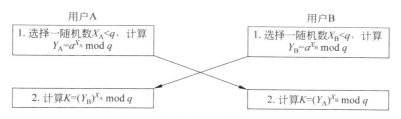

图 6-1　Diffie-Hellman 密钥交换过程

该算法描述如下:

（1）有两个全局公开的参数,一个素数 q 和一个整数 a,a 是 q 的一个原根。

（2）假设用户 A 和 B 希望交换一个密钥,用户 A 选择一个作为私有密钥的随机数 $X_A < q$,并计算公开密钥 $Y_A = a^{X_A} \bmod q$。A 对 X_A 的值保密存放而使 Y_A 能被 B 公开获得。类似地,用户 B 选择一个私有的随机数 $X_B < q$,并计算公开密钥 $Y_B = a^{X_B} \bmod q$。B 对 X_B 的值保密存放而使 Y_B 能被 A 公开获得。

（3）用户 A 产生共享秘密密钥的计算方式是 $K = (Y_B)^{X_A} \bmod q$。同样,用户 B 产生共享秘密密钥的计算是 $K = (Y_A)^{X_B} \bmod q$。这两个计算产生相同的结果,即

$$
\begin{aligned}
K &= (Y_B)^{X_A} \bmod q \\
&= (a^{X_B} \bmod q)^{X_A} \bmod q \\
&= (a^{X_B})^{X_A} \bmod q \qquad \text{（根据取模运算规则得到）} \\
&= a^{X_B X_A} \bmod q \\
&= (a^{X_A})^{X_B} \bmod q \\
&= (a^{X_A} \bmod q)^{X_B} \bmod q \\
&= (Y_A)^{X_B} \bmod q
\end{aligned}
$$

因此相当于双方已经交换了一个相同的秘密密钥。

（4）因为 X_A 和 X_B 是保密的,一个敌对方可以利用的参数只有 q、a、Y_A 和 Y_B。因而敌对方被迫取离散对数来确定密钥。例如,要获取用户 B 的秘密密钥,敌对方必须先计算

$$X_B = \text{ind}_{a,q}(Y_B)$$

然后再使用用户 B 采用的同样方法计算其秘密密钥 K。

例如,密钥交换基于素数 $q = 97$ 和 97 的一个原根 $a = 5$。A 和 B 分别选择私有密钥 $X_A = 36$ 和 $X_B = 58$。计算其公开密钥

$$Y_A = 5^{36} = 50 \bmod 97$$
$$Y_B = 5^{58} = 44 \bmod 97$$

在他们相互获取了公开密钥之后,各自通过计算得到双方共享的秘密密钥为

$$K = (Y_B)^{X_A} \bmod 97 = 44^{36} = 75 \bmod 97$$

$$K = (Y_A)^{X_B} \bmod 97 = 50^{58} = 75 \bmod 97$$

从|50,44|出发,攻击者要计算出 75 很不容易。

下面举一个使用 Diffie-Hellman 算法的例子。假设有一组用户(如一个局域网上的所有用户),每个人都产生一个长期的私有密钥 X_A,并计算一个公开密钥 Y_A。这些公开密钥数值,连同全局公开数值 q 和 a 都存储在某个中央目录中。在任何时刻,用户 B 都可以访问用户 A 的公开数值,计算一个秘密密钥,并使用这个密钥发送一个加密报文给 A。如果中央目录是可信任的,那么这种形式的通信就提供了保密性和一定程度的鉴别功能。因为只有 A 和 B 可以确定这个密钥,其他用户都无法解读报文(保密性)。接收方 A 知道只有用户 B 才能使用此密钥生成这个报文(鉴别)。

Diffie-Hellman 算法具有以下两个吸引力的特征。

- 仅当需要时才生成密钥,减小了将密钥存储很长一段时间而致使遭受攻击的机会。
- 除对全局参数的约定外,密钥交换不需要事先存在的基础结构。

然而,该技术也存在以下许多不足。

(1) 没有提供双方身份的任何信息。

(2) 它是计算密集型的,因此容易遭受阻塞性攻击,即对手请求大量的密钥。受攻击者花费了相对多的计算资源来求解无用的幂系数而不是在做真正的工作。

(3) 无法防止重演攻击。

(4) 容易遭受中间人的攻击。第三方 C 在和 A 通信时扮演 B;和 B 通信时扮演 A。A 和 B 都与 C 协商了一个密钥,然后 C 就可以监听和传递通信量。中间人的攻击按以下步骤进行。

① B 在给 A 的报文中发送他的公开密钥。

② C 截获并解析该报文。C 将 B 的公开密钥保存下来并给 A 发送报文,该报文具有 B 的用户 ID 但使用 C 的公开密钥 Y_C,仍按照好像是来自 B 的样子被发送出去。A 收到 C 的报文后,将 Y_C 和 B 的用户 ID 存储在一起。类似地,C 使用 Y_C 向 B 发送好像来自 A 的报文。

③ B 基于私有密钥 X_B 和 Y_C 计算秘密密钥 K_1。A 基于私有密钥 X_A 和 Y_C 计算秘密密钥 K_2。C 使用私有密钥 X_C 和 Y_B 计算 K_1,并使用 X_C 和 Y_A 计算 K_2。

④ 从现在开始,C 就可以转发 A 发给 B 的报文或转发 B 发给 A 的报文,在途中根据需要修改它们的密文,使得 A 和 B 都不知道他们在和 C 共享通信。

6.5 密钥的存储及保护

非对称密钥中的公钥不需要机密性保护,但应该提供完整性保护以防止篡改;公钥对应的私钥必须在所有时间都妥善保管。如果攻击者得到私钥的副本。那么它就可以读取发送给密钥对拥有者的所有机密通信数据,还可以像密钥对的拥有者那样对信息进行数字签名。对私钥的保护包括它们的所有副本,因此必须保护带有密钥的文件,以及可能包含这个文件的所有备份。大多数系统都使用密码对私钥进行保护,这样可以保护密钥不会被窃取,但是

密码口令必须精心选择,以防止口令攻击。如果密钥存在于文件中,那么无论这个文件处在哪个位置都必须对它进行保护;如果密钥位于内存中,则必须小心保护内存空间不被用户或进程检查。

在密钥注入以后,所有存储在加密设备里的密钥平时都应以加密的形式存放,而对这些密钥的操作口令应该仅由密码操作人员掌握。这样,即使装有密钥的加密设备被破译者拿到,也可以保证密钥系统的安全。

加密设备应有一定的物理保护措施。一部分最重要的密钥信息应采用掉电保护措施,使得在任何情况下,只要拆开加密设备,这部分密钥或设备就会自动毁掉。如果采用软件加密的形式,应有一定的软件保护措施。重要的加密设备应有紧急情况下自动销毁密钥的功能。在可能的情况下,应对加密设备进行非法使用的审计,如把非法口令输入等事件的发生时间等信息记录下来。高等级专用加密设备还应做到:无论通过直观的方法还是自动的(如电子、X射线、电子显微镜等)方法都不能从密码设备中读出信息。对当前使用的密钥应有密钥完整性和有效性验证措施,以防止被篡改。

6.6   密 钥 共 享

现代密码体制的设计思想是使体制的安全性取决于密钥,通常使用一个主密钥来分发子密钥。这样做存在两个缺陷:一是若主密钥偶然地或蓄意地被暴露,整个系统就很容易受攻击;二是若主密钥丢失或毁坏,系统中所有信息将不可用。1979年,Blakley和Shamir针对密钥管理,分别独立地提出了密钥共享概念,并设计了实现阈值存取结构的密钥共享体制。此后,由于密钥共享在信息安全领域得到广泛的应用,密钥共享的理论与模型都得到迅速的发展。

在导弹控制发射、重要场所通行检验等情况下,通常必须由两人或多人同时参与才能生效,这时都需要将秘密分给多人掌管,并且必须有一定人数的掌管秘密的人同时到场才能恢复这一秘密。

由此,引入阈值方案(Threshold Schemes)的一般概念。

设秘密 s 被分成 n 个部分信息,每一部分信息称为一个子密钥或影子,由一个参与者持有,使得:

(1) 由 k 个或多于 k 个参与者所持有的部分信息可重构 s。

(2) 由少于 k 个参与者所持有的部分信息则无法重构 s。

则称这种方案为 (k,n) 秘密分割阈值方案,k 称为方案的阈值。

如果一个参与者或一组未经授权的参与者在猜测秘密 s 时,并不比局外人猜秘密时有优势。

(3) 由少于 k 个参与者所持有的部分信息得不到秘密 s 的任何信息。

则称这个方案是完善的,即 (k,n) 秘密分割阈值方案是完善的。

下面介绍最具代表性的 Shamir 秘密分割阈值方案。Shamir 阈值方案是基于多项式的 Lagrange 插值公式的。

设 $\{(x_1,y_1),\cdots,(x_k,y_k)\}$ 是平面上 k 个点构成的点集,其中 $x_i(i=1,\cdots,k)$ 均不相同,那么在平面上存在一个唯一的 $k-1$ 次多项式 $f(x)$ 通过这 k 个点。若把密钥 s 取作 $f(0)$,n

个子密钥取作 $f(x_i)(i=1,2,\cdots,n)$，那么利用其中的任意 k 个子密钥可重构 $f(x)$，从而可得密钥 s。

这种阈值方案也可按以下更一般的方式来构造。设 $\mathrm{GF}(q)$ 是一有限域，其中 q 是一大素数，满足 $q \geqslant n+1$，秘密 s 是在 $\mathrm{GF}(q)\backslash\{0\}$ 上均匀选取的一个随机数，表示为 $S \in \mathrm{RGF}(q)\backslash\{0\}$。$k-1$ 个系数 $a_1,a_2,\cdots,a_{k-1}$ 的选取也满足 $a_i \in \mathrm{RGF}(q)\backslash\{0\}(i=1,2,\cdots,k-1)$。在 $\mathrm{GF}(q)$ 上构造一个 $k-1$ 次多项式，即

$$f(x) = a_0 + a_1 x_1 + \cdots + a_{k-1} x_{k-1}$$

n 个参与者记为 $P_1,P_2,\cdots,P_n,P_i$ 分配到的子密钥为 $f(i)$。如果任意 k 个参与者要想得到秘密 s，可使用 $\{i_l,f(i_l) \mid l=1,\cdots,k\}$ 构造以下的线性方程组，即

$$\begin{cases} a_0 + a_1(i_1) + \cdots + a_{k-1}(i_1)^{k-1} = f(i_i) \\ a_0 + a_1(i_2) + \cdots + a_{k-1}(i_2)^{k-1} = f(i_2) \\ \vdots \\ a_0 + a_1(i_k) + \cdots + a_{k-1}(i_k)^{k-1} = f(i_k) \end{cases} \tag{6-1}$$

因为 $i_l(1 \leqslant i \leqslant k)$ 均不相同，所以可由 Lagrange 插值公式构造以下的多项式，即

$$f(x) = \sum_{j=1}^{k} f(i_j) \prod_{\substack{l=1 \\ l \neq j}}^{k} \frac{(x-i_l)}{(i_j - i_l)} \pmod{q}$$

从而可得秘密 $s = f(0)$。

然而参与者仅需知道 $f(x)$ 的常数项 $f(0)$ 而无须知道整个多项式 $f(x)$，所以仅需以下表达式就可求出 s，即

$$s = (-1)^{k-1} \sum_{j=1}^{k} f(i_j) \prod_{\substack{l=1 \\ l \neq j}}^{k} \frac{i_l}{(i_j - i_l)} \pmod{q}$$

如果 $k-1$ 个参与者想获得秘密 s，他们可构造出由 $k-1$ 个方程构成的线性方程组，其中有 k 个未知量。对 $\mathrm{GF}(q)$ 中的任一值 s_0，可设 $f(0)=s_0$，这样可得第 k 个方程，并由 Lagrange 插值公式得出 $f(x)$。因此对每一 $s_0 \in \mathrm{GF}(q)$ 都有一个唯一的多项式满足式(6-1)，所以已知 $k-1$ 个子密钥得不到关于秘密 s 的任何信息，因此这个方案是完善的。

例如，设 $k=3,n=5,q=19,s=11$，随机选取 $a_1=2,a_2=7$，得多项式为

$$f(x) = (7x^2 + 2x + 11) \bmod 19$$

分别计算

$$f(1) = (7 + 2 + 11) \bmod 19 = 20 \bmod 19 = 1$$
$$f(2) = (28 + 4 + 11) \bmod 19 = 43 \bmod 19 = 5$$
$$f(3) = (63 + 6 + 11) \bmod 19 = 80 \bmod 19 = 4$$
$$f(4) = (112 + 8 + 11) \bmod 19 = 131 \bmod 19 = 17$$
$$f(5) = (175 + 10 + 11) \bmod 19 = 196 \bmod 19 = 6$$

得 5 个子密钥。

如果知道其中的 3 个子密钥 $f(2)=5$、$f(3)=4$、$f(5)=6$，就可按以下方式重构 $f(x)$：

$$5 \frac{(x-3)(x-5)}{(2-3)(2-5)} = 5 \frac{(x-3)(x-5)}{(-1)(-3)} = 5 \frac{(x-3)(x-5)}{3}$$
$$= 5 \times (3^{-1} \bmod 19) \cdot (x-3)(x-5)$$
$$= 5 \times 13 \times (x-3)(x-5)$$

$$= 65(x-3)(x-5)$$

$$4\frac{(x-2)(x-5)}{(3-2)(3-5)} = 4\frac{(x-2)(x-5)}{(1)(-2)} = 4\frac{(x-2)(x-5)}{-2}$$

$$= 4\times((-2)^{-1} \bmod 19)\cdot(x-2)(x-5)$$

$$= 4\times9\times(x-2)(x-5)$$

$$= 36(x-2)(x-5)$$

$$6\frac{(x-2)(x-3)}{(5-2)(5-3)} = 6\frac{(x-2)(x-3)}{(3)(2)} = 6\frac{(x-2)(x-3)}{6}$$

$$= 6\times(6^{-1} \bmod 19)\cdot(x-2)(x-3)$$

$$= 6\times16\times(x-2)(x-3)$$

$$= 96(x-2)(x-3)$$

所以

$$f(x) = [65(x-3)(x-5) + 36(x-2)(x-5) + 96(x-2)(x-3)] \bmod 19$$

$$= [8(x-3)(x-5) + 17(x-2)(x-5) + (x-2)(x-3)] \bmod 19$$

$$= (26x^2 - 188x + 296) \bmod 19$$

$$= 7x^2 + 2x + 11$$

从而得秘密为 $s=11$。

6.7 密钥托管

密钥托管也称为托管加密,其目的是保证对个人没有绝对的隐私和绝对不可跟踪的匿名性,即在强加密中结合对突发事件的解密能力。其实现手段是把已加密的数据和数据恢复密钥联系起来,数据恢复密钥不必是直接解密的密钥,但由它可得解密密钥。数据恢复密钥由所信任的委托人持有,委托人可以是政府机构、法院或有契约的私人组织。一个密钥可能是在数个这样的委托人中分拆。调查机构或情报机构通过适当的程序,如获得法院证书,从委托人处获得数据恢复密钥。

密钥托管加密技术提供了一个备用的解密途径,政府机构在需要时,可通过密钥托管技术解密用户的信息,而用户的密钥若丢失或损坏,也可通过密钥托管技术恢复自己的密钥。所以这个备用的手段不仅对政府有用,而且对用户自己也有用。

6.7.1 美国托管加密标准简介

1993年4月,美国政府为了满足其电信安全、公众安全和国家安全,提出了托管加密标准(Escrowed Encryption Standard,EES),该标准所使用的托管加密技术不仅提供了强加密功能,同时也为政府机构提供了实施法律授权下的监听功能。这一技术是通过一个防审扰的芯片(称为 Clipper 芯片)来实现的。

它有以下两个特性。

(1) 一个加密算法——Skipjack 算法,该算法是由 NSA 设计的,用于加(解)密用户间通信的消息。该算法已于 1998 年 3 月公布。

(2) 为法律实施提供"后门"的部分——法律实施存取域(Law Enforcement Access

Field,LEAF)。通过这个域,法律实施部门可在法律授权下,实现对用户通信的解密。

Skipjack 算法是一个单钥分组加密算法,密钥长 80b,输入和输出的分组长均为 64b。可使用 4 种工作模式,即电码本模式、密码分组链接模式、64b 输出反馈模式以及 1、8、16、32 或 64b 密码反馈模式。

算法的内部细节在向公众公开以前,政府邀请了一些局外人士对算法作出评价,并公布了评价结果。评价结果认为算法的强度高于 DES,并且未发现陷门。Skipjack 的密钥长是 80b,比 DES 的密钥长 24b,因此通过穷搜索的蛮力攻击比 DES 多 224 倍的搜索。所以若假定处理能力的费用每 18 个月减少一半,那么破译它所需的代价要 1.5×24＝36 年才能减少到今天破译 DES 的代价。

6.7.2　密钥托管密码体制的构成

EES 提出以后,密钥托管密码体制受到了普遍关注,已提出了各种类型的密钥托管密码体制,包括软件实现的、硬件实现的、有多个委托人的、防用户欺诈的、防委托人欺诈的等。密钥托管密码体制从逻辑上可分为 3 个主要部分,即用户安全成分(User Security Component,USC)、密钥托管成分(Key Escrow Component,KEC)和数据恢复成分(Data Recovery Component,DRC)。三者的关系如图 6-2 所示,USC 用密钥 KS 加密明文数据,并且在传送密文时,一起传送一个数据恢复域(Data Recovery Field,DRF)。DRC 使用包含在 DRF 中的信息及由 KEC 提供的信息恢复明文。

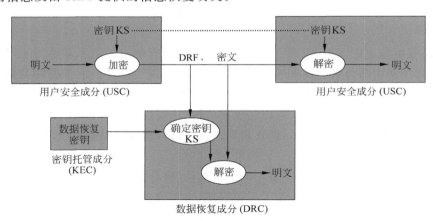

图 6-2　密钥托管密码体制的组成

用户安全成分 USC 是提供数据加、解密能力以及支持密钥托管功能的硬件设备或软件程序。USC 可用于通信和数据存储的密钥托管,通信情况包括电话通信、电子邮件及其他一些类型的通信,由法律实施部门在获得法院对通信的监听许可后执行对突发事件的解密。数据的存储包括简单的数据文件和一般的存储内容,突发解密由数据的所有者在密钥丢失或损坏时进行,或者由法律实施部门在获得法院许可证书后对计算机文件进行。USC 使用的加密算法可以是保密的、专用的,也可以是公钥算法。

密钥托管成分 KEC 用于存储所有的数据恢复密钥,通过向 DRC 提供所需的数据和服务以支持 DRC。KEC 可以作为密钥管理系统的一部分,密钥管理系统可以是单一的密钥管理系统(如密钥分配中心),也可以是公钥基础设施。如果是公钥基础设施,托管代理机构可作为公钥证书机构。托管代理机构也称为可信赖的第三方,负责操作 KEC,可能需要在密钥托管中心注册。密钥托管中心的作用是协调托管代理机构的操作或担当 USC 或 DRC 的联系点。

数据恢复成分 DRC 是由 KEC 提供的用于通过密文及 DRF 中的信息获得明文的算法、协议和仪器。它仅在执行指定的已授权的恢复数据时使用。要想恢复数据,DRC 必须获得数据加密密钥,而要获得数据加密密钥则必须使用与收发双方或其中一方相联系的数据恢复密钥。如果只能得到发送方托管机构所持有的密钥,DRC 还必须获得向某一特定用户传送消息的每一方的被托管数据,此时可能无法执行实时解密,尤其是在各方位在不同的国家并使用不同的托管代理机构时。

如果 DRC 只能得到收方托管机构所持有的密钥,则对从某一特定用户发出的所有消息也可能无法实时解密。如果能够使用托管代理机构所持有的密钥恢复数据,那么 DRC 一旦获得某一特定 USC 所使用的密钥,就可对这一 USC 发出的消息或发往这一 USC 的消息实时解密。对两方同时通信(如电话通信)的情况,如果会话双方使用相同的数据加密密钥,系统就可实时地恢复加密数据。

6.8　公钥基础设施

PKI(Public Key Infrastructure,公钥基础设施)是一种遵循标准的利用公钥加密技术为电子商务的开展提供一套安全基础平台的技术和规范。它能够为所有网络应用提供加密和数字签名等密码服务及所必需的密钥和证书管理体系,简单来说,PKI 就是利用公钥理论和技术建立的提供安全服务的基础设施。用户可利用 PKI 平台提供的服务进行安全的电子交易、通信和互联网上的各种活动。

为解决 Internet 的安全问题,世界各国对其进行了多年的研究,初步形成了一套完整的 Internet 安全解决方案,即目前被广泛采用的 PKI。PKI 技术采用证书管理公钥,通过第三方的可信任机构——CA 认证中心,把用户的公钥和用户的其他标识信息捆绑在一起,在互联网上验证用户的身份。目前,通用的办法是采用建立在 PKI 基础之上的数字证书,通过把要传输的数字信息进行加密和签名,保证信息传输的机密性、真实性、完整性和不可否认性,从而保证信息的安全传输。PKI 是基于公钥算法和技术,为网上通信提供安全服务的基础设施,是创建、颁发、管理、注销公钥证书所涉及的所有软件、硬件的集合体。其核心元素是数字证书,核心执行者是 CA 认证机构。

PKI 技术是信息安全技术的核心,也是电子商务的关键和基础技术。PKI 的基础技术包括加密、数字签名、数据完整性机制、数字信封、双重数字签名等。

由于 PKI 体系结构是目前比较成熟、完善的 Internet 网络安全解决方案,国外的一些大的网络安全公司纷纷推出一系列的基于 PKI 的网络安全产品,如美国的 Verisign、IBM、Entrust 等安全产品供应商为用户提供了一系列的客户端和服务器端的安全产品,为电子商务的发展提供了安全保证。为电子商务、政府办公网、EDI 等提供了完整的网络安全解决方案。

随着 Internet 应用的不断普及和深入,政府部门需要 PKI 支持管理;商业企业内部、企业与企业之间、区域性服务网络、电子商务网站都需要 PKI 的技术和解决方案;大企业需要建立自己的 PKI 平台;小企业需要社会提供的商业性 PKI 服务。从发展趋势来看,PKI 的市场需求非常巨大,基于 PKI 的应用包括了许多内容,如 WWW 服务器和浏览器之间的通信、安全的电子邮件、电子数据交换、Internet 上的信用卡交易以及 VPN 等。因此,PKI 具有非常广阔的市场应用前景。

6.8.1　PKI 的基本组成

完整的 PKI 系统必须具有权威认证机构(CA)、数字证书库、密钥备份及恢复系统、证书作废系统、应用接口(API)等基本构成部分,PKI 也将围绕这 5 大系统来着手构建。

(1) 认证机构(CA)。即数字证书的申请及签发机关,CA 必须具备权威性的特征。

(2) 数字证书库。用于存储已签发的数字证书及公钥,用户可由此获得所需的其他用户的证书及公钥。

(3) 密钥备份及恢复系统。如果用户丢失了用于解密数据的密钥,则数据将无法被解密,这将造成合法数据丢失。为避免发生这种情况,PKI 提供备份与恢复密钥的机制。但须注意,密钥的备份与恢复必须由可信的机构来完成。并且,密钥备份与恢复只能针对解密密钥,签名私钥为确保其唯一性而不能够作备份。

(4) 证书作废系统。证书作废处理系统是 PKI 的一个必备的组件。与日常生活中的各种身份证件一样,证书有效期以内也可能需要作废,原因可能是密钥介质丢失或用户身份变更等。为实现这一点,PKI 必须提供作废证书的一系列机制。

(5) 应用接口(API)。PKI 的价值在于使用户能够方便地使用加密、数字签名等安全服务,因此一个完整的 PKI 必须提供良好的应用接口系统,使得各种各样的应用能够以安全、一致、可信的方式与 PKI 交互,确保安全网络环境的完整性和易用性。

通常来说,CA 是证书的签发机构,也是 PKI 的核心。众所周知,构建密码服务系统的核心内容是如何实现密钥管理。公钥体制涉及一对密钥(即私钥和公钥),私钥只由用户独立掌握,无需在网上传输,而公钥则是公开的,需要在网上传送,故公钥体制的密钥管理主要是针对公钥的管理问题,目前较好的解决方案是数字证书机制。

6.8.2　PKI 核心——认证中心

1. 认证中心(CA)

为保证网上数字信息的传输安全,除了在通信传输中采用更强的加密算法等措施外,必须建立一种信任及信任验证机制,即参加电子商务的各方必须有一个可以被验证的标识,这就是数字证书。数字证书是各实体(持卡人/个人、商户/企业、网关/银行等)在网上信息交流及商务交易活动中的身份证明。该数字证书具有唯一性。它将实体的公开密钥同实体本身联系在一起,为实现这一目的,必须使数字证书符合 X.509 国际标准,同时数字证书的来源必须是可靠的。这就意味着应有一个网上各方都信任的机构,专门负责数字证书的发放和管理,确保网上信息的安全,这个机构就是 CA 认证机构。各级 CA 认证机构的存在组成了整个电子商务的信任链。如果 CA 机构不安全或发放的数字证书不具有权威性、公正性和可信赖性,电子商务就根本无从谈起。

CA 是整个网上电子交易安全的关键环节,它主要负责产生、分配并管理所有参与网上交易的实体所需的身份认证数字证书。每一份数字证书都与上一级的数字签名证书相关联，最终通过安全链追溯到一个已知的并被广泛认为是安全、权威、足以信赖的机构——根认证中心（根 CA）。

电子交易的各方都必须拥有合法的身份，即由数字证书认证中心机构（CA）签发的数字证书，在交易的各个环节，交易的各方都需检验对方数字证书的有效性，从而解决用户信任问题。CA 涉及电子交易中各交易方的身份信息、严格的加密技术和认证程序。基于其牢固的安全机制，CA 应用可扩大到一切有安全要求的网上数据传输服务。

数字证书认证解决了网上交易和结算中的安全问题，其中包括建立电子商务各主体之间的信任关系；选择安全标准（如 SET、SSL）；采用高强度的加、解密技术。其中安全认证体系的建立是关键，它决定了网上交易和结算能否安全进行，因此，数字证书认证中心机构的建立对电子商务的开展具有非常重要的意义。

认证中心（CA），是电子商务体系中的核心环节，是电子交易中信赖的基础。它通过自身的注册审核体系，检查核实进行证书申请的用户身份和各项相关信息，使网上交易的用户属性客观真实性与证书的真实性一致。认证中心作为权威的、可信赖的、公正的第三方机构，专门负责发放并管理所有参与网上交易的实体所需的数字证书。

2. CA/RA

开放网络上的电子商务要求为信息安全提供有效的、可靠的保护机制。这些机制必须提供机密性、身份验证特性（使交易的每一方都可以确认其他各方的身份）、不可否认性（交易的各方不可否认他们的参与）。这就需要依靠一个可靠的第三方机构验证，而认证中心专门提供这种服务。

证书机制是目前被广泛采用的一种安全机制，使用证书机制的前提是建立 CA（Certification Authority，认证中心）以及配套的 RA（Registration Authority，注册审批机构）系统。

CA 中心又称为数字证书认证中心，作为电子商务交易中受信任的第三方，专门解决公钥体系中公钥的合法性问题。CA 中心为每个使用公开密钥的用户发放一个数字证书，数字证书的作用是证明证书中列出的用户名称与证书中列出的公开密钥相对应。CA 中心的数字签名使得攻击者不能伪造和篡改数字证书。

在数字证书认证的过程中，证书认证中心（CA）作为权威的、公正的、可信赖的第三方，其作用是至关重要的。认证中心就是一个负责发放和管理数字证书的权威机构。同样 CA 允许管理员撤销发放的数字证书，在证书废止列表（CRL）中添加新项并周期性地发布这一数字签名的 CRL。

RA 系统是 CA 的证书发放、管理的延伸，它负责证书申请者的信息录入、审核以及证书发放等工作；同时，对发放的证书完成相应的管理功能。发放的数字证书可以存放于 IC 卡、硬盘或软盘等介质中。RA 系统是整个 CA 中心得以正常运营不可缺少的一部分。

3. 认证中心的功能

概括地说，认证中心（CA）的功能有证书发放、证书更新、证书撤销和证书验证。CA 的核心功能就是发放和管理数字证书，具体描述如下。

（1）接受验证最终用户数字证书的申请。

（2）确定是否接受最终用户数字证书的申请——证书的审批。

（3）向申请者颁发、拒绝颁发数字证书——证书的发放。

（4）接受、处理最终用户的数字证书更新请求——证书的更新。

（5）接受最终用户数字证书的查询、撤销。

（6）产生和发布证书废止列表（CRL）。

（7）数字证书的归档。

（8）密钥归档。

（9）历史数据归档。

认证中心为了实现其功能，主要由以下 3 部分组成。

（1）注册服务器。通过 Web Server 建立的站点，可为客户提供每日 24h 的服务。因此客户可在自己方便的时候在网上提出证书申请和填写相应的证书申请表，免去了排队等候等烦恼。

（2）证书申请受理和审核机构。负责证书的申请和审核，它的主要功能是接受客户证书申请并进行审核。

（3）认证中心服务器。是数字证书生成、发放的运行实体，同时提供发放证书的管理、证书废止列表（CRL）的生成和处理等服务。

小　　结

密钥的安全是一切安全管理的基础。密钥管理系统是涉及密钥的产生、传输、交换、验证、使用、更新、备份和销毁等环节的综合过程。本章主要讲述了密钥管理相关的问题，对密钥生存周期的主要阶段进行了介绍，重点讲述了密钥交换、密钥共享和密钥托管技术，最后讲述了公钥基础设施的相关内容。通过本章的学习，使读者了解密钥管理的重要性，熟悉密钥生存周期的各个阶段，掌握密钥管理中的相关技术。

习　题　6

1. 为什么要引进密钥管理技术？
2. 密钥管理系统涉及密钥管理的哪些方面？
3. 请举例说明 D-H 密钥交换算法。
4. 什么是密钥托管？
5. 一个完整的 PKI 系统由哪几部分组成？每一部分的功能是什么？
6. 简述数字证书的签发过程。

第7章　信息隐藏技术

本章导读：

近年来，计算机网络通信技术飞速发展，给信息保密技术的发展带来了新的机遇，同时也带来了挑战。应运而生的信息隐藏（Information Hiding）技术也很快发展起来，作为新一代的信息安全技术，其在当代保密通信领域里起着越来越重要的作用，应用领域也日益广泛。

加密使有用的信息变为看上去无用的乱码，使得攻击者无法读懂信息的内容，从而保护信息。加密隐藏了消息内容，但加密同时也暗示攻击者所截获的信息是重要信息，从而引起攻击者的兴趣，攻击者可能在破译失败的情况下将信息破坏掉；而信息隐藏则是将有用的信息隐藏在其他信息中，使攻击者无法发现，不仅隐藏了信息内容而且还隐藏了信息本身，因此不仅实现了信息的保密，也保护了通信本身。虽然至今信息加密仍是保障信息安全的最基本的手段，但信息隐藏作为信息安全领域的一个新方向，越来越受到人们的重视。

本章主要讲述与信息隐藏相关的概念、信息隐藏常用的算法，并引入数字水印的部分内容，最后介绍可视密码相关内容。

7.1　信息隐藏概述

7.1.1　信息隐藏的定义

顾名思义，信息隐藏是利用载体信息的冗余性，将秘密信息隐藏于普通信息之中，通过发布普通信息将秘密信息也发布出去。其载体形式可为任何一种数字媒体，如图像、声音、视频或一般的文档等。信息隐藏的首要目标是隐藏的技术要好，也就是使加入秘密信息后的媒体降质尽可能小。信息隐藏所隐藏的是信息的"存在性"，使它们看起来与一般非机密资料没有区别，以避免引起他人注意，从而具有更大的隐蔽性和安全性，轻松逃过拦截者的破解。

信息隐藏还必须考虑隐藏的信息在遇到各种环境、操作之后免遭破坏的能力。例如，信息隐藏必须对非恶意操作、图像压缩和信号变换等具有相当强的免疫力。信息隐藏的数据量与隐藏的免疫力始终是一对矛盾，不存在一种完全满足这两种要求的隐藏方法。通常只能根据需求的不同有所侧重，采取某种折中方法，使一方得以较好的满足，而另一方做些让步。从这一点看，实现真正有效的信息隐藏的难度较大，十分具有挑战性。而之所以可以实现这个目的，主要是因为下面两个原因。

（1）多媒体信息本身存在很大的冗余性，未压缩的多媒体信息的编码效率是很低的，所以将某些信息嵌入到多媒体信息中进行秘密传送是完全可行的，并不会影响多媒体信息本身的传送和使用。

（2）人的感觉器官对信息有一定的掩蔽效应，如人眼对灰度的分辨率只有几十个灰度级、对边沿附近的信息不敏感等。利用人的这些特点，可以很好地将信息隐藏在掩护信号中而不被察觉。

由于图像信息隐藏技术尚处于初期百花齐放的研究阶段，导致了一些术语上的混乱，下面对相关术语进行定义。

（1）秘密信息。指隐藏在公开的载体图像中的保密信息，也即发信者想要发送给接收者而不想让第三者知道的信息，它可以是文本、图像、版权信息、序列号及其他二进制秘密数据。

（2）载体图像。指承载秘密信息的公开图像，是隐蔽图像的原始形式。

（3）隐蔽图像。指已经嵌有秘密信息的图像，是嵌入过程的输出。

（4）隐藏密钥。指在信息隐藏过程中可能需要的一些额外的秘密数据，以增加秘密信息的安全性。为了提取隐蔽图像中含有的秘密信息，通常在信息提取方需要同样的隐藏密钥。在密钥未知的前提下，第三者很难从隐蔽载体中得到或删除，甚至发现秘密信息。隐藏密钥在嵌入过程中被称为嵌入密钥，在提取过程中被称为提取密钥。

（5）嵌入算法。指利用嵌入密钥将秘密信息嵌入载体图像，从而生成隐蔽图像的过程。

（6）提取算法。指利用提取密钥将秘密信息从隐蔽图像中恢复的过程，是嵌入过程的逆过程。在提取过程中可能需要载体对象，也可能不需要载体对象。

（7）隐藏分析。位于隐蔽图像传输的信道上，对隐蔽图像进行可能的数学分析或破坏，造成秘密信息的丢失。需要指出的是，在有些情况下，为了提高保密性，需要对秘密信息进行预处理（如加密），相应地，在提取过程后要对得到的嵌入对象进行后处理（如解密），恢复出原始信息。

7.1.2　信息隐藏的模型

信息隐藏技术的载体可以是文字、声音、图像、视频等，下面以数字图像为载体（CbverMessage），将需要保密的信息（SecretMessage）——可以是版权信息或秘密数据，也可以是一个序列号——以噪声的形式隐藏于公开的图像中，但是噪声必须不为人眼所觉察，从而逃避可能的检测者，以达到传递秘密信息的目的。然后，检测器（Detector）利用密钥从载体中恢复或检测出秘密信息。

信息隐藏技术主要由下述两部分组成。

（1）信息的嵌入算法。它是利用密钥来实现秘密信息的隐藏。

（2）秘密信息检测/提取算法（检测器）。它利用密钥从隐蔽载体中检测恢复出秘密信息。

图 7-1 所示为信息隐藏技术的一般模型。信息隐藏过程首先对信息做一些预处理，如加密或扩频等；然后用一个嵌入算法和密钥把预处理的消息隐藏到掩护信号中，得到隐蔽信息。信息提取过程则用相应的提取算法和密钥从隐蔽信息中提取出秘密信息，然后解密来恢复信息。

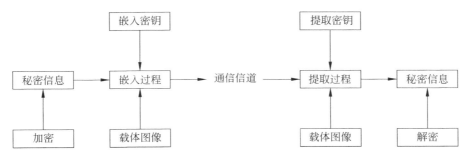

图 7-1   图像隐藏信息系统一般模型

7.1.3   信息隐藏的特点

信息隐藏具有鲁棒性、不可检测性、透明性、安全性和自恢复性等特点。

（1）鲁棒性。指不因伪装对象信息的某种改动而导致隐藏信息丢失的能力。这里的"改动"包括传输过程中的信道噪声、滤波操作、重采样、有损编码压缩、D/A 或 A/D 转换等。

（2）不可检测性。指隐蔽载体与原始载体具有一致的特性。如具有一致的统计噪声分布等，以便使非法拦截者无法判断是否有隐蔽信息。

（3）透明性。利用人类视觉系统或听觉系统的属性，经过一系列隐藏处理，使目标数据没有明显的降质现象，而隐藏的数据却无法被人看见或听见。

（4）安全性。指隐藏算法有较强的抗攻击能力，即它必须能够承受一定程度的人为攻击，而使隐藏信息不被破坏。

（5）自恢复性。由于经过一些操作或变换后，可能会对伪装对象信息产生较大的破坏，如果只从留下的片段数据仍能恢复隐藏信号，而且恢复过程不需要宿主信号，这就是自恢复性。

7.1.4   信息隐藏的应用

信息隐藏技术在现实中的应用主要有以下 5 个方面。

1. 数据保密

防止非授权用户截获并使用在因特网上传输的数据，这是网络安全的一个重要内容。随着经济的全球化，这一点不仅涉及政治、军事，还将涉及商业、金融和个人隐私。但可以通过使用信息隐藏技术来保护在网上交流的信息，如电子商务中的敏感信息、谈判双方的秘密协议和合同、网上银行交易中的敏感数据信息、重要文件的数字签名和个人隐私等。另外，还可以对一些不愿为别人所知的内容运用信息隐藏技术进行隐藏存储。

2. 数据的不可抵赖性

在网上交易中，交易双方的任何一方不能抵赖自己曾经做出的行为，也不能否认曾经接收到对方的信息，这是交易系统中的一个重要环节。可以使用信息隐藏技术中的水印技术，在交易体系的任何一方发送或接收信息时，将各自的特征标记以水印的形式加入到传递的信息中，这种水印是不能被去除的，以达到确认其行为的目的。

3. 数据的完整性

对于数据完整性的验证是要确认数据在网上传输或存储过程中并没有被篡改。使用脆弱水印技术保护的媒体一旦被篡改就会破坏水印,从而很容易被识别。

4. 数字作品的版权保护

版权保护是信息隐藏技术中的水印技术所试图解决的一个重要问题。随着网络和数字技术的快速普及,通过网络向人们提供的数字服务也会越来越多,如数字图书馆、数字图书出版、数字电视、数字新闻等。这些服务提供的都是数字作品,数字作品具有易修改、易复制的特点,这已经成为迫切需要解决的实际问题。数字水印技术可以成为解决此难题的一种方案:服务提供商在向用户发放作品的同时,将双方的信息代码以水印的形式隐藏在作品中,这种水印从理论上讲应该是不被破坏的。当发现数字作品在非法传播时,可以通过提取出的水印代码追查非法散播者。

5. 防伪

商务活动中的各种票据的防伪也是信息隐藏技术的用武之地。在数字票据中隐藏的水印经过打印后仍然存在,可以通过再扫描得到数字形式,提取防伪水印,来证实票据的真实性。

7.1.5　信息隐藏的发展方向

信息隐藏技术虽然取得了不少研究成果,但大多数应用仍处于起步阶段,系统的抵抗攻击能力还很弱,安全性受到很大的挑战,距离实用化还有一定的距离。例如,在印刷品防伪中的应用,技术上除要满足第一代、第二代数字水印技术的特性外,还需要抵抗 A/D 和 D/A 变换、非线性量化、色彩失真、仿射变换、投影变换等攻击,且必须将打印扫描原理或印刷原理与工艺相结合,这在理论上和算法设计上都提出了更富有挑战性的要求,其未来的发展方向有 5 个方面。

1. 基于其他多媒体载体的信息隐藏技术

目前研究最深入、成果最丰富的是图像信息的隐藏技术,而对文本、图形、动画、视频等其他多媒体中的信息隐藏技术研究还比较少,这也成为今后的一个研究方向。

2. 矢量数据信息隐藏技术

矢量数据的数据结构、存储形式、数据特征等与一般的多媒体数据有很大的差异,因此,通用的信息隐藏技术还难以直接应用到矢量数据(特别是矢量地图数据)上来,这也将是信息隐藏技术的一个重要的应用领域。

3. 公钥信息隐藏技术

对于用户众多的网络应用来说,公钥密码体制是理想的选择,即使用一个专有的密钥来叠加水印,任何人均可通过一个公开的密钥来检测出水印。目前这方面的研究还未取得突破性的进展,有待进一步努力。

4. 信息隐藏的基本原理研究

信息隐藏的算法很多,但它的基础理论知识还不成熟,对感知理论、信息隐藏模型、水印结构、水印嵌入策略、水印检测算法、水印的标准化等理论知识还有待进一步研究。

5. 信息隐藏系统的评价方法研究

鲁棒性、不可感知性、隐藏的信息量是评价一个隐藏系统的重要指标,但对它们之间的关系以及各自的评价指标仍没有一个权威的标准。对鲁棒性也缺乏公认的和客观的评测体系和标准,只能用试验来验证其有效性,而无法从理论上提供严格的安全性证明。目前信噪比或峰值信噪比常用来度量系统的客观失真程度,这是否合适仍是一个值得探讨的问题。而主观的失真程度则涉及生理和心理感知模型,这方面也还缺乏比较完善的系统模型。

7.2 典型的信息隐藏算法

从 20 世纪 90 年代初到现在,信息隐藏技术得到了迅速的发展,其信息伪装系统主要分为以下 6 类。

(1)替换系统。用秘密信息替代伪装载体的冗余部分。

(2)变换域技术。在信号的变换域嵌入秘密信息。

(3)扩展频谱技术。采用了扩频通信的思想。

(4)统计方法。通过更改伪装载体的若干统计特性对信息进行编码,并在提取过程中采用假设检验方法。

(5)失真技术。通过信号失真来保存信息,在解码时测量与原始载体的偏差。

(6)载体生成方法。对信息进行编码以生成用于秘密通信的伪装载体。

在现有的算法中,最常采用的是时域替换技术和变换域技术。

7.2.1 时域替换技术

时域替换技术的基本原理是用秘密信息比特替换掉封面信息中不重要的部分,以达到对秘密信息进行编码的目的。接收方只要知道秘密信息嵌入的位置就能够提取信息。由于在嵌入过程中只进行了很小的修改,发送方可假定被动攻击者是无法觉察到的。时域替换技术具有较大的隐藏信息量(容纳性)和不可见性(透明性),但稳健性(鲁棒性)较弱。这种技术比较有代表性的是最不重要比特位(the Least Significant Bits,LSB)方法,该方法也是最早被应用的信息隐藏方法。封面信息的 LSB 直接被秘密消息的比特位或两者之间经过某种逻辑运算的结果所代替。

1. 基于流载体的 LSB 方法

流载体就是发送方在信息嵌入时,得不到载体的全部元素,只能一边得到载体元素一边进行嵌入。比如在一个实时采样的语音信号中,实时的嵌入秘密信息。对于数字图像和数字声音,其最低比特位或者最低几个比特位的改变,对整个图像或者声音没有明显的影响,因此替换掉这些不重要的部分,可以隐藏秘密信息。

嵌入过程描述如下:选择一个载体元素的子集 $\{j_1, j_2, \cdots, j_{L(m)}\}$,其中共有 $L(m)$ 个元素,用以隐藏秘密信息的 $L(m)$ 个比特。然后在这个子集上执行替换操作,把 c_{j_i} 的最低比特用 m_i 来替换(m_i 可以是 0 或 1)。

提取过程描述如下:找到嵌入信息的伪装元素的子集 $\{j_1, j_2, \cdots, j_{L(m)}\}$,从这些伪装对象 s_{j_i} 中抽出它们的最低比特位,排列之后组成秘密信息 m。

现在的问题是,如何选择用来隐藏信息的载体的子集,即如何选择 j_i。同时,接收方应该知道发送方所选择的隐藏位置才能提取信息。一个最简单的方法是,发送者从载体的第一个元素开始,顺序选取 $L(m)$ 个元素作为隐藏的子集。通常由于秘密信息的比特数 $L(m)$

比载体元素的个数 $L(c)$ 小,嵌入处理只在载体的前面部分,剩下的载体元素保持不变。这会导致严重的安全问题,载体的已修改和未修改部分具有不同的统计特性。因此,为了解决这个问题,可以使用两种方法,一种是在秘密信息嵌入结束后,再继续嵌入伪随机序列,直到载体结束;另一种是在一次嵌入之后,再重复嵌入秘密信息,直到载体结束。

2. 伪随机置换

如果在嵌入过程中能获得所有的载体比特,那么就能把秘密信息比特随机地分散在整个载体中。由于不能保证随后的信息位按某种顺序嵌入,这种技术进一步增加了攻击的复杂度。

发送者 A 首先尝试(使用一个伪随机数发生器)创建一个索引序列 $\{j_1, j_2, \cdots, j_{L(m)}\}$,并将第 k 个消息比特隐藏在索引为 j_k 的载体元素的最低比特位中。注意,由于对伪随机数发生器的输出不加任何限制,一个索引值在序列中可能出现多次,称这种情况为碰撞。如果碰撞发生,那么在同一个元素中就多次插入了消息比特,破坏了秘密消息。为了防止碰撞的发生,发送者 A 可以使用一个集合 B 用以记录所有已经使用过的载体索引值,当再次出现同样的索引值时,则放弃这个索引值,再选择另一个元素。在接收方 B 采用同样的方法。

简单理解:时域替换技术可以通过控制某些位来实现。例如,有信息 10101010,实际上它的偶数位并没有用,只用它的奇数位就可以表达该信息,那么可以用它的偶数位来实现信息隐藏,比如秘密信息"1101"可以分别放到第 2、4、6、8 位上,这样别人根本无法判断,但是相关人员可以根据解密规则得到秘密信息"1101"。

7.2.2 变换域技术

变换域技术的基本原理是将秘密信息嵌入到数字作品的某一变换域中。首先将原始的图像或声音信号进行数学变换,在变换域上嵌入秘密信息,然后经反变换输出。这种技术比时域替换技术能更有效地抵御攻击,并且还保持了对人类感官的不易觉察性。目前使用的变换域方法很多,如频域隐藏、时/频域隐藏和时间尺度域隐藏,它们分别是在 DCT 变换域、时/频变换域和小波变换域上进行变换从而隐藏信息。变换可以在整个图像上进行,也可以对整个图像进行分块操作,或者是其他的变种。然而,图像中能够隐藏的信息数量和可获得的健壮性之间存在矛盾。许多变换域方法是与图像格式不相关的,并且能承受有损和无损格式转换。变换域方法具有较强的不可见性和稳健性,是目前应用很广泛的算法。以下给出基于正交变换的信息隐藏算法的基本框架,包括嵌入过程和检测过程两部分。

1. 嵌入过程

首先,对原始主信号作正交变换;然后,对原始主信号作感知分析;并在此基础上,基于事先给定的关键字,在变换域上将签字信号嵌入主信号,得到带有隐藏信息的主信号,如图 7-2 所示。

2. 检测过程

首先,对原始主信号作感知分析;然后,在此基础上基于事先给定的关键字,在变换域上将原始主信号和可能带有隐藏信息的主信号作对比,判断是否存在签字信号,如图 7-3 所示。

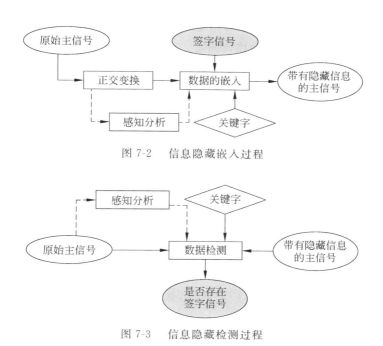

图 7-2　信息隐藏嵌入过程

图 7-3　信息隐藏检测过程

7.3　数字水印技术

信息隐藏技术的一个分支是数字水印技术。数字水印就是在数字宿主媒体(如图形、图像、音频、视频或文本等)中嵌入一定量的信息,根据对所加信息要求的不同,这部分加入的信息或可见或不可见(通常要求不可见),但都不影响原宿主媒体的功能,并对原宿主媒体起到保护的作用。通常这些加入的水印是含有版权信息或其他重要信息的数字符号,它可以是代表版权所有的文字、商标、印鉴或是其他数字图形、图像、音频、视频或随机序列信息。数字水印技术是研究如何将含有作者电子签名、日期、商标、使用期限等的数字信息作为水印信号,嵌入到图像、文本、音频、视频作品等数字媒体中,作为版权信息的标记,并能在需要时将其提取出来,作为版权归属证明或跟踪起诉非法侵权的依据。

在很多文献中,会混用"信息隐藏"和"数字水印"的概念,从某种角度上讲,这也没错,因为这两者之间本身有着比较亲密的关系,特别在理论算法的研究上,基本没有什么区别,但是,在某些特定的情况下,还是需要把这两个不同的概念分开来理解。

从字面上讲,"信息隐藏"注重的是信息的隐藏,也就是说,通过向载体加入具有一定规律(和需要传输的隐藏信息具有唯一映射关系的一组比特流)的冗余数据,来达到传输隐藏信息的目的。它最主要的目的是隐藏,也就是强调隐藏信息的不可见性和不可觉察性,它不会公开地说,这幅图片或者视频里面嵌入了信息,而会尽量淡化这种效果,甚至让其他人(相对于载体发送方和接收方)无法区分已经隐藏了信息的载体和没有隐藏信息的载体之间的区别。"数字水印"则不同,它注重的是水印,也就是版权保护和指纹识别之类的方面,它是一种公开的信息,也就是说,它会公开告诉大众,这幅图片或者视频里面嵌入了信息。事实上,由于数字水印的这种公开性,它可能受到的攻击会大于信息隐藏技术。

同样,这两种技术在细节上注重的方向也不尽相同,比如,信息隐藏注重所能嵌入信息的容量比较大,而数字水印则容量会比较固定。但是,这都只是概括地说,在一般理论研究和工程应用上,也有要求水印容量比较大的情况。

由于这两种技术的发展源头不尽相同,所以它们的应用范围也有一定的区别。例如,信息隐藏主要用于视频点播中的附带信息的传输,而数字水印则多用于图像或者音频文件的版权信息保护。

7.3.1 数字水印的基本框架

数字水印通过一定的算法将一些标志性信息直接嵌入到多媒体内容中,但不影响原内容的价值和使用,并且不能被人的感觉系统觉察或注意到。只有通过专用的检测器或阅读器才能提取。与加密技术不同,数字水印技术并不能阻止盗版活动的发生,但它可以判别对象是否受到保护,监视被保护数据的传播、真伪鉴别和非法复制、解决版权纠纷并为法庭提供证据。为了给攻击者增加去除水印的难度,目前大多数水印制作方案都采用密码(包括公开密钥、私有密钥)技术来加强,在水印的嵌入、提取时采用一种密钥,甚至几种密钥联合使用。

所有的数字水印技术都包含两个基本方面,即一个水印嵌入系统和一个水印恢复系统,也称水印提取或水印解码系统。嵌入器至少有两个输入量:一个是原始信息,它通过适当变换后作为待嵌入的水印信号;另一个就是要在其中嵌入水印的载体作品。水印嵌入器的输出结果为含水印的载体作品,通常用于传输和转录。在设计、使用一个具体的水印算法时,可根据具体的情况综合考虑,如数字作品的使用限制、应用目的以及其他约束条件等。

数字水印的基本框架可以定义为一个七元组$(I_0,K,\text{Inf}_w,W,G,E,D)$。其中:

(1) I_0 表示要被保护的原始数字产品图像的集合。

(2) K 为密钥的集合。

(3) Inf_w 是待嵌入的水印信息。

(4) W 为实际嵌入的水印信号。

(5) G 表示用密钥 K 和待嵌入的水印信息 W 以及原始图像 I_0 共同生成水印算法。

$$W = G(I_0,\text{Inf}_w,K)$$

关于水印信号的生成,有时要根据不同的应用需要,对水印信息进行必要的预处理,如编码、压缩、加密等,最终形成水印信号。

(6) E 表示将水印 W 嵌入数字图像 L 中的算法,即 $I_w = E(I_0,W)$。这里,I_w 代表嵌入水印后得到的数字图像。该算法力图使对原始图像所做的改动最小,同时又要保证尽可能强的鲁棒性。

(7) D 表示水印提取和检测算法。水印的提取是指从水印图像中完全恢复出水印信息的过程;水印的检测是判断图像中特定水印信号的存在性的过程。

$$T = D(J,K) \quad P = C_\delta(T,W)$$

其中,图像可以是一幅有数字水印或没有数字水印的图像,也可能是遭到破坏的有数字水印的图像。T 为从图像 J 中提取出的水印。$P = 0/1,0$ 表示水印不存在,1 表示存在。C_δ 为判断原水印 W 和提取出水印 T 相似程度的相关函数。

7.3.2 数字水印的分类及特征

1. 数字水印的分类

1）按水印特性划分

按水印特性可将水印划分为可见水印和不可见水印。

可见水印是可以看见的水印，就像插入或覆盖在图像上的标识，可见水印的特性为水印在图像中可见，水印在图像中不太醒目，在保证图像质量的前提下，水印很难被去除，水印加在不同的图像中具有一致的视觉突出效果。不可见水印是一种加在图像、音频和视频中，表面上是不可察觉的，但是当发生版权纠纷时，所有者可以从中提取出标记，从而证明该物品为某人所有。不可见水印又有以下两种，即脆弱性水印或易碎水印和稳健性水印。在易碎水印中，当嵌入水印的载体数据被修改时，通过对水印的检测，可以对载体是否进行了修改或进行了何种修改进行判定。这类水印通常在特定的感知条件下不可见，水印能被最普通的数字信号处理技术改变，未经授权者很难插入一个伪造的水印，授权者可很容易地提取出水印，从提取出的水印中可以得到载体的哪些部分被改变。上述有些特性在特定的应用环境下不一定都会满足。稳健性水印是指加入的水印不仅能抵抗非恶意的攻击，而且要求能够抵抗一定失真内的恶意攻击，并且一般的数据处理不影响水印的检测。这种水印在通常或特定条件下不可感知，嵌入水印的载体信号经过普通的信号处理或恶意攻击后，水印仍然保持在信号中；未经授权者很难检测出水印；授权者可容易地检测出水印。

2）按水印所附载的载体数据划分

按水印所附载的载体数据，可以将水印划分为图像水印、音频水印、视频水印、文本水印以及用于三维网格模型的网格水印等。

3）按水印检测过程划分

按水印的检测过程可以将水印划分为非盲水印、半盲水印和盲水印。

4）按水印内容划分

按数字水印的内容可以将水印划分为有意义水印和无意义水印。有意义水印是指水印本身也是某个数字图像或数字音频片段的编码；无意义水印则只对应于一个序列号或一段随机数。

5）按用途划分

按水印的用途可以将数字水印划分为票据防伪水印、版权保护水印、篡改提示水印和隐藏标识水印。

6）按水印隐藏的位置划分

按水印隐藏位置划分为时（空）域数字水印、变换域数字水印。时（空）域数字水印是直接在信号空间上叠加水印信息，而变换域水印则包括在 DCT 域、DFT 域和小波变换域上隐藏水印。

2. 数字水印的特性

（1）嵌入性。水印要直接嵌入数据中而不是将水印放在数据文件的头部或尾部等位置。

（2）隐蔽性。对嵌入水印后的多媒体信息不会引起明显的降质，并且在视觉或听觉上易被察觉。

（3）鲁棒性。即稳健性，指经过多种无意或有意的信号处理后，水印仍能保持完整性或仍能被准确鉴别。

（4）安全性。指水印不易被复制、伪造、非法检测和移去，文件格式的变换不会导致水印的丢失。

（5）低复杂性。指水印的嵌入和提取算法复杂度低，便于推广应用。

（6）水印容量。指水印足以表示多媒体内容的创建者或所有者的标志信息，或购买者的序列号，当发生版权纠纷时，可以证明版权所有者或盗版者。

7.3.3　数字水印的生成

数字水印生成是数字水印处理过程的第一个关键步骤，构成水印的序列通常应该具备不可预测的随机性。由于人类视觉系统对纹理具有极高的敏感性，故水印不应含有纹理，水印应该具有与噪声相同的特性。因此，目前文献中一般采用高斯白噪声、伪随机序列、根据有特定含义的原始水印所生成的随机序列、实数序列、复数序列等随机序列作为水印嵌入到载体作品中。有时还会考虑采用特殊形状的水印，如六边形水印、圆形或环形水印和自相似水印。通常意义上说，数字水印生成过程就是在密钥 K 的控制下由原始版权信息、认证信息、保密信息或其他有关信息 m 生成适合于嵌入到原始载体 X 中的待嵌入水印信号 W 的过程。

原始信息有时也称为原始水印，其主要类型有以下几种情况。

（1）文本消息。如 ID 序列号、签名、文本文件或消息。

（2）声音信号。如语音、音乐或音频信号，但目前文献中很少提到用声音数据作为水印。

（3）二值图像。如二值的图片、图章、商标和签名图像。

（4）灰度图像。如有灰度的商标、图片、照片或图章。

（5）彩色图像。如彩色的商标、照片或图片等。

（6）无特定含义的序列，如一维二值序列、一维三值序列、二维二值阵列、实数序列等。

水印生成算法应保证水印的唯一性和有效性，且在水印的生成过程中通常应采用伪随机数发生器或混沌系统以保证安全性。此外，在数字水印算法中，往往不是直接嵌入所需信息，而是通过某种方法生成适合嵌入的水印。

主要基于以下考虑：如果给定的原始水印是具有特定意义的图像、文本或音频数据，则相邻的像素或采样间具有很强的相关性，而且一旦提取算法被人知道，攻击者很容易得到水印信息。因此，必须采用一定的措施使水印信息能量分散，消除信息中相邻像素的空间相关性，提高其抵制图像剪切操作能力，以保证数字水印算法的鲁棒性，同时提高了安全性。另外，为了提高含水印图像的质量及透明性或考虑到水印检测的有效性和自恢复性，通常在水印生成时会根据人类感知系统的掩蔽特性或结合原始载体的时空域特性或频域特性使生成的水印信号具有自适应性。由此可见，水印生成算法可以分为利用原始信息和密钥生成水印，或通过对原始水印修改以得到与产品相关的水印。这里指出，原始水印信息也可以预先指定，而在嵌入水印之前对该水印信息作适当变换或不作变换，密钥可以在水印嵌入过程中使用。

水印生成算法大致可分为伪随机、扩频、混沌、纠错编码、变换、分解、自适应等生成方法。

7.3.4　数字水印的嵌入

根据所基于的域不同,数字水印嵌入技术主要分为时/空域算法、变换域算法和压缩域算法三大类。时/空域算法将水印信息直接嵌入到音频时域采样、图像空间像素和视频数据等原始载体数据中,即在媒体信号的时间域或空间域上实现水印嵌入。变换域算法将水印信息嵌入到音频、图像、视频、三维目标等原始载体的变换域系数中。压缩域算法,广义上是指充分考虑 JPEG、MPEG 和 VQ 技术的结构和特性,将水印嵌入到压缩过程的各种变量值域中,以提高对相对压缩技术或压缩标准攻击的鲁棒性为目标的嵌入算法。狭义上是指水印嵌入到 JPEG 位流、MPEG 位流和 VQ 索引流中。

基于时/空域的数字水印算法相对简单,实时性较强,但在鲁棒性上不如变换域算法和压缩域算法。在时/空域算法中,重要的一大类算法是脆弱水印或半脆弱水印算法,因为这类算法具有对攻击的时间或空间位置的定位能力。因此,时/空域算法多用于内容认证或篡改提示。从算法所基于的原理不同,分别介绍加性和乘性、最低有效位的水印嵌入算法。

1. 加性和乘性嵌入规则

一种最常见的嵌入规则是加性规则。通常,在加性规则中都带有嵌入因子,以调整所嵌入水印的不可见性和鲁棒性。在时/空域内,嵌入公式为

$$x^w = x + \alpha w$$

式中,$x^w = \{x_i^w, 0 \leqslant i \leqslant N\}$ 为含水印载体;$x = \{x_i, 0 \leqslant i \leqslant N\}$、$w = \{w_i, 0 \leqslant i \leqslant N\}$ 分别为原始载体和水印;α 为嵌入因子。

如果在水印生成时,已经较好地考虑到水印的不可见性和鲁棒性,则只需要将生成的水印信号与原始载体直接相叠加而不需要乘上嵌入因子,嵌入公式为

$$x^w = x + w$$

式中,$x^w = \{x_i^w, 0 \leqslant i \leqslant N\}$ 为含水印载体;$x = \{x_i, 0 \leqslant i \leqslant N\}$ 和 $w = \{w_i, 0 \leqslant i \leqslant N\}$ 分别为原始载体和水印。

时空嵌入技术中,乘性规则有两种形式。一种是将原始载体数据直接乘水印,表示为

$$x^w = \{x_i^w \mid x_i^w = w_i x_i, 0 \leqslant i \leqslant N\}$$

另一种形式是在上式的基础上乘上嵌入因子再加上原始载体数据,表示为

$$x^w = \{x_i^w \mid x_i^w = \alpha w_i x_i, 0 \leqslant i \leqslant N\}$$

式中,$x^w = \{x_i^w, 0 \leqslant i \leqslant N\}$ 为含水印载体;$x = \{x_i, 0 \leqslant i \leqslant N\}$ 和 $w = \{w_i, 0 \leqslant i \leqslant N\}$ 分别为原始载体和水印;α 为嵌入因子。

2. 最低有效位替换

最早的有关数字水印论文是在 1993 年的 DICTA(数字图像计算、技术和应用)会议上由 A. Tirkel 等发表的论文——Electronic WaterMark,并在 1994 年的 ICIP 会议(图像处理会议)上发表了该文修改版 ADigital WaterMark。作者在文中提出了在数字图像中嵌入水印的两种方法,他们所采用的方法都是基于修改图像 LSB 位平面(由所有像素的二进制描述的最低位构成的位平面)。这种算法已经成为时/空域嵌入技术的经典算法。由于使用了图像的 LSB 位,算法的鲁棒性差,水印信息很容易被滤波、图像量化、几何变形的操作破坏,后来的文献通常将它用于内容认证。

7.3.5 数字水印的检测和提取

数字水印的检测算法和提取算法是数字水印系统的关键部分之一。水印检测是指根据检测密钥通过一定的算法可以判断作品中是否含水印。水印提取是指根据提取密钥通过一定的算法(往往是嵌入算法的逆过程)提取出可疑作品中的每个印记,其长度等于原始水印序列的长度。如果水印检测或提取过程中需要用到原始载体,则此过程为明检测或明提取,如果水印检测或提取过程中不需要原始载体,则称此过程为盲检测或盲提取。一方面,水印提取过程往往与水印嵌入算法密切相关;另一方面,水印提取之前往往先进行水印检测。所以水印检测和提取是密切相关的。一个水印检测算法是否有效,取决于人们所选取的检测算法的模型与实际是否接近,检测算法的模型包括一系列的假设,主要有以下 3 个方面:①对待检测信号的统计特性的假设,在水印系统中对应于水印信号的统计特性;②噪声的统计特性的假设,在水印系统中对应于载体信号和攻击引入的噪声的统计特性;③噪声与信号的叠加方式,即水印的嵌入方式。

当嵌入到载体作品中的水印是一个伪随机序列时,水印检测器只需要作出有无水印的判断。在另外一些应用中,需要将视觉可辨的图案嵌入到载体作品中,嵌入的信息首先转换为符号序列,然后水印嵌入器将每个符号嵌入到载体作品的一段中,在这种情况下,检测器首先需要检测出每段作品中嵌入的符号,然后恢复出整个水印,最后针对提取后的水印图像作出有无水印的判断。第一种情况只需要水印检测过程;第二种情况下提取每个符号的过程类似于第一种情况的检测过程,但它们不完全一样,因为在选取检测阈值时需要考虑不同的因素。另外,第二种情况需要对最后提取的水印信息进行处理并作出最终判断。

7.3.6 数字水印的攻击

水印攻击与密码攻击一样,包括主动攻击和被动攻击两种。主动攻击的目的并不是破解数字水印,而是篡改或破坏水印,使合法用户也不能读取水印信息;而被动攻击则试图破解数字水印算法。相比之下,被动攻击的难度要大得多,但一旦成功,则所有经该水印算法加密的数据全都失去了安全性。

主动攻击并不等于肆意破坏。以版权保护水印为例,如果将嵌入了水印的数字艺术品弄得面目全非,对攻击者也没有好处,因为遭受破坏的艺术品是无法销售的。对于票据防伪水印来说,过度损害数据的质量是没有意义的。真正的主动水印攻击应该是在不过多影响数据质量的前提下除去数字水印。

常见的水印攻击包括以下 6 种。

1. 健壮性攻击

它包括常见的各种信号处理操作,如图像压缩、线性或非线性滤波、叠加噪声、图像量化与增强、图像裁剪、几何失真、模拟数字转换及图像的校正等。

2. IBM 攻击

这是针对可逆、非盲水印算法而进行的攻击。其原理为设原始图像 I,加入水印 WA 的图像为 IA＝I＋WA。攻击者首先生成自己的水印 WF,然后创建一个伪造的原图 IF＝IA－WF,也即 IA＝IF＋WF。这就产生无法分辨与解释的情况。防止这一攻击的有效办法就是研究不可逆水印嵌入算法,如散列过程。

3. Stirmark 攻击

Stirmark 是英国剑桥大学开发的水印攻击软件,它采用软件方法,实现对水印载体图像的各种攻击,从而在水印载体图像中引入一定的误差,可以以水印检测器能否从遭受攻击的水印载体中提取检测出水印信息来评定水印算法抗攻击的能力。例如,Stirmark 可对水印载体进行重采样攻击,它可模拟首先把图像用高质量打印机输出,然后再利用高质量扫描仪扫描重新得到其图像这一过程中引入的误差。

4. 马赛克攻击

其攻击方法是首先把图像分割成为许多个小图像,然后将每个小图像放在 HTML 页面上拼凑成一个完整的图像。一般的 Web 浏览器都可以在组织这些图像时在图像中间不留任何缝隙,并且使这些图像看起来的整体效果和原图一模一样,从而使得探测器无法从中检测到侵权行为。

5. 串谋攻击

串谋攻击就是利用同一原始多媒体数据集合的不同水印信号版本,来生成一个近似的多媒体数据集合,以此来逼近和恢复原始数据,其目的是使检测系统无法在这一近似的数据集合中检测出水印信号的存在。

6. 跳跃攻击

跳跃攻击主要用于对音频信号数字水印系统的攻击,其一般实现方法是在音频信号上加入一个跳跃信号,即首先将信号数据以 500 个采样点为一个单位的数据块,然后在每一数据块中随机复制或删除一个采样点,来得到 499 或 501 个采样点的数据块,然后将数据块按原来顺序重新组合起来。试验表明,这种改变对古典音乐信号数据也几乎感觉不到,但是却可以非常有效地阻止水印信号的检测定位,以达到难以提取水印信号的目的。类似的方法也可以用来攻击图像数据的数字水印系统,其实现方法也非常简单,即只要随机地删除一定数量的像素列,然后用另外的像素列补齐即可。该方法虽然简单,但是仍然能有效破坏水印信号存在的检验。

如前所述,破解数字水印算法十分困难,在实际应用中,水印主要面临的是主动攻击。

各种类型的数字水印算法都有自己的弱点。例如,时域扩频隐藏对同步性的要求严格,破坏其同步性,如数据内插就可以使水印检测器失效。

典型的主动攻击水印方法如下。

(1)多复制平均。对同一幅作品的多个发行版本进行数值平均,利用水印的随机性去除水印。

(2)各种线性滤波。针对频域水印算法,可以构造具有特定频率特性的线性滤波器,攻击频域上隐藏的水印信息。

(3)几何变形攻击。通过轻微的几何变形,可以破坏数据的同步性,同时也不过分影响数据质量,但却对许多直扩序列调制类的数字水印算法构成了威胁。

(4)非线性滤波中值 滤波或其他各种顺序统计滤波既可以改变信号的频域特性,又可以破坏同步性,是一种复合攻击。

（5）拼接攻击。拼接攻击是将含有水印的数字作品分割成若干小块，形成若干独立的文件，然后在网页上拼接起来。由于各种数字水印算法都有一定的解码空间，只靠少量的数据无法读取水印，所以很难抵御拼接攻击。

（6）两次或多次水印攻击。攻击者使用自己的算法在数字作品中加入水印，即使这种操作不能破坏真正的水印，也会造成水印标识的混乱，从而给司法鉴定带来困难。

7.4 可视密码技术

7.4.1 可视密码概述

可视密码（Visual Cryptography，VC）是由 Naor 和 Shamir 在 1994 年欧洲密码学术会议上首次提出。它是将秘密图像（Secret Image）通过密码学运算分成若干分享图像（Sharing Image），然后分发给不同的参与者（Participants）。其中每一个分享图像的像素都是杂乱无章随机分布的，因而不会泄露原始图像中的任何秘密信息。通过将这些分享图像以透明胶片的方式叠加起来，就能发现分享图像所包含的秘密信息内容。

可视密码是一种利用人类的视觉系统解密的秘密共享方案，在秘密恢复的过程中只需要进行简单的胶片叠加，不需要进行任何计算，可以被没有密码学知识的人使用。与传统的密码学技术相比具有隐蔽性、安全性、秘密恢复的简单性等突出的优点。

7.4.2 可视密码的研究背景和意义

尽管秘密共享体制已经发展得较为完善，但却不可避免地存在一个问题：秘密的恢复需要经过大量的数学计算，并且使用者需要对密码学的知识有所了解。那么，可能存在一种无须运算只要依靠人的视觉系统就能恢复出秘密的秘密共享方案吗？可视密码是由 Naor 和 Shamir 在 1994 年欧洲密码学术会议上首次提出的一种新的秘密共享方案。

可视密码的优点主要有以下几个。

（1）隐蔽性。由于分享图像上的像素点是随机分布的，隐藏的秘密不能被常人所看见。

（2）绝对安全性。用任何方法、任何手段对单张分享图像进行分析都不能得到任何关于秘密的有用信息。

（3）秘密恢复的简单性。不同于其他任何一种传统的密码技术，可视密码在解密时无须任何计算，只要将分享图像简单地叠加就能恢复出秘密。

（4）通用性。使用者无需密码学的知识，任何人都可以使用该技术。这也是与其他密码技术不同的一个重要方面。

可视密码具有以下缺点。

（1）像素扩展与对比度降低。这是可视密码的先天性缺点，它们使得恢复出来的图像与原秘密图像在图像的大小、横纵比例、分辨率等方面具有明显差异，还可能会造成图像失真。

（2）Naor 和 Shamir 最初提出的可视密码方案（Visual Cryptography Scheme，VCS）只适合于黑白二值图像，而对于灰度和彩色图像，需要将方案进行扩展。

（3）分享图像上的像素点是随机分布的，因此整张图像看起来是没有任何意义的。这些分享图像在传输或存储的过程中可能会被主动攻击者进行破坏或恶意篡改。

（4）在方案执行的过程中可能存在欺骗行为，参与者或分发者存在不诚实问题。

（5）存在恢复秘密时如何精准叠加分享图像的问题。

7.4.3 可视密码的研究现状

随着可视密码技术的发展，近几年对于可视密码的研究主要集中在可视密码中参数的优化、原始可视密码方案的扩展、可视密码中的欺骗问题及可视密码的应用等方面。

1. 可视密码参数的优化

可视密码方案中有两个重要的参数，即像素扩展 m 和对比度 α。像素扩展是指在分享图像中用来表示原像素的子像素的个数，而对比度则衡量了重构图像中黑像素与白像素的差异。构造 VCS 时，通常希望 m 的数值越小越好，而 α 的数值越大越好。很多方案就致力于黑白二值图像可视密码方案中降低像素扩展、提高图像对比度的研究。

2. 对 Naor 和 Shamir 方案的扩展

1）灰度图像或彩色图像的可视密码方案

虽然可视密码发展至今已有一段时间，但是大部分的研究都是针对黑白二值图像，关于灰度和彩色图像的研究十分有限。Verheual 和 Tiborg 提出一种新的视觉彩色图像加密方案。Rijmen 与 Preneel 提出了另一种应用在彩色图像上的 (2,2) 阈值方案，他们将秘密图像上的每个像素扩展成一个 2×2 大小的区块，每个区块分别填入红、绿、蓝、白 4 种颜色，因此任何单张分享图像上都无法显露出有关秘密图像的信息。2004 年 S. Cimato 提出的彩色可视密码方案，改进了以往方案中同色相叠加颜色更深的不足，使得同色叠加颜色不变，但同时仍需要加大像素扩展来实现。G. Alvarez Maranon 等人在 2005 年提出了一个基于元胞理论的彩色可视密码方案。

2）一般存取结构可视密码方案

G. Ateniese 等人构造出了一般存取结构的可视密码方案（Visual Cryptography for General Access Structure），并且得到了 (n,n) 存取结构的最优结果。

一般存取结构 VCS 不同于原始 VCS 的阈值结构，而是将参与者事先划分为可以恢复出秘密的集合与不能恢复秘密的集合，之后根据划分构造方案。

3）多幅秘密信息的隐藏

Naor 和 Shamir 提出的方案只能够隐藏一幅秘密信息，Droste 对 (k,n)-VCS 提出了一种新的构造算法，可以在参与者中共享多个秘密图像（即叠加不同的胶片可以重构出不同的秘密图像），并给出了一种实现方法。

4）有意义的分享图像

原始的 (k,n)-VCS 中，每张分享图像是由随机的黑白子像素构成，没有任何意义。这些分享在传输或存储过程中可能会被主动攻击者警觉其价值，从而破坏这些分享。但如果每张分享图像上有一定的明文含义，则可以逃避攻击者的注意力，而分享上的明文信息又不影响秘密图像的恢复，显然这种模型优于传统的 (k,n)-VCS。

3. 可视密码中的欺骗问题

一般的可视密码方案都是基于所有的成员都是诚实的这个普遍假设，其中隐含了以下两个问题。

（1）分发中心或分发者是不诚实的。他们可能给参与者分配未经授权的分享或伪造分享,致使拥有这些分享的参与者无法恢复出秘密。

（2）分享的拥有者也就是参与者可能是不诚实的。他们可以在秘密恢复的过程中出示一份伪造的分享致使秘密的恢复不成功。

事实上,需要所有的成员都是诚实的是不容易的。因此,未经改进的可视密码方案是不安全的。颜浩等人提出一种新的可视密码分享方案,可以检测一个参与者在秘密恢复时出示了一张假的胶片使秘密恢复失败,并可以检测出是谁出示了假的分享(胶片),同时保持了可视密码无须计算的特点。

4. 可视密码的应用研究

可视密码不需要参与者具有密码学知识,不需要很高的技术,实现成本较低,只需要秘密恢复者具有一双眼睛和一些胶片,因此该项技术具有一定的应用领域和前景。如可视身份认证的方案、基于$(2,2)$-VCS 的电子投票系统等。

将可视密码与数字水印相结合是主要的应用方向之一,可视密码和数字水印都包含隐藏秘密图像的内容,但它们的意义却不同。数字水印从实质上说是一类信息隐藏,但其目的不是为了秘密共享,而是为了表明载体本身的一些信息。在版权保护方面,R. J. Hwang 提出了基于可视密码的数字图像版权保护方案。

作为信息安全技术中的一个新兴的研究领域,可视密码技术无论在理论上还是在实践方面都还有许多问题需要探索。如何将较成熟的黑白二值图像的有效方法推广到灰度图像和彩色图像,并解决其运算的复杂性问题,如何降低像素扩展及提高叠加的容错能力等都是可视密码未来的研究重点。

7.4.4 VCS 方案

Naor 和 Shamir 提出的 VCS(Visual Cryptography Scheme)是可视密码的基础,该文献给出了(k,n)-VCS 的基本构造方法及参数的选取界限。

可视密码方案主要是通过原始的秘密图像产生 n 个分享图像,当且仅当其中的 k 个分享叠加在一起时才能恢复出秘密图像,少于 k 个分享将不能获得任何关于秘密图像的信息。最基本的可视密码方案假设原始图像由黑像素和白像素组成,然后分别处理每个像素。秘密图像的每个像素在分享的图像上用 m 个黑白像素组成,称这 m 个黑白像素为子像素。这 m 个子像素应该足够小以至于人的视觉系统将这 m 个子像素的颜色平均起来看作一个像素的颜色值。

1. VCS 方案构造

定义 7-1 α 表示原始秘密图像中的一个黑色像素和白色像素在重构的秘密图像中像素重量的相对差异,表示重构图像在对比度上的损失。构造 VCS 时,α 的取值越大越好。

定义 7-2 m(像素扩张)表示原始秘密图像中的一个像素在分享图像中的子像素的个数。表示分享图像的尺寸大小是原始秘密图像的 m 倍。构造 VCS 时,m 的取值越小越好。

定义 7-3 S(基本矩阵)为 $n \times m$ 阶布尔矩阵,$S = [s_{ij}]$,表示一个像素在分享图像中的所有子像素。当第 i 个分享图像的第 j 个子像素为黑色时,$s_{ij}=1$;当第 i 个分享图像的第 j 个子像素为白色时,$s_{ij}=0$。

定义 7-4 V 向量:将基础矩阵 S 中的一行表示一个向量,记为 V 向量。

定义 7-5 $H(V)$ 表示矩阵 S 中指定的 V 向量的汉明重量。k 个分享图像叠加之后的灰

度值由矩阵 S 中对应的 k 行向量进行或运算得到向量 V 的汉明重量 $H(V)$ 决定。

定义 7-6 S_0、S_1：S_0 表示白色像素的基础矩阵；S_1 表示黑色像素的基础矩阵。

定义 7-7 C_0、C_1：C_0 表示经过对基础矩阵 S_0 进行列置换得到的所有矩阵的集合；C_1 表示经过对基础矩阵 S_1 进行列置换得到的所有矩阵的集合。

定义 7-8 r 为矩阵集合 C_0、C_1 中基础矩阵 S 的个数。

定义 7-9 d 为阈值，并且满足 $1 \leqslant d \leqslant m$。当 $H(V) \geqslant d$ 时，此灰度等级被视觉系统翻译成黑色；而当 $H(V) \leqslant d - \alpha m$ 时，此灰度等级被视觉系统翻译成白色。

定义 7-10 VCS：(k, n)-VCS 是由 $n \times m$ 阶布尔矩阵的集合 C_0 和 C_1 组成。从 C_0 中随机选取一个矩阵表示一个白色像素；从 C_1 中随机选取一个矩阵表示一个黑色像素。n 个分享图像中 m 个子像素的颜色由所选矩阵确定。若方案满足以下 3 个条件，则该方案被认为是有效的。

(1) 对于 C_0 中的任何矩阵 S，矩阵 S 中任意 k 行进行或运算得到向量 V 满足 $H(V) \leqslant d - \alpha m$。

(2) 对于 C_1 中的任何矩阵 S，矩阵 S 中任意 k 行进行或运算得到向量 V 满足 $H(V) \geqslant d$。

(3) 当参数 $q \leqslant k - 1$ 时，对任意集合 $\{i_1, i_2, \cdots, i_q\} \in \{1, \cdots, n\}$，通过随机选取集合 C_0 和集合 C_1 中矩阵的 $i_1, i_2, \cdots, i_q$ 行，获得两个 $q \times m$ 矩阵 $D_t(t=0,1)$ 的集合。这两个矩阵集合包含同一矩阵的概率相同（C_t 中的每个 $n \times m$ 矩阵在第 $i_1, i_2, \cdots, i_q$ 行上都是不可识别的）。

条件(1)和条件(2)说明了通过对任意 k 个分享图像进行或叠加运算可以获得重构图像的秘密信息，条件(3)反映了在少于 k 个分享图像的条件下，攻击者使用任何强大的密码分析手段都不能确定原始秘密图像中的像素是白色还是黑色，换言之，也就是攻击者不能获得与原始秘密图像相关的像素信息，条件(3)说明了可视密码方案的安全性。对于 (k, k)-VCS，若能满足 $m = 1/2^{k-1}$，$\alpha = 1/2^{k-1}$，则此方案将是最优的方案。而对于 (k, n)-VCS，则有 $m = \log n * 2^{O(k \log k)}$，$\alpha = 1/2^{\Omega(k)}$。

2.（2,2）-VCS

可视密码的最简单的例子是 $(2, 2)$-VCS。$(2, n)$-VCS 可由下列 $n \times n$ 矩阵的集合来实现：C_0 和 C_1 中的任何分享都是由两个随机选择的黑色子像素和两个白色子像素构成，即

$$C_0 = \left\langle \text{所有矩阵通过变换} \begin{bmatrix} 1100 \\ 1100 \end{bmatrix} \text{的列产生} \right\rangle$$

$$C_1 = \left\langle \text{所有矩阵通过变换} \begin{bmatrix} 1100 \\ 0011 \end{bmatrix} \text{的列产生} \right\rangle$$

任意两个 C_0 中分享的或操作结果向量具有汉明重量 2，而任意两个 C_1 中分享的或操作结果向量具有汉明重量 4，这样看起来灰度更黑一些。这就是当它们叠加在一起时给人的视觉感觉上的明显不同。

用 4 个子像素表示一个像素并把它们放到 2×2 的矩阵中。一个白色像素分成图中两个完全相同的分享，而一个黑色像素分成图中两个完全相反的分享。白色像素和黑色像素在每一个分享图像中都由两个黑子像素和两个白子像素组成。但是当两个分享叠加到一起时，就存在 4 个像素全黑（代表黑色像素）或半黑（代表白色像素）之分，如图 7-4 和图 7-5 所示。

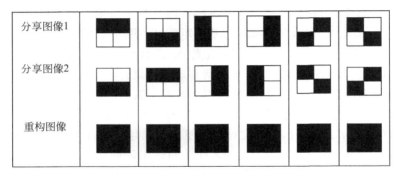

图 7-4　黑色像素的生成与重构

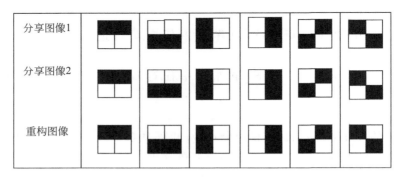

图 7-5　白色像素的生成与重构

图 7-4 和图 7-5 列出了(2,2)-VCS 可能存在的像素叠加方案。如果要表示秘密图像中的一个白色像素,可以随机选取图 7-5 中的任意一列两个像素分布相同的分享图像;如果要表示秘密图像中的一个黑色像素,可以随机选取图 7-4 中的任意一列两个像素分布互补的分享图像;其中,每个分享图像的子像素个数 m 为 4,对比度 α 为 1/2。

图 7-6 所示为通过 C 语言编程仿真实现(2,2)-VCS,每一张分享图像的像素颜色都是杂乱无章随机分布的,因此不会泄露与原始图像有关的任何秘密信息,解密过程仅需对两张分享图像进行简单的或叠加运算就可以恢复出正确的重构图像。

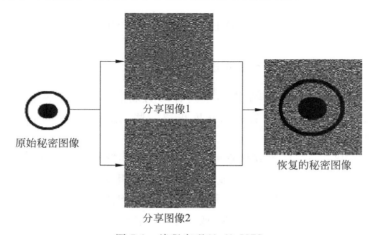

图 7-6　编程实现(2,2)-VCS

小　　结

　　信息隐藏技术是一种横跨信号处理、数字通信、密码学、计算机网络等多学科的新兴技术,具有巨大的潜在应用市场,对它的研究具有重要的学术和经济价值。在信息隐藏中,人们认为数字水印代表了其发展方向,虽然它的技术要求更高,但是它的应用前景也更广。

　　现在虽然已经有商业化的水印系统,但对水印的研究还远未成熟,许多问题如鲁棒性、真伪鉴别、版权证明、网络快速自动验证以及声频和视频水印等方面仍然还需要比较完美的解决方案。

　　随着该技术的推广和应用的深入,一些其他领域的先进技术和算法也将被引入,从而完善和充实信息隐藏技术。例如,在数字图像处理中的小波、分形理论;图像编码中的各种压缩算法;视频编码技术等。

　　目前,使用密码加密仍是网络上主要的信息安全传输手段,信息隐藏技术在理论研究、技术成熟度和实用性方面都无法与之相比,但它潜在的价值是无法估量的,特别是在迫切需要解决的版权保护等方面,可以说是根本无法被代替的,相信其必将在未来的信息安全体系中发挥重要作用。同时,信息隐藏技术和加密技术的结合,必将在信息安全领域得到广泛的应用。

习　题　7

1. 什么是信息隐藏? 什么是数字水印? 两者有何区别?
2. 常用的信息隐藏技术有哪些? 简要叙述各自的优、缺点。
3. 信息隐藏技术和数据加密技术的主要区别是什么?
4. 数字水印技术有哪些分类方法? 数字水印技术有什么特点?
5. 数字水印有哪些算法? 如何对数字水印进行攻击?
6. 什么是可视密码技术?

第8章　认证技术与访问控制

本章导读:

认证(Authentication),又称鉴别,是对用户身份或报文来源及内容的验证,以保证信息的真实性和完整性。认证技术的共性是对某些参数的有效性进行检验,即检查这些参数是否满足某种预先确定的关系。密码学通常能为认证技术提供一种良好的安全认证,目前的认证方法绝大部分是以密码学为基础的。

访问控制(Access Control)是在保障授权用户能获取所需资源的同时拒绝非授权用户的安全机制,保密性服务和完整性服务都需要实施访问控制,因此它是信息安全理论基础的重要组成部分。与身份认证一样,访问控制功能主要通过操作系统和数据库系统来实现,并成为网络操作系统和数据库系统的一个重要的安全机制。

认证和访问控制对网络环境下的信息安全尤其重要,是信息安全理论基础的重要组成部分。本章将重点讲述认证类型、身份认证协议、身份认证技术和身份认证的主要应用,以及访问控制的原理、策略和应用。

8.1　报　文　认　证

从概念上讲,信息的保密与信息的认证是有区别的。加密保护只能防止被动攻击,而认证保护可以防止主动攻击。被动攻击的主要方法是截获信息,主动攻击的最大特点是对信息进行有意地修改,使其失去原来的意义。

认证包括两类:一是验证网络上发送的数据(如一个消息)的来源及其完整性,即对通信内容的鉴别,称为报文认证或者消息认证;二是指在用户开始使用系统时,系统对其身份进行的确认,即对通信对象的鉴别,称为身份认证。

报文认证是指在两个通信者之间建立通信联系之后,每个通信者对收到的信息进行验证,以保证所收到信息的真实性。具体的认证方法可以参看前文内容。

一般情况下,这种验证过程必须确定以下内容。

(1) 报文是由确认的发送方产生的。

(2) 报文内容没有被修改过。

(3) 报文是否是按与发送时间相同的顺序收到的。

因此,报文认证通常可以分为报文源的认证、报文内容的认证和报文时间性的认证。

1. 报文源的认证

报文源(发送方)的认证用于确认报文发送者的身份,可以采用多种方法实现,一般都以密码学为基础。例如,可以通过附加在报文中的加密密文来实现报文源的认证,这些加密密文是通信双方事先约定好的各自使用的通行字的加密数据,或者发送方利用自己的私钥(只有发送方自己拥有)加密报文,然后将密文(只有发送方利用其私钥才能产生的)发送给接收方,接收方利用发送方的公钥进行解密来鉴别发送方的身份,这就是数字签名的原理。

2. 报文内容的认证

报文内容的认证目的是保证通信内容没有被篡改，即保证数据的完整性，通过认证码（Authenticating Code,AC）实现。这个认证码是通过对报文进行的某种运算得到的，也可以称其为"校验和"，它与报文内容密切相关，报文内容正确与否可以通过这个认证码来确定。认证的一般过程为：发送方计算出报文的认证码，并将其作为报文内容的一部分与报文一起传送至接收方。接收方在检验时，首先利用约定的算法对报文进行计算，得到一个认证码，并与收到的发送方计算的认证码进行比较。如果相等，就认为该报文内容是正确的，否则，就认为该报文在传送过程中已被改动过，接收方可以拒绝接收或报警。

3. 报文时间性的认证

报文时间性认证的目的是验证报文时间和顺序的正确性，即确保收到的报文和发送时的报文顺序一致，并且收到的报文不是重复的报文，可通过以下几种方法实现。

（1）利用时间戳。

（2）对报文进行编号。

（3）使用预先给定的一次性通行字表，即每个报文使用一个预先确定且有序的通行字标识符来标识其顺序。

8.2 身份认证

在现实社会中，身份欺诈是不可避免的，因此常常需要证明个人的身份。通信和数据系统的安全性首先取决于能否正确验证用户或终端的个人身份。身份认证是信息安全理论的重要组成部分，以密码理论为基础的身份认证是访问控制和审计的前提，因此对网络环境下的信息安全尤其重要。

8.2.1 身份认证的概念

一个系统的安全性常常依赖于对终端用户身份的正确识别与检验。身份认证也称为"身份验证"或"身份鉴别"，是指证实用户的真实身份与其所声称的身份是否相符的过程，即对通信对象的鉴别。

身份认证与消息认证的差别在于，消息认证本身不提供时间性，而身份认证一般都是实时的。再者，身份认证通常证实实体本身，而消息认证除了证实消息的合法性和完整性外，还要知道消息的含义。

身份认证一般涉及以下两方面的内容。

（1）身份识别（Identity Recognition）。识别是指要明确访问者是谁，即必须对系统中的每个合法用户都有识别能力。要保证识别的有效性，必须保证任意两个不同的用户都不能具有相同的标识符。通过唯一的标识符，系统可以识别出访问系统的每一个用户。

（2）身份验证（Identity Verification）。验证是指在访问者声明自己的身份后（向系统输入他的标识符），系统还必须对他所声明的身份进行验证，以防假冒，从而证明用户的身份。验证过程通常需要用户出具能够证明他身份的特殊信息，这个信息是秘密的，任何其他用户都不能拥有它。

识别信息（标识符）一般是非秘密的，而验证信息必须是秘密的。只有识别和验证过程都正确后,系统才能允许用户访问系统资源。

通常对身份认证系统的要求如下。

（1）验证者正确识别合法示证者的概率极大化。

（2）不具可传递性,即验证者 B 不可能重用示证者 A 提供给他的信息来伪装示证者 A,而成功地骗取其他人的验证,从而得到信任。

（3）攻击者伪装示证者欺骗验证者成功的概率要小到可以忽略的程度,特别是要能抵抗已知密文攻击,即能抵抗攻击者在截获示证者和验证者多次通信下伪装示证者欺骗验证者。

（4）计算有效性,为实现身份认证所需的计算量要小。

（5）通信有效性,为实现身份认证所需通信次数和数据量要小。

（6）秘密参数能安全存储。

（7）交互识别,有些应用要求双方能互相进行身份认证。

（8）第三方的实时参与。

（9）第三方的可信赖性。

（10）可证明安全性。

其中,(7)～(10)是有些身份认证系统提出的要求。

身份认证可以和报文源认证一同实施,如数字签名,也可以分开实施,即只鉴别身份。

8.2.2　身份认证系统的组成

身份认证系统包含认证服务器、认证系统用户端、认证设备 3 个部分。

1. 认证服务器

认证服务器负责进行使用者身份认证的工作,服务器上存放使用者的私有密钥、认证方式及使用者认证的其他相关内容。

2. 认证系统用户端

认证系统用户端通常都是需要进行登录的设备或系统,在这些设备及系统中必须具备可以与认证服务器协同运作的认证协议。在有些情况下认证服务器与认证系统用户端是集成在一起的。

3. 认证设备

认证设备是使用者用来产生或计算密码的软、硬件设备。从用户角度来看,非法用户常采用数据流窃听、复制/重传和修改/伪造等手段对身份认证过程进行攻击。

8.2.3　身份认证协议

通信双方实现消息认证方法时,必须有某种约定或规则,这种约定的规范形式叫做协议。身份认证分为单向认证和双向认证。如果通信的双方需要一方被另一方鉴别身份,这样的认证过程就是一种单向认证。如果通信的双方需要互相认证对方的身份,即为双向认证。据此,认证协议主要可以分为双向认证协议（Mutual Authentication Protocol）和单向认证协议（One-way Authentication Protocol）。

1. 双向认证协议

双向认证协议是最常用的协议,它使得通信双方互相认证对方的身份,适用于通信双方同时在线的情况，即通信双方彼此互不信任时，需要进行双向认证。双向认证需要解决两个主要问题，即保密性和即时性。为防止可能的重放攻击，需要保证通信的即时性。

1）基于对称密码的双向认证协议

用对称加密方法时，往往需要有一个可以信赖的密钥分配中心（KDC），负责产生通信双方（假定 A 和 B 通信）短期使用的会话密钥。协议过程如下。

$$A \rightarrow B：ID_A，N_A$$

$$B \rightarrow KDC：ID_B，N_B，E_{KB}(ID_A，N_A，T_B)$$

$$KDC \rightarrow A：E_{KA}(ID_B，N_A，K_S，T_B)，E_{KB}(ID_A，K_S，T_B)，N_B$$

$$A \rightarrow B：ID_A，K_S，T_B，E_{KS}(N_B)$$

下面来具体分析这个协议。

第一步：A 产生临时交互号 N_A，并将其与 A 的标识 ID_A 以明文形式发送给 B。该临时交互号和会话密钥等一起加密后返回给 A，以使 A 确认消息的即时性。

第二步：B 发送给 KDC 的内容包括 B 的标识 ID_B、临时交互号 N_B 以及用 B 和 KDC 共享的密钥加密后的信息。临时交互号将和会话密钥等一起加密后返回给 B，使 B 确信消息的即时性；加密信息用于请求 KDC 给 A 发放证书，因此它制订了证书接收方、证书的有效期和收到的 A 的临时交互号。

第三步：KDC 将 B 的临时交互号、用与 B 共享的密钥 K_B 加密后的信息（用作 A 进行后续认证的一张"证明书"），以及用与 A 共享的密钥 K_A 加密后的信息（ID_B 用来验证 B 曾收到过 A 最初发出的消息，并且 N_A 可说明该消息是及时的而非重放的消息）发送给 A。A 可以从中得到会话密钥 K_S 及其使用时限 T_B。

第四步：A 将证书和用会话密钥加密的 N_B 发送给 B。B 可以由该证书求得解密 $E_{KS}(N_B)$ 的密钥，从而得到 N_B。用会话密钥对 B 的临时交互号加密可保证消息是来自 A 的而非重放消息。

注意，这里的 T_B 是相对于 B 时钟的时间，因为 B 只校验自身产生的时间戳，所以不要求时钟同步。

如果发送者的时钟比接收者的时钟要快，攻击者就可以从发送者处窃听消息，并等待时间戳，在对接收者来说成为当前时刻时重放给接收者，这种重放将会得到意想不到的后果。这类攻击称为抑制重放攻击。

2）基于公钥密码的双向认证协议

在使用公钥加密方法时，一个避免时钟同步问题的修改协议如下。

$$A \rightarrow KDC：ID_A，ID_B$$

$$KDC \rightarrow A：E_{KRauth}(ID_B，KU_B)$$

$$A \rightarrow B：E_{KUB}(N_A，ID_A)$$

$$B \rightarrow KDC：ID_B，ID_A，E_{KUauth}(N_A)$$

$$KDC \rightarrow B：E_{KRauth}(ID_A，KU_A)，E_{KUB}[E_{KRauth}(N_A，K_S，ID_B)]$$

$$B \rightarrow A：E_{KUA}[E_{KRauth}(N_A，K_S，ID_A，ID_B)，N_B]$$

$$A \rightarrow B：E_{KS}(N_B)$$

第一步：A 先告诉 KDC 他想与 B 建立安全连接。

第二步：KDC 将 B 的公钥证书的副本传给 A。

第三步：A 通过 B 的公钥告诉 B 想与之通信,同时将临时交互号发给 B。

第四步：B 向 KDC 索要会话密钥和 A 的公钥证书,由于 B 发送的消息中含有 A 的临时交互号,所以 KDC 可以用该临时交互号对会话密钥加戳,其中临时交互号受 KDC 的公钥保护。

第五步：KDC 将 A 的公钥证书的副本和消息 $\langle N_A, K_S, ID_B \rangle$ 一起返回给 B,前者经过 KDC 私钥加密,证明 KDC 已经验证了 A 的身份;后者经过 KDC 的私钥和 B 的公钥的双重加密,K_S 和 N_A 使 A 确信 K_S 是新的会话密钥,E_{KRauth} 的使用使得 B 可以验证该信息确实来自 KDC。

第六步：B 用 A 的公钥将 B 的临时交互号和 $E_{KRauth}(N_A, K_S, ID_A, ID_B)$ 加密后传给 A。

第七步：A 用会话密钥 K_S 对 N_B 加密传给 B,使 B 确信 A 已知会话密钥。

2. 单向认证协议

当不需要收发、双方同时在线联系时,只需要单向认证,如电子邮件 E-Mail。一方在向对方证明自己身份的同时,即可发送数据;另一方收到后,首先验证发送方的身份,如果身份有效,就可以接收数据。

用对称加密方法认证可采用以下协议。

$$A \rightarrow KDC: ID_A, ID_B, N_1$$
$$KDC \rightarrow A: E_{KA}[K_S, ID_B, N_1, E_{KB}(K_S, ID_A)]$$
$$A \rightarrow B: E_{KB}(K_S, ID_A), E_{KS}(M)$$

这个方法保证只有真正的接收方才能读取消息,也证明发送方确实是 A,但不能防止抗重放攻击。

用公钥加密方法时,A 向 B 发送 $E_{KUB}(M)$ 可以保证消息的保密性,发送 $E_{KRA}(M)$ 可以保证消息的真实性,若要同时提供保密、认证和签名功能,则需要向 B 发送 $E_{KUB}[E_{KRA}(M)]$,这样双方都需要使用两次公钥算法。其实,如果只侧重消息的保密性,配合使用公钥和对称密钥则更加有效,即 A 向 B 发送 $E_{KUB}(K_S)$ 和 $E_{KS}(M)$。

3. 其他认证协议

通过以上两种认证协议,可以解决消息的保密性和真实性的要求。考虑到保密通信各个环节可能受到攻击,还需要建立其他一些协议,如密钥建立协议、仲裁协议、链接协议等。下面简单介绍共享密钥协议和 Kerberos 协议。

Diffie-Hellman 密钥交换是建立共享密钥的协议,算法如下。

首先选择两个全局公开量素数及其素根 α,A 和 B 各自产生自己的公钥 Y_A、Y_B 和私钥 X_A、X_B,然后

$$A \rightarrow B: \alpha^{X_A} \bmod q$$
$$B \text{ 计算会话密钥}: K = (Y_A)^{X_B} \bmod q$$
$$B \rightarrow A: \alpha^{X_B} \bmod q$$
$$A \text{ 计算会话密钥}: K = (Y_B)^{X_A} \bmod q$$

仲裁者应是公正的第三方,其他各方都信赖他。在开放的网络互联环境中,仲裁人是计算机,需要适于使用 Kerberos 协议以保护用户信息和服务器资源。

Kerberos 协议是一种认证的密钥建立协议,要求用户向服务器提供身份认证,同时需要服务器向用户提供身份认证。Kerberos 协议中有 3 个通信参与方：需要验证身份的通信

双方及一个双方都信任的第三方,即密钥分发中心(KDC)。

Kerberos 协议可以向一个实体(用户或服务器)证实另一个实体的身份,产生会话密钥,只提供给两个实体使用。会话密钥在通信结束随即销毁。协议如下。

$$A \rightarrow \text{Kerberos:} A, \text{TGS}$$
$$\text{Kerberos} \rightarrow A: E_A(K_{A,\text{TGS}}), E_{\text{TGS}}(T_{A,\text{TGS}})$$
$$A \rightarrow \text{TGS:} E_{A,\text{TGS}}(X_A, S), E_{\text{TGS}}(T_{A,\text{TGS}})$$
$$\text{TGS} \rightarrow A: E_{A,\text{TGS}}(K_A, S), E_S(T_A, S)$$
$$A \rightarrow S: E_{A,S}(X_A, S), E_S(T_A, S)$$

上述协议解释如下。

第一步:用户向 Kerberos 发送的消息中包括用户名及请求票据许可服务 TGS 服务器名。

第二步:Kerberos 鉴别服务器在数据库中查找用户名,如果用户在数据库中,就产生一个会话密钥 $K_{A,\text{TGS}}$,由用户和 TGS 使用,并产生一个证明用户身份的票据 $T_{A,\text{TGS}}$ 给 TGS,它把这些内容分别用 A 和 TGS 的密钥加密后传给 A。加密方法用字母 E 表示,E 的下标是密钥的拥有者;而票据的格式为 $T_{A,\text{TGS}} = S, E_S(A, d, t, K_{A,S})$,其中 S 是服务器,d 是 A 的网络地址,t 是票据的有效起止时间,$K_{A,S}$ 是 A 与服务器的会话密钥。

第三步:A 解密第一个消息得到会话密钥保存起来,并把从 Kerberos 得到的加密票据以及他使用服务器的加密鉴别码 $E_{A,\text{TGS}}(X_{A,S})$ 发送给 TGS。

第四步:TGS 检查 A 传来的信息,如果一切无误则将 A 与服务器的会话密钥 $K_{A,S}$ 以及 A 使用服务器的票据 $T_{A,S}$ 发送给 A,前者是用 A 与 TGS 的会话密钥加密的,后者是用服务器的密钥加密的。

将他使用服务器的鉴别码和票据加密后传给服务器 S,实现他所请求的服务。

8.3　常见的身份认证技术

常用的身份认证方法可归纳为以下几类。

(1) 口令认证(所知)。通信双方使用预先约定的通行字标识自己的身份,通过验证密码进行身份认证,如口令和密码。

(2) 拥有物认证(所有)。通信对等实体使用拥有物,如身份证、通行证、智能卡或者密钥等进行身份认证。例如,在数字签名中,发送者使用自己的私钥加密信息,接收者利用发送者的公钥进行解密,从而进行身份认证。

(3) 生物特征认证。使用消息发送者的生物特征,如指纹、声纹、虹膜、DNA 等进行身份认证。

(4) 密码技术认证。比如零知识证明身份认证技术。

本节主要介绍这几种常用的身份认证技术。

8.3.1　基于口令的身份认证技术

通过用户名和口令进行身份认证是最简单,也是最常用的认证方式,但是认证的安全强度不高。安全性仅仅依赖于口令,口令一旦泄露,用户即可被冒充。由于用户为了方便记忆往往选择简单、容易被猜测的口令,这个问题往往成为安全系统最薄弱的突破口,如弱密码、字典攻击。

系统将用户输入的口令与以前保存在系统中的该用户的口令进行比较,若完全一致则认为认证通过;否则不能通过认证。

根据处理方式的不同,口令机制认证方式有以下 3 种。

1. 口令的明文传送

最简单的口令机制是以明文形式把口令从用户传送到服务器,通过与服务器之前保存的用户口令进行比较认证。如果有攻击者在客户与验证服务器之间进行窃听,那么很容易知道口令信息,从而对系统进行非法访问。此外,验证服务器存储着全部用户口令信息,如果不慎泄露,系统将没有任何安全性可言。很多实际的应用协议采用的就是这种方法,如FTP 和 Telnet 的远程登录认证。在远程认证的情况下,这种机制的缺陷很明显,因为口令很容易被窃听者从网络上读取。

2. 激励—响应机制

更为安全的口令认证形式使用的是激励—响应机制。在这种情况下,口令不以明文的形式传送,而是用来对每一次认证时认证服务器所选取的激励进行秘密的函数(如 Hash 函数)计算。这样提供认证的新鲜性,但也使口令容易受到口令猜测攻击。假设入侵者拥有一个相对较小的口令字典,其中包含了许多普通的口令。入侵者首先记录包含了激励和响应的认证会话,然后用一些可能的口令对激励进行计算,看能否得到同样的响应。如果能的话,就说明这是一个合法的用户口令。在目前情况下,这种简单的身份认证方法也只能用于对安全性要求不高的场合。

3. 一次性口令

目前普遍采用基于一次性口令的身份鉴别技术对用户信息进行保护,一次性口令技术的核心是通过单向散列函数来保护用户口令,使网络上传输的信息为密文,最重要的是每次登录所传输的密文都不相同,即口令密文一次一改变,大大提高了口令传输的安全性。

由于每次验证码都是不同的,计算出的散列值也不相同,因此每次网络传输的散列值都是不相同的。一方面,由于单向散列函数的性质,从散列值推测出原始口令是不可能的;另一方面,由于每次登录时所生成的散列值都不相同,通过寻找规律性来破解口令也是非常困难的。因此,这种一次性口令认证系统具有较高的安全性,能够有效地防止口令窃听和传输泄露问题。

8.3.2　基于智能卡和 USB Key 的身份认证技术

基于智能卡和 USB Key 的身份认证技术都是基于小型硬件设备的。

智能卡具有硬件加密功能,有较高的安全性。智能卡(Smart Card),也称 IC 卡(Integrated Circuit Card,集成电路卡)。一些智能卡包含一个微电子芯片,智能卡需要通过读写器进行数据交互。智能卡配备有 CPU、RAM 和 I/O,可自行处理数量较多的数据。日常生活中常见的 IC 卡有校园卡、社保卡、医保卡、公交卡等。不同领域的 IC 卡担负着不同的功能,随着信息技术的飞速发展以及新的社会需求的不断刺激,智能卡的身份认证有着广泛的应用前景。每个用户持有一张智能卡,智能卡存储用户个性化的秘密信息,同时在验证服务器中也存放秘密信息。

基于 USB Key 的身份认证技术是近几年发展起来的一种使用方便、安全可靠的技术，特别是网上银行认证使用较为普遍。图 8-1 所示为某银行开通网上银行的 USB Key。

USB Key 是一种基于 USB 接口的小型硬件设备，通过 USB 接口与计算机连接，USB Key 内部带有 CPU 及芯片级操作系统，所有读写和加密运算都在芯片内部完成，能够防止数据被非法复制，具有很高的安全性。在 USB Key 中存放代表用户唯一身份的私钥或数字证书，利用 USB Key 内置的硬件和算法实现对用户身份的验证和鉴别。

图 8-1　某银行网上银行 USB Key

在基于 USB Key 的用户身份认证系统中，主要有两种应用模式，即基于激励—响应的认证模式和基于 PKI 的认证模式，以实现不同的用户身份认证体系。目前，USB Key 还可以结合动态口令（一次性口令）方式，进一步提高了安全性。显然，USB Key 提供了比单纯口令认证方式更加安全且易于使用的身份认证方式，在不暴露任何关键信息的情况下就可实现身份认证。

每个持有智能卡和 USB Key 的用户都有一个用户 PIN 码，进行认证时，需要用户输入 PIN，并且持有智能卡或 USB Key 认证硬件，以实现双因素认证功能，防止用户被冒充。

8.3.3　基于生物特征的身份认证技术

传统的身份识别主要是基于用户所知道的知识和用户所拥有的身份标识物，如用户的口令、用户持有的智能卡等。在一些安全性较高的系统中，往往将两者结合起来，如自动取款机要求用户提供银行卡和相应的密码。但身份标识物容易丢失或被伪造，用户所知道的知识容易忘记或被他人知道，这使得传统的身份识别无法区分真正的授权用户和取得授权用户知识和身份标识物的冒充者，一旦攻击者得到授权用户的知识和身份标识物，就可以拥有相同的权力。现代社会的发展对人类自身的身份识别的准确性、安全性和实用性不断提出要求，人类在寻求更为安全、可靠、使用方便的身份识别途径的过程中，基于生物特征的身份认证技术应运而生。

基于生物特征的身份认证技术是以生物技术为基础，以信息技术为手段，将生物和信息技术交汇融合为一体的一种技术。其基本思想是（图 8-2）：提取唯一的特征并且转化成数字代码，进一步将这些代码组成特征模板；在用户需要进行身份识别时，获取其相应特征并与数据库中的特征模板进行比对，根据匹配结果来决定接受或者拒绝。

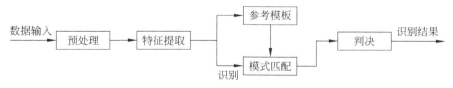

图 8-2　基于生物特征身份认证的识别原理

受人的身体特征具有不可复制的这一特点启发，并不是所有的生物特征都可用来进行身份认证，只有满足以下条件的生理或行为特征才可以用来作为身份识别的依据。

（1）随身性。生物特征是人体固有的特征，与人体是唯一绑定的，具有随身性。

（2）安全性。人体特征本身就是个人身份的最好证明，满足更高的安全需求。

（3）普遍性。每个人都应该具有该特征。

（4）唯一性。每个人在该特征上有不同的表现。

（5）稳定性。该特征相对稳定，不会随着年龄等而变化。

（6）易采集性。该特征应该容易测量得到。

（7）可接受性。人们是否接受以该特征作为身份认证。

比如人的指纹、虹膜、视网膜等都具有唯一性和稳定性的特征，为实现更安全、方便的用户身份认证提供了有利的物理条件。下面介绍几种研究较多而又有实用价值的身份认证技术。

1. 指纹识别

指纹识别是最传统、最成熟的生物鉴定方式。目前，全球范围内都建立有指纹鉴定机构以及罪犯指纹数据库，指纹鉴定已经被官方所接受，成为司法部门有效的身份鉴定手段。

指纹识别具有很高的实用性、可行性。随着固体传感器技术的发展，指纹传感器的价格正逐渐下降，在许多应用中基于指纹的生物认证系统的成本是可以承受的。

指纹识别处理过程如下。首先，通过指纹读取设备读取人体指纹图像，并对原始图像进行初步处理，使之更清晰。然后，指纹辨识算法建立指纹的数字表示——特征数据。特征文件存储从指纹上找到的被称为"细节点"（Minutiae）的数据点，也就是那些指纹纹路的分叉点或末梢点。最后，通过计算机把两个指纹的模板进行比较，计算出它们的相似程度，得到两个指纹的匹配结果。

指纹识别的特点如下。

（1）理论上，每个人的指纹都是独一无二的。

（2）指纹样本便于获取，易于开发识别系统，实用性强。

（3）指纹纹路的样式终生不变。

指纹识别是生物特征识别中研究最早、技术最成熟、应用最广泛的技术，目前已经有标准的指纹样本库，方便软硬件系统的开发和实现，有着坚实的市场后盾。

2. 虹膜和视网膜识别

人眼虹膜是一种在眼睛中瞳孔内的织物状各色环状物，每一个虹膜都包含一个独一无二的基于像冠、水晶体、细丝、斑点、结构、凹点、射线、皱纹和条纹等特征的结构。世界上两个指纹相同的概率为 $1/10^9$，而两个虹膜图像相同的概率是 $1/10^{11}$，虹膜在人的一生中均保持稳定不变。因此，利用虹膜来识别身份能够成为独一无二的标识，其可靠性超过了指纹识别，是一种更准确、更可靠的身份认证技术。虹膜技术上也有一些地方有待完善：当前的虹膜识别系统只是用统计学原理进行小规模的试验，而没有进行过现实世界的唯一性认证的试验，而且目前虹膜图像获取设备相对昂贵。

视网膜是一些位于眼球后部十分细小的神经（一英寸的 $1/50$），它是人眼感受光线并将信息通过视神经传给大脑的重要器官，用于生物识别的血管分布在神经视网膜周围，即视网膜四层细胞的最远处。

在 20 世纪 30 年代，通过研究就得出了人类眼球后部血管分布唯一性的理论，进一步的研究表明，即使是孪生子，这种血管分布也是具有唯一性的，视网膜的结构形式在人的一生当中都相当稳定。所以,同虹膜识别技术一样,视网膜扫描可能是最可靠、最值得信赖的生物特征识别技术。但是,对视网膜难以采样,而且还没有标准的视网膜样本库供系统软件开发使用,这就导致视网膜识别系统在目前阶段难以开发,可行性较低。

与指纹识别技术的主要步骤以及原理相似,虹膜识别与视网膜识别一般包括图像采集、图像处理、特征提取、保存数据、特征值的比对和匹配等过程。

3. DNA 识别

DNA(Deoxyribo Nucleic Acid)又称脱氧核糖核酸,存在于一切有核的动、植物中,是染色体的主要化学成分,生物的全部遗传信息都储存在 DNA 分子中,又被称为"遗传微粒"。DNA 结构中的编码区,即遗传基因或基因序列部分占 DNA 全长的 $3\%\sim10\%$,这部分即遗传密码区。就人来说,遗传基因约有 10 万个,每个均由 A、T、G、C 这 4 种核苷酸,按次序排列在两条互补的组成螺旋的 DNA 长链上。核苷酸的总数达 30 亿左右,如随机查两个人的 DNA 图谱,其完全相同的概率仅为三千亿分之一,比虹膜和视网膜技术更为精确。随着生物技术的发展,尤其是人类基因研究的重大突破,研究人员认为 DNA 识别技术将是未来生物特征识别技术发展的主流,如 DNA 亲子鉴定。

但是由于识别的精确性和费用的不同,在安全性要求较高的应用领域中,往往需要融合多种生物特征来作为身份认证的依据。由于人体生物特征具有人体所固有的不可复制的唯一性,而且具有携带方便等特点,使得基于生物特征的身份认证技术比其他身份认证技术具有更强的安全性和方便性。

在身份认证技术中,数字证书是目前公认的网络中安全而有效的身份认证手段(详见第5 章)。将数字证书存储在智能卡和 USB Key 中,并采集使用者的生物特征一并存入其中进行身份认证,将大大增加身份认证的方便性、可移动性和应用的可扩展性,同时也提高了身份认证的安全性和可靠性。

总之,在实际的身份认证系统中,往往不是单一的使用某种技术,而是将几种技术结合起来使用,兼顾效率和安全。需要注意的是,只靠单纯的技术并不能保证安全,当在实际应用中发现异常情况时,如在正确输入口令的情况下仍无法获取所需服务时,一定要提高警惕,这很有可能是攻击者在盗取身份证明。

8.3.4 零知识证明身份认证

通常,在身份认证过程中,一般验证者在收到证明者提供的认证账户和密码后,在数据库中进行核对,如果在验证者的数据库中找到证明者提供的账户和密码,该认证通过;否则认证失败。在这一认证过程中,验证者必须事先知道证明者的账户和密码,这显然会带来不安全因素。零知识证明身份认证能实现在验证者不需要知道证明者任何消息(包括用户账户和密码)的情况下完成对证明者的身份认证。

零知识证明(Zero-Knowledge Proof)是在 20 世纪 80 年代初出现的一种身份认证技术。零知识证明是指证明者能够在不向验证者提供任何有用信息的情况下,使验证者相信某个论断是正确的。

零知识证明实质上是一种涉及两方或多方的协议,即两方或多方完成一项任务所需采取的一系列步骤。证明者向验证者证明并使验证者相信自己知道某一消息或拥有某一物品,但证明过程不需要(也不能够)向验证者泄露。

下面结合公开密钥算法来介绍零知识证明的特点。用户 A 拥有用户 B 的公钥,现在用户 B 需要向 A 证明自己的身份是真实的。有两种方法可以证明:一种方式是用户 B 把自己的私钥交给 A,A 用这个私钥对某个数据进行加密操作,然后将加密后的密文用 B 的公钥来解密,如果能够成功解密,则证明用户 B 的身份是真实的;另一种方式是用户 A 给出一个随机值,B 用自己的私钥对该随机值进行加密操作,然后把加密后的数据交给 A,A 用 B 的公钥进行解密操作,如果能够得到原来的随机值,则证明用户 B 的身份是真实的。其中,后一种方式属于零知识证明,在整个过程中 B 没有向 A 提供自己的私钥。

零知识证明分为交互式零知识证明和非交互式零知识证明两种类型。

1. 交互式零知识证明

零知识证明协议包括两个实体,即证明者(Prover,P)和验证者(Verifier,V)。交互式零知识证明是由这样一组协议确定的:在零知识证明过程结束后,P 告诉 V 关于某一个断言成立的信息,而 V 不能从交互式证明协议中获得其他任何消息。即使在协议中使用欺骗手段,V 也不可能揭露其信息。

如果一个交互式证明协议满足以下 3 点,那么此协议就是零知识交互式证明协议。

(1) 完备性。如果 P 的声称是真的,则 V 以绝对优势的概率接受 P 的结论。

(2) 有效性。如果 P 的声称是假的,则 V 也以绝对优势的概率拒绝 P 的结论。

(3) 零知识性。无论 V 采取任何手段,当 P 的声称是真的,且 P 不违背协议时,V 除了接受 P 的结论以外,得不到其他额外的信息。

简单地说,交互式零知识证明就是为了证明 P 知道一些事实,希望验证者 V 相信他知道的这些事实而进行的交互。为了安全起见,交互式零知识证明是由规定轮数组成的一个"挑战—应答"协议。通常每一轮由 V 挑战和 P 应答组成。在规定的协议结束时,V 根据 P 是否成功地回答了所有挑战来决定是否接受 P 的证明。

2. 非交互式零知识证明

在交互式零知识证明过程中,证明者和验证者之间必须进行交互。20 世纪 80 年代末,出现了"非交互式零知识证明"的概念。在非交互式零知识证明过程中,通信双方不需要进行任何交互,从而任何人都可以对 P 公开的消息进行验证。

在非交互式零知识证明中,证明者 P 公布一些不包括他本人任何信息的秘密消息,却能够让任何人相信这个秘密消息。在这一过程(其实是一组协议)中,起关键作用的因素是一个单向 Hash 函数。如果 P 要进行欺骗,他必须能够知道这个 Hash 函数的输出值。但事实上由于他不知道这个单向 Hash 函数的具体算法,所以他无法实施欺骗,即这个单向 Hash 函数在协议中是 V 的代替者。

8.4 身份认证的应用

8.4.1 PPP 中的认证

PPP(Point to Point Protocol)协议是 TCP/IP 中点到点类型线路的数据链路层协议,支持在各种物理类型的点到点串行线路上传输上层协议报文。PPP 有很多丰富的可选特性,如支持多协议、提供可选的身份认证服务、可以以多种方式压缩数据、支持动态地址协商、支持多链路捆绑等。这些丰富的选项增强了 PPP 的功能。同时,不论是异步拨号线路还是路由器之间的同步链路均可使用。因此,应用十分广泛。

为了在点到点链路上建立通信,PPP 链路的每一端在链路建立阶段必须首先发送链路控制协议(Link Control Protocol,LCP)包进行数据链路配置。链路建立之后,PPP 提供可选的认证阶段,可以在进入网络控制协议(Network Control Protocol,NCP)阶段之前实施认证。

在默认情况下,认证不是必需的,如果需要链路认证,PPP 必须在链路建立阶段指定"认证协议配置"选项。这些认证协议主要用于主机和路由器,这些主机和路由器一般通过交换电路线或者拨号线连在 PPP 网络服务器上,但是也可以通过专线实现。服务器可以用主机或路由器的连接身份作为网络层协商的选项。

PPP 提供了以下几种可选的身份认证方法。

(1)密码认证协议(Password Authentication Protocol,PAP)。

(2)挑战握手认证协议(Challenge Handshake Authentication Protocol,CHAP)。

(3)扩展认证协议(Extensible Authentication Protocol,EAP)。

其中,EAP 并不是一种具体的认证方法,而是一种认证机制,可以支持多种认证方法。如果双方协商达成一致,也可以不使用任何身份认证方法。

1. PAP 认证

PAP 是一个简单的、实用的身份验证协议。PAP 的工作过程如下。采用 PPP 协议的对等实体首先使用 LCP 协议确定双方的认证方式,协商使用 PAP 进行身份认证。远程访问服务器(认证者)的数据库中保存客户端(被认证者)的用户名和密码,客户端输入自己的用户名和密码后,服务器端在其数据库中进行比对,根据比对结果确定是否通过验证,如图 8-3 所示。

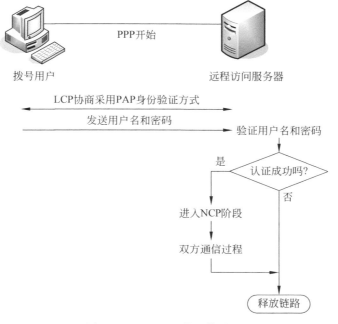

图 8-3 PPP PAP 的工作过程

PAP 认证进程只在双方的通信链路建立初期进行。如果认证成功,在通信过程中不再进行认证。如果认证失败,则直接释放链路。

PAP 的弱点是用户名和密码是明文发送的,有可能被协议分析软件捕获而导致安全问题。但是,因为认证只在链路建立初期进行,节省了宝贵的链路带宽。目前,许多拨号网络采用 PAP 协议进行身份认证,并且系统的用户名和密码是公开的,服务器端只根据链路建立的时间收费,收费是针对客户端的电话号码进行的,攻击者截获密码已经没有实际意义,因此使用简单的验证机制是适用的。

PAP 认证可以在一方进行,即由一方认证另一方身份,也可以进行双向身份认证。这时,要求被认证的双方都要通过对方的认证程序;否则,无法建立两者之间的链路。

2. CHAP 认证

CHAP 通过 3 次握手周期性的认证对端的身份,在初始链路建立时完成,可以在链路建立之后的任何时候重复进行。CHAP 的工作过程如图 8-4 所示。本地路由器(被认证者)和远程访问路由器 NAS(认证者)之间使用 PPP 协议进行通信,并使用 CHAP 进行身份鉴别。在鉴别之前,双方数据库中保存和对方通信的共享密钥,该密钥也可以是双方共享的密码字。

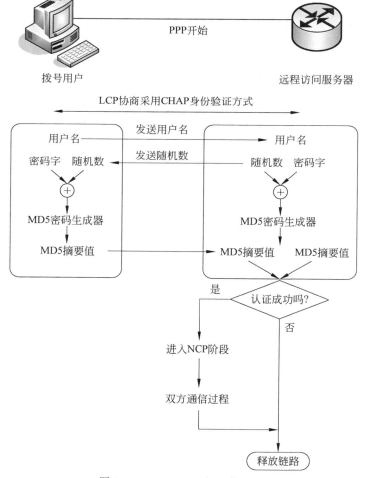

图 8-4　PPP CHAP 的工作过程

CHAP 的认证过程描述如下。

（1）链路建立阶段结束后，认证者向对端（被认证者）发送"挑战"消息。

（2）对端采用双方的共享秘密密码作为输入，对"挑战"使用单向哈希函数计算出一个密文。

（3）对端将此密文经过网络发送至认证者，作为对"挑战"应答。

（4）认证者按照同样的算法和输入计算一个自己期望的哈希值，通过检查该值和应答消息是否匹配来决定是否通过认证。

（5）通过认证后，向对端发送"认证成功消息"，并进入 PPP 协议的 NLP 阶段；否则，释放连接。

经过一定的随机时间间隔，认证者向对端发送一个新的"挑战"，然后，重复上述的第（1）～（5）步进行下一轮的认证过程。

CHAP 认证比 PAP 认证更安全，因为 CHAP 协议中的密码保存在认证对等端各自的数据库中，不在网络上传输，而被认证端发送的只是经过摘要算法加工过的随机序列，也被称为"挑战字符串"。同时，在双方正常通信过程中，身份认证可以随时进行，而 PAP 中的鉴别只发生在链路建立阶段。通过递增改变的标识符和可变的挑战值，CHAP 可防止重放攻击，重复挑战限制了对单个攻击的暴露时间，认证者控制挑战的频率。

CHAP 认证方法依赖于认证者和对端共享的密钥，虽然该认证是单向的，但是在两个方向都进行 CHAP 协商，同一密钥可以很容易实现交互认证。

CHAP 算法要求密钥长度必须至少是一字节，至少应该不易让人猜出，密钥最好至少是 Hash 算法（如 MD5 的 16B）所选用的哈希值的长度，以保证密钥不易受到穷举攻击。所选用的 Hash 算法，必须使得从已知挑战值和应答值来确定密钥在计算上不可行。

每一个挑战值应该是唯一的；否则在同一密钥下，重复挑战值将使攻击者能够用以前截获的应答值响应挑战。由于希望同一密钥可以用于地理上分散的不同服务器的认证，因此，挑战应该是全局临时唯一的。即使非法用户截获并成功破解了一次密码，此密码也将在一段时间内失效。每一个挑战值也应该是不可预计的，否则攻击者可以欺骗对端，让对端响应一个预计的挑战值，然后用该响应冒充对端欺骗认证者。

虽然 CHAP 不能防止实时的主动搭线窃听攻击，但只要能产生不可预计的挑战就可以防范大多数的主动攻击。

CHAP 对端系统要求很高，因为需要多次进行身份质询、响应。这需要耗费较多的 CPU 资源，因此只用在对安全性要求很高的场合。

同 PAP 一样，CHAP 认证可以在一方进行，即由一方认证另一方身份，也可以进行双向身份认证。这时，要求被认证的双方都要通过对方的认证程序；否则，无法建立两者之间的链路。

CHAP 认证的缺点是要求密钥以明文形式存在，无法加密密码数据库。在大型设备中不适用，因为每个可能的密钥由链路的两端共同维护。

3. EAP 认证

EAP 也可以用于 PPP 认证，可以支持多种认证方法，包括一次性密码 OTP、挑战握手认证协议 CHAP 等。EAP 并不在链路控制阶段指定认证方法，而是把这个过程推迟到认证阶段。这样认证方就可以在要求更多的信息以后再决定使用什么认证方法。这种机制就允许使用一台"后端"服务器（Back-end Server）来真正执行认证机制，而 EAP 认证方只是向该服务器传递认证交换信息。

EAP 协议的要点及工作过程描述如下。

（1）在链路建立阶段完成以后，认证方向对端发送一个或多个请求报文去认证节点。在请求报文中有一个类型字段用来指明认证方所请求的信息，该字段实际上对应不同的认证方法，如 ID、MD5 的挑战字（PPP CHAP）、一次密码（OTP）以及通用令牌卡等。MD5 的挑战字对应于 CHAP 认证协议的挑战字。通常认证方首先发送一个初始的 ID 请求，随后再发送其他的请求信息。当然，这个 ID 请求报文并不是必需的，在对端身份是已知的情况下（如租用线、拨号专线等）可以跳过这个步骤。

（2）端点对每一个请求报文回应一个应答包。和请求报文一样，应答报文中也包含一个类型字段，对应于所回应的请求报文中的类型字段。

（3）认证方通过发送一个成功或者失败的报文来结束认证过程。

EAP 的优点是可以支持多种认证机制，而无须在 LCP 阶段预协商过程中指定。某些设备（如网络接入服务器 NAS）不需要关心每一个请求报文的真正含义，而是作为一个代理把认证报文直接传递给后端的认证服务器。设备只需关心认证结果是成功还是失败，然后结束认证阶段。并且，由于使用专门的后端服务器进行验证，使得远程访问服务器 RAS 在验证系统升级后不需要更换。

EAP 的缺点是 EAP 需要在 LCP 中增加一个新的认证类型，这样现有的 PPP 要想使用 EAP 就必须进行修改。同时，使用 EAP 也和现有的在 LCP 协商阶段指定认证方法的 PPP 认证模型不一致，因为它不在链路控制阶段指定认证方法，而是把这个过程推迟到认证阶段由 EAP 协议来确定。

8.4.2 AAA 认证体系及其应用

AAA 指的是认证（Authentication）、授权（Authorization）和审计（Accounting）。其中，认证指用户在使用网络系统中的资源时对用户身份的确认。这一过程，通过与用户的交互获得身份信息（如用户名—口令、生物特征等），然后提交给认证服务器，根据处理结果确认用户身份是否正确。授权是网络系统授权用户以特定的方式使用其资源，这一过程指定了被认证的用户在接入网络后能够使用的业务和拥有的权限，如授予的 IP 地址等。审计是网络系统收集、记录用户对网络资源的使用，以便向用户收取资源使用费用，或者用于计费等目的。例如，对于网络服务供应商 ISP，用户的网络接入使用情况可以按流量或者时间被准确记录下来。

AAA 提供了访问控制的框架（图 8-5），使得网络管理员可以通过策略访问所有的网络设备，它具有以下优点。

（1）对安全信息，特别是账号等信息的集中控制。

（2）扩展性强，安全产品厂商可以根据 AAA 规范设计生产自己的安全产品。

（3）既适合于网络内部的认证，也适合于网络接口的各种认证。

（4）最大的灵活性，可对现有网络实施 AAA 框架而无须改造。

AAA 最常使用的协议包括远程验证拨入用户服务（Remote Authentication Dial-In User Service，RADIUS）和终端访问控制器访问控制系统（Terminal Access Controller

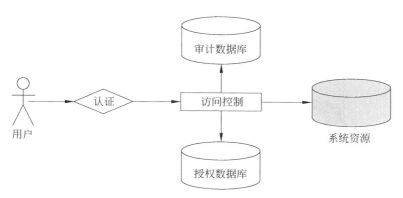

图 8-5　AAA 访问控制框架图

Access Control System+，TACACS+)等。

1. RADIUS

RADIUS 最初是由 Livingston 公司为拨号网络开发的，其目的是为拨号用户进行认证和审计，现已被广泛应用于对网络设备的认证。

RADIUS 是基于 UDP 的访问服务器认证和审计的客户机/服务器协议，认证机制灵活，可以采用 PAP、CHAP 或者 UNIX 登录认证等多种方式。RADIUS 是一种可扩展的协议，它进行的全部工作都是基于 Attribute-Length-Value 的向量进行的。

RADIUS 服务器具有对用户账号信息的访问权限，并且能够检查网络访问身份验证证书。如果用户的证书是可验证的，RADIUS 服务器则会对基于指定条件的用户访问进行授权(在 RADIUS 中，认证和授权是组合在一起的)，并将这次网络访问记录到审计日志中。使用 RADIUS 可以统一地对用户身份验证、授权和审计数据进行收集和维护，并集中管理。

RADIUS 认证是一种基于挑战/应答(Challenge/Response)方式的身份认证机制。每次认证时服务器端都给客户端发送一个不同的"挑战"信息，客户端程序收到这个"挑战"信息后，作出相应的应答。一个典型的 RADIUS 认证过程包括以下 5 个步骤，如图 8-6 所示。

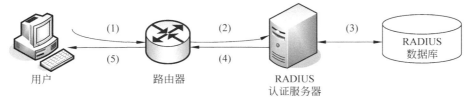

图 8-6　RADIUS 的认证过程

(1) 用户尝试登录路由器，提供必要的账号和密码信息。

(2) 路由器将用户信息加密，转发给 RADIUS 认证服务器。

(3) RADIUS 认证服务器在 RADIUS 数据库中查找相关的用户信息。

(4) 根据查找的结果向路由器发送回应。如果找到匹配项，则返回一个访问允许(Access-accept)消息；否则，则返回一个访问拒绝(Access-reject)消息。

(5) 路由器根据 RADIUS 认证服务器的返回值，确定允许或拒绝用户的登录请求。

也可以在同一个网络中安装多个 RADIUS 服务器，这样能提供更加有效的认证。图 8-7

所示为两个 RADIUS 认证服务器协同工作的认证过程。

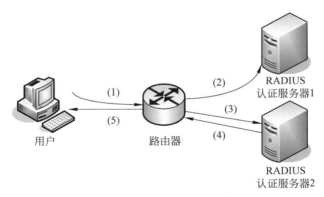

图 8-7　两个 RADIUS 认证服务器协同工作

　　在多 RADIUS 认证服务器协同工作时,如果路由器向 RADIUS 认证服务器 1 发送认证请求后,在一定时间内没有接到响应,它可以向网络中的另一台认证服务器,即 RADIUS 认证服务器 2 发送认证请求。以此类推,直到路由器从某个服务器得到认证为止。如果所有的认证服务器都不可用,那么这次认证就以失败告终。

　　RADIUS 的特点如下。

　　(1) RADIUS 采用 UDP 协议在客户和服务器之间进行交互。RADIUS 服务器的 1812 端口负责认证和授权,1813 端口负责审计工作。

　　(2) 采用共享密钥的形式。这个密钥不经过网络传播,而密码使用 MD5 加密传输,可有效地防止密码被窃取。

　　(3) 重传机制。能够在一个网络内设置多个 RADIUS 服务器,当某一个服务器没有响应时,用户还可以向其他的服务器发送“挑战”请求。当然,如果 RADIUS 服务器的密钥和以前 RADIUS 服务器的密钥不同,则需要重新进行认证。

　　(4) 配置使用简单。要使用 RADIUS,用户需要安装客户端应用程序,申请成为合法用户,并使用自己的账号进行认证。

　　2. TACACS＋

　　TACACS 协议是一种基于 UDP 的协议,最初由 BBN 开发,之后被 Cisco 多次扩展。TACACS＋是 TACACS 的最新版本,是基于 TCP 的安全协议,能够为试图访问某个资源的用户提供集中的认证。

　　TACACS＋是客户机/服务器型协议,其服务器维护于一个数据库中,该数据库是由运行在 UNIX 或 Windows 上的 TACACS＋监控进程管理的,其端口号是 49。在使用 TACACS＋的访问策略前,必须要对 TACACS＋服务进行配置。

　　当用户试图访问一个配置了 TACACS＋协议的路由器时,开始的认证过程如下。

　　(1) 路由器在用户与 TACACS＋监控进程之间建立连接并传递消息。这是一个交互的过程,路由器从守护进程那里得知需要用户提供什么信息并返回给用户,用户按要求填写完毕后,再经路由器传送给 TACACS＋认证服务器。如此反复直到 TACACS＋监控进程得到了所有必要的认证信息为止。

　　(2) TACACS＋监控进程根据认证信息的结果向路由器发送响应。响应包括以下

4 种。

① ACCEPT：认证成功，可以接着做其他的事情。

② REJECT：认证失败，拒绝用户的访问。

③ ERROR：在认证的过程中出现了错误，认证终止。

④ CONTINUE：需要用户提供额外的认证信息。

（3）认证成功后，还需要进行 TACACS＋授权。这依然需要路由器与 TACACS＋监控进程建立连接，监控进程会返回两种类型的响应，即 REJECT（拒绝访问）和 ACCEPT（允许访问）。

TACACS＋提供了分离式模块化的认证、授权和审计管理。它为认证、授权和审计都单独设置了一个访问控制器，也就是监控进程。每个监控进程在维护自己数据库的同时还能够充分利用其他的服务，无论这些服务是位于同一台服务器还是分布在网络中。

TACACS＋是通过 AAA 的安全服务来管理的，其特点如下。

（1）认证。通过登录和密码对话、"挑战"和响应以及消息等方式，提供对认证管理的完全控制。TACACS＋的认证是可选的，可以根据需要进行设置。

TACACS＋认证服务能处理与用户的对话，还能向管理机发送消息。

此外，TACACS＋协议还支持被访问资源与 TACACS＋监控进程间的认证功能。

（2）授权。在用户会话期间提供对用户操作能力的细粒度访问控制，包括设置自动执行的命令、访问控制、会话的持续时间或协议等，也可以限制用户在使用认证功能时允许执行的命令。

（3）审计。收集用户审计、审计或报告用户的信息，并将它们发送到 TACACS＋监控进程。网络管理员能使用审计功能跟踪用户的活动或提供用户的审计信息。审计信息由用户的身份、执行的命令、登录及退出时间、数据包的数量及数据包的字节等构成。

（4）安全。在 TACACS＋监控进程与网络设备之间的通信采用了加密的方式，对数据包的所有数据都进行加密，而不像 RADIUS 那样仅对密码加密。因此，TACACS＋协议是安全的，至少到目前为止，还没有发布针对 TACACS＋协议的安全警告。不过 TACACS＋协议只是对网络设备与 TACACS＋服务间的传输采用了加密的方式，并未对报文信息加密，黑客还是可以使用嗅探软件探测相关的信息。

（5）多种类型的验证方式。TACACS＋可以使用任何由 TACACS＋软件支持的认证，即允许 TACACS＋客户端采用多种认证协议（如 PAP、CHAP、Kerberos 等），将多种认证方式结合起来，以提供最大的安全保护。

8.5 访 问 控 制

访问控制（Access Control，AC）是指系统对用户身份及其所属的预先定义的策略组限制其使用数据资源能力的手段。通常用于系统管理员控制用户对服务器、目录、文件等网络资源的访问，防止对任何资源进行未授权的访问，从而使计算机系统在合法的范围内使用。

访问控制的目标是防止对任何计算机资源、通信资源或信息资源进行未授权的访问。未授权访问包括未经授权地使用、泄露、修改、销毁以及颁发指令等。访问控制直接支持保密性、完整性、可用性以及合法使用的安全目标，其中对可用性所起的作用取决于对访问者的有效控制。

访问控制是在保障授权用户能获取所需资源的同时拒绝非授权用户的安全机制,是信息安全理论基础的重要组成部分。访问控制既是通信安全的问题,又是计算机操作系统安全的问题。然而,由于必须在系统之间传输访问控制信息,因此它对通信协议具有很高的要求。访问控制的实质是对资源使用的限制,它用于限定主体在网络内对客体所允许执行的动作,即用户在通过认证后,还要通过访问控制才能执行特定的操作。

访问控制的目的是为了限制访问主体对访问客体的访问权限,从而使计算机系统在合法范围内使用;它决定用户能做什么,也决定代表一定用户身份的进程能做什么。其中主体可以是某个用户,也可以是用户启动的进程和服务。为达到此目的,访问控制应具有以下3个功能。

(1) 识别和确认访问系统的用户。

(2) 资源访问权限控制功能,决定用户对系统资源的访问权限。

(3) 审计功能,记录系统资源被访问的时间和访问者信息。

8.5.1　访问控制和身份认证的区别

在用户身份已得到认证的前提下,限制主体对访问客体的访问权限,访问控制的目的是你能做什么、你有什么权限。不同权限的合法访问者对于资源的访问和使用是不同的。因此,访问控制是在身份认证的基础上,根据用户的身份对提出的资源访问请求加以控制。访问控制是为了保证网络资源受控、合法地被使用。合法用户只能根据自身权限来访问系统资源,不能越权访问。

所以,访问控制是身份认证之后的第二道关卡。访问控制是系统保密性、完整性、可用性和合法使用性的重要基础,是网络安全防范和资源保护的关键策略之一。为了达到上述目的,访问控制需要完成两个任务:首先识别和确认访问系统的用户;然后决定该用户可以对某一系统资源进行何种类型的访问。

总之,访问控制与身份认证的区别:身份认证是防止非法用户进入系统,而访问控制是防止合法用户对系统资源进行非法使用。

8.5.2　访问控制的三要素

访问控制包括3个要素,即主体、客体和访问控制策略,如图8-8所示。

主体是访问动作的发起者,即对客体实施动作的实体,如用户、用户进程和设备等。客体即被访问对象,计算机系统中所有可控制的资源均可抽象为客体,如文件、设备和内存区数据等。访问控制机制可以限制对系统关键资源的访问,防止非法用户进入系统及合法用户对系统资源的非法使用。实施功能模块执行访问控制机制,决策功

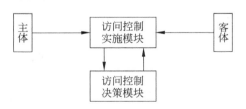

图 8-8　访问控制模型

能模块表示一组访问控制规则和策略。决策功能控制着主体在何种条件下、为了什么目的、可以访问哪些客体。这些决策以某一访问控制策略的形式反映出来。访问请求通过某个访问控制机制而得到过滤。在访问控制机制中,通常由主体提出访问客体的请求,系统根据决

策规则由实施功能对访问请求进行分析、处理,在授权的范围内,允许主体对客体进行有限的访问。

访问控制的主要过程包括以下内容。

(1) 规定需要保护的资源,即确定客体。

(2) 规定可以访问该资源的主体。

(3) 规定可以对该资源执行的操作。

(4) 通过确定每个实体可对哪些资源执行哪些动作来确定安全方案。

8.5.3 访问控制策略

访问控制策略是指实施访问控制所采用的基本思路和方法。其任务是保证计算机信息不被非法使用和非法访问,为保证信息基础的安全性提供一个框架,提供管理和访问计算机资源的安全方法,规定各部门要遵守的规范及应负的责任。

目前,主流的访问控制策略包括自主访问控制、强制访问控制和基于角色的访问控制等。

1. 自主访问控制

自主访问控制(Discretionary Access Control,DAC)是一种最普遍的访问控制方式,它基于对主体或主体所属的主体组的识别来限制对客体的访问,这种控制是自主的。自主是指主体能够自主地按自己的意愿对系统的参数做适当的修改,以决定哪些用户可以访问它的文件。将访问权或访问权的一个子集授予其他主体,这样可以做到一个用户有选择地与其他用户共享它的文件。

为了实现完备的自主访问控制系统,由访问控制矩阵提供的信息必须以某种形式保存在系统中。访问控制矩阵中的每行表示一个主体,每列则表示一个受保护的客体,矩阵中的元素表示主体可以对客体进行的访问模式。为了提高系统的性能,在实际应用中通常是建立基于矩阵行(主体)或列(客体)的访问控制方法。

1) 基于行的自主访问控制

基于行的自主访问控制方法是在每个主体上都附加一个该主体可访问的客体的明细表。根据表中信息的不同可分为3种形式,即权力表(Capabilities List)、前缀表(Profiles)和口令(Password)。

权力表决定用户是否可以对客体进行访问,以及进行何种形式的访问(如读、写、运行等)。一个拥有某种权力的主体可以按一定方式访问客体。在进程运行期间,它可以删除或添加某些权力。由于权力是动态实现的,所以,对一个程序来讲,比较理想的结果是把完成该程序任务所需访问的客体限制在一个尽可能小的范围内。

前缀表包括受保护客体名及主题对它的访问权。当主体要访问某客体时,自主访问控制系统将检查主体的前缀是否具有它所要求的访问权。这种机制存在3个问题:前缀的大小受限;当生成一个新客体或改变某客体的访问权时,如何对主体分配访问权;如何决定可访问某客体的所有主体。

在基于口令机制的自主访问控制系统中,每个客体都被分配一个口令,主体访问客体时必须提供该客体的密码。在确认用户身份时,口令机制是一种比较有效的方法,但对于客体访问控制,它并不是一种合适的方法。利用口令机制实施客体访问控制是比较脆弱的。因为利用口令机制每个用户必须记住许多不同的口令,以便访问不同的客体。当客体很多时,用户可能不得不将这些口令以一定的形式记录下来才不至于混淆或忘记,这就增加了口令意外泄露的危险。在一个较大的组织内,用户的更换很频繁,并且组织内用户和客体的数量也很大,这时利用口令机制无法管理对客体的访问控制。

2)基于列的自主访问控制

基于列的自主访问控制是对每个客体附加一份可访问它的主体的明细表,它有两种形式,即保护位(Protection Bits)和访问控制表(Access Control List)。

保护位机制不能完备地表达访问控制矩阵。UNIX 系统就是利用这种机制,保护位对所有主体、主体组(具有相似特点的主体集合),以及该客体的拥有者(生成客体的主体)指明了一个访问模式集合。主体组名和拥有者名都体现在保护位中。

访问控制表可以决定任何一个特定的主体是否可对某一客体进行访问。它是利用在客体上附加一个主体明细表的方法来表示访问控制矩阵的。表中的每一项包括主体的身份及对该客体的访问权。在目前的访问控制技术中,访问控制表是实现自主访问控制系统的最好方法。

所以,自主访问控制 DAC 根据用户的身份及允许访问权限决定其访问操作。即只有用户身份被确认后,才可根据访问控制表上赋予该用户的权限进行限制性用户访问。这种访问的灵活性高,被大量采用,然而也正是由于这种灵活性使信息系统的安全性降低。

DAC 的缺点是访问权的授予是可以传递的,一旦访问权被传递出去将难以控制,访问权的管理是很困难的,可能带来严重的安全问题。另外,DAC 不保护受保护的客体产生的副本,即一个用户不能访问某一客体,但能够访问该客体的备份,这更增加了管理的难度。并且,在大型系统中,主、客体的数量巨大,无论是哪一种形式的 DAC,所带来的系统的开销都是很大的,效率较低,难以满足大型应用系统的需求。

2. 强制访问控制

自主访问控制的最大特点就是自主,即资源的拥有者对资源的访问策略具有决策权,是一种限制比较弱的访问控制策略。这种自主性为用户提供了灵活性,同时也带来了严重的安全问题。在一些系统中,需要采取更强硬的访问控制手段,强制访问控制(Mandatory Access Control,MAC)就是其中的一种机制。

MAC 通过无法回避的访问限制来阻止直接或间接的非法入侵。系统中的主、客体都被分配一个固定的安全属性,利用安全属性决定一个主体是否可以访问某个客体。安全属性是强制性地由安全管理员分配的,用户或用户进程不能改变自身或其他主、客体的安全属性。

MAC 系统为所有的主体和客体制定安全级别,比如从高到低分为绝密级、机密级、秘密级和无密级。不同级别标记了不同重要程度和能力的实体,不同级别的主体对不同级别的客体的访问是在强制的安全策略下实现的。

在强制访问控制机制中,将安全级别进行排序。例如,按照从高到低排列,规定高级别可以单向访问低级别,也可以规定低级别可以单向访问高级别。这种访问可以是读,也可以是写或修改。在 Bell Lapadula 模型中,信息的完整性和保密性是分别考虑的,因而对读、写的方向进行了反向规定,如图 8-9 所示。

(1)保障信息完整性策略。为了保障信息的完整性,低级别的主体可以读高级别客体

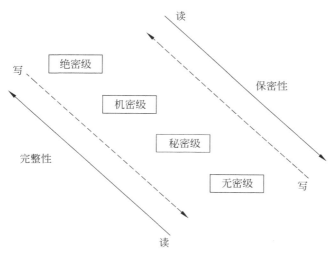

图 8-9 强制访问控制 MAC 模型

的信息(不保密),但低级别的主体不能写高级别的客体(保障信息完整),因此采用的是上读/下写策略。即属于某一个安全级的主体可以读本级和本级以上的客体,可以写本级和本级以下的客体。比如秘密级主体可以读绝密级、机密级和秘密级的客体,可以写秘密级、无密级的客体。这样,低密级的用户可以看到高密级的信息,使得信息内容可以无限扩散,从而使信息的保密性无法保障;而低密级的用户永远无法修改高密级的信息,从而保障信息的完整性。

(2) 保障信息保密性策略。与保障完整性策略相反,为了保障信息的保密性,低级别的主体不可以读高级别的信息(保密),但低级别的主体可以写高级别的客体(完整性可能破坏),因此采用的是下读/上写策略。即属于某一个安全级的主体可以写本级和本级以上的客体,可以读本级和本级以下的客体。这样,低密级的用户可以修改高密级的信息,使得信息完整性得不到保障;但低密级的用户永远无法看到高密级的信息,从而保障信息的保密性。

实体的安全级别是由敏感标记(简称标记)来表示的,是表示实体安全级别的一组信息,在安全机制中把标记作为强制访问控制决策的依据。当输入未加安全级别的数据时,系统应该向授权用户要求这些数据的安全级别,并对收到的安全级别进行审计。

自主访问控制较弱,而强制访问控制又太强,会给用户带来许多不便。因此,实际应用中,往往将 DAC 和 MAC 结合在一起使用。以 DAC 为基础的、常用的控制手段,MAC 作为增强的、更加严格的控制手段。某些客体可以通过 DAC 保护,重要客体必须通过 MAC 保护。

3. 基于角色的访问控制

在传统的访问控制中,主体始终是和特定的实体捆绑对应的。例如,用户以固定的用户名注册,系统分配一定的权限,该用户将始终以该用户名访问系统,直至销户。其间,用户的权限可以变更,但必须在系统管理员的授权下才能进行。然而在现实社会中,这种访问控制方式表现出很多问题,如随着用户量大量增加系统管理复杂、不易实现层次化管理、用户权限修改不方便等。基于角色的访问控制(Role Based Access Control,RBAC)克服了这些问题。

RBAC 以角色为中介对用户进行授权和访问控制,主体对客体的访问控制权限通过角色实施,即访问权限是针对角色而不是直接针对用户的。其核心思想是将访问权限与角色相联系,通过给用户分配合适的角色,让用户与访问权限相关联,不同的角色被赋予不同的访问权限,系统的访问控制机制只看到角色,而看不到用户。用户在访问系统前,经过角色认证而充当相应的角色。用户获得特定角色后,系统依然可以按照 DAC 或 MAC 控制角色的访问能力。

角色是根据系统内为完成各种不同的任务需要而设置的,可以表示用户承担特定工作的资格,也可以体现某种权力与责任。根据用户在系统中的职权和责任来设定它们的角色,用户可以在角色间进行转换,系统可以添加、删除角色,还可以对角色的权限进行添加、删除。RBAC 可以看作是基于组的自主访问控制的一种变体,一个角色对应一个组。通过应用 RBAC,将安全性放在一个接近组织结构的自然层面上进行管理。RBAC 的一般模型如图 8-10 所示。用户先经认证后获得一定角色,该角色被分派了一定的权限,用户以特定角色访问系统资源,访问控制机制检查角色的权限,并决定是否允许访问。

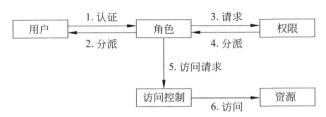

图 8-10　基于角色的访问控制 RBAC 模型

RBAC 的特点表现在以下几个方面。

(1) 提供了 3 种授权管理的控制途径,包括改变客体的访问权限;改变角色的访问权限;改变主体所担任的角色。

(2) 系统中所有角色的关系结构可以是层次化的,便于管理。角色的定义是从现实出发,所以可以用面向对象的方法来实现,运用类和继承等概念表示角色之间的层次关系非常自然且实用。

(3) 具有较好的提供最小权力的能力,从而提高了安全性。由于对主体的授权是通过角色定义的,因此调整角色的权限粒度可以做到更有针对性,不容易出现多余权限。

(4) 具有责任分离的能力。定义角色的人不一定是担任角色的人,这样,不同角色的访问权限可以相互制约,因而具有更高的安全性。

下面通过一个具体实例来说明 RBAC 策略。例如,在一个银行系统中,可以定义出纳员、分行管理者、系统管理员、顾客、审计员等角色,设计以下的访问策略。

(1) 允许出纳员修改顾客的账号记录(包括存款、取款、转账等),并允许出纳员查询所有账号的注册项。

(2) 允许分行管理者修改顾客的账号记录(包括存款、取款,但不包括规定的资金数目的范围),并允许分行管理者查询所有账号的注册项,还可以创建和取消账号。

(3) 允许系统管理员查询系统注册项和开关系统,但不允许读或修改顾客的账号信息。

(4) 允许一个顾客查询自己的注册项,但不允许查询其他任何的注册项。

（5）允许审计员阅读系统中所有的信息，但不允许修改任何信息。

这种策略陈述具有以下很明显的优势。

（1）表示方法和现实世界一致，使得非技术人员也容易理解。

（2）很容易映射到访问矩阵和基于组的自主访问控制，便于实现。

随着面向对象方法进一步推广，对于系统易用性需求更高，RBAC 的优势会越来越突出，将具有非常广阔的前景。

8.5.4 访问控制的应用

访问控制策略是网络安全防范和保护的主要策略，其任务是保证网络资源不被非法使用和非法访问。各种网络安全策略必须相互配合才能真正起到保护作用，而访问控制是保证网络安全最重要的核心策略之一。访问控制策略包括入网访问控制策略、操作权限控制策略、目录安全控制策略、属性安全控制策略、网络服务器安全控制策略、网络监测与锁定控制策略和防火墙控制策略等 7 个方面的内容。

1. 入网访问控制策略

入网访问控制是网络访问的第一层安全机制。它控制哪些用户能够登录到服务器并获准使用网络资源，控制准许用户入网的时间和位置。用户的入网访问控制通常分为 3 步执行：用户名的识别与验证；用户密码的识别与验证；用户账户的默认权限检查。

用户登录时首先输入用户名和密码，服务器将验证所输入的用户名是否合法。用户的密码是用户入网的关键所在。网络管理员可以对用户账户的使用、用户访问网络的时间和方式进行控制和限制。用户名或用户账户是所有计算机系统中最基本的安全形式。用户账户应该只有网络管理员才能建立。用户密码是用户访问网络所必须提交的准入证。用户名和密码通过验证之后，系统需要进一步对用户账户的默认权限进行检查。网络应能控制用户登录入网的位置、限制用户登录入网的时间及限制用户入网的主机数量。当交费网络的用户登录时，如果系统发现"资费"用尽，应还能对用户的操作进行限制。

2. 操作权限控制策略

操作权限控制是针对可能出现的网络非法操作而采取安全保护措施。用户和用户组被赋予一定的操作权限。网络管理员能够通过设置，指定用户和用户组可以访问网络中的哪些服务器和计算机，可以在服务器或计算机上操控哪些程序，访问哪些目录、子目录、文件和其他资源。网络管理员还应该可以根据访问权限将用户分为特殊用户、普通用户和审计用户，可以设定用户对可以访问的文件、目录、设备能够执行何种操作。特殊用户是指包括网络管理员的对网络、系统和应用软件服务有特权操作许可的用户；普通用户是指那些由网络管理员根据实际需要为其分配操作权限的用户；审计用户负责网络的安全控制与资源使用情况的审计。系统通常将操作权限控制策略，通过访问控制表来描述用户对网络资源的操作权限。

3. 目录安全控制策略

访问控制策略应该允许网络管理员控制用户对目录、文件、设备的操作。目录安全允许用户在目录一级的操作对目录中的所有文件和子目录都有效。用户还可进一步自行设置对目录下的子目录和文件的控制权限。对目录和文件的常规操作有读取（Read）、写入（Write）、创建（Create）、删除（Delete）、修改（Modify）等。网络管理员应当为用户设置适当的操作权限，操作权限的有效组合可以让用户有效地完成工作，同时又能有效地控制用户对网络资源的访问。

4. 属性安全控制策略

访问控制策略还应该允许网络管理员在系统一级对文件、目录等指定访问属性。属性安全控制策略允许将设定的访问属性与网络服务器的文件、目录和网络设备联系起来。属性安全策略在操作权限安全策略的基础上，提供进一步的网络安全保障。网络上的资源都应预先标出一组安全属性，用户对网络资源的操作权限对应一张访问控制表，属性安全控制级别高于用户操作权限设置级别。属性设置经常控制的权限包括像文件或目录写入、文件复制、目录或文件删除、查看目录或文件、执行文件、隐含文件、共享文件或目录等。允许网络管理员在系统一级控制文件或目录等的访问属性，可以保护网络系统中重要的目录和文件，维持系统对普通用户的控制权，防止用户对目录和文件的误删除等操作。

5. 网络服务器安全控制策略

网络系统允许在服务器控制台上执行一系列操作。用户通过控制台可以加载和卸载系统模块，可以安装和删除软件。网络服务器的安全控制包括设置密码锁定服务器控制台，以防止非法用户修改系统、删除重要信息或破坏数据。系统应该提供服务器登录限制、非法访问者检测等功能。

6. 网络监测和锁定控制策略

网络管理员应能够对网络实时监控，网络服务器应对用户访问网络资源的情况进行记录。对于非法的网络访问，服务器应以图形、文字或声音等形式告警，引起网络管理员的注意。对于不法分子试图进入网络的活动，网络服务器应能够自动记录这种活动的次数，当次数达到设定数值，该用户账户将被自动锁定。

7. 防火墙控制策略

防火墙是一种保护计算机网络安全的技术性措施，是用来阻止网络黑客进入企业内部网的屏障。防火墙分为专门设备构成的硬件防火墙和运行在服务器或计算机上的软件防火墙。无论哪一种，通常防火墙都是安置在网络边界上，通过网络通信监控系统隔离内部网络和外部网络，以阻挡来自外部网络的入侵。

8.5.5 访问控制与其他安全服务的关系

在计算机系统中，认证、访问控制和审计共同建立了保护系统安全的基础，如图 8-11 所示。

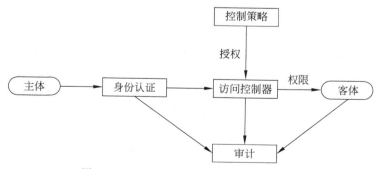

图 8-11 访问控制与其他安全措施的关系

其中，身份认证是用户进入系统的第一道防线，访问控制是在鉴别用户的合法身份后，控制用户对客体信息的访问，它通过访问控制器实施这种访问控制，访问控制器通过进一步查询授权数据库中的控制策略来判定用户是否可以合法操作相应的目标或客体。

用户的所有请求必须结合审计进行。审计是指产生、记录并检查按时间顺序排列的系统事件记录的过程。审计是其他安全机制的有力补充，它贯穿计算机安全机制实现的整个过程，从身份认证到访问控制都离不开审计。审计控制主要关注系统所有用户的请求和活动的事后分析。通过审计，一方面有助于分析系统中用户的行为活动来发现可能的安全隐患；另一方面可以跟踪记录用户的请求，在一定程度上起到了震慑作用，使用户不敢进行非法尝试。

小　　结

认证包括两类，即报文认证和身份认证。从认证目的看，报文认证实质上首先是对通信方身份的认证，因此报文认证本质上是对身份的认证。身份认证是安全通信的第一步，当网络中的两个通信实体彼此互不信任时，就必须进行身份认证。身份认证机制可以识别网络事务中所涉及的各种身份，防止身份欺诈，保证通信参与各方身份的真实性，从而保证网络活动的正常进行。本章介绍了身份认证协议、身份认证技术以及目前身份认证的主要应用。

访问控制是在保障授权用户能获取所需资源的同时拒绝非授权用户的安全机制。本章讲述了访问控制原理、访问控制策略和访问控制在网络中的主要应用。

习　题　8

1. 什么是身份认证？
2. 认证包括哪几类并简述之。
3. 访问控制三要素是什么？
4. 报文认证包括哪几种类型？
5. 在身份认证中如何对抗防重放攻击？在基于时间戳的认证中，当时钟不同步时，如何实现身份欺骗？
6. 试述零知识证明的原理。
7. 描述采用 CHAP 和 RADIUS 进行拨号接入的完整的身份认证流程。
8. 为什么要进行访问控制？访问控制的含义是什么？其基本任务有哪些？
9. 什么是自主访问控制？自主访问控制的方法有哪些？
10. 什么是强制访问控制方式？
11. 简述基于角色的访问控制的主要特点。
12. 访问控制的主要应用有哪些？

第 9 章　防火墙技术

本章导读：

随着人们对信息依赖性的加强，几乎所有的企业都建立了或正在建立自己公司内部网络与公共互联网络的连接，这一方面可以向公司的员工提供访问 Internet 资源的机会，另一方面也可以向外部用户提供一些有用的宣传、服务信息。但是，一旦实现公司网络和 Internet 的连接，Internet 中的各种网络攻击就会对公司内部网络构成极大的威胁，可能会损害公司的专有信息和资源。个人计算机也面临着同样的问题，当个人计算机连接到 Internet 之后，可以为用户提供丰富的信息资源，但同时也给网络攻击者开通了攻击个人计算机的通道。为了解决这些问题，出现了很多网络安全控制的技术和方法，防火墙就是其中常用的安全控制技术。本章主要介绍防火墙的基本概念和实现原理、防火墙的体系结构以及部署应用。

9.1　防火墙概述

9.1.1　防火墙的概念

护城河是古人在防御手段上利用水的作用，引水注入人工开挖的城壕，形成人工河作为城墙或者重要建筑的屏障，一方面维护城内治安，另一方面阻止入侵者的进入。在早期修建木质结构房屋时，为防止火灾的发生和蔓延，建设者将坚固的石块堆砌在房屋周围作为屏障，这种用石头构筑的屏障称为"防火墙"。

在计算机网络中，防火墙是指一种广泛应用的网络安全技术，它的功能类似于古代的护城河和建筑物周围的石块屏障。从网络结构来看，当一个内部网接入互联网时，内部网的用户就可以访问互联网上的资源，同时外部用户也可以访问内部网内的主机资源。但是，在许多情况下，内部网中的一些资源是不允许外网用户来访问的。为此，需要在内部网与外部网之间构建一道安全屏障，其作用是阻断来自外部网络对内部网的威胁和入侵，为内部网提供一道安全和审计的关卡。

防火墙一般是指在两个网络间执行访问控制策略的一个或一组系统，如图 9-1 所示。防火墙是架设在用户内部网络和外部公共网络之间的屏障，提供两个网络（一般是用户内部网络和外部公共网络）之间的单点防御，对其中的一个网络（通常是用户内部网络）提供安全保护。从功能上来说，防火墙是不同网络或网络安全域之间信息的唯一出入口，能够根据内部网络的安全策略控制出入网络的信息流，尽可能对外部屏蔽网络内部的信息、结构和运行状况，以防止发生不可预测的、潜在的破坏性的入侵；防火墙从逻辑上来说是一个分离器、一个限制器，也是一个分析器，能够有效地监控内部网和外部网之间的所有活动，保证内部网络的安全；从物理上来说，防火墙是位于网络特殊位置的一系列安全部件的组合，它既可以是专用的防火墙硬件设备，也可以是路由器或交换机上的安全组件，还可以是运行有安全软件的主机。

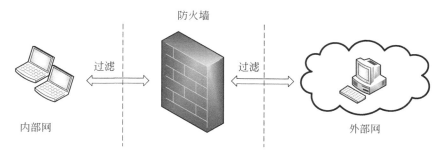

图 9-1　防火墙示意图

防火墙本身应具有较强的抗攻击能力,能够提供信息安全服务。防火墙是实现网络和信息安全的基础设施,一个高效可靠的防火墙应具备以下基本属性。

(1) 防火墙是不同网络或网络安全域之间信息流通过的唯一出入口,所有双向数据流必须经过它。

(2) 只有被授权的合法数据,即防火墙系统中安全策略允许的数据,才可以通过。

(3) 防火墙系统本身是免疫的,即防火墙本身具有较强的抗攻击能力。

9.1.2　防火墙技术的发展

对于防火墙的发展历史,基于功能划分,可分为以下 5 个阶段。

20 世纪 80 年代,最早的防火墙几乎与路由器同时出现。第一代防火墙主要基于包过滤(Packet Filter)技术,是依附于路由器的包过滤功能实现的防火墙。随着网络安全重要性和性能要求的提高,防火墙渐渐发展成为一个独立结构的、有专门功能的设备。

1989 年,AT&T 的贝尔实验室的 Dave Presotto 和 Howard Trickey 在线路延迟的研究中率先提出第二代防火墙技术,即电路层防火墙。

20 世纪 90 年代初,美国几个不同的机构分别独立开发和研制第三代防火墙技术——应用层防火墙,Digital 公司首先将其纳入 SEAL 产品中,这种防火墙技术是基于代理服务的。

1991 年前后,Bill Cheswick 和 Steve Bellovin 开始研究第四代防火墙技术——动态包过滤技术,并在贝尔实验室开发出基于这种结构的试验产品。1992 年,USC 信息科学研究所的 Bob Braden 和 Annette DeSchon 开始研制基于这种结构的商业化产品。1994 年,以色列的 CheckPoint 公司推出基于这种技术的商业化产品。

1996 年,Global Internet Software 的首席科学家 Scott Wiegel 开始计划研究第五代防火墙技术——自治代理,1997 年发布的 Cisco Centri Firewall 是基于这种结构的第一个商业化产品。防火墙技术的发展阶段如图 9-2 所示。

另外,基于实现方式划分,防火墙技术的发展可分为以下 4 个阶段。

第一代防火墙:基于路由器的防火墙。由于多数路由器本身就包含分组过滤功能,所以网络访问控制可通过路由控制来实现,从而使具有分组过滤功能的路由器成为第一代防火墙产品。

第二代防火墙:用户化的防火墙。为了弥补路由器防火墙的不足,很多大型用户纷纷

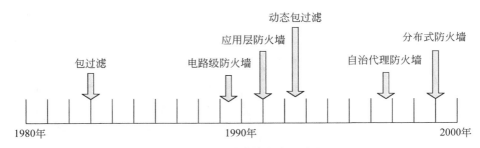

图 9-2 防火墙技术的发展阶段

要求以专门开发的防火墙系统来保护自己的网络,从而推动了用户化防火墙的出现。作为第二代防火墙产品,用户化的防火墙工具将过滤功能从路由器中独立出来,并加上审计和告警功能。它可以针对用户需求,提供模块化的软件包,安全性能较第一代防火墙大大提高。

第三代防火墙:建立在通用操作系统上的防火墙。基于软件的防火墙在销售、使用和维护上存在的问题迫使防火墙开发商很快推出了建立在通用操作系统上的商用防火墙产品。它具有分组过滤功能,装有专用的代理系统,监控所有协议的数据和指令,保护用户编程空间和用户可配置内核参数的设置。第三代防火墙有以纯软件实现的,也有以硬件方式实现的。

第四代防火墙:具有安全操作系统的防火墙。1997 年初,具有安全操作系统的防火墙产品面市。具有安全操作系统的防火墙本身就是一个操作系统,它对系统安全内核进行加固处理,在功能上包括分组过滤、应用网关、电路级网关,并且具有加密和鉴别功能,因而在安全性上较第三代防火墙有质的提高。

随着计算机网络和电信网络的一体化趋势的加强,以及家用消费网络的发展,防火墙技术的应用范围已经开始从最初的局域网和广域网逐步扩展到路由器、机顶盒、数字家用消费网络等应用场合。

9.1.3 防火墙的分类

防火墙可以按照不同的分类标准进行分类。

1. 从软、硬件形式上分类

(1)软件防火墙。防火墙软件运行于一般的计算机上,需要操作系统的支持,运行防火墙软件的这台计算机承担整个网络的网关和防火墙功能。软件防火墙就像其他软件产品一样,需要先在计算机上安装并做好配置才可以使用。Checkpoint 是软件防火墙中比较著名的产品。

(2)硬件防火墙。它是由防火墙软件和运行该软件的特定计算机构成的防火墙。这里的硬件是指这类防火墙包括一个硬件设备,它通常是 PC 架构的计算机。这类防火墙与芯片级防火墙最大的差别在于,它是否基于专用的硬件平台。目前,大多数硬件防火墙都基于 PC 架构,其本质和普通 PC 没有太大区别,只不过这些 PC 架构计算机上运行的是一些经过裁剪和简化的操作系统,如 UNIX、Linux、FreeBSD 系统。这类防火墙的处理能力比软件防火墙高。

(3)芯片级防火墙。它基于专门的硬件平台,使用专用的嵌入式实时操作系统。专用的 ASIC 芯片使它们比其他种类的防火墙速度更快，处理能力更强，性能更高。由于使用专用操作系统，因此防火墙本身的漏洞较少，不过价格相对较高。NetScreen、FortiNet、Cisco 等公司所研制的一些芯片级防火墙产品比较有名。

2. 按照防火墙在网络协议栈进行过滤的层次分类

（1）包过滤防火墙。它工作在 OSI(Open System Interconnection)网络参考模型的网络层和传输层，可以获取 IP 层和 TCP 层信息，当然也可以获取应用层信息。它根据数据包源地址、目的地址、端口号和协议类型等标志确定是否允许数据包通过。只有满足过滤条件的数据包才被转发到相应的目的地，其余数据包则被从数据流中丢弃。包过滤方式是一种简单、有效的安全手段，能够满足绝大多数企业的安全需求。

（2）电路级网关防火墙。它用来监控内部网络服务器与不受信任的外部主机间的 TCP 握手信息，以此来决定该会话是否合法。电路级网关是在 OSI 模型的会话层上过滤数据包，其层次比包过滤防火墙高。

（3）应用层网关防火墙。它工作在 OSI 的最高层，即应用层。它通过对每一种应用服务编制专门的代理程序，实现监视和控制应用层通信流的功能。由于应用级网关能够理解应用层协议，所以能够做一些复杂的访问控制，可执行比较精细的日志和审核，并且能够对数据包进行分析并形成相关的安全报告。不过，因为每一种协议需要相应的代理软件，所以应用层网关防火墙工作量大，效率不如其他两种防火墙高。

3. 按照防火墙在网络中的应用部署位置分类

（1）边界防火墙。它位于内部网络和外部网络的边界，对内部网络和外部网络实施隔离，保护内部网络。这类防火墙一般至少是硬件防火墙类型的，吞吐量大，性能较好。

（2）个人防火墙。安装于单台主机中，也只是保护单台主机。这类防火墙应用于个人用户和企业内部的主机，通常为软件防火墙，如 Windows 系统自带的防火墙。

（3）混合式防火墙。这是一整套防火墙系统，由若干软、硬件组件组成，分布于内部网络和外部网络的边界、内部网络各主机之间，既对内部网络和外部网络之间的通信进行过滤，又对网络内部各主机间的通信进行过滤。这类防火墙性能较好，但部署较为复杂。

9.1.4　防火墙的功能

防火墙通过以下 4 种技术来控制访问和执行站点安全策略。

（1）服务控制。确定可以访问的网络服务类型。防火墙可以在 IP 地址和 TCP 端口号的基础上过滤通信量。

（2）方向控制。确定特定的服务请求通过防火墙流动的方向。

（3）用户控制。根据哪个用户尝试访问服务来控制对于一个服务的访问。

（4）行为控制。控制怎样使用特定的服务。例如，防火墙可以过滤电子邮件来消除垃圾邮件，或者可以使得外部只能访问一个本地万维网服务器的一部分信息。

归纳起来，防火墙具有以下一些功能。

（1）Internet 防火墙允许网络管理员定义一个中心"扼制点"来防止非法用户进入内部网络。禁止存在安全脆弱性的服务进出网络，并抗击来自各种线路的攻击。防火墙能够简化安全管理，网络安全性是在防火墙系统上得到加固，而不是分布在内部网络的所有主机上。

（2）在防火墙上可以很方便地监视网络的安全性，并产生报警。应当注意的是，对一个内部网络已经连接到 Internet 上的机构来说，重要的问题并不是网络是否会受到攻击，而是何时会受到攻击。网络管理员必须审计并记录所有通过防火墙的重要信息。如果网络管理员不能及时响应报警并审查常规记录，防火墙就形同虚设。

（3）防火墙可以作为部署网络地址转换（Network Address Translation，NAT）的逻辑地址。网络地址转换是指在局域网内部使用私有 IP 地址，而当内部用户要与外部网络进行通信时，就在网络出口处将私有 IP 地址替换成公用 IP 地址。因此在防火墙上实现网络地址转换，可以缓解 IP 地址空间短缺的问题，并屏蔽内部网络的结构和信息，保证内部网络的稳定性。

（4）防火墙是审计和记录 Internet 使用量的一个最佳地方。网络管理员可以在此向管理部门提供 Internet 连接的费用情况，查出潜在的带宽瓶颈的位置，并能够根据机构的核算模式提供部门级的计费。

（5）防火墙也可以成为向客户发布信息的地点。防火墙作为部署 WWW 服务器、FTP 服务器的地点非常理想。还可以对防火墙进行配置，允许 Internet 访问上述服务，而禁止外部对受保护的内部网络上其他系统的访问。

9.1.5　防火墙的局限性

防火墙也有其自身的缺陷，具体说来包括以下几个方面。

（1）防火墙会限制有用的网络服务。防火墙为了提高被保护网络的安全性，限制或关闭了很多有用但存在安全缺陷的网络服务。由于绝大多数网络服务在设计之初，根本没有考虑安全性，只考虑使用的方便性和资源共享，所以都存在安全问题。防火墙一旦限制这些网络服务，等于从一个极端走到了另一个极端。

（2）防火墙无法防护内部网络用户的攻击。目前防火墙只提供对外部网络用户攻击的防护，对来自内部网络用户的攻击只能依靠内部网络主机系统的安全性。防火墙无法禁止公司内部存在的间谍将敏感数据复制，并将其带出公司。防火墙也不能防范这样的攻击：伪装成超级用户或诈称新雇员，从而劝说没有防范心理的用户公开口令或授予其临时的网络访问权限。所以必须对雇员们进行教育，让他们了解网络攻击的各种类型，并懂得保护自己的用户口令和周期性变换口令的必要性。

（3）防火墙无法防范通过防火墙以外的其他途径的攻击。例如，在一个被保护的网络上有一个没有限制的拨出存在，内部网络上的用户就可以直接通过 SLIP 或 PPP 连接进入 Internet。聪明的用户可能会对需要附加认证的代理服务器感到厌烦，因而向 ISP 购买直接的 SLIP 或 PPP 连接，从而试图绕过精心构造的防火墙提供的安全系统，这就为从后门攻击创造了极大的可能。

（4）防火墙不能防止传送已感染病毒的软件或文件。随着技术的发展，虽然目前主流的防火墙可以对通过的所有数据包进行深度的安全检查，以决定是否允许其通过，但一般只会检查源 IP 地址、目的 IP 地址、TCP/UDP 端口及网络服务类型。较新的防火墙技术也可以通过应用层协议决定某些应用类型是否可以通过，但对于这些协议所封装的具体内容防火墙并不检查。所以，即使是最先进的数据包过滤技术在病毒防范上也是不适用的，因为病毒的类型太多，操作系统也有多种，编码与压缩二进制文件的方法也各不相同。不能期望防火墙去对每一个文件内容进行扫描,查出潜在的病毒。正因为如此,在进行网络的安全设计和部署时,除防火墙等安全技术和产品外,还需要使用防病毒系统。

(5)防火墙无法防范数据驱动型的攻击。数据驱动型的攻击从表面上看是无害的数据被邮寄或复制到 Internet 主机上,但一旦执行就开始攻击。例如,一个数据型攻击可能导致主机修改与安全相关的文件,使得入侵者很容易获得对系统的访问权。在堡垒主机上部署代理服务器是禁止从外部直接产生网络链接的最佳方式,并能减少数据驱动型攻击的威胁。

(6)防火墙不能防备新的网络安全问题。防火墙是一种被动式的防护手段,它只能对现在已知的网络威胁起作用。随着网络攻击手段的不断更新和一些新的网络应用的出现,不可能靠一次性的防火墙设置来解决永远的网络安全问题。

9.1.6 防火墙的设计原则

在设计 Internet 防火墙时,网络管理员必须做出几个决定:防火墙的安全策略、机构的整体安全策略、防火墙的经济费用、防火墙系统的组件或构件。

1. 防火墙的安全策略

(1)拒绝没有特别允许的任何事情(No 规则)

这种策略假定防火墙应该阻塞所有的信息,只允许符合开放规则的信息进出。这种方法可以形成一种比较安全的网络环境,但这是以牺牲用户使用的方便性为代价的,用户需要的新服务必须通过防火墙管理员逐步添加,其规则检查策略如图 9-3(a)所示。

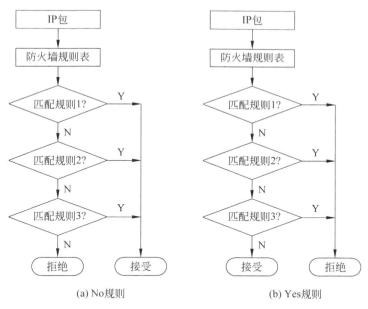

图 9-3 防火墙基本规则

(2)允许没有特别拒绝的任何事情(Yes 规则)

这种策略假定防火墙只禁止符合屏蔽规则的信息,而转发所有其他的信息。这种方法提供了一种更为灵活的应用环境,但很难提供可靠的安全防护,其规则检查策略如图 9-3(b)所示。

具体选择哪种策略,要根据实际情况决定,如果出于安全考虑就选择第一种策略,如果出于应用的便捷性考虑就选用第二种策略。

2. 机构的安全策略

(1) Internet 防火墙并不是独立的,它只是机构总体安全策略的一部分。

机构总体安全策略定义了安全防御的方方面面。为确保成功,机构必须知道其保护的对象。

(2) 安全策略必须建立在精心进行的安全分析、风险评估以及商业需求分析基础之上。

如果机构没有详尽的安全策略,无论如何精心构建的防火墙都会被绕过去,从而整个内部网络都暴露在攻击者面前。

(3) 机构能够负担起什么样的防火墙?

简单的包过滤防火墙的费用最低,因为机构至少需要一个路由器才能连入 Internet,并且包过滤功能包括在标准的路由器配置中。商业的防火墙系统提供了附加的安全功能,而费用较高,具体价格取决于系统的复杂性和要保护的系统数量。如果一个机构有自己的专业人员,也可以构建自己的防火墙系统,但是仍有开发时间和部署防火墙系统等的费用问题。防火墙系统需要管理,一般性的维护、软件升级、安全上的补漏、事故处理等都要产生费用。

3. 正确评估防火墙的失效状态

评价防火墙性能如何,不仅要看它工作是否正常,能够阻挡或捕捉到恶意攻击和非法访问的蛛丝马迹,而且要看到一旦防火墙被攻破它的状态如何。按级别来分,它应有以下 4 种状态。

(1) 未受伤害能够继续正常工作。

(2) 关闭并重新启动,同时恢复到正常工作状态。

(3) 关闭并禁止所有的数据通行。

(4) 关闭并允许所有的数据通行。

前两种状态比较理想,而第四种最不安全。但是许多防火墙由于没有条件进行失效状态测试和验证,无法确定其失效状态等级,因此网络必然存在安全隐患。

9.2 防火墙实现原理

9.2.1 防火墙的基本原理

所有防火墙功能的实现都依赖于对通过防火墙的数据包的相关信息进行检查,而且检查的项目越多、层次越深,则防火墙越安全。由于现在计算机网络结构采用自顶向下的分层模型,而分层的主要依据是各层的功能划分,不同层次的功能又是通过相关的协议来实现的。所以,防火墙检查的重点是网络协议及采用相关协议封装的数据。

对于一个防火墙来说,如果知道了其运行在 OSI 参考模型的哪一层,就可以知道它的体系结构是什么、主要的功能是什么。例如,当防火墙主要工作在 OSI 参考模型的网络层时,由于网络层的数据是 IP 分组,所以防火墙主要针对 IP 分组进行安全检查,这时需要结合 IP 分组的结构(如源 IP 地址、目的 IP 地址等)来掌握防火墙的功能,进而有针对性地在网络中部署防火墙产品。再如,当防火墙主要工作在应用层时,就需要根据应用层的不同协议(如 HTTP、DNS、SMTP、FTP 和 Telnet 等)来了解防火墙的主要功能。

一般来说,防火墙在 OSI 参考模型中的位置越高,防火墙需要检查的内容就越多,对 CPU 和内存的要求就越高,也就越安全。但是,防火墙的安全不是绝对的,它寻求一种在可信赖和性能之间的平衡。在防火墙的体系结构中,在 CPU 和内存等硬件配置基本相同的情况下,高安全性防火墙的效率和速度较低,而高速度和高效率的防火墙其安全性则比较差。为此,对于防火墙应用业界的共识是:性能和安全之间是成反比的。近年来,随着计算机性能的上升,以及操作系统对对称多处理器系统及多核 CPU 的支持,防火墙的处理能力得到了加强,防火墙对数据包的处理速度和效率得到了提升,防火墙在 OSI 参考模型中的不同工作位置对其速度和效率的影响逐渐缩小。

9.2.2 防火墙的基本技术

所有防火墙均依赖于对 OSI 参考模型中各层协议所产生的信息流进行检查。任何一个防火墙所能提供的安全保护等级都是与厂商所采用的防火墙技术息息相关的。目前,大多数在各种网络环境中应用的防火墙采用了两种基本的技术,即数据包过滤和代理服务。

1. 数据包过滤技术

数据包过滤是在网络的适当位置,根据系统设置的过滤规则,对数据包实施过滤,只允许满足过滤规则的数据包通过并被转发到目的地,而其他不满足规则的数据包被丢弃。当前大多数的网络路由器都具备一定的数据包过滤功能,很多情况下,路由器除了完成路由选择和转发的功能之外,还可以进行数据包过滤。

在使用 TCP 协议的 IP 数据包中,每个数据包的报头信息大致包括以下内容。

(1) IP 源地址。

(2) IP 目的地址。

(3) IP 协议字段。

(4) TCP 源端口。

(5) TCP 目的端口。

(6) TCP 标志字段。

数据包过滤器通过检查数据包的报头信息,根据数据包的源地址、目的地址和以上的其他信息相组合,按照过滤规则来决定是否允许数据包通过。数据包过滤器在接收数据包时一般不判断数据包的上下文,只根据目前的数据包的内容做决定。Internet 上的服务一般都与特定的端口号有关,如 FTP 一般工作在 21 端口、Telnet 工作在 23 端口、Web 服务在 80 端口、因此可通过包过滤器来禁止某项服务,如可通过包过滤器禁止所有通过 80 端口的数据包来禁止 Web 服务。

通过对普通路由器和包过滤路由器进行比较,可以进一步了解包过滤的工作原理。普通路由器只检查下一个数据包的目的地址,为数据包选择它所知道的最佳路由,将这个数据包发送到目的地址。包过滤路由器除了执行普通路由器的功能外,还根据设定的包过滤规则决定是否转发数据包。

2. 代理服务

代理服务是在防火墙上运行的专门的应用程序或服务器程序,这些程序根据安全策略处理用户对网络服务的请求。代理服务位于内部网和外部网之间,处理其间的通信以替代相互直接的通信。

代理服务具有两个部件:一个是服务器端代理;另一个是客户端代理。服务器端代理是指代表客户处理服务器连接请求的程序。当服务器端代理得到一个客户的连接请求时,它们将核实客户请求,并经过特定的安全化的代理应用程序处理连接请求,将处理后的请求传递到真实的服务器上,然后接受服务器应答,并做进一步处理,最后将答复传给发出请求的最终客户。代理服务器在外部网络向内部网络申请服务时发挥了中间转接的作用。服务器端代理可以是一个运行代理服务程序的网络主机,客户端代理可以是经过配置的普通客户程序,如 FTP、Telnet、IE。客户和客户端代理通信、服务器和服务器端代理通信,这两个代理相互之间直接通信,代理服务器检查来自客户端代理的请求,根据安全策略认可或否认这个请求。

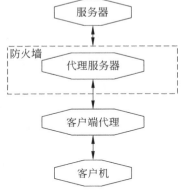

图 9-4　代理技术示意图

代理服务器工作机理如图 9-4 所示。

9.2.3　过滤型防火墙

1. 静态包过滤防火墙

1)静态包过滤防火墙的工作原理

防火墙最简单的形式是静态包过滤防火墙,它一般工作在 TCP/IP 协议的 IP 层,工作原理如图 9-5 所示。一个静态包过滤防火墙通常是一台有能力过滤数据包某些内容的路由器。当执行包过滤时,包过滤规则被定义在防火墙上,这些规则用来匹配数据包内容以决定哪些包被允许、哪些包被拒绝。当拒绝数据包时,可以采用两个操作:通知数据的发送者其数据将被丢弃,或者没有任何通知直接丢弃这些数据。使用第一个操作时,用户将知道数据包被防火墙过滤掉了,如果这是一个试图访问内部资源的内部用户,该用户可以与管理员联系。如果防火墙不返回一个消息,用户将由于不知道为何不能建立连接而花费更多的时间和精力解决这个问题。

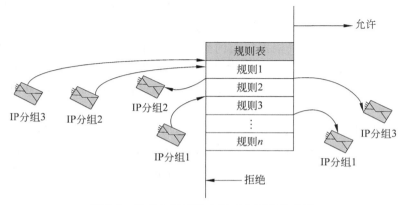

图 9-5　静态包过滤防火墙工作原理示意图

在静态包过滤防火墙上做一个过滤决定时,要依据包过滤规则。在确定包过滤的配置规则前,需要做以下决定。

(1) 打算提供何种网络服务,并以何种方向(从内部网络到外部网络,或者从外部网络到内部网络)提供这些服务。

(2) 是否限制内部主机与外部网进行连接。

(3) 外部网上是否存在某些可信任主机,它们需要以什么形式访问内部网。

对于不同的包过滤产品,用来生成规则的信息也不同,通常包括以下信息。

① 接口和方向。包是流入还是离开网络,这些包通过哪种接口。

② 源和目的 IP 地址。检查包从何而来(源 IP 地址)、发往何处(目的 IP 地址)。

③ IP 选项。检查所有选项字段,特别是要阻止源路由(Source Routing)选项。

④ 高层协议。使用 IP 包的上层协议类型,如 TCP 或者 UDP。

⑤ TCP 包的 ACK 位检查。这一字段可以帮助确定是否有连接,以及在何种方向上建立连接。

⑥ ICMP 的报文类型。此信息可以帮助阻止某些刺探网络信息的企图。

⑦ TCP 和 UDP 包的源和目的端口。此信息帮助确定正在使用的是哪些服务。

表 9-1 中列出了路由器的包过滤规则。假设当通信量进入该接口时,这些规则在连接到 Internet 的 WAN 接口上被激活。

表 9-1　包过滤规则表

规则	源地址	目的地址	协议	目的端口	操作
1	任意	200.1.1.2	TCP	端口 80	允许
2	任意	200.1.1.3	UDP	端口 53	允许
3	任意	200.1.1.4	TCP	端口 25	允许
4	任意	任意其他地址	任意	任意	拒绝

在表 9-1 中,规则 1 说明如果有来自任何设备的数据包被发送到 200.1.1.2 的 TCP 端口 80,那么它应该被静态数据包过滤防火墙所允许。同样,如果有任何数据包被发送到 200.1.1.3 的 UDP 端口 53 或 200.1.1.4 的 TCP 端口 25,那么这些数据包均应被允许。此外,任何其他类型的数据包都应该被丢弃。

需要注意的是,一条好的包过滤规则应该同时指定源端口和目的端口。例如,创建控制 SMTP 连接流入和流出的例子,以实现 E-Mail 的传送。在下面第一个例子中,规则只允许使用目的端口,如表 9-2 所示。

表 9-2　SMTP 连接过滤规则表

规则	方向	协议	源地址	目的地址	目的端口	操作
1	流入	TCP	外部	内部	25	允许
2	流出	TCP	内部	外部	>1023	允许
3	流出	TCP	内部	外部	25	允许
4	流入	TCP	外部	内部	>1023	允许
5	*	*	*	*	*	禁止

在这个例子中,可以看到规则1和规则3允许端口25的流入和流出连接,该端口通常被SMTP使用。规则1允许外部计算机向内部网络的服务器端口25发送数据。规则2允许网络内部的服务器回应外部SMTP请求,并且假定它使用大于1023的端口号。规则3和规则4允许反方向的SMTP连接,内部网络的SMTP服务器可以向外部网络的SMTP服务器的端口25建立连接。最后一条规则5不允许其他任何连接。这些过滤规则看起来很好,允许两个方向的SMTP连接,并且保证了内部局域网的安全,但这是错误的。当创建包过滤规则时,需要同时观察所有的规则,而不是一次只观察一条或两条。在这个例子中,规则2和规则4允许端口大于1023的所有服务,不论是流入还是流出方向。黑客可以利用这个漏洞去做各种事情,如与特洛伊木马程序通信。要修补这些规则,除了能够指定目的端口外,还要能够指定源端口。表9-3所示为对包过滤规则进行的改进。

表 9-3　改进后的 SMTP 过滤规则表

规则	方向	协议	源地址	目的地址	源端口	目的端口	操作
1	流入	TCP	外部	内部	＞1023	25	允许
2	流出	TCP	内部	外部	25	＞1023	允许
3	流出	TCP	内部	外部	＞1023	25	允许
4	流入	TCP	外部	内部	25	＞1023	允许
5	*	*	*	*		*	禁止

这时不再允许两端端口都大于1023的连接。相反,在连接的一端,这些连接被绑定到SMTP端口25上。

2)静态包过滤防火墙的应用特点

(1)静态包过滤防火墙的主要优点。

① 由于静态包过滤防火墙只是简单根据网络地址、协议和端口进行访问控制,所需进行的处理较少,因此对网络性能的影响比较小,处理速度快,硬件和软件都容易实现。

② 成本较低,配置和使用方法简单,客户端不需要进行特别配置。

③ 可以提供附加的网络地址映射(NAT)功能,可以隐藏内部网络结构。

(2)静态包过滤防火墙的主要缺点。

① 不能理解应用层协议,不能对数据分组中更高层的信息进行分析过滤,因而安全性差。

② 不能跟踪连接状态和与应用有关的信息。

③ 在支持网络服务的情况下,或者使用动态分配端口服务的情况下,很难测试用户指定的访问控制规则的有效性。

④ 过滤规则较多、较复杂的情况下,会引起网络性能的下降。

2. 状态检测防火墙

状态检测防火墙,又称为动态包过滤防火墙,它是在静态包过滤防火墙的基础上进化而来的。与静态包过滤防火墙的不同之处在于,它具有状态检测能力。

1)静态包过滤防火墙存在的问题

假设包过滤防火墙在 Internet 向内的接口上设置了一个规则,规定任何发送到主机 A

的外部数据包均被拒绝。显然,当有一台外部主机 B 试图访问主机 A 时,静态包过滤防火墙会丢弃这些数据包。然而当主机 A 想要访问外部设备 B,并使用 TCP 协议建立连接时,它会选择一个大于 1023 的整数作为源端口号,目的端口为 80(表明这是一个想使用 Web 服务的 HTTP 请求),向 B 发送 TCP SYN,由于包过滤允许此连接请求通过,因此 B 正常接收到此连接请求,之后 B 会向 A 返回一个 TCP SYN/ACK,根据静态包过滤防火墙的过滤规则,它将阻止该包的通过,这样内网用户无法建立与外部设备的正常连接。

以上问题有两个解决途径。

(1) 开放端口。在这个解决方案中,主机 A 最初打开了一个大于 1023 的源端口(设为 5000),所以为了允许从 B 返回的数据包,静态包过滤防火墙允许一个端口为 5000 的规则。但是由于 A 在选择源端口时的任意性,因此过滤规则需要设置为允许所有大于 1023 的端口以使得 A 可以收到 B 返回的数据包,这样做将在防火墙中产生一个严重的安全漏洞。

(2) 检查 TCP 标志字段。此方案是检查相关连接的传输层信息,以确定这是不是一个已存在连接的一部分。在此方案中,静态包过滤防火墙不只检查源和目的地址和端口号,而且对于 TCP 连接还检查代码位,以确定这是从一个设备发起的数据包还是被发送以响应请求的数据包。所以,如果知道 TCP 使用何种类型的响应控制标记,就能配置静态包过滤防火墙来允许这些数据包。

但是,检测传输层的标志字段存在两个问题。首先,不是所有传输层协议都支持控制代码,所以对于一个 UDP 连接,不能通过这个方法检测数据包处于一个连接的开始、中间还是结束状态。另一个问题是标志字段能被手工操作,从而允许黑客有机会使得数据包绕过静态包过滤防火墙,因为防火墙无法识别一个有效的响应和一个伪造的响应。

2)状态检测防火墙解决问题的方法

与静态包过滤防火墙不同的是,状态检测防火墙使用一种机制保持跟踪连接的状态。

假设在上面的例子中,用状态检测防火墙代替静态包过滤防火墙,过滤规则依然是任何发送到主机 A 的数据包都被丢弃。此时,当主机 A 打开一个到外部设备 B 的 Web 连接时,它使用一个源端口为 5000,目的端口为 80 的 TCP 报文,并在控制域中使用了 SYN 标记。当状态检测防火墙收到这样的数据包并且没有过滤规则阻止此数据包时,它不像静态包过滤防火墙那样只简单地允许其通过,而是在配置中增加一个连接状态表,这个状态表用来保持跟踪连接的状态。

在 B 接收到连接请求后,它使用 SYN/ACK 来响应主机 A。当这个报文到达状态检测防火墙时,该防火墙首先访问状态表以查看该连接是否已经存在。防火墙通过查看连接状态表得知从 B 的 TCP 端口 80 到 A 的 TCP 端口 5000 的响应是已存在连接的一部分,所以允许此数据包通过。

3)状态检测防火墙的工作过程

状态检测防火墙的工作过程如图 9-6 所示。在状态检测防火墙中有一个状态检测表,它由过滤规则表和连接状态表两部分构成。状态检测防火墙的工作过程是:首先利用规则表进行数据包的过滤,此过程与静态包过滤防火墙基本相同。如果某个数据包(如"IP 分组 B_1")在进入防火墙时规则表拒绝它通过,则防火墙将直接丢弃该数据包,与该数据包相关的后续数据包(如"IP 分组 B_2""IP 分组 B_3")同样会被拒绝通过。如果某个数据包(如"IP 分组 A_1")在进入防火墙时,与该规则表中的某一条规则(如"规则 3")相匹配,则允许其通过。此时,状态检测防火墙会分析已通过的数据包("IP 分组 A_1")的相关信息,并在连接状态表中为这次通信过程建立一个连接(如"连接1")。之后当同一通信过程中的后续数据包(如"IP 分组 A_2""IP 分组 A_3"……)进入防火墙时,状态检测防火墙不再进行规则表的匹配,而是直接与状态表进行匹配。由于后续的数据包与已经允许通过防火墙的数据包"IP 分组 A_1"具有相同的连接信息,所以会直接允许其通过。

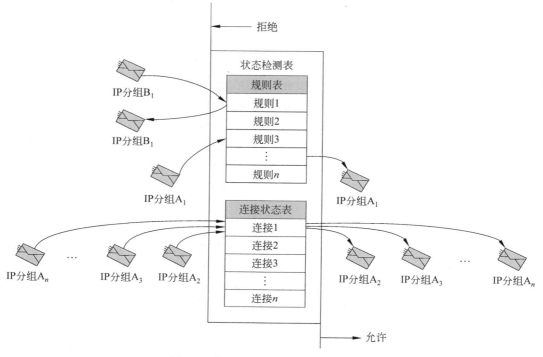

图 9-6　状态检测防火墙的工作示意图

4)状态检测防火墙的应用特点

状态检测防火墙综合应用了静态包过滤防火墙的成熟技术,并对其功能进行了扩展,可在 OSI 参考模型的多个层次对数据包进行跟踪检查,实用性得到了加强。它主要具有以下优点。

(1)与静态包过滤防火墙相比,采用动态包过滤技术的状态检测防火墙通过对数据包的跟踪监测技术,解决了静态包过滤防火墙中某些应用需要使用动态端口时存在的安全隐患,解决了静态包过滤防火墙中存在的一些缺陷。

(2)状态检测防火墙不需要中断直接参与通信的两台主机之间的连接,对网络速度的影响较小。

(3)状态检测防火墙具有新型的分布式防火墙的特征。它可以使用分布式探测器对外部网络的攻击进行检测,同时对内部网络的恶意破坏进行防范。

状态检测防火墙的不足主要表现为:对防火墙 CPU、内存等硬件要求较高,安全性主要依赖于防火墙操作系统的安全性,安全性不如代理防火墙。其实,状态检测防火墙提供了比代理防火墙更强的网络吞吐能力和比静态包过滤防火墙更高的安全性,在网络的安全性能和数据处理效率这两个相互矛盾的因素之间进行了较好的平衡。

9.2.4 代理型防火墙

代理型防火墙可以分为应用级网关（Application Level Gateways）、电路级网关（Circuit Level Gateways）两大类。

1. 应用级网关防火墙

在包过滤防火墙出现不久，许多安全专家开始寻找更好的防火墙安全机制。他们认为真正可靠的安全防火墙应该禁止所有通过防火墙的直接连接——在协议栈的最高层检验所有的输入数据。为了测试这一理论，DARPA（Defense Advanced Research Project Agency）同在华盛顿享有较高声望的以可信信息系统著称的高级安全研究机构合作开发安全的"应用级网关"防火墙。最终造就了 Gauntlet 成为第一代为 DARPA 和美国国防部的最高标准设计的商业化应用级网关防火墙。

1）应用级网关防火墙的工作原理

应用级网关防火墙通常也称为应用代理服务器，它通过在协议栈的最高层（应用层）检查进出的数据包，通过网关复制传递数据，因而代理服务器提供了客户和服务器之间的通路，防止在受信任服务器和客户机与不受信任的主机间直接建立连接。其工作原理如图 9-7 所示。

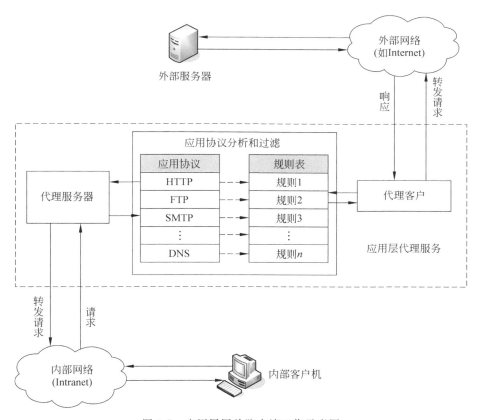

图 9-7 应用层网关防火墙工作示意图

应用层网关防火墙必须为特定的应用编写特定的程序，这些程序的集合称为代理服务

（Proxy Server），它们在网关内部分别以客户机和服务器的形式存在。可见，代理服务是负责处理通过防火墙的某一类特定服务数据流的专用程序。应用层网关防火墙将客户机-服务器模型打破，并用两个连接来代替：一个从客户机到防火墙，另一个从防火墙到服务器。

代理服务器与包过滤器的主要区别之一就是代理服务器能够理解各种高层应用。包过滤器只能基于包头部中的有限信息，通过编程来决定通过或者丢弃网络包；代理服务器是与特定的应用服务相关，它根据用户想要执行的功能，编程决定是允许还是拒绝对一个服务器的访问。

例如，一个想要浏览某个 Web 页面的用户从内部网向因特网中的该页面发出一个请求，因为用户的浏览器被设置为向代理服务器发送 HTTP 请求，因此这个请求不会直接传送到这个实际的 Web 服务器，而是传送到代理服务器，运行于代理服务器中的代理应用程序根据一系列被管理员确认的规则来决定是否允许该请求。如果允许，代理服务器就生成一个对该页面的请求，并使用其他的（连接到因特网上的）网络适配器地址作为请求的源地址。当因特网上的 Web 服务器接收到该请求后，它只能认为代理服务器是请求该页面的客户，然后它就将数据发送回代理服务器。当代理服务器接收到所请求的 Web 页面后，它并不是将这个 IP 包发往最初的请求客户，而是对返回的数据进行一些管理员所设置的安全检查。如果通过了检查，代理服务器就用它的本地网络适配器地址作为源地址创建一个新的 IP 包，将页面数据发送到客户。

应用层网关防火墙可以验证用户口令和服务请求只在应用层才出现的信息。这种机制可以提供增强的访问控制，以实现对有效数据的检查和对传输信息的审计功能，并可以实现一些增值服务（如服务调用审计和用户认证等）。所有调用服务的通信都必须经过网关中的客户机和服务器代理程序过滤。应用层网关防火墙中的代理仅接收、传递和过滤由特定服务生成的数据包，如 HTTP 代理只能复制、传递和过滤 HTTP 业务流。又如，如果应用网关防火墙上运行了 FTP 和 HTTP 代理，只有这两种服务生成的数据包能够通过防火墙，所有其他服务均被阻挡。

多数应用层网关防火墙包括专门化的应用软件和代理服务。这些内部的代理程序利用包过滤机制实现对访问的限制。不过，对于每一种特定的应用程序，都需要开发相应的代理程序。这种适应性方面的限制使应用层网关为用户定制应用的支持变得相对困难。

2）应用层网关防火墙的应用特点

（1）应用层网关防火墙的主要优点。

① 可以保存关于连接及应用有关的详细信息，在应用层实现复杂的访问控制。

② 不允许内部网络主机和外部网络服务器之间的直接连接，可隐藏内部地址，安全性高。

③ 可以产生丰富的审计记录，便于系统管理员进行分析。代理服务程序的日志能记录很多有用的信息。

（2）应用层网关防火墙的主要缺点。

① 代理服务可能引入不可忽略的处理延时，进入的分组需被处理两次（应用程序和其代理），这样可能会成为网络的瓶颈。

② 对不同的应用服务需要编写不同的代理程序，适应性差，而且无法提供基于 UDP、RPC 或其他协议簇的代理程序。每当一种新的应用出现时，必须实现一种新的代理服务才

行,这不适应目前网络多样化的应用。

③ 用户配置较为复杂,增加了系统管理的工作量。应用层网关防火墙中包括了很多不同的代理服务,各种代理服务的配置方法显然也是不同的,因此对于不是很精通计算机应用的用户而言,增加了管理的难度。尤其当网络规模达到一定程度时,这种工作量的增加将令人难以接受。

2. 电路级网关防火墙

1) 电路级网关的工作原理

电路级网关又称为线路级网关,工作在会话层,它是一个通用代理服务器。它适应于多个协议,但不需要识别在同一个协议栈上运行的不同应用,当然也就不需要对不同的应用设置不同的代理模块。它在两个主机首次建立 TCP 连接时创立一个电子屏障;作为服务器接收外来请求,转发请求;与被保护的主机连接时则担当客户机角色,起代理服务的作用。它监视两主机建立连接时的握手信息,如 SYN/ACK 和序列数据等是否符合逻辑,判定该会话请求是否合法。一个会话建立后,此会话的信息被写入防火墙维护的有效连接表中。数据包只有在它所含的会话信息符合该有效连接表中的某一入口时,才被允许通过。会话结束时,该会话在表中的入口被删掉。电路级网关只对连接在会话层进行验证。一旦验证通过,在该连接上可以运行任何一个应用程序,如图 9-8 所示。

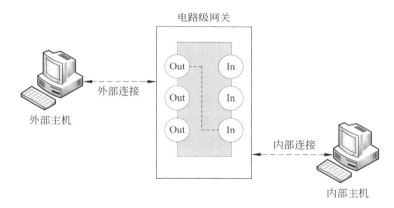

图 9-8　电路级网关防火墙示意图

电路级网关不允许进行端点到端点的 TCP 连接,而是建立两个 TCP 连接。一个在网关和内部主机上的 TCP 用户程序之间,另一个在网关和外部主机的 TCP 用户程序之间。一旦建立两个连接,网关通常就只是把 TCP 数据包从一个连接传送到另一个连接中去而不检验其中的内容。其安全功能就是确定哪些连接是允许的。实际上,电路级网关并非作为一个独立的产品存在,它与其他的应用层网关结合在一起。另外,电路级网关还提供一个重要的安全功能,即代理服务器。在代理服务器上运行"地址转换"功能,将所有内部的 IP 地址映射到一个"安全"的 IP 地址,这个地址是由防火墙使用的。所以,对于外部网络,代理服务器相当于内部网络的一台服务器,实际上,它只是内部网络的一台过滤设备。代理服务器的安全性除了表现在它可以隔断内部和外部网络的直接连接,还可以防止外部网络发现内部网络的地址。

2）电路级网关的工作过程

（1）假定有一用户正在试图和目的 URL 进行连接。

（2）此时，该用户所使用的客户应用程序不是为这个 URL 发出的 DNS 请求，而是将请求发到地址已经被解析的电路级网关的接口上。

（3）若有需要，电路级网关提示用户进行身份认证。

（4）用户通过身份认证后，电路级网关为目的 URL 发出一个 DNS 请求，然后用自己的 IP 地址和目的 IP 地址建立一个连接。

（5）然后，电路级网关把目的 URL 服务器的应答转给用户。

3）电路级网关的应用特点

（1）电路级网关防火墙的主要优点。

① 在 OSI 上实现的层次较高，可以对更多的元素进行过滤，同时还提供认证功能，安全性比静态包过滤防火墙高。

② 不需要对不同的应用设置不同的代理模块，比应用层网关防火墙具有优势。

③ 切断了外部网络到防火墙后面服务器的直接连接，使数据包不能在服务器与客户机之间直接流动，从而保护了内部网络主机。

④ 可以提供网络地址映射功能。

（2）电路级网关防火墙的主要缺点。

① 无法进行高层协议的严格安全检查，如无法对数据内容进行检测，以抵御应用层的攻击。

② 对访问限制规则的测试较为困难。

4）电路级网关的实例

电路级网关的实现典型是 Socks 协议，第五版的 Socks 是 IETF 认可的、标准的、基于 TCP/IP 的网络代理协议。Socks 包括两个部件，即 Socks 服务器和 Socks 客户端。Socks 服务器在应用层实现，而 Socks 客户端的实现位于应用层和传输层之间。Socks 协议的基本目的就是让 Socks 服务器两边的主机能够互相访问，而不需要直接的 IP 互联，如图 9-9 所示。

图 9-9　Socks 协议层次

当一个应用程序客户需要连接到一个应用服务器时，客户先连接到 Socks 代理服务器，代理服务器代表客户连接到应用服务器，并在客户和应用服务器之间中继数据。对于应用服务器来说，代理服务器就是客户。

Socks 协议有两个版本，即 Socks V4 和 Socks V5。Socks V4 协议主要完成 3 个功能：发起连接请求、建立代理电路和中继应用数据。Socks V5 协议在第四版的基础上增加了认证功能。图 9-10 给出了 Socks V5 的控制流模型,实线范围内表示的是 Socks V4 的功能。

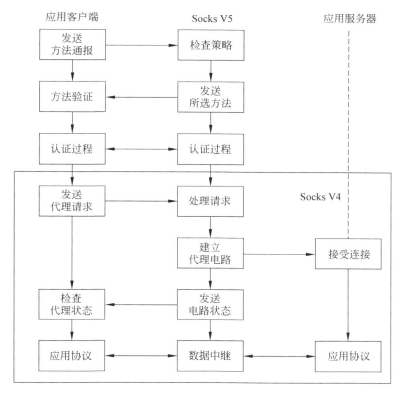

图 9-10 Socks 协议控制流

Socks V5 对第四版增强的功能主要包括以下 4 项。

(1) 强认证。另定义了两种协议用于支持 Socks V5 的认证方法,分别是用户名/口令认证(RFC1929)和 GSS-API(通用安全服务 API)认证(RFC 1961)。

(2) 认证方法协商。应用客户和 Socks V5 服务器可以就使用的认证方法进行协商。

(3) 地址解析代理。Socks V5 内置的地址解析代理简化了 DNS 管理和 IP 地址隐藏和转换。Socks V5 可以为客户解析名字。

(4) 基于 UDP 应用程序的代理。

9.2.5 自治代理防火墙

自治代理(Adaptive Proxy)防火墙是在商业应用防火墙中实现的一种革命性技术,它继承了低层防火墙技术快速的特点和高层防火墙的安全性,采用了基于自治代理的结构,代理之间通过标准接口进行交互。这种结构提供较高的可扩展性和各代理之间的相对独立性,也使整个产品更加可靠、更容易扩展。它可以结合代理型防火墙的安全性和包过滤防火墙的高速度等优点,在毫不损失安全性的基础上将代理型防火墙的性能提高 10 倍以上。

自治代理防火墙是由自适应代理服务器与动态包过滤器组合而成,在自适应代理与动态包过滤器之间存在一个控制通道。在对防火墙进行配置时,用户将所需的服务类型、安全级别等信息通过相应的管理界面进行设置。然后,自适应代理就可以根据用户的配置信息,决定是使用代理服务从应用层代理请求还是从网络层转发包。如果是后者,它将动态地通知包过滤器增减过滤规则,以满足用户对速度和安全性的双重要求。

以安全守卫为例,假设张师傅是一个有着 10 年工作经验的邮递员,每天要送大量的信件给某大厦住户。原来的应用级代理保安每一次都打开邮件检查其是不是本大厦住户的邮件。接着他检查投递名单,并由大厦内可信的邮件分拣员安排投递之前检查张师傅的身份证明(虽然他认识张师傅多年)。这种方法十分牢靠。但在特定情况下,增加额外延时是不值得的。

采用新的自适应代理机制,速度和安全的“粒度”可以由防火墙管理员设置,以使得防火墙能确切地知道在各种环境中什么级别的风险是可以接受的。一旦这样的决定做出后,自治代理防火墙管理所有处于这一规则下的连接企图,自动地“适应”传输流以获得与所选择的安全级别相适应的尽可能高的性能。例如,在上述情况下,“自治代理”守卫也许被告知检查张师傅的身份证明,检查邮件投递单,检查邮件收件人,接着处理包。当下一次投递到来时,守卫将按照策略简化处理过程,以提高守卫的处理效率。

9.3 防火墙体系结构

防火墙可以被设置成许多不同的结构,并提供不同级别的安全,而维护运行的费用也不同。各种组织机构应该根据不同的风险评估来确定不同的防火墙类型。这里讨论一些典型的防火墙的体系结构,对于在实践中根据自身的网络环境和安全需求建立一个合适的防火墙结构将会有所帮助。目前,防火墙的体系结构一般有双宿/多宿主机体系结构、屏蔽主机体系结构、屏蔽子网体系结构 3 种类型。

9.3.1 双宿/多宿主机体系结构

双宿/多宿主机(Dual-Homed /Multi-Homed Host)体系结构又称为双宿/多宿网关结构,它是一种拥有两个或多个连接到不同网络的网络接口的防火墙,通常是一台装有两块或多块网卡的堡垒主机,每个不同的网卡分别连接不同的子网,不同子网之间的相互访问实施不同访问控制策略,其配置结构如图 9-11 所示。

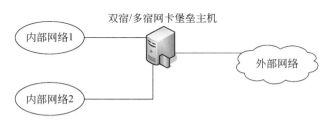

图 9-11 双宿/多宿主机体系结构

双宿/多宿主机体系结构防火墙的最大特点是 IP 层的通信是被禁止的,两个网络之间的通信可以通过应用层数据共享或应用层代理服务来完成。首先,数据包过滤技术可直接用于双宿/多宿网关防火墙,对此不展开介绍。一般情况下,人们采用代理服务的方法,因为这种方法为用户提供了更为方便的访问手段。

双宿/多宿主机用两种方式来提供服务：一种是用户直接登录到双宿主机上来提供服务；另一种是在双宿主机上运行代理服务器。

第一种方式是接受用户的登录，然后再去访问其他主机。这种方式要求在双宿/多宿主机上开设一些用户账号，这样会非常危险。因为用户账号相对来说容易被破解，同时也提供了一条黑客入侵的通道。

第二种方式通过提供代理服务来实现。代理服务相对来说比较安全。在双宿/多宿主机上，运行各种各样的代理服务器，当要访问外部站点时，必须先经过代理服务器认证，然后才可以通过代理服务器访问 Internet。需要注意的是，在使用代理服务技术的双宿/多宿主机中，主机的路由功能通常是被禁止的，两个网络之间的通信通过应用层代理服务来完成。如果一旦黑客侵入堡垒主机并使其具有路由功能，防火墙将失去作用。

双宿/多宿主机是唯一隔开内部网和外部网之间的屏障，如果入侵者得到了双宿/多宿主机的访问权，内部网络就会被入侵，所以为了保证内部网的安全，双宿/多宿主机防火墙应具有强大的身份认证系统，才可以阻挡来自外部不可信网络的非法登录。

9.3.2 屏蔽主机体系结构

屏蔽主机体系结构(Screened Host)由包过滤路由器和堡垒主机组成。堡垒主机通常指那些在安全方面能够达到普通工作站所不能达到程度的计算机系统。这样的计算机系统会最大程度地利用底层操作系统所提供的资源保护、审计和认证机制等功能，并且对完成既定任务所不需要的应用和服务从计算机系统中删除，这样就可以减少成为受害目标的机会。同时，堡垒主机不保留用户账号，软件运行所必需的或主机管理员所需的服务都以最小特权原则运行。

屏蔽主机防火墙系统提供的安全等级比包过滤防火墙要高，因为它实现了网络层安全(包过滤)和应用层安全(代理服务)，其配置如图 9-12 所示。所以入侵者在破坏内部网络的安全性之前，必须首先渗透两种不同的安全系统。堡垒主机配置在内部网络上，而包过滤路

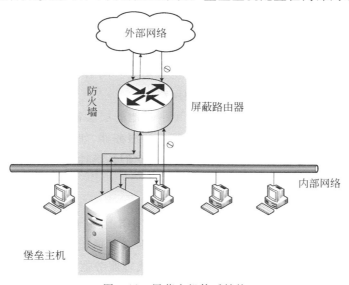

图 9-12　屏蔽主机体系结构

由器则放置在内部网络和 Internet 之间。在路由器上进行规则配置,使得外部系统只能访问堡垒主机,去往内部系统上其他主机的信息全部被阻塞。由于内部主机和堡垒主机处于同一个网络,内部系统是否允许直接访问 Internet,或者是要求使用堡垒主机上的代理服务来访问 Internet 由机构的安全策略来决定。对路由器的过滤规则进行配置,使得其只接受来自堡垒主机上的内部数据包,就可以强制内部用户使用代理服务。

在采用屏蔽主机防火墙情况下,包过滤路由器是否正确配置是这种防火墙安全与否的关键,过滤路由器的路由表应当受到严格的保护;否则如果路由表遭到破坏,数据包就不会被路由到堡垒主机上,而使堡垒主机被绕过。

9.3.3 屏蔽子网体系结构

屏蔽子网(Screened SubNet)体系结构使用两个包过滤路由器和一个堡垒主机。它在本质上和屏蔽主机是一样的,但是增加了一层保护体系——周边网络,堡垒主机位于周边网络上,周边网络和内部网络被内部屏蔽路由器分开,其结构如图 9-13 所示。

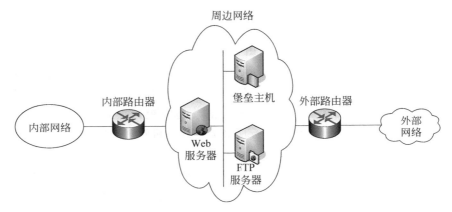

图 9-13　屏蔽子网体系结构

1. 周边网络

周边网络用了两个包过滤路由器和一个堡垒主机。这是最安全的防火墙系统,因为在定义了周边网络后,它支持网络层和应用层安全功能。网络管理员将堡垒主机、信息服务器、Modem 组以及其他公用服务器放在周边网络中。

周边网络是一个防护层,它就像电视上军事基地的层层铁门一样,即使攻破了一道铁门,还有另一道铁门。在周边网络上,可以放置一些服务器,如 WWW 和 FTP 服务器,以便于公众的访问。这些服务器可能会受到攻击,因为它们是牺牲主机,所以内部网络还是被保护的。

2. 堡垒主机

在屏蔽子网体系结构中,堡垒主机设置在周边网络上,它可以被认为是应用层网关,是这种防御体系的核心。在堡垒主机上,可以运行各种各样的代理服务器。

(1) 在堡垒主机上运行电子邮件代理服务器,代理服务器把入站的 E-Mail 转发到内部网络的邮件服务器上。

（2）在堡垒主机上运行 WWW 代理服务器，内部网络的用户可以通过堡垒主机访问 Internet 上的 WWW 服务器。

（3）在堡垒主机上运行一个伪 DNS 服务器，回答 Internet 上主机的查询。

（4）在堡垒主机上运行 FTP 代理服务器，对外部的 FTP 连接进行认证，并转接到内部的 FTP 服务器上。

对于出站服务，不一定要求所有的服务都经过堡垒主机代理，一些服务可以通过过滤路由器和 Internet 直接对话，但对于入站服务，应要求所有的服务都通过堡垒主机。

3. 内部路由器

内部路由器（又称为阻塞路由器）位于内部网和周边网络之间，用于保护内部网不受周边网络和 Internet 的侵害，它执行了大部分的过滤工作。

对于一些服务，如出站的 Telnet，可以允许它不经过堡垒主机而只经过内部过滤路由器。在这种情况下，内部过滤路由器用来过滤数据包。内部过滤路由器也用来过滤内部网络和堡垒主机之间的数据包，这样做是为了防止堡垒主机被攻占。若不对内部网络和堡垒主机之间的数据包加以控制，当入侵者控制了堡垒主机后，就可以不受限制地访问内部网络上的任何主机，周边网络就失去了意义，在实质上就与屏蔽主机结构一样了。

4. 外部路由器

外部路由器的一个主要功能是保护周边网络上的主机，但这种保护不是很有必要，因为这主要是通过堡垒主机来进行安全保护，但多一层保护也并无害处。外部路由器还可以把入站的数据包路由到堡垒主机，外部路由器一般与内部路由器应用相同的规则。

外部路由器还可以防止部分 IP 欺骗，因为内部路由器分辨不出一个声称从非军事区来的数据包是否真的从非军事区来，而外部路由器可以很容易分辨出其真伪。

9.4 防火墙部署与应用

防火墙在内部网络与具有潜在风险的外部网络之间建立了防护屏障。在牢记防火墙的一般原则的同时，安全管理员还必须决定防火墙的部署。下面将讨论一些通常的有关防火墙部署的选择。

9.4.1 DMZ 网络

DMZ（DeMilitarized Zone，"隔离区"或"非军事区"）是介于信赖域（通常指内部局域网）和非信赖域（通常指外部的公共网络）之间的一个安全区域。因为在设置了防火墙后，位于非信赖域中的主机是无法直接访问信赖区主机的，但原来（未设置防火墙时）位于局域网中的部分服务器（如单位的 Web 服务器、FTP 服务器和邮件服务器等）需要同时向内外用户提供服务。为了解决设置防火墙后外部网络不能访问内部网络服务器的问题，便采用了一个信赖域与非信赖域之间的缓冲区 DMZ。那些可以从外部访问但是需要一定保护措施的系统被设置在 DMZ 网络中，如图 9-14 所示。

由图 9-14 可以看出，外部防火墙为 DMZ 系统提供符合其需要并同时保证其外部连通

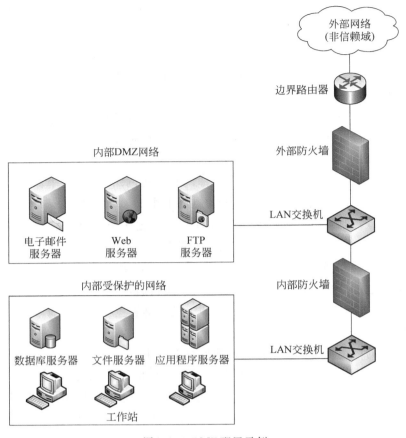

图 9-14　DMZ 配置示例

性的访问控制和保护措施,同时也为内部网的其他部分提供基本的安全保护。在这种布局中,内部防火墙有以下 3 个服务目的。

(1) 与外部防火墙相比,内部防火墙增加了更严格的过滤能力,以保护内部网络服务器和工作站免遭外部攻击。

(2) 对于 DMZ 网络,内部防火墙提供双重的保护功能。首先,内部防火墙保护网络的其他部分免遭由 DMZ 发起的攻击,这样的攻击可能来自蠕虫、Rootkits、Bots 或者其他寄宿在 DMZ 系统中的恶意软件。其次,内部防火墙可以保护 DMZ 系统不受来自内部保护网络的攻击。

(3) 大型企业可能具有多个站点,每个站点有一个或多个局域网与所有网络互相连接。图 9-15 给出了大型企业防火墙的典型配置。所有 Internet 流量都要经过保护整个机构的外部防火墙,多重内部防火墙可以分别用来保护内部网的每个部分不受其他部分的攻击。内部服务器可以免受来自内部工作站的攻击;反过来,内部工作站也免受来自内部服务器的攻击。图 9-15 也说明了将 DMZ 设置在外部防火墙的不同网络接口处并以此来访问内部网络的通常实现方法。

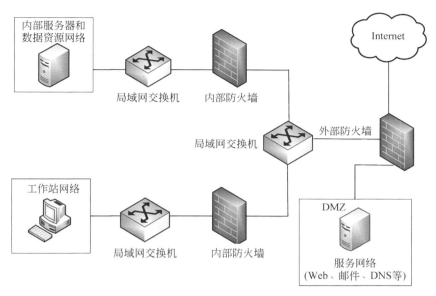

图 9-15　多重内部防火墙 DMZ 配置示例

9.4.2　虚拟专用网

在今天的分布式计算环境下,虚拟专用网(Virtual Private Network,VPN)为网络管理员提供了一个颇具吸引力的解决方案。从本质上讲,VPN 是这样的一组计算机:它们依靠一个相对不安全的网络相互连接,并利用加密技术和特殊的协议来提供安全性。每个公司网站、工作站、服务器和数据库都由一个或更多局域网连接。节点相互连接可以用 Internet 或者某些其他公共网络来实现,以节省使用专用网的费用,同时将管理广域网的任务转移给公共网络提供者。公共网络为远程工作者和其他移动职员提供了一个从远程节点登录公司系统的访问途径。

公共网络的使用将公司的通信流量暴露在可能被窃听的环境下,并且为非法用户提供了一个接入点。为了解决这个问题,就需要一个 VPN。事实上,VPN 在底层协议上使用加密技术和身份认证技术,通过不安全的网络环境建立了一个安全的连接。VPN 网络比真正使用专用线路的专用网便宜,但是信道两端必须使用相同的加密技术和身份认证技术来实现。加密技术是由防火墙软件或者路由器来实现的。为了达到这个目的,最常见的协议机制是在 IP 层,即 IPSec 协议。图 9-16 是一个典型的 IPSec 安全协议的使用示例。关于 IPSec 安全协议的运用将在第 12 章做详细介绍。

9.4.3　分布式防火墙

1. 传统防火墙的不足

包过滤防火墙和代理型防火墙是现代网络安全防范的主要支柱,但在安全要求较高的大型网络中仍存在一些不足,主要表现如下。

(1)结构性限制。传统防火墙的工作机理依赖于网络的物理拓扑结构。如今,越来越多的跨地区企业利用 Internet 来架构自己的网络,致使企业内部网络已基本上成为一个逻

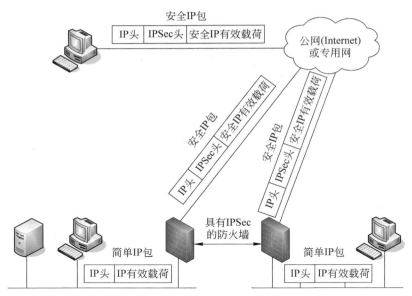

图 9-16　VPN 安全系统

辑概念,所以用传统的方式来区别内外网络非常困难。

(2) 防外不防内。虽然有些传统防火墙可以防止内部用户的恶意破坏,但在大多数情况下,用户使用和配置防火墙还是主要防止来自外部网络的入侵。

(3) 效率问题。传统防火墙把检查机制集中在网络边界处的单一节点上,所以防火墙容易形成网络的瓶颈。

(4) 故障问题。传统防火墙本身存在着单点故障问题。一旦处于安全节点上的防火墙出现故障或被入侵,整个内部网络将完全暴露在外部攻击者的前面。

2. 分布式防火墙的概念

为了解决传统防火墙面临的问题,美国 AT&T 实验室研究员 Steven M. Bellovin 于1999 年在他的论文"分布式防火墙(Distributed FireWalls, DFW)"中首次提出了分布式防火墙的概念。分布式防火墙系统由以下 3 个部分组成。

(1) 网络防火墙。承担着传统防火墙相同的职能,负责内外网络之间不同安全域的划分。同时,用于对内部网各子网之间的防护。与传统防火墙相比,分布式防火墙中的网络防火墙增加了一种用于对内部子网之间的安全防护,这样使分布式防火墙实现了对内部网络的安全管理功能。

(2) 主机防火墙。为了扩大防火墙的应用范围,在分布式防火墙系统中设置了主机防火墙,主机防火墙驻留在主机中,并根据相应的安全策略对网络中的服务器及客户端计算机进行安全保护。

(3) 中心管理服务器。它是整个分布式防火墙的管理核心,负责安全策略的制定、分发及日志收集和分析等操作。

3. 分布式防火墙的工作模式

分布式防火墙的基本工作模式:由中心管理服务器统一制定安全策略,然后将这些定义好的策略分发到各个相关节点。而安全策略的执行则由相关主机节点独立实施,由各主机产生的安全日志集中保存在中心管理服务器上。分布式防火墙的工作模式如图 9-17 所示。

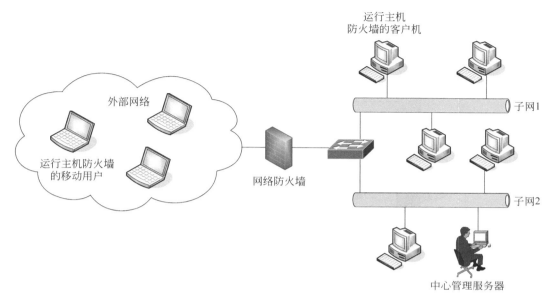

图 9-17　分布式防火墙的工作模式

从图 9-17 中可以看出,分布式防火墙不再完全依赖网络的拓扑结构来定义不同的安全域,可信赖的内部网络发生了概念上的变化,它已经成为一个逻辑上的网络,从而打破了传统防火墙对网络拓扑的依赖。但是,各主机节点在处理数据包时,必须根据中心管理服务器所分发的安全策略来决定是否允许某一数据包通过防火墙。

4. 分布式防火墙的应用特点

由于在分布式防火墙中采用了中心管理服务器对整个防火墙系统进行集中管理的方式,其中安全策略在统一制定后被强行分发到各个节点,所以分布式防火墙不仅保留了传统防火墙的优点,同时还解决了传统防火墙在应用中存在的对网络物理拓扑结构的依赖、VPN 和移动计算等应用,增加了针对主机的入侵检测和防护功能,加强了对来自内部网络的攻击防范,并且提高了系统性能,克服了结构性瓶颈问题。

5. 分布式防火墙的配置

分布式防火墙的配置涉及一个在中心管理服务器控制下协同工作的独立防火墙设备和基于主机的防火墙。图 9-18 是一个分布式防火墙配置的示例。管理员可以在数百个服务器和工作站上配置驻留主机的防火墙,同时在本地用户系统和远程用户系统上配置个人防火墙。这些防火墙提供针对内部攻击的保护,也为特定的机器和应用程序提供特别定制的保护。独立的防火墙提供全局性的保护,包括内部防火墙和外部防火墙。

有了分布式防火墙,就使得同时建立内部 DMZ 和外部 DMZ 成为可能。那些由于没有多少重要信息不需要太多保护的网络服务器可以被设置在外部 DMZ,位于外部防火墙外侧,而所需的保护由这些服务器上设置的基于主机的防火墙提供。

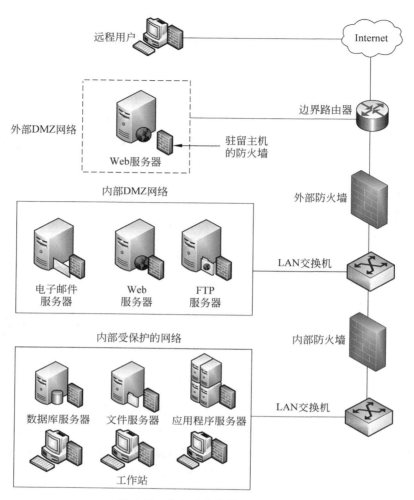

图 9-18　分布式防火墙配置示例

安全监控是分布式防火墙配置的重要方面。典型的监控包括日志统计和分析、防火墙统计以及细粒度的单个主机的远程监控。

9.4.4　个人防火墙

以上介绍的防火墙部署一般是针对单位用户的,所以将这类防火墙也称为企业级防火墙。企业级防火墙虽然功能强大,但价格昂贵、配置困难、维护复杂,需要具有一定安全知识的专业人员来配置和管理。近年来,随着以家庭用户为代表的个人计算机的不断普及,个人防火墙技术开始出现并得到广泛的重视。

1. 个人防火墙的概念

个人防火墙是一套安装在个人计算机上的软件系统,它能够监视计算机中的通信状况,一旦发现对计算机产生危险的通信就会报警通知管理员或立即中断网络连接,以此实现对个人计算机上重要数据的安全保护。

Windows 操作系统是目前应用最广泛的个人计算机操作系统。为了实现对 Windows

操作系统的安全保护,Windows 本身提供了防火墙功能。目前市面上推出了大量的基于 Windows 操作系统的个人防火墙产品。其中,国外知名品牌主要有 Norton、PCCilin 等,国内品牌主要有天网个人版防火墙、瑞星个人防火墙和金山毒霸网络个人防火墙等。

2. 个人防火墙的主要技术

由于个人防火墙是在企业防火墙的基础上发展起来的,所以个人防火墙所采用的技术与企业级防火墙基本相同,但各自也存在一些应用特点。

1)基于应用层网关

典型的个人防火墙属于应用层网关类型。应用层网关随时监测用户应用程序的执行情况,可以根据需要对特定的应用拒绝或允许。例如,当用户需要执行一个 FTP 应用程序时,可以允许文件的上传和下载,其他的应用可以被关闭。

2)基于 IP 地址和 TCP/UDP 端口的安全规则

在个人防火墙上实现基于 IP 地址和 TCP/UDP 端口的控制非常容易。例如,如果不允许某一台个人计算机使用 FTP 服务,就可以在个人防火墙上直接关闭 TCP21 端口,这样即使有人想通过这台计算机利用 FTP 下载文件,其连接请求在个人防火墙上将被直接拒绝,根本无法建立与 FTP 服务器之间的控制连接。如果不允许访问某一站点,则可以直接在个人防火墙上拒绝将数据包发往该网站对应的 IP 地址。基于 IP 地址和 TCP/UDP 端口的安全规则其实就是一种静态包过滤技术。同样,静态包过滤防火墙存在的不安全因素在个人防火墙上也同样存在。

3)端口"隐蔽"功能

假设通过端口扫描软件来对一台远程计算机进行端口扫描操作,如果远程计算机上的某一端口是开放的,扫描软件自然会收到该端口已打开的响应报文;如果该端口是关闭的,远程主机会返回一个拒绝连接的响应报文。可以看出,不管端口是否关闭,扫描软件都知道远程主机的存在,这样就可以采取其他方式对其进行攻击。而端口"隐蔽"会将主机上的端口完全隐藏起来,而不返回任何响应或拒绝响应的报文。由于不发送响应报文,所以它是一个非标准的连接行为。在个人防火墙上启用了端口"隐蔽"功能,则会隐蔽掉该计算机的存在。

4)邮件过滤功能

个人防火墙的邮件过滤功能可以对接收到的电子邮件的主要特征(收发人邮箱名、收发人邮箱服务器的 IP 地址或域名、主题及信件内容等相关字段)进行提取和分析,确定是否需要接收邮件或者给用户相应的提示信息。

3. 个人防火墙的主要功能

为了防止安全威胁对个人计算机产生的破坏,个人防火墙产品提供以下主要功能。

(1) 防止 Internet 上用户的攻击。目前,长期接入到 Internet 上的个人计算机越来越多,这些计算机不仅仅是作为浏览 Web 网页及下载文件使用,同时还可以作为 Web、FTP 等服务器为用户提供服务。随着动态 DNS 技术的广泛使用,一般一台能够与 Internet 连接的个人计算机就可以称为一台 Web、FTP 和电子邮件等服务器。个人防火墙可以在很大程度上保护这些个人服务器系统。

（2）阻断木马及其他恶意软件的攻击。现在较新的个人防火墙针对个人计算机用户存在的安全风险，提供反钓鱼、反流氓软件、防 ARP 欺骗和 DHCP 欺骗等功能，最大限度地保护了个人计算机的安全。

（3）为移动计算机提供安全保护。随着家庭办公等移动办公方式的兴起，单位员工可以在家里或外出时利用 VPN 方式连接到单位内部的网络，实现与单位内部计算机用户相同的资源访问功能。如果移动计算机没有个人防火墙的保护，当其以 VPN 方式接入到单位内部网络时，单位内部的网络将暴露在 Internet 上，攻击者将把这台 VPN 终端作为进入单位内部网络的桥梁。

（4）与其他安全产品进行集成。个人防火墙除能够满足个人用户的一些需求外，还可以与其他的网络安全产品进行集成，在安全防范上产生联动效应，最大范围地提供安全性。目前主流的方法是将个人防火墙与防病毒软件进行集成，将两者的功能结合起来，如 Norton、瑞星和金山等防病毒软件一般都集成了个人防火墙功能。

随着技术的不断发展，个人防火墙的功能也在不断发展和完善，如自动检测个人计算机操作系统存在的安全漏洞、为操作系统提供补丁安全服务、提供为个人计算机上资源的授权访问及提供入侵检测功能等。

9.4.5　防火墙的部署应用

（1）驻留主机的防火墙（Host-Resident Firewall）。这类防火墙包括个人防火墙软件和服务器上的防火墙软件。这种防火墙可以单独使用，也可以作为全面防火墙的一个部分进行部署。

（2）屏蔽路由器（Screening Router）。外部网络与内部网络之间具有无状态或者全部包过滤功能的单个路由器。这种布置通常适用于小型网络或家庭办公室应用。

（3）独立内嵌堡垒主机（Single Bastion Inline）。一种在外部路由器和内部路由器之间的单独的防火墙设备。这种防火墙可以实现状态检测过滤和应用代理。这是小中型机构应用的典型防火墙配置。

（4）独立 T 形堡垒主机（Single Bastion T）。类似于独立内嵌堡垒主机，但是在堡垒主机上有一个单独的接口通往非军事区 DMZ，外部可见的服务器设置在 DMZ 内。这是大中型机构中常用的一种应用配置结构。

（5）双内嵌堡垒主机（Double Bastion Inline）。图 9-14 给出了这种配置，在这种结构中，DMZ 被夹在两个堡垒防火墙中间。这种配置通常常用在大型商业机构和政府机构中。

（6）双 T 形堡垒主机（Double Bastion T）。图 9-15 展示了这种结构。DMZ 连接在堡垒主机的一个独立的网络接口上。这种配置同样常见于大型商业机构和政府机构中，并且可能是被要求使用的，如这种配置被澳大利亚政府要求使用。

（7）分布式防火墙配置。如图 9-18 所示，这种配置被大型商业机构和政府部门使用。

小　　结

　　本章首先介绍了防火墙的基本概念、类型、功能和策略，然后重点讲解了防火墙的基本原理，对包过滤防火墙、状态检测防火墙、应用级网关防火墙、电路级网关防火墙、自治代理防火墙、分布式防火墙以及个人防火墙进行了详细的介绍。之后，全面阐述了防火墙的 3 种体系结构以及典型的部署方式。通过本章的内容，使读者对防火墙技术有一个全面的了解和认识，对企业构建防火墙以及个人使用防火墙软件提供了技术指导。

习　题　9

　　1. 选择题。

　　(1) 下列关于防火墙的说法错误的是(　　　)。

　　　　A. 它是不同网络或网络安全域之间信息的唯一出入口

　　　　B. 它能够有效地监控内部网和外部网之间的所有活动

　　　　C. 它是位于网络特殊位置的一系列安全部件的组合

　　　　D. 它必须是专用的硬件设备

　　(2) 下列有关防火墙的功能描述错误的是(　　　)。

　　　　A. 防火墙不能防范不经过防火墙的攻击

　　　　B. 防火墙不能解决来自内部网络的攻击和安全问题

　　　　C. 防火墙可以传送已感染病毒的软件或文件

　　　　D. 防火墙可以作为部署网络地址转换的逻辑地址

　　(3) 应用级网关防火墙工作在 OSI 的(　　　)。

　　　　A. 应用层　　　　　B. 网络层　　　　　C. 传输层　　　　　D. 会话层

　　(4) Socks V5 的优点是定义了非常详细的访问控制，它在 OSI 的(　　　)层控制数据流。

　　　　A. 应用层　　　　　B. 网络层　　　　　C. 传输层　　　　　D. 会话层

　　(5) JOE 是公司的一名业务代表，经常要在外地访问公司的财务信息系统，他应该采用的安全、廉价的通信方式是(　　　)。

　　　　A. PPP 连接到公司的 RAS 服务器上　　B. 远程访问 VPN

　　　　C. 与财务系统的服务器 PPP 连接　　　　D. 电子邮件

　　2. 填空题。

　　(1) 防火墙一般是指在_____和_____间执行访问控制策略的一个或一组系统。

　　(2) 防火墙通过_____、_____、_____和_____ 4 种技术来控制访问和执行站点安全策略。

　　(3) 防火墙通常采用_____和_____两种基本的技术。

　　(4) 包过滤防火墙工作在 OSI 网络参考模型的_____层和_____层。

　　(5) 在状态检测防火墙中有一个状态检测表，它由_____和_____两部分构成。

3．名词解释。

（1）堡垒主机。

（2）包过滤。

（3）代理服务器。

（4）VPN。

（5）DMZ。

4．问答题。

（1）试分析防火墙的"拒绝没有特别允许的任何事情"和"允许没有特别拒绝的任何事情"这两条策略的特点。

（2）说明 Internet 防火墙的体系结构及其主要特点。

（3）应用级网关防火墙是如何工作的？

（4）状态检测防火墙是如何工作的？与静态包过滤防火墙相比有何应用特点？

（5）防火墙的部署方式有哪些？

5．课外实践。

选择一款个人防火墙软件（如瑞星个人防火墙软件），通过对安全规则的配置掌握个人防火墙的功能和应用特点。

第 10 章　入侵检测技术

本章导读：

作为网络与信息安全领域的一项重要技术，入侵检测是整个信息安全防护体系的重要组成部分。它通过从计算机网络或计算机系统中的若干关键点收集信息，并对这些信息进行分析，从中发现网络或系统中是否有违反安全策略的行为和被攻击的迹象，从而对这些攻击采取相应的措施。本章主要介绍入侵检测的概念、模型、技术原理以及检测评估方法。

10.1　入侵检测概述

入侵检测是继"防火墙""信息加密"等传统安全保护方法之后出现的新一代安全保障技术。它监视计算机系统或网络中发生的事件，并对它们进行分析，以寻找危及信息机密性、完整性、可用性或绕过安全机制的入侵行为。

传统的安全技术有很多，如密码技术、防火墙技术及访问控制技术等。但是这些技术都是被动的防御技术，不能主动发现入侵。以防火墙技术为例来介绍传统安全技术的局限性。

防火墙是阻止黑客攻击的一种有效手段，但随着攻击技术的发展，这种单一的防护手段已不能确保网络的安全，它存在以下的弱点和不足。

（1）防火墙无法阻止内部人员所做的攻击。

（2）防火墙对信息流的控制缺乏灵活性。

（3）在攻击发生后，利用防火墙保存的信息难以调查和取证。

为了确保计算机系统和计算机网络的安全，必须建立一整套的安全防护体系，进行多层次、多手段的检测和防护。入侵检测就是安全防护体系中重要的一环，它能够及时识别系统和网络中发生的入侵行为并实时报警，起到主动防御的作用。

入侵检测是对防火墙等技术的有益补充。入侵检测系统能在入侵攻击对系统发生危害前检测到入侵攻击，并利用报警与防护系统驱逐入侵攻击。在入侵攻击过程中，能减少入侵攻击所造成的损失。在入侵攻击之后，能收集入侵攻击的相关信息，作为防范系统的知识添加到知识库中，增强系统的防范能力，避免系统再次受到入侵。入侵检测系统被认为是防火墙之后的第二道安全闸门，在不影响网络性能的情况下能对网络进行监听，从而提供对内部攻击、外部攻击和误操作的实时防护，大大提高了系统和网络的安全性。

入侵检测的优点如下。

（1）保证信息安全构造的其他部分的完整性。

（2）提高系统的监控能力。

（3）从入口点到出口点跟踪用户的活动。

（4）识别和汇报数据文件的变化。

（5）侦测系统配置错误并纠正。

（6）识别特殊攻击类型，并向管理人员发出警报，进行防御。

入侵检测的缺点如下。

(1) 不能弥补差的认证机制。

(2) 如果没有人的干预，不能管理攻击调查。

(3) 不能知道安全策略的内容。

(4) 不能弥补网络协议上的缺陷。

(5) 不能弥补系统提供质量或完整性的问题。

(6) 不能分析一个堵塞的网络。

入侵检测（Intrusion Detection，ID）是指通过从计算机系统或计算机网络中若干关键点收集信息并对其进行分析，从中发现系统或网络中是否有违反安全策略的行为和遭到攻击的迹象，同时做出响应的安全技术。进行入侵检测的软件或硬件系统就是入侵检测系统（Intrusion Detection System，IDS）。

10.1.1　入侵的方法和手段

入侵是指有人（通常称为"黑客"或攻击者）试图进入或者滥用用户的系统，如偷窃机密数据、滥用用户的电子邮件系统发送垃圾邮件等。针对信息系统的入侵（或攻击）的方法和手段有很多，而且呈越来越多的趋势。下面介绍几种主要的网络入侵的方法和手段。

1. 端口扫描与漏洞攻击

许多网络入侵是从扫描开始的。利用扫描工具能找出目标主机上各种各样的漏洞，有些漏洞尽管早已公之于众，但在一些系统中仍然存在，于是给了外部入侵可乘之机。

常用的短小而实用的端口扫描工具是一种获取主机信息的好方法。端口扫描是一种用来查找网络主机开放端口的方法，正确地使用端口扫描，能够起到防止端口攻击的作用。管理员可用端口扫描软件来执行端口扫描测试。对一台主机进行端口扫描也就意味着在目标主机上扫描各种各样的监听端口。同样，端口扫描也是"黑客"常用的方法，端口扫描结果可以为攻击者进行下一步攻击做好准备。

漏洞攻击是利用网络设备和操作系统的漏洞进行攻击的方法。比如利用 IIS 的 Unicode 编码漏洞、Webdav 漏洞攻击成功后，"黑客"此刻执行的任何命令都是在被入侵的主机上运行的，危害相当大。

2. 密码攻击

密码攻击是最古老的网络攻击方式，它是通过使用工具获取用户的账户和密码，利用用户的弱密码或者空密码对计算机实施攻击。密码的安全和多种因素有关，如密码的强度、密码文件的安全、密码的存储格式等。常用密码破解方法有 3 种，即字典攻击、暴力攻击和混合攻击。

增强密码的强度、保护密码存储文件和服务器合理利用密码管理工具是有效避免网络入侵者利用密码破解渗透实施攻击的必不可少的措施。

3. 网络监听

网络监听是指在计算机网络接口处截获网上计算机之间通信的数据。它常能轻易地获得用其他方法很难获得的信息，如用户口令、金融账号、敏感数据、低级协议信息（IP 地址、路由信息、TCP 套接字号等）。

网络监听一般都是利用工具软件，如 Wireshark、Sniffer、Ethereal 等，来监视网络的状态、数据流动情况及网络上传输的信息。当信息以明文的形式在网络上传输时,就可以使用网络监听的方式来进行攻击。将网络接口设置在监听模式,便可以将网上源源不断传输的信息截获。黑客们常常用它来截获用户的口令。

4. 拒绝服务攻击

拒绝服务(Denial of Service,DoS)攻击是一种简单的破坏性攻击,通常是利用 TCP/IP 协议的某个弱点,或者是系统存在的某些漏洞,通过一系列动作来消耗目标主机或者网络的资源,达到干扰目标主机或网络,甚至导致被攻击目标瘫痪,无法为合法用户提供正常网络服务的目的。典型的拒绝服务攻击有 SYN 风暴、Smurf 攻击、Ping of Death 等。

分布式拒绝服务攻击(Distributed DoS,DDoS)是在传统的 DoS 攻击基础上产生的一类攻击方法。单一的 DoS 攻击一般是采用一对一的方式,当攻击目标 CPU 速度低、内存小或者网络带宽窄时它的效果非常明显。随着计算机与网络技术的发展,计算机的处理能力迅速增长,内存大大增加,同时也出现了千兆级别的网络,这使得 DoS 攻击的困难程度加大,这时 DDoS 就应运而生了。DDoS 的特点是先使用一些典型的黑客入侵手段控制一些高性能的服务器,然后在这些服务器上安装攻击程序,集数十台、数百台甚至上千台机器的力量对单一攻击目标实施攻击。在悬殊的带宽力量对比下,被攻击的主机会很快因为不胜重负而瘫痪。实践证明,这种攻击方式是非常有效的,而且难以抵挡。DDoS 技术发展十分迅速,这是由于其隐蔽性和分布性很难被识别和防御。

5. 缓冲区溢出攻击

缓冲区溢出又叫做堆栈溢出。缓冲区是计算机内存中临时存储数据的区域,通常由需要使用缓冲区的程序按照指定的大小来创建。在某些情况下,如果用户输入的数据长度超过应用程序给定的缓冲区,就会覆盖其他数据区,这种现象称为缓冲区溢出。源代码中容易产生漏洞的部分是对库的调用,如 C 语言程序对 strcpy()和 sprintf()函数的调用,这两个函数都不检查输入参数的长度。

一般情况下,覆盖其他数据区的数据是没有意义的,最多造成应用程序错误,但是,如果输入的数据是经过黑客精心设计的,覆盖缓冲区的数据是攻击者的入侵程序代码,那么入侵者就获得了计算机完全的访问控制权。

6. 欺骗攻击

欺骗包括社会工程学的欺骗和技术欺骗。

社会工程学是使用计谋和假情报去获得密码和其他敏感信息的科学。研究一个站点的策略,就是尽可能多地了解这个组织的个体,因此黑客不断试图寻找更加精妙的方法从他们希望渗透的组织那里获得有价值的信息。目前社会工程学欺骗主要包括打电话请求密码和伪造 E-Mail 两种方式。

技术欺骗攻击就是将一台计算机假冒为另一台被信任的计算机进行信息欺骗。欺骗可发生在 TCP/IP 网络的所有层次上,几乎所有的欺骗都破坏网络中计算机之间的信任关系。欺骗作为一种主动的攻击,不是进攻的结果,而是进攻的手段,进攻的结果实际上使信任关系被破坏。通过欺骗建立虚假的信任关系后,可破坏通信链路中正常的数据流,或者插入假数据,或者骗取对方的敏感数据。欺骗攻击的方法主要有 IP 欺骗、DNS 欺骗和 Web 欺骗3 种。

10.1.2　入侵检测的产生与发展

入侵检测系统(Intrusion Detection System,IDS)作为安全体系中的一个重要环节,从实验室原型研究到推出商业化产品、走向市场获得广泛认同,已经经历了 20 多年的风雨坎坷之路。

1. 概念的诞生

20 世纪 70 年代,随着计算机速度、数量的增长以及体积的减小,对计算机安全的需求也显著增加。在美国国防部的支持下,1980 年 4 月,James P. Anderson 为美国空军做了一份"计算机安全威胁监控与监视"(Computer Security Threats Monitoring and Surveillance)的技术报告,第一次详细阐述了入侵检测的概念。他提出了对计算机风险和威胁的分类方法,并将威胁分为外部渗透、内部渗透和不法行为 3 种类型,还提出了利用审计跟踪数据监视入侵活动的思想。

2. 主机 IDS 研究

1984—1986 年,美国乔治敦大学的 Dorothy E. Denning 和 SRI(Stanford Research Institute)公司计算机科学实验室的 Peter Neumann 研究出一种实时入侵检测系统模型,取名为入侵检测专家系统(Intrusion Detection Expert System,IDES),与传统的加密和访问控制相比,入侵检测系统是全新的计算机安全措施。

1988 年,SRI/CSL 的 Teresa Lunt 等人改进了 Denning 的入侵检测模型,并成功开发了一个 IDES。该系统包括一个异常检测器和一个专家系统,分别用于统计异常模型的建立和基于规则的特征分析检测。该系统被认为是入侵检测研究中最有影响的一个系统,也是第一个在应用中运用了统计和基于规则两种技术的系统。

随后,对于检测主机的攻击一直是入侵检测的重点,虽然有的是在局域网环境下展开的,但是对于协同攻击和多域联合攻击没有检测能力。

3. 网络 IDS 研究

1990 年是入侵检测系统发展的一个分水岭。这一年,加州大学戴维斯分校的 L. T. Heberlein 等人开发了网络安全监视器(Network Security Monitor,NSM)。该系统第一次直接将网络流作为审计数据来源,因而可以在不将审计数据转换成统一格式的情况下监控异常主机。此后,入侵检测系统发展史翻开了新的一页,基于网络的入侵检测系统和基于主机的入侵检测系统两大阵营正式形成。

1991 年,NADIR(Network Anomaly Detection and Intrusion Reporter)与 DIDS (Distributed Intrusion Detection System)提出收集和合并来自多个主机的审计信息,来检测针对多个主机的协同攻击。

网络 IDS 的研究方法有两种:一是分析各主机的审计数据,并分析各主机审计数据之间的关系;二是分析网络数据包。

自 20 世纪 90 年代至今,入侵检测系统的研发呈现出百家争鸣的繁荣局面,并在智能化和分布式两个方面取得了长足的进展。

4. 主机和网络 IDS 的集成

1990 年以前,大部分入侵检测系统都是基于主机的,它们对于活动性的检查局限于操作系统审计数据及其他以主机为中心的信息源。1990 年出现的 NSM 是面向局域网的

IDS,它把入侵检测扩展到了网络环境中。此时,由于 Internet 的发展及通信和网络带宽的增加,系统的互联性已经有了显著提高,导致人们对计算机安全关注程度也显著提高。1988年的 Internet 蠕虫事件使人们对计算机安全的关注达到了令人激动的程度,同时增加了对商业界和学术界的研究资助。分布式入侵检测系统(DIDS)最早试图把基于主机的方法和网络监视方法集成在一起。

DIDS 的开发是一个大规模的合作开发,由美国空军、国家安全局和能源部共同资助空军密码支持中心、劳伦斯利弗摩尔国家实验室、加州大学戴维斯分校、Haystack 实验室,开展了对 DIDS 的研究。它是将主机入侵检测和网络入侵检测的能力集成的第一次尝试,以便一个集中式的安全管理小组能够跟踪安全侵犯和网络间的入侵。

10.1.3 入侵检测的过程

从计算机安全的目标来看,入侵的定义是:企图破坏资源的完整性、保密性、可用性的任何行为,也指违背系统安全策略的任何事件。入侵行为不仅是指来自外部的攻击,同时内部用户的未授权行为也是一个重要的方面,内部人员滥用特权的攻击会对系统造成重大安全隐患。从入侵策略的角度看,入侵可分为企图进入、冒充其他合法用户、成功闯入、合法用户的泄露、拒绝服务及恶意使用等几个方面。

入侵检测的一般过程是信息收集、数据分析、响应(主动响应和被动响应),如图 10-1所示。

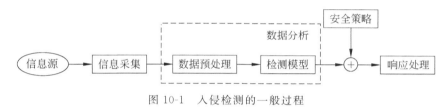

图 10-1 入侵检测的一般过程

1. 信息收集

信息收集的内容包括系统、网络、数据用户活动的状态和行为。入侵检测使用的数据,即信息源,是指包含最原始的入侵行为信息的数据,主要是系统、网络的审计数据或原始的网络数据包。IDS 收集的检测数据主要有以下几类。

1)系统和网络日志文件

黑客经常在系统日志文件中留下踪迹,因此充分利用系统和网络日志文件是检测入侵的必要条件。日志中包含发生在系统和网络上的不寻常和不期望活动的证据,这些证据可以指出有人正在入侵或已经成功入侵了系统。通过查看日志文件,能够发现成功的入侵或入侵企图,并很快地启动相应的应急响应程序。日志文件中记录了各种行为类型,每种类型又包括不同的信息。例如,记录"用户活动"类型的日志,就包含登录、用户 ID 改变、用户对文件的访问、授权和认证信息等内容。当然,对用户活动来讲,不正常或不期望的行为就是重复登录失败、登录到不期望的位置以及非授权的企图访问重要文件等。

2)目录和文件的异常改变

网络环境中的文件系统包含很多软件和数据文件,其中包含重要信息的文件和包含私有数据文件经常是黑客修改和破坏的目标。目录和文件中的异常改变(包括修改、创建和删除），特别是那些正常情况下的限制访问，很可能就是一种入侵产生的指示和信号。黑客经常替换、修改和破坏他们获得访问权的系统上的文件，同时为了隐藏系统中他们的活动痕迹，通常都会尽力替换系统程序或修改系统日志文件。

3）程序执行中的异常行为

网络数据库上的程序执行一般包括操作系统、网络服务、用户启动的程序和特定目的的应用，如数据库服务器。每个在系统上执行的程序由一个或多个进程来实现。每个进程在具有不同权限的环境中执行，这种环境控制着进程可访问的系统资源、程序和数据文件等。一个进程的执行行为由它运行时执行的操作来表现，操作执行的方式不同，它利用的系统资源也就不同。操作包括计算、文件传输、设备和其他进程以及与网络间其他进程的通信。一个进程出现了异常行为可能表明黑客正在入侵用户的系统。黑客可能会将程序或服务的运行分解，从而导致它失败，或者是以非法用户或管理员希望的方式操作。

4）物理形式的入侵信息

这包括两个方面的内容：一是对网络硬件的未授权连接；二是对物理资源的未授权访问。黑客会想方设法突破网络的周边防卫，如果他们能够在物理上访问内部网，他们就能安装自己的设备和软件，然后利用这些设备和软件去访问网络。

5）其他 IDS 的报警信息

IDS 可以与其他网段或主机的 IDS 进行联动，其他 IDS 的报警信息也能作为 IDS 的数据源使用。

2. 数据分析

数据预处理是指对收集到的数据进行预处理，将其转化为检测模型所接受的数据格式，包括对冗余信息的去除，即数据简约，这是入侵检测研究领域的关键，也是难点之一。检测模型是指根据各种检测算法建立起来的检测分析模型，它的输入一般是经过数据预处理后的数据，输出是对数据属性的判断结果，数据属性一般是针对数据中包含的入侵信息的断言。

检测结果即检测模型输出的结果，由于单一的检测模型的检测率不理想，往往需要利用多个检测模型进行并行分析处理，然后对这些检测结果进行数据融合处理，以达到满意的效果。安全策略是指根据安全需求设置的策略。

对于收集到的有关系统、网络、数据及用户活动的状态和行为等信息，一般通过 3 种技术手段进行分析，即模式匹配、统计分析和完整性分析。其中，模式匹配和统计分析用于实时的入侵检测，而完整性分析则用于事后分析。

1）模式匹配

模式匹配就是将收集到的信息与已知网络入侵和系统误用模式数据库进行比较，从而发现违背安全策略的行为。该过程可以很简单（如通过字符串匹配以寻找一个简单的条目或指令），也可以很复杂（如利用正规的数学表达式来表示安全状态的变化）。通常，一种攻击模式可以用一个过程（如执行一条指令）或者一个输出（如获得权限）来表示。该方法的优点是只需要收集相关的数据集合，从而减少了系统负担，与病毒防火墙采用的方法一样，检测准确率和效率都相当高。但是，该方法存在的弱点是不能检测出从未出现过的黑客攻击手段，它需要不断地进行升级以应对不断出现的黑客攻击手段。

2）统计分析

统计分析方法首先给系统对象（如用户、文件、目录和设备等）创建一个统计描述，统计正常使用时的一些测量属性（如访问次数、操作失败次数和延时等）。测量属性的平均值将被用来与网络、系统的行为进行比较，任何观察值在正常值范围之外时，就认为有入侵行为发生。例如，统计分析可能标志一个不正常行为，它发现一个在早八点至晚六点不登录的账户却在深夜两点试图登录。其优点是可检测到未知的和更为复杂的入侵，缺点是误报、漏报率高，且不适应用户正常行为的突然改变。目前，基于专家系统的、基于模型推理的和基于神经网络的统计分析方法正处于热点研究和迅速发展中。

3）完整性分析

完整性分析主要关注某个文件或对象是否被更改，包括文件和目录的内容及属性，尤其在发现是否应用程序被更改、被特洛伊化这方面特别有效。完整性分析利用强有力的加密机制，如单向散列函数，就能识别哪怕是1b的变化。其优点是不管模式匹配方法和统计分析方法能否发现入侵，只要是攻击导致了文件或其他对象的改变，它就能够发现。缺点是一般以批处理方式实现，不用于实时响应。

3. 响应

响应处理主要是指综合安全策略和检测结果所做出的响应过程，包括产生检测报告、通知管理员、断开网络连接或更改防火墙的配置等积极的防御措施。

入侵检测作为动态安全技术的核心技术之一，是一种增强系统安全的有效方法，也是安全防御体系的一个重要组成部分。它完善了以前的静态安全防御技术的诸多不足，是对防火墙的合理补充。通过入侵检测系统的部署可以扩展系统管理员的安全管理能力（包括安全审计、监视、攻击识别和响应），帮助系统检测和防范网络攻击，提高信息安全基础结构的完整性。

入侵检测系统的作用与功能如下。

（1）监控、分析用户和系统的活动。

（2）审计系统的配置和弱点。

（3）评估关键系统和数据文件的完整性。

（4）识别攻击的活动模式。

（5）对异常活动进行统计分析。

（6）对操作系统进行审计跟踪管理，识别违反政策的用户活动。

为了达到上述目标，入侵检测系统至少应包括以下几个功能部件。

（1）提供事件记录的信息源。

（2）发现入侵迹象的分析引擎。

（3）基于分析引擎的结果产生反应的响应部件。

入侵检测系统就其最基本的形式来讲，就是一个分类器，它是根据系统的安全策略来对收集到的事件或状态信息进行分类处理，从而判断出入侵和非入侵的行为。

一般来说，入侵检测系统在功能结构上是基本一致的，都是由数据采集、数据分析和响应部件等几个功能模块组成，只是具体的入侵检测系统在采集数据、采集数据的类型及分析数据的方法等方面有所不同而已。

针对目前计算机系统和网络存在的安全问题，一个实用的方法是建立比较容易实现的安全系统,同时按照一定的安全策略建立相应的安全辅助系统。入侵检测系统就是这样一类系统。就目前系统安全状况而言,系统存在被攻击的可能性。如果系统遭到攻击,只有尽可能地检测到,甚至是实时地检测到,然后采取适当的处理措施。入侵检测系统是采取预防的措施以防止入侵事件的发生,它作为安全技术的主要目的如下。

(1) 识别入侵者。

(2) 识别入侵行为。

(3) 检测和监视已成功的安全突破。

(4) 为对抗入侵及时提供重要信息,阻止事件的发生和事态的扩大。

同样,入侵检测系统作为系统和网络安全发展史上一个具有划时代意义的研究成果,要想真正成为一种成功的产品,至少要满足实时性、可扩展性、适应性、安全性、可用性和有效性等性能要求。

10.2 入侵检测技术原理

10.2.1 入侵检测的工作模式

无论对于什么类型的入侵检测系统,其基本工作模式(图 10-2)都可以描述为以下 4 个步骤。

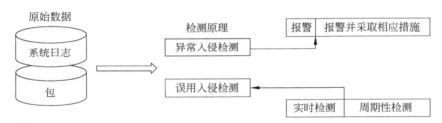

图 10-2 入侵检测系统的基本工作模式

(1) 从系统的不同环节收集信息。

(2) 分析该信息,试图寻找入侵活动的特征。

(3) 自动对检测到的行为作出响应。

(4) 记录并报告检测过程的结果。

一个典型的入侵检测系统从功能上可以分为 3 个组成部分,即感应器(Sensor)、分析器(Analyzer)和管理器(Manager),如图 10-3 所示。

管理器		
分析器		
感应器		
网络	主机	应用程序

图 10-3 入侵检测系统的功能结构

其中,感应器负责收集信息。其信息源可以是系统中可能包含入侵细节的任何部分,一般比较典型的信息源有网络数据包、Log 文件和系统调用的记录等。感应器收集这些信息并将其发送给分析器。

分析器从许多感应器接收信息,并对这些信息进行分析以决定是否有入侵行为发生。如果有入侵行为发生,分析器将提供关于入侵的具体细节,并提供可能采取的对策。一个入侵检测系统通常也可以对所检测到的入侵行为采取相应的措施进行反击。例如,在防火墙处丢弃可疑的数据包,当用户表现出不正常行为时拒绝其进行访问,以及向其他同时受到攻击的主机发出警报等。

管理器通常也称为用户控制台,它以一种可视的方式向用户提供收集到的各种数据及相应的分析结果,用户可以通过管理器对入侵检测系统进行配置,设定各种系统的参数,从而对入侵行为进行检测以及对相应措施进行管理。

10.2.2 入侵检测方法

入侵检测系统常用的检测方法有特征检测、统计检测和专家系统等。目前入侵检测系统中绝大多数属于使用入侵模板进行模式匹配的特征检测系统,少数属于采用概率统计的统计检测系统和基于日志的专家知识库系统。

1. 特征检测

特征检测对已知的攻击或入侵的方式做出确定性的描述,形成相应的事件模式。当被审计的事件与已知的入侵事件相匹配时则立即报警。特征检测在原理上与专家系统相仿,在检测方法上与计算机病毒的检测方法类似。目前基于对包特征描述的模式匹配应用较为广泛。该方法预报检测的准确率较高,但对于无经验知识的入侵与攻击行为无能为力。

2. 统计检测

统计模型常用于异常入侵检测。在统计模型中常用的测量参数包括审计事件的数量、间隔时间、资源消耗情况等。常用的 5 种统计监测模型如下。

(1) 操作模型。该模型假设异常,可通过测量结果与一些固定指标相比较得到,固定指标可以根据经验值或一段时间内的统计平均值得到,如在短时间内的多次失败的登录有可能是口令尝试攻击。

(2) 方差模型。该模型计算参数的方差,并设定其置信区间,当测量值超过置信区间的范围时表明有可能异常。

(3) 多元模型。该模型是操作模型的扩展,它通过同时分析多个参数实现入侵检测。

(4) 马尔科夫过程模型。该模型将每种类型的事件定义为系统状态,用状态转移矩阵来表示状态的变化,当一个事件发生时,或状态矩阵转移的概率较小时,则可能是异常事件。

(5) 时间序列分析模型。该模型将事件计数与资源耗用按时间排成序列。如果一个新事件在该事件发生的概率较低,则该事件可能是入侵事件。

统计方法的最大优点是它可以"学习"用户的使用习惯,从而具有较高检出率与可用率。但是它的"学习"能力也给入侵者以可乘之机,通过逐步"训练",使入侵事件符合正常操作的统计规律,从而骗过入侵检测系统。

3. 专家系统

专家系统使用规则对入侵进行检测,通常是针对有特征的入侵行为。规则就是知识,不同的系统与设置具有不同的规则,且规则之间往往无通用性。专家系统的建立依赖于知识库的完备性,知识库的完备性又取决于审计记录的完备性和实时性。入侵的特征抽取与表达,是入侵检测专家系统的关键。在系统实现中,将有关入侵的知识转换为 if-then 结构(也可以是复合结构),其中 if 部分为入侵特征,then 部分是系统防范措施。运用专家系统防范有特征的入侵行为的完全有效性取决于专家系统知识库的完备性。

该方法根据安全专家对可疑行为的分析经验来形成一套推理规则,然后在此基础上建立相应的专家系统,由此专家系统自动进行对所涉及的入侵行为的分析工作。该系统应当能够随着经验的积累而利用其自学习能力进行有规则的扩充和修正。

10.3 入侵检测的分类

根据入侵检测系统的特点,可以有多种方法对其进行分类。下面分别介绍按系统分析的数据源、分析方法和响应方式等几种常用标准对入侵检测系统进行分类。

10.3.1 按系统分析的数据源分类

根据入侵检测系统分析的数据源的不同,可以将入侵检测系统分为基于网络的入侵检测系统、基于主机的入侵检测系统及分布式入侵检测系统等。

1. 基于主机的入侵检测系统

基于主机的入侵检测系统(Host-based Intrusion Detection System,HIDS)通过监视与分析主机的审计记录作为数据源来检测入侵。通常是安装在被保护的主机上,主要是对该主机的网络实时连接以及对系统审计日志进行分析和检查,当发现可疑行为和安全违规事件时,系统就会向管理员报警,以便采取措施,其结构如图 10-4 所示。

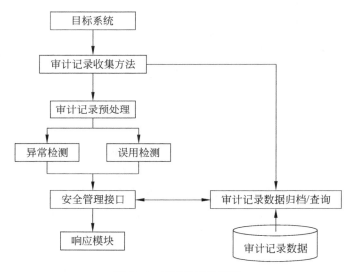

图 10-4 HIDS 结构框图

基于主机的入侵检测系统具有检测效率高、分析代价小、分析速度快的特点,能够迅速、准确地定位入侵者,并可以结合操作系统和应用程序的行为特征对入侵作进一步分析。但是也存在一些问题,如难以检测网络攻击、可移植性差、难以配置和管理等。在数据提取的实时性、充分性、可靠性方面基于主机日志的入侵检测系统不如基于网络的入侵检测系统。

2. 基于网络的入侵检测系统

基于网络的入侵检测系统(Network-based Intrusion Detection System,NIDS)通过侦听网络中的所有报文,分析报文的内容,统计报文的数量特征来检测各种攻击行为。一般安装在需要保护的网络上,实施监视网段中传输的各种数据包,并对这些数据包进行分析和检测,其结构如图 10-5 所示。

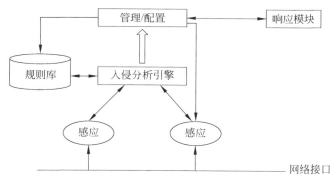

图 10-5　NIDS 结构框图

　　如果发现入侵行为或可疑事件,入侵检测系统就会报警,甚至切断网络连接。基于网络的入侵检测系统如同网络中的摄像机,只要在一个网络中安放一台或多台入侵检测引擎,就可以监视整个网络的运行情况,在黑客攻击造成破坏之前,预先发出警报。基于网络的入侵检测系统自成体系,它的运行不会给原系统和网络增加负担。

　　与基于主机的入侵检测系统相比,基于网络的入侵检测系统对入侵者是透明的,而且不需要主机提供严格的审计,因而对资源消耗小,并且由于网络协议是标准的,它可以提供对网络通用的保护,而无须顾及异构主机的不同架构。但是基于网络的入侵检测系统只检查它直接连接网络的通信,不能检测在不同网段的数据包,需要安装多台网络入侵检测系统的传感器,从而增加了系统成本。同时,由于性能目标通常基于网络的入侵检测系统采用特征检测的方法,因此它可以检测出一些普通的攻击,而很难实现一些复杂的需要大量计算与分析时间的攻击检测。

　　目前,大部分入侵检测产品都是基于网络的,如 Snort 软件(http://www.snort.org),其入侵特征更新速度与研发的进展已经超过了大部分商业化入侵检测产品。

3. 分布式入侵检测系统

　　基于网络的入侵检测系统和基于主机的入侵检测系统都有不足之处,单纯使用其中一种,系统的主动防御体系都不够强大。但是,它们的缺点是互补的。如果这两种系统能够无缝地结合起来部署在网络内,则会架构成一套强大的、立体的主动防御体系。综合利用两种类型的数据源以获得互补特性的系统称为混合式入侵检测系统,它既可发现网络中的攻击信息,也可从系统日志中发现异常情况。

　　分布式入侵检测系统(Distributed Intrusion Detection System,DIDS)是能够同时分析来自主机系统和网络数据流的入侵检测系统。DDIS 综合了基于主机和基于网络的 IDS 功能。它通过收集、合并来自多个主机的审计数据和检查网络通信,能够检测出多个主机发起的协同攻击,从而对数据进行分布式监视、集中式分析。

　　DIDS 一般为分布式结构,由多个部件构成,部件分布于不同的主机系统上,这些部件能够分别完成某一 NIDS 或 HIDS 的功能,并且是分布式入侵检测系统的一部分。部件之间通过统一的网络接口进行信息共享和协作检测,这样既简化了部件之间数据交换的复杂性,使得部件容易分布在不同主机上,又给系统提供了一个扩展的接口,其结构如图 10-6 所示。

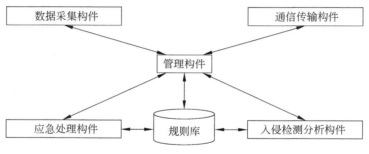

图 10-6　DIDS 结构框图

DIDS 的分布性表现在两个方面：首先，数据包过滤的工作由分布在各网络设备（包括联网主机）上的探测代理完成；其次，探测代理认为可疑的数据包根据其类型交给专用的分析层设备处理。各探测代理不仅实现信息过滤，同时监视所在系统，而分析层和管理层则可对全局的信息进行关联性分析，从而对网络信息进行分流，提高了检测速度，解决了检测效率低的问题，使得 DIDS 本身抗击拒绝服务攻击的能力也得到增强。

DIDS 的伸缩性、安全性都得到了显著提高，并且与集中式入侵检测系统相比，它对基于网络的 DIDS 共享数据量的要求较低。但维护成本较高，设计和实现较复杂，并且增加了所监控主机的工作负荷，如通信机制、审计开销、踪迹分析等。它将是今后入侵检测系统的研究重点，它是一种相对完善的体系结构，为日趋复杂的网络环境下安全策略的实现提供了较好的解决方案。

10.3.2　按分析方法分类

根据入侵检测系统所采用分析方法的不同，可以将入侵检测系统分为异常和误用入侵检测系统。

1. 异常入侵检测系统

异常入侵检测系统利用被监控系统正常行为的信息作为检测系统中入侵行为和异常活动的依据。在异常入侵检测中，假定所有入侵行为都是与正常行为不同的，这样，如果建立系统正常行为的轨迹，那么理论上可以把所有与正常轨迹不同的系统状态视为可疑企图。对于异常阈值与特征的选择是异常入侵检测的关键。比如，通过流量统计分析将异常时间的异常网络流量视为可疑。但是，异常入侵检测的局限是并非所有的入侵都表现为异常，而且系统的轨迹难以计算和更新。异常入侵检测方法还结合其他新技术实现有效的入侵检测，如基于统计方法的异常检测方法、基于数据挖掘技术的异常检测、基于神经网络的异常检测方法等。

2. 误用入侵检测系统

误用入侵检测系统根据已知入侵攻击的信息（知识、模式等）来检测系统中的入侵和攻击。在误用入侵检测中，假定所有入侵行为和手段（及其变种）都能够表达为一种模式或特征，那么所有已知的入侵方法都可以用匹配的方法发现。误用入侵检测的关键是如何表达入侵的模式，把真正的入侵与正常行为区分开来。其优点是误报少；局限性是它只能发现已知的攻击，对未来的攻击无能为力。

异常入侵检测系统与误用入侵检测系统的区别：前者试图发现一些未知的入侵行为，

它根据使用者的行为或资源使用状况来判断是否入侵;而后者则是标识一些已知的入侵行为,通过将一些具体的行为与已知行为进行比较,从而检测出入侵。前者的主要缺陷在于误检率很高,尤其在用户数目众多或工作行为经常改变的环境中;而后者由于依据具体特征库进行判断,准确率较高,但是漏报率也较高,而且需要经常更新特征库,可移植性不好。

10.3.3 按响应方式分类

根据检测系统对入侵攻击的响应方式的不同,可以将入侵检测系统分为主动和被动的入侵检测系统。

1. 主动入侵检测系统

主动入侵检测系统在检测出对系统的入侵攻击后,可自动对目标系统中的漏洞采取修补、强制可疑用户(可能的入侵者)退出系统以及关闭相关服务等对策和响应措施。

2. 被动入侵检测系统

被动入侵检测系统在检测出对系统的入侵攻击后,只是产生报警信息通知系统安全管理员,至于之后的处理工作则由系统管理员来完成。

10.4 入侵检测标准和模型

目前的入侵检测系统大部分是基于各自的需求和设计独立开发的,不同系统之间缺乏互操作性和互用性,这对入侵检测系统的发展造成了障碍。入侵检测系统标准化问题研究,是入侵检测技术和产品发展的必然要求,标准化的制定有利于不同的入侵检测系统之间增强信息共享和交换能力,加强入侵检测系统之间的交流和协作。

10.4.1 入侵检测通用标准 CIDF

为了提高入侵检测产品、组件及与其他安全产品(如防火墙等)之间的互操作性,美国国防高级研究计划署 DARPA 和 Internet 工程任务组 IETF 的入侵检测工作组(Intrusion Detection Work Group,IDWG)发起制定了一系列建议草案,从体系结构、通信机制、描述语言和应用程序接口 API 等方面规范入侵检测系统的标准。

DARPA 提出的建议草案是公共入侵检测框架(Common Intrusion Detection Framework,CIDF),最早是由加州大学戴维斯分校安全实验室主持起草工作。CIDF 标准化工作的核心思想是:入侵行为日益广泛和复杂,以至于依靠某个单一的入侵检测系统不可能检测出所有的入侵行为,因此需要一个入侵检测系统的合作来检测跨越网络或跨越较长时间段的不同攻击。为了尽可能减少标准化工作,CIDF 把入侵检测系统合作的重点放在了不同组件间的合作上。

CIDF 是一套规范,它提出了一个通用的入侵检测框架,然后进行这个框架中各个部件之间通信协议和 API 的标准化,以达到不同入侵检测组件的通信和管理。只要符合 CIDF 规范的入侵检测系统就可以共享检测信息,相互通信,协同工作,还可以与其他系统配合实施统一的配置响应和恢复策略。CIDF 的主要作用在于集成各种入侵检测系统使之协同工作,实现各入侵检测系统之间的组件重用,所以 CIDF 也是构建分布式入侵检测系统的基础。

CIDF 的规范文档主要包括 4 个部分,即体系结构、通信机制、描述语言和程序接口。

1. CIDF 的体系结构

CIDF 在入侵检测专家系统(Intrusion Detection Expert System,IDES)和网络入侵专家系统(Network Intrusion Detection Expert System,NIDES)的基础上提出了一个通用模型,将入侵检测系统分为 4 个基本组件,即事件产生器、事件分析器、响应单元和事件数据库,如图 10-7 所示。

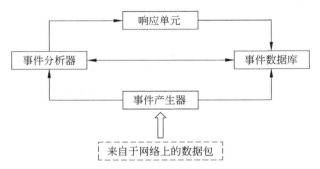

图 10-7　CIDF 的体系结构框图

在这个模型中,事件产生器、事件分析器和响应单元通常以应用程序的形式出现,而事件数据库则是文件或数据流的形式。很多 IDS 厂商都以数据收集部分、数据分析部分和控制台部分 3 个术语分别代替事件产生器、事件分析器和响应单元。

CIDF 将入侵检测系统需要分析的数据统称为事件,它可以是网络中的数据包,也可以是从系统日志或其他途径得到的信息。

CIDF 的 4 个组件所交换数据的形式都是通用入侵检测对象(Common Intrusion Detection Objects,CIDO),CIDO 是对事件进行编码的通用格式(由 CIDF 描述语言 CISL 定义)。一个 CIDO 可以表示在一些特定时刻发生的一些特定事件,也可以表示从一系列事件中得出的一些结论,还可以表示执行某个行动的指令。

1)事件产生器

事件产生器负责从入侵检测系统之外的计算环境中收集事件,并将这些事件转换成 CIDF 的 CIDO 格式传送给其他组件。例如,事件产生器可以是读取 C2 级审计踪迹并将其转换为 CIDO 格式的过滤器,也可以是被动的监视网络,并根据网络数据流产生事件的另一种过滤器,还可以是 SQL 数据库中产生描述事务的事件应用代码。

2)事件分析器

事件分析器分析从其他组件收到的 CIDO,并将产生的新的 CIDO 再传送给其他组件。例如,事件分析器可以是一个轮廓描述工具,统计性地检查现在的事件是否可能与以前某个事件来自同一事件序列;也可以是一个特征检测工具,用于在一个事件序列中检查是否有已知的滥用攻击特征;还可以是一个相关器,观察事件之间的关系,将有联系的事件放到一起,以利于以后的进一步分析。

3)事件数据库

事件数据库负责存储 CIDO,以备系统需要的时候使用。

4）响应单元

响应单元处理收到的CIDO,并据此采取相应的措施,如终止进程、切断连接、改变文件属性、报警等。

由于CIDF有一个标准格式CIDO,所以这些组件也适用于其他环境,只需要将典型的环境特征转换为CIDO格式即可,这样就加强了组件之间的消息共享和互通。

CIDF定义了入侵检测系统和应急系统之间通过交换数据的方式,共同协作来实现入侵检测和应急响应。CIDF的互操作有下面3类。

(1) 配置互操作,可相互发现并交换数据。

(2) 语法互操作,可正确识别交换的数据。

(3) 语义互操作,可相互正确理解交换的数据。

此外,CIDF还定义了入侵检测系统的6种协同方式,即分析方式、互补方式、互纠方式、核实方式、调整方式和响应方式。

2. CIDF 的通信机制

CIDF组件间的通信是通过一个层次化的结构完成的。CIDF将各组件之间的通信划分为3个层次结构,即CIDO层、消息层(Message)和协商传输层(Negotiated Transport),如图10-8所示。

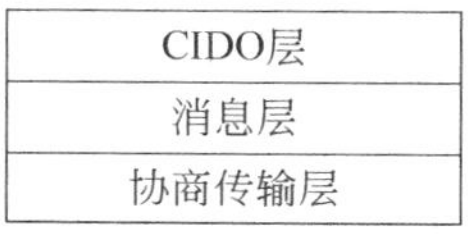

| CIDO层 |
| 消息层 |
| 协商传输层 |

图 10-8　CIDF 通信层次

其中协商传输层不属于CIDF规范,它可以采用很多种现有的传输机制来实现。消息层负责对传输的信息进行加密认证,然后将其可靠的从源传输到目的地,消息层不关心传输的内容,它只负责建立一个可靠的传输通道。CIDO层负责对传输信息的格式化,正是因为有了CIDO这种统一的信息表达格式,才使得各个入侵检测系统之间的互操作成为可能。

CIDF要实现协同工作,必须解决组件之间通信方面的两个问题。

(1) CIDF的一个组件怎样才能安全地联系到其他组件,其中包括组件的定位和组件的认证。

(2) 连接建立后,CIDF如何保证组件之间安全、有效地进行通信。

为了解决第一个问题,CIDF提出了一个可扩展性非常好的比较完备的解决方案,即采用匹配服务(Matchmaker)。匹配服务由通信模块、匹配代理、认证和授权模块以及客户端缓冲区4个部分组成,其中核心部件是匹配代理(Broker),匹配代理专门负责查询其他CIDF组件集。通常一个客户端有一个代理,但也可以把代理和客户端分开,这样一个代理就可以为多个客户端服务。匹配服务是一个标准的、统一的方法,使得CIDF的组件之间互相识别和定位,让它们能够共享信息。这样极大地提高组件间的互操作能力,从而使入侵检测和应急系统的开发变得容易。

第二个问题是通过消息层和协商传输层来解决的。消息层是为了解决如同步(如阻塞和非阻塞等)、屏蔽不同操作系统的不同数据表示、不同编程语言、不同数据结构等问题而提出的。它规定了Message的格式,并提出了双方通信的流程。此外,为了保证通信的安全性,消息层包含了鉴别、加密和签名等机制。

组件通信双方通过协商来确定传输机制,为了使下层通信设备和资源消耗最小,默认的传输机制是基于UDP的、可靠的CIDF消息传输。可选的传输机制选项还包括:直接基于UDP、不带确认和重传的CIDF消息层,基于UDP、使用确认和重传的CIDF消息层,直接基于 TCP 的 CIDF 消息层。需要协商的其他选项还包括机密性、鉴别和端口等。

通过 CIDF 的通信协议,一个 CIDF 组件能够正确、安全、有效地和其他组件进行通信。通信的内容,即消息层的传输内容,就是 CIDO 层的数据。消息层完全不知道它要传输的内容,这样有助于 CIDO 的独立性。CIDO 的数据用 CISL 来表示,这就使得它能够被通信双方的组件正确地识别。

3. CIDF 的描述语言

CIDF 的规范语言文档定义了一个公共入侵标准语言(Common Intrusion Specification Language,CISL),各入侵检测系统使用统一的 CISL 来表示原始事件信息、分析结果和响应指令,从而建立了入侵检测系统之间信息共享的基础。CISL 是 CIDF 的最核心也是最重要的内容。CISL 设计的目标如下。

(1) 表达能力。具有足够的词汇和复杂的语法来实现广泛的表达,主要针对事件的因果关系、事件的对象角色、对象的属性、对象之间的关系、响应命令或脚本等方面。

(2) 表示的唯一性。要求发送者和接收者对协商好的目标信息能够相互理解。

(3) 精确性。两个接收者读取相同的消息不能得到相反的结论。

(4) 层次化。语言中有一种机制能够用普通的概念定义详细、精确的概念。

(5) 自定义。消息能够自我解析说明。

(6) 效率。任何接收者对语言的格式理解开销不能成倍增加。

(7) 扩展性。语言里有一种机制能够让接收者理解发送者使用的词汇,或者是接收者能够利用消息的其余部分说明解析新词汇的含义。

(8) 简单。不需理解整个语言就能接收和发送消息。

(9) 可移植性。语言的编码不依赖于网络的细节或特定主机的消息。

(10) 容易实现。

为了满足以上要求,CISL 使用了一种类似 Lisp 语言的 S 表达式,它可以对标记和数据进行简单的递归编组,即对标记加上数据,然后封装在括号内完成编组。S 表达式的最开头是语义标识符 SID,用于显示编组列表的语义。例如,下面的 S 表达式:

```
(Time'18:16:16 Jul 3 2009')
```

该编组列表的 SID 是 Time,即时间为 2009 年 7 月 3 日 18 点 16 分 16 秒。

有时,只有使用很复杂的 S 表达式才能描述出某些事件的详细情况,这就需要使用大量的 SID。SID 在 CISL 中起着非常重要的作用,用来表示时间、定位、动作、角色、属性等,只有使用大量的 SID 才能构造出合适的句子。CISL 使用范例对各种事件和分析结果进行编码,把编码的句子进行适当的封装,就得到了 CIDO,因此 CIDO 的构建与编码是 CISL 的重点。

4. CIDF 的程序接口

CIDF 的程序接口文档描述了用于 CIDO 编码、解码以及传输的标准应用程序接口(Application Programming Interface,API)。API 提供的调用功能使得程序员可以在不了解编码和传递过程具体细节的情况下,以一种很简单的方式构建和传递 CIDO。

API 主要包括 CIDO 编码和解码 API、消息层 API、CIDO 动态追加 API、签名 API 和顶层 CIDF API 等几类。

CIDO 有两种表现形式：一种为逻辑形式，表现为 ASCII 文本的 S 表达式，它是用户可读的；另一种为编码形式，表现为二进制的与机器相关的数据结构。CIDO 编、解码 API 定义了 CIDO 在这两种形式之间进行转换的标准程序接口，它使应用程序可以方便地转换 CIDO 而不必关心其具体技术细节。每类 API 均包含数据结构定义、函数定义和错误代码定义等。

总之，CIDF 从组件通信着手，完成了一系列的标准化，主要体现在以下几个方面。

（1）通过组件标识查找，或更高层次上地通过特性查找通信双方的代理设施和查找协议。

（2）使用正确（认证）、安全（加密）、有效的组件间通信协议。

（3）定义了一种能使组件间互相理解的语言 CISL。

（4）说明了进行通信所用的主要 API。

如果完全按照 CIDF 标准化进行开发，就可以达到异构组件间的通信和管理，但是，这种标准化也有以下不足。

（1）复杂性。首先，建立代理设施和遵循查找协议查找对方非常复杂；其次，对 CISL 语义的理解也相当复杂。

（2）时效性。由于协议的复杂性，必然导致时间消耗过大，延时增长。

（3）协议的完整性。文档很多地方还不太完整，需要进一步细化。

上述 CIDF 的内容仅仅是 Internet 草案。不过 CIDF 的重要贡献在于将软件组件理论应用到入侵检测系统中，定义组件之间的接口方法，从而使得不同的组件能够互相通信和协作。

总的来说，入侵检测的标准化工作进展非常缓慢，现在各个入侵检测系统厂商几乎都不支持当前的标准，造成各入侵检测系统之间几乎不可能进行互相操作。但标准化终究是 IT 行业充分发展的一个必然趋势，而且标准化提供了一套比较完备、安全的解决方案。

10.4.2　入侵检测模型

在入侵检测系统的发展历程中，大致经历了 3 个阶段，即集中式阶段、层次式阶段和集成式阶段。代表这 3 个阶段的入侵检测系统的基本模型分别是通用入侵检测模型（Denning 模型）、层次化入侵检测模型（IDM）和管理式入侵检测模型（SNMP-IDAM）。下面分别介绍 3 种基本模型。

1. 通用入侵检测模型

1984—1986 年，在美国海军空间和海军战争系统司令部（SPAWARS）的资助下，由 Dorothy E. Denning 提出了一种通用入侵检测系统模型，如图 10-9 所示。

Denning 模型提出了异常活动和计算机不正当使用之间的相关性，它独立于任何特殊的系统、应用环境、系统脆弱性或入侵种类，因此提供了一个通用的入侵检测系统框架。Denning 模型能够检测出黑客入侵、越权操作及其他种类的非正常使用计算机系统的行为。该模型基于的假设是：计算机安全的入侵行为可以通过检查一个系统的审计记录，从中辨识异常使用系统的入侵行为。

Denning 模型由以下 6 个主要部分构成。

（1）主体。主体（Subjects）是指系统操作中的主动发起者，是在目标系统上活动的实

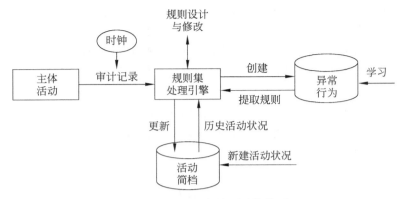

图 10-9   通用入侵检测系统模型

体,如计算机操作系统的进程、网络的服务连接等。

(2) 对象。对象(Objects)是指系统所管理的资源,如文件、设备、命令等。

(3) 审计记录。审计记录(Audit Records)是指主体对对象实施操作时系统产生的数据,如用户注册、命令执行和文件访问等。审计记录是一个六元组,其格式为<subject, action,object,exception-condition,resource-usage,time-stamp>,即<主体,活动,对象,异常条件,资源使用情况,时间戳>。

(4) 活动简档。活动简档(Activity Profile)用以保存主体正常活动的有关信息,其具体实现依赖于检测方法,在统计方法中从事件数量、频度、资源消耗等方面度量,可以使用方差、马尔科夫模型等方法实现。活动简档定义了事件计数器、间隔计时器和资源计量器 3 种类型的随机变量。

活动简档是一个十元组,其格式为<variable-name,action-pattern,exception-pattern, resource-usage-pattern, period, variable-type, threshold, subject-pattern, object-pattern, value>,即<变量名,活动模式,异常模式,资源使用模式,采样时间,变量类型,阈值,主体模式,对象模式,参数值>。

(5) 异常记录。异常记录(Anomaly Record)用以表示异常事件的发生情况,其格式为<event,time-stamp,profile>,即<事件,时间戳,活动简档>。

(6) 活动规则。活动规则(Activity Rules)指明当一个审计记录或异常记录产生时应采取的动作。规则集是检查入侵是否发生的处理引擎,根据活动简档用专家系统或统计方法等分析接收到的审计记录,调整内部规则或统计信息,在判断有入侵发生时采取相应的措施。规则由条件和动作两部分组成,包括审计记录规则、定期活动更新规则、异常记录规则和定期异常分析规则 4 种类型。

Denning 模型实际上是一个基于规则的模式匹配系统,不是所有的入侵检测系统都能够完全符合该模型。Denning 模型的最大缺点在于它没有包含已知系统漏洞或攻击方法的知识,而这些知识在许多情况下是非常有用的信息。

2. 层次化入侵检测模型

Steven Snapp 等人在设计和开发 DIDS 时,提出一个层次化的入侵检测模型(IDM)。该模型将入侵检测系统分为 6 个层次,从低到高依次为数据层(Data)、事件层(Event)、主体层(Subject)、上下文层(Context)、威胁层(Thread)和安全状态层(Security State)。

IDM模型给出了在推断网络中的计算机受攻击时数据的抽象过程,即它给出了将分散的原始数据转换为高层次的有关入侵和被检测环境的全部安全假设过程。通过把收集到的分散数据进行抽象加工和数据关联操作,IDM构造了一台虚拟的机器环境,这台机器由所有相连的主机和网络组成。将分布式系统看作是一台虚拟的计算机的观点简化了对跨越单机的入侵行为的识别。IDM也应用于只有单台计算机的小型网络。

下面来具体分析IDM的6个层次。

1)第一层:数据层

数据层包括主机操作系统的审计记录、局域网监视器结果和第三方审计软件包提供的数据。在该层中,描述客体的语法和语义与数据来源是相关联的,主机或网络上的所有操作都可以用这样的客体表示出来。

2)第二层:事件层

事件层处理的客体是对第一层客体的扩充,该层的客体称为事件。事件描述第一层的客体内容所表示的含义和固有的特征性质。用来说明事件的数据域有两个,即动作(Action)和领域(Domain)。动作描述了审计记录动态特征,而领域给出了审计记录的对象的特征。很多情况下,对象是指文件或设备,而领域要根据对象的特征或它所在文件系统的位置来确定。由于进程也是审计记录的对象,它们可以归到某个领域,这时就要看进程的功能。事件的动作包括会话开始、会话结束、读文件或设备、写文件或设备、进程执行、进程结束、创建文件或设备、删除文件或设备、移动文件或设备、改变权限、改变用户号等。事件的领域包括标签、认证、审计、网络、系统、系统信息、用户信息、应用工具、拥有者和非拥有者等。

3)第三层:主体层

主体层使用一个唯一标识号,用来鉴别在网络中跨越多台主机使用的用户。

4)第四层:上下文层

上下文层用来说明事件发生所处的环境,或者给出事件产生的背景。上下文分为时间型和空间型两类。例如,一个用户正常工作时间内不出现的操作在下班时出现,则这个操作很值得怀疑,这就属于时间型上下文。另外,事件发生的时间顺序也常能用来检测入侵,如一个用户频繁注册失败就可能表明入侵正在发生。IDM要选取某个时间为参考点,然后利用相关的事件信息来检测入侵。空间型上下文说明了事件的来源与入侵行为的相关性,事件与特别的用户或者一台主机相关联。例如,人们通常关心一个用户从低安全级别计算机向高安全级别计算机的转移操作,而反方向的操作则不太重要。这样,事件上下文使得可以对多个事件进行相关性入侵检测。

5)第五层:威胁层

威胁层考虑事件对网络和主机构成的威胁。当把事件及其上下文结合起来分析时,就能够发现存在的威胁。可以根据滥用的特征和对象对威胁类型进行划分,也就是说,入侵者做了什么和入侵的对象是什么。滥用分为攻击、误用和可疑等3种操作。攻击表明机器的状态发生了改变,误用则表示越权行为,而可疑只是入侵检测感兴趣的事件,但是不与安全策略冲突。

滥用的目标划分成系统对象或用户对象、被动对象或主动对象。用户对象是指没有权限的用户或者是用户对象存放在没有权限的目录,系统对象则是用户对象的补集。被动对象是文件,而主动对象是运行的进程。

6)第六层:安全状态层

IDM 的最高层用 1~100 的数字值来表示网络的安全状态,数字值越大,网络的安全性越低。实际上,可以将网络安全的数字值看作是系统中所有主体产生威胁的函数。尽管这种表示系统安全状态的方法会丢失部分信息,但是可以使安全管理员对网络系统的安全状态有一个整体印象。在 DIDS 中实现 IDM 模型时,采用一个内部数据库保存各个层次的信息,安全管理员可以根据需要查询详细的相关信息。

3. 管理式入侵检测模型

近年来,随着计算机网络技术的飞速发展,网络攻击手段也越来越复杂,攻击者大都是通过合作的方式来攻击某个目标系统,而单独的入侵检测系统难以发现这种类型的入侵行为。如果入侵检测系统也能够像攻击者那样合作,就有可能检测到。这样就需要有一种公共的语言和统一的数据表达格式,能够让入侵检测系统之间顺利交换信息,从而实现分布式协同检测。但是,相关事件在不同层面上的抽象表示也是一个很复杂的问题。基于这样的因素,北卡罗来纳州立大学的 Felix Wu 等人从网络管理的角度考虑入侵检测的模型,提出了基于简单网络管理协议(Simple Network Management Protocol,SNMP)的入侵检测系统,简称 SNMP-IDSM。

SNMP-IDSM 以 SNMP 为公共语言来实现入侵检测系统之间的消息交换和协同检测,它定义了入侵检测系统管理数据库(IDS Management Information Base,IDS-MIB),使得原始事件和抽象事件之间关系明确,并且易于扩展这些关系。SNMP-IDSM 的工作原理如图 10-10 所示。

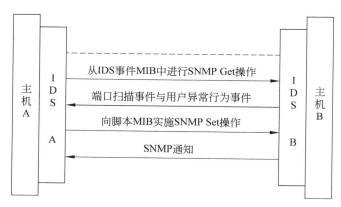

图 10-10　SNMP-IDSM 的工作原理实例

由图 10-10 可知,IDS-B 负责监视主机 B 和请求最新的入侵检测系统事件,主机 A 的 IDS-A 观察到了一个来自主机 B 的攻击企图,然后 IDS-A 和 IDS-B 联系,IDS-B 响应 IDS-A 的请求,IDS-B 半小时前发现有人扫描主机 B,这样,某个用户的异常活动事件被 IDS-B 发布。IDS-A 怀疑主机 B 受到了攻击。为了验证和寻找攻击者的来源,IDS-A 使用 MIB 脚本发送一些代码给 IDS-B。这些代码类似于 netstat 等命令,它们能够搜集主机 B 的网络活动和用户活动的信息。最后,这些代码的执行结果表明用户 X 在某个时候攻击主机 A,而且,IDS-A 进一步得知用户 X 来自于主机 C。这样,IDS-A 和 IDS-C 取得联系,要求主机 C 向 IDS-A 报告入侵事件。

一般来说,攻击者在一次入侵过程中通常会采取以下一些步骤。

(1) 使用端口扫描、操作系统检测或者其他黑客工具收集目标有关信息。

(2) 寻找系统的漏洞并利用这些漏洞,如 Sendmail 的错误、匿名 FTP 的误配置或者服务器授权给任何人访问等。一些攻击企图失败而被记录下来,另一些攻击企图则可能成功实施。

(3) 如果攻击成功,入侵者就会清除日志记录或者隐藏自己而不被其他人发现。

(4) 安装后门,如 Rootkit、木马或网络嗅探器等。

(5) 使用已攻破的系统作为跳板入侵其他主机,如用窃听口令攻击相邻的主机或者搜索主机间非安全信任关系等。

SNMP-IDSM 根据上述的攻击原理,采用五元组形式来描述攻击事件,该五元组的格式为<where,when,who,what,how>,其中各字段的含义如下。

(1) where:描述产生攻击的位置,包括目标所在地以及在什么地方观察到事件发生。

(2) when:事件的时间戳,用来说明事件的起始时间、终止时间、信息频率或发生的次数。

(3) who:表明入侵检测系统观察到的事件,如果可能的话,记录哪个用户或进程触发事件。

(4) what:记录详细信息,如协议类型、协议说明数据和包的内容。

(5) how:用来连接原始事件和抽象事件。

总之,SNMP-IDSM 定义了用来描述入侵事件的管理信息库 MIB,并将入侵事件分为原始事件(Raw Event)和抽象事件(Abstract Event)两层结构。原始事件指的是引起安全状态迁移的事件或者是表示单个变量偏移的事件,而抽象事件是指分析原始事件所产生的事件。原始事件和抽象事件的信息都用四元组<where,when,who,what>来描述。

4.3 种模型比较讨论

Denning 模型依靠分析主机的审计记录,因此,在网络环境下,Denning 模型存在局限性。首先,Denning 模型无法准确描述网络攻击行为,如远程泪滴 TearDrop 攻击。其次,网络攻击行为的复杂性,一些攻击者通过协作方式挖掘系统弱点,Denning 模型无法描述攻击者的操作过程,如通过 WWW 服务器的配置弱点获取敏感的口令字文件。第三,Denning 模型最多只能保护单一的主机,然而网络入侵攻击的目标是多样的,如邮件服务器主机、路由服务器或域名服务器、网络通信链路等军事入侵者的所选对象,而且攻击常常是相互关联的,Denning 模型无法判断出隐藏的攻击活动。第四,Denning 模型的局限是把入侵征兆的信息来源局限于审计记录,而这往往是不够的。事实上,任何审计系统都有自身的限制,未必能够提供入侵检测所需要的一切信息。许多瞬息即逝的信息,只有它们的综合或统计才有意义,也不可能要求审计系统把它们全都记录下来。入侵征兆的另一个重要的数据源是网络数据包,通过截取子网内往来的网络包,并进行协议解码,可以获得关于子网的很多重要信息,从而不仅可以为主机做入侵检测,还可以为整个子网做入侵检测。基于这些原因,必须扩展通用入侵检测模型,IDM 模型和 SNMP-IDSM 模型正是对 Denning 模型的补充。

总之,入侵检测模型要随着网络技术和入侵技术而变化。一是扩充入侵数据结构模型。入侵数据结构可以由事件类型、事件日期和时间、事件来源、事件目的地、事件发起者、事件接收者、通用域、原始信息等构成。为了方便对入侵数据的分析,最好将数据分层次、分类划分。不管何种格式,关键是要方便安全管理员和用户容易获得网络系统入侵情况报告。二是模型要易于扩充。入侵检测系统要适应网络和入侵技术的发展。近年来,一些研究人员运用软件模板的概念,开发出即插即用的新型入侵检测体系结构。虽说模型变化多端,但基本上是围绕异常检测和误用检测两种原理来展开。

关于入侵检测系统的体系结构,应该把握一个原则,只有在简单的体系结构无法满足需求时,才选择复杂的系统结构。复杂的系统结构的设计、实现和配置相对复杂,各个环节都容易引入安全漏洞,而且系统的实现周期长、成本高。所以不论是设计还是购买入侵检测产品,都应该以满足实际需要为基本原则,有时复杂的系统可能意味着更多的安全漏洞。

小　　结

入侵检测是继"防火墙""信息加密"等传统安全保护方法之后的新一代安全保障技术。它监视计算机系统和网络中发生的事件,并对它们进行分析,以寻找危及信息机密性、完整性、可用性或绕过安全机制的入侵行为。本章讲述了入侵检测的概念、模型、技术原理以及检测评估方法,重点对入侵检测的模型、入侵检测的分类进行了分析。

习　题　10

1. 简述入侵检测系统的组成。
2. 简述通用入侵检测框架模型的基本工作原理。
3. 基于网络的入侵检测系统和基于主机的入侵监测系统的区别是什么?
4. 什么是误用入侵检测?
5. 入侵检测系统的分类是什么?
6. 什么是入侵检测?入侵检测的基本步骤有哪些?
7. 什么是入侵?主要的入侵手段有哪些?
8. 试述基于主机的入侵检测系统和基于网络的入侵检测系统的区别。
9. 入侵检测系统为什么要进行分布式设计?
10. 简述 IDM 模型的工作原理。
11. 简述异常入侵检测系统和误用入侵检测系统的设计原理。
12. 为什么要对入侵检测系统进行标准化工作?
13. 什么是公共入侵检测框架 CIDF?它的主要内容是什么?
14. 如何减少虚假警报与漏报对系统监控的影响?

第11章　漏洞扫描技术

本章导读：

人无完人，计算机系统也不是十全十美的。与人患病类似，计算机系统在从它产生到灭亡的整个生命周期中，也会出现各种病症，也就是安全脆弱点。计算机系统也需要像人一样，定期进行"身体"检查，如果检查发现问题，就像人需要吃药、打针一样，计算机系统需要进行打补丁等处理以便系统能正常运行。由于系统本身的复杂性，在设计、实现、配置各个环节都可能引入安全漏洞。安全漏洞是客观的，它导致的危害也是严重的。本章首先对计算机系统的安全脆弱性进行分析，然后介绍一种目前用于安全脆弱性分析的主要技术——漏洞扫描技术。

11.1　安全脆弱性分析

11.1.1　入侵行为分析

1. 入侵行为定义

黑客的入侵行为很难界定，也很难被发现。怎样才算是受到了黑客的入侵呢？Anderson 在 1980 年给出了入侵的定义：入侵是指在非授权的情况下，试图存取信息、处理信息或破坏系统以使系统不可靠、不可用的故意行为。从更加广泛的意义上讲，当入侵者试图在非授权的情况下在目标机上"工作"的那个时刻起，入侵行为就发生了。

2. 入侵者的目的

入侵者的目的各不相同。善意的入侵者只是出于好奇，想看看未知的部分是什么；而恶意的入侵者可能读取特权数据、进行非授权修改或者破坏系统。不幸的是，一般很难分清入侵者的行为是善意的还是恶意的，而且即使某入侵者的目的是善意的，他也可能在不经意间给系统造成极大的损失，或者为别的恶意攻击者提供方便。分析黑客的目的有助于了解入侵者的行为，特别是有助于了解系统的哪些部分最容易受到攻击。

大体来说，入侵者在入侵一个系统时会想到以下一种或几种目的。

（1）执行进程。攻击者在成功入侵目标主机后，或许仅仅是为了运行一些程序，而且这些程序除了消耗系统资源外，对于目标机器本身是无害的。

（2）获取文件和数据。入侵者的目标是系统中的重要数据。入侵者可以通过登录目标主机，使用网络监听程序进行攻击。监听到的信息可能含有重要的信息，如关于用户口令的信息等。

（3）获取超级用户权限。在多用户的系统中，超级用户可以进行任何操作，因此获取超级用户权限是每一个入侵者都梦寐以求的。

（4）进行非授权操作。很多用户都会去尝试尽量获得超出许可的一些权限，如寻找管理员设置中的一些漏洞，或者寻找一些工具来突破系统的防线。

（5）使系统拒绝服务。这种攻击将使目标系统中断或者完全拒绝对合法用户、网络、系统或其他资源的服务。任何这种攻击的意图都是邪恶的，而这种攻击往往不需要复杂技巧，只借助很容易找到的工具即可实现。

（6）篡改信息。包括对重要文件的修改、更换、删除等。不真实或者错误的信息往往会给用户造成巨大的损失。

（7）披露信息。入侵者将目标站点的重要信息与数据发往公开的站点，造成信息的扩散。

3. 入侵者的类型

入侵者大致分为 3 种类型，即伪装者、违法者及秘密用户。

（1）伪装者。未经授权使用计算机或绕开系统访问控制机制获得合法用户账户权限者。

（2）违法者。未经授权访问数据程序或资源的合法用户，或者具有访问授权但错误使用其权利的人。

（3）秘密用户。拥有账户管理权限，利用这种控制来逃避审计和访问数据，或者禁止收集审计数据者。

伪装者很可能是外部人员；违法者一般是内部人员；而秘密用户可能是外部人员，也可能是内部人员。

4. 实施入侵的阶段

入侵和攻击需要一个时间过程，可以把这个过程大致分为窥探设施、攻击系统、掩盖踪迹 3 个阶段。

1）窥探设施

窥探设施即是对目标系统环境的了解。窥探的目的是想了解目标系统采用的是什么操作系统？哪些信息是公开的？有何价值？运行的 Web 服务器是什么类型？其版本如何？这些问题都要经过对目标系统的窥探后才能回答，而这些问题的答案对入侵者以后将要发动的攻击起着至关重要的作用。

2）攻击系统

在窥探设施工作完成之后，入侵者将根据得到的信息对系统发起攻击。攻击系统可以分为针对操作系统的攻击、针对应用软件的攻击及针对网络的攻击 3 个层次。

3）掩盖踪迹

一旦攻击成功，获得某个系统的特权账号，入侵者会千方百计地避免自己被检测出来。当从目标系统上获得所有感兴趣的信息后，往往会安置后门并藏匿一个工具箱，以保证将来可以再次轻易地获得访问权，而且便于对其他的系统发动攻击。因此，系统管理员在发现自己的系统被入侵之后，必须仔细审查系统，以确保黑客所安装的后门被完全删除，并对已知的系统漏洞打上补丁，以防被黑客再次入侵。

11.1.2 安全威胁分析

1. 威胁来源

计算机系统面临的安全威胁有来自计算机系统外部的，也有来自计算机系统内部的。来自计算机系统外部的威胁主要有以下几种。

（1）自然灾害、意外事故。

（2）计算机病毒。

（3）人为行为，如使用不当、安全意识差等。

（4）黑客的入侵或侵扰。

（5）内部泄密。

（6）外部泄密。

（7）信息丢失。

（8）电子谍报，如信息流量分析、信息窃取等。

（9）信息战。

计算机系统内部存在的安全威胁主要有以下几种。

（1）操作系统本身存在的一些缺陷。

（2）数据库管理系统安全的脆弱性。

（3）管理员缺乏安全方面的知识，缺少安全管理的技术规范，缺少定期的安全测试与检查。

（4）网络协议中的缺陷，如 TCP/IP 协议的安全问题。

（5）应用系统缺陷等。

2．攻击分类

攻击的分类方法是多种多样的。这里根据入侵者使用的手段和方式，将攻击分为口令攻击、拒绝服务攻击、利用型攻击、信息收集攻击以及假消息攻击几大类。

1）口令攻击

抵抗入侵者的第一道防线是口令系统。几乎所有的多用户系统都要求用户不但提供一个名字或标识符（ID），而且要提供一个口令。口令用来鉴别一个注册系统的个人 ID。在实际系统中，入侵者总是试图通过猜测或获取口令文件等方式来获得系统认证的口令，从而进入系统。入侵者登录后，便可以查找系统的其他安全漏洞，来得到进一步的特权。为了避免入侵者轻易地猜测出口令，用户应该避免使用不安全的口令。不安全的口令类型有以下几种。

（1）用户名或用户名的变形。

（2）电话号码、执照号码等。

（3）一些常见的单词。

（4）生日。

（5）长度小于 5 的口令。

（6）空口令或默认口令。

（7）上述词后加上数字。

有时即使有好的口令也是不够的，尤其是当口令需要穿过不安全的网络时将面临极大的危险。很多的网络协议中，以明文的形式传输数据，这时攻击者监听网络中传送的数据包，就可以得到口令。在这种情况下，一次性口令是有效的解决方法。

2）拒绝服务攻击

拒绝服务（Denial of Service，DoS）攻击是一种历史最久远也是最常见的攻击形式。严格来说，拒绝服务攻击并不是某一种具体的攻击方式，而是攻击所表现出来的结果，最终使得目标系统因遭受某种程度的破坏而不能继续提供正常的服务,甚至导致物理上的瘫痪或崩溃。具体的操作方法可以多种多样,可以是单一的手段,也可以是多种方式的组合利用,最基本的 DoS 攻击就是利用合理的服务请求来占用过多的服务资源。

按照所使用的技术,拒绝服务大体上可以分为以下两大类。

(1) 基于错误配置、系统漏洞或软件缺陷。例如,利用传输协议缺陷,发送畸形数据包,以耗尽目标主机资源,使之无法提供服务;利用主机服务程序漏洞,发送特殊格式数据,导致服务处理出错而无法提供服务。

(2) 通过攻击合理的服务请求,消耗系统资源,使服务超载,无法响应其他请求。例如,制造高流量数据流,造成网络拥塞,使受害主机无法与外界通信。

在许多情况下要使用以上两种方法的组合。例如,利用受害主机服务缺陷,提交大量请求以耗尽主机资源,使受害主机无法接受新请求。

3) 利用型攻击

利用型攻击是一种试图直接对主机进行控制的攻击。它有两种主要的表现形式,即特洛伊木马和缓冲区溢出攻击。

(1) 特洛伊木马。表面看是有用的软件工具,而实际上却在启动后暗中安装破坏性的软件。许多远程控制后门往往伪装成无害的工具或文件,使得轻信的用户不知不觉地安装它们,如恶意的木马 NetBus、BackOrifice 和 B02K 等。为了防止受到木马程序的攻击,应该遵守一些准则,如避免下载可疑的程序并执行,用网络扫描软件定期监测内部主机的监听 TCP 服务。

(2) 缓冲区溢出攻击(Buffer Overflow)。通过往程序的缓冲区写超出其长度的内容,造成缓冲区的溢出,从而破坏程序的堆栈,使程序转而执行一段恶意代码,以达到攻击的目的。据统计,通过缓冲区溢出进行的攻击占所有系统攻击总数的 80% 以上。在 C 语言中,指针和数组越界没有得到保护是缓冲区溢出的根源,如在 C 语言的标准库中就有许多能提供溢出的函数,如 strcat()、strcpy()、sprintf() 和 scanf() 等。例如,一个字符数组 string 的长度为 20(char string[20]),当执行 strcpy(string, string1) 时,假定 string1 的长度超过 20B,程序就存在缓冲区溢出漏洞。攻击者可以对其进行归纳攻击,获得一个 Shell 或执行其他恶意操作。

在 UNIX 平台上,通过缓冲区溢出攻击,攻击者可以得到一个交互式的 Shell。在 Windows 平台上,攻击者可以执行任意的恶意代码。尽管缓冲区溢出漏洞的发掘需要很高的技术和知识背景,然而一旦有人写出了溢出代码,使用起来却非常简单。在缓冲区溢出攻击面前,防火墙往往显得很无力。1988 年的 Morris 病毒,在很短的时间内就感染了 6000 多台 UNIX 平台的机器。该蠕虫病毒所使用的两个漏洞之一就是利用 UNIX 服务 Finger 中的缓冲区溢出攻击来获得访问权限。为了防止缓冲区溢出攻击,开发软件时应该尽量使用带有边界检查的函数版本,或者主动进行边界检查。

4) 消息收集型攻击

消息收集型攻击并不直接对目标系统本身造成危害。顾名思义,这类攻击为进一步的入侵提供必需的信息。这些攻击手段大部分在黑客入侵三部曲中的第一步——窥探设施时使用。

扫描技术就是常用的消息收集型攻击方法。扫描技术大致可以分为 Ping 扫描、端口扫描以及操作系统检测这 3 类工具和技巧。通过使用 Ping 扫描工具，入侵者可以标示出存活的系统，从而指出潜在的目标。通过使用各种端口扫描工具，入侵者可以进而标示出正在监听着的潜在服务，并将目标系统的暴露程度做出一些假设。最基本的端口扫描技术是 TCP 的 connect() 扫描，但是使用这种扫描方式极易被系统监测出来。因此，攻击者发展了一些新的扫描技巧，如 TCP SYN 扫描（半开连接扫描）、TCP Fin 扫描、TCP FTP bouncce 扫描、用 IP 分片进行 SYN/FIN 扫描、UDP recvfrom 扫描以及 Reverse-ident 扫描等。使用操作系统检测软件可以相当准确地确定目标系统的特定操作系统，从而为以后的攻击系统的活动提供重要的信息。

入侵者往往还利用系统提供的一些信息服务来收集它们所需要的服务，如在 UNIX 系统中入侵者可以使用 Finger 服务来得到一些该系统的用户信息。在 Windows 平台下，入侵者往往使用 LDAP 协议来窥探目标网络内部的系统及其用户信息。另一个入侵者所经常使用的服务是 DNS 查询服务，更值得注意的是，如果一个 DNS 服务器被错误地配置了允许区域传送的选项，攻击者就可以轻易地获得一个目标系统内部的 IP 地址和一些服务的重要信息。

5）假消息攻击

攻击者用配置不正确的消息来欺骗目标系统，以达到攻击的目的，被称为假消息攻击。常见的假消息攻击形式有电子邮件欺骗、IP 欺骗、Web 欺骗及 DNS 欺骗等。

（1）电子邮件欺骗。对于大部分普通因特网用户来说，电子邮件服务是他们使用最多的网络服务之一。由于 SMTP 服务并不强制要求对发送者的身份进行认证，恶意的电子邮件往往正好是攻击者恶意攻击用户的有效措施。常见的通过电子邮件的攻击方法有：隐藏发信人的身份，发送匿名或垃圾信件；使用用户熟悉的人的电子邮件地址骗取用户的信任；通过电子邮件执行恶意的代码。

（2）IP 欺骗。IP 欺骗的主要动机是隐藏自己的 IP 地址，防止被跟踪。有些网络协议仅仅以 IP 地址作为认证手段，此时伪造 IP 就可以轻易地骗取系统的信任。对于设置了防火墙的目标系统，将自己的 IP 伪装成该系统的内部 IP 有可能使得攻击者冲破目标系统的防火墙。为了防止 IP 欺骗，应该尽量将路由器配置成不允许带源路由选项的 IP 报通过，并在路由器上设置欺骗过滤器，以防止外来的包带有内部的 IP 地址或者内部的包带有外部的 IP 地址。

（3）Web 欺骗。由于 Internet 的开放性，任何用户都可以建立自己的 Web 站点，同时并不是每个用户都了解 Web 的运行规则。这就使得攻击者的 Web 欺骗成为可能。常见的 Web 欺骗的形式有使用相似的域名、改写 URL、Web 会话劫持等。

（4）DNS 欺骗。修改上一级 DNS 服务记录，重定向 DNS 请求，使受害者获得不正确的 IP 地址。

11.2　漏洞扫描技术

11.2.1　漏洞及其成因

计算机漏洞并非是一个物理上的概念，而是指计算机系统具有的某种可能被入侵者恶意利用的属性。安全漏洞是由脆弱性造成的,造成计算机系统脆弱的原因是多方面的,这里先从传统计算机系统的安全模型说起,然后分析安全漏洞产生的原因。

传统安全模型定义了"参考监视器"的概念,当主体(用户)对客体(访问目标)进行访问时,参考监视器进行访问控制,如图 11-1 所示。

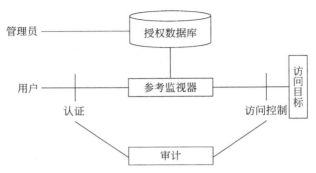

图 11-1   传统的计算机系统安全模型

传统安全模型有以下 3 种基本安全机制。

1. 身份标识和鉴别

用户登录前,首先被要求标识自己的身份,并提供证明身份的依据,计算机系统对其进行鉴别。身份的标识和鉴别是对访问者授权的前提,并通过审计机制使系统保留追究用户行为责任的能力。

仅以口令作为验证依据是目前大多数商用系统所普遍采用的方法。这种简单的方法会给计算机系统带来明显的风险,包括利用字典的口令破解、冒充合法计算机的登录程序欺骗登录者泄露口令、通过网络嗅探器收集在网络上以明文(如 Telnet、FTP)或简单编码形式(如 HTTP 采用的 BASE64)传输的口令。任何一个口令系统都无法保证不会被入侵。

2. 访问控制

当用户或代表用户的进程需要对文件、网络连接等资源进行访问时,参考监视器依据授权数据库决定是否给予用户访问资源的权限。参考监视器的目标在于保证只有被授权的用户才有权访问资源。以 Windows 文件系统的访问控制为例,访问一个文件的用户分为文件主、同组用户和其他用户 3 类,对于文件的访问包括读、写和执行 3 种操作。通常可以对不同的用户设置不同的访问权限。例如,文件主可以读、写和执行文件,同组用户可以读、执行文件,其他用户没有任何权限。当用户对文件进行访问时,参考监视器会比较用户的权限是否足够。例如,对于文件主,读、写、执行文件都是可以的;对于同组用户,写文件的操作将会受到拒绝。访问控制是参考监视器的核心,一旦访问控制被绕过,参考监视器就无安全可言了。

3. 审计

审计是一种得到信任的机制。参考监视器使用审计把系统的活动记录下来。参考监视器记录的信息应包括主体和对象标识、访问权限请求、日期和时间、参考请求结果(成功或失败)。审计记录应以一种可信、安全的方式存储。例如,在 Windows 系统上,有事件管理器,它可以记录各种相关的事件。在 IIS 等 Web Server 中,对用户的访问都有相应日志记录。这样,当发生安全问题或其他事件时,可以查找日志记录,进行安全分析。

传统安全模型是一个系统最基本且不可缺少的安全机制,安全模型中要素的缺乏意味着系统几乎没有可信赖的安全机制。传统安全模型并不能提供系统可信程度的信息,这主要是传统安全模型的一些假设,在实际环境中很难满足:传统安全模型是建立在模型各个部件都可信的情况下,这种可信需要通过实践验证。然而由于一般的软件系统规模都比较庞大和复杂,设计和配置过程中都可能存在问题,导致安全模型的各个部分都不是完全可信的。

虽然有身份标识和鉴别机制,但一般用户可能倾向于选择简单的用户名和口令,使得猜测用户名和口令变得很容易,导致身份标识和鉴别起不到应有的作用。攻击者如果通过了身份认证,那么攻击者就获得了一个合法用户的身份,他可以利用这个身份进行各种后续攻击活动。

另外,在访问控制环节也容易出现问题。例如,对于 FTP 服务器而言,恶意攻击者可能通过提供比较长的用户名和口令来造成缓冲区溢出攻击,从而获得运行 FTP 服务进程权限的一个 Shell。这时,恶意攻击者根本不需要具有一个合法的用户名和口令就可以绕过访问控制机制而为所欲为。

计算机系统的配置也很容易出现问题。例如,为了用户的方便性,系统一般会设置一些默认口令、默认用户和默认访问权限,但是有很多用户对这些默认配置根本不进行修改或者不知道如何修改,这也会导致访问控制机制失效。由于现在的软件系统都比较复杂,如果单纯地由管理员人工进行系统配置,出错的可能性还是比较大的。虽然存在审计机制,但是一旦启用审计机制就会产生大量的审计信息,而与安全相关的信息会被淹没在大量的审计信息中,如果单纯地由系统管理员人工检查审计信息,想借此发现安全问题是非常困难的。比如,对于新浪、搜狐等门户网站,每天用户的访问量数以百万计,如果对所有的访问都记录,不但需要大量的存储空间,而且要从大量的访问事件中挖掘到安全事件也是一件非常困难的事情。

11.2.2 安全漏洞类型

安全漏洞从大的类别可以分为配置、设计和实现 3 个方面的漏洞,下面分别介绍。

1. 配置漏洞

配置漏洞是由于软件的默认配置或者不恰当的配置导致的安全漏洞。下面是一个默认配置漏洞的例子。

在 Windows NT 系统中,默认情况下会允许远程用户建立空会话,枚举系统里的各项 NetBIOS 信息。这里空会话指可以用空的口令通过 NetBIOS 协议登录到远程的 Windows 系统中。空会话登录后,可以枚举远程主机的所有共享信息,探测远程主机的当前日期和时间信息、操作系统指纹信息、用户列表、所有用户信息、当前会话列表等,枚举每个会话的相关信息,包括客户端主机的名称、当前用户的名称、活动时间和空闲时间等。攻击者获得这些信息后,可以进行下一步的攻击,如假设攻击者获得了用户列表,可能会进行口令猜测攻击。不恰当配置方面的安全漏洞也很多。例如,很多用户对于口令的设置都比较简单,容易猜测到,可能采用与用户名一样的口令,或者采用类似"123456"等简单、容易记忆的口令,这样的口令都是非常容易被猜测到的。

2. 设计漏洞

设计漏洞主要指软件、硬件和固件设计方面的安全漏洞。这里以一个软件设计方面的漏洞 TCP SYN Flooding 为例进行分析。

产生 TCP SYN Flooding 漏洞的主要原因是,利用 TCP 连接的 3 次握手过程,打开大量的半开 TCP 连接,使目标主机不能进一步接受 TCP 连接。每个机器都需要为这种半开连接分配一定的资源,并且这种半开连接的数量是有限的,达到最大数量时,机器就不再接受进来的连接请求。注意,造成 TCP SYN Flooding 漏洞的两个关键点:一是半开连接需要占用一定的资源;二是半开连接的数目是有限制的。

对第二点而言,这是一个软件设计错误,以前所有的 TCP/IP 协议软件的设计都规定了一个数值,限制半开连接的数目,一个消除 TCP SYN Flooding 漏洞的方法是,动态增加半开连接的数目限制,这也是目前 Windows 系统使用的方法。但是,这样的方法可能导致对整台计算机系统的内存耗尽的攻击。因为不限制半开连接的数目,如果攻击者在短周期内建立大量的半开连接,将会消耗计算机系统大量内存。

从第一点来看,这又好像是 TCP 协议设计的问题,因为 TCP 协议是有状态的,所以必须保存一些连接信息等状态信息,这要占用一些资源。一个解决的办法是,在连接的时候不占用资源。很多 UNIX、Linux 系统采用一种 SYN Cookie 机制实现这样的功能。Cookie 是指当服务器端 B 收到客户端 A 发送的 SYN 连接请求后,服务器端发送 SYN＋ACK,其中的初始序列号按照一种特殊的方法声明,这里的序列号就是 Cookie。32 位的初始序列号分为 3 部分:前 5 位的值为 t mod 32,这里 t 是一个 32 位的时间计数器,每 64s 递增;接下来的 3 位是服务器端按照客户端的 MSS 选择的一种编码,这里 MSS 是最大分段尺寸 (Maximum Segment Size);下面的 24 位是服务器按照一个秘密函数对客户端 IP、客户端端口、服务器端 IP、服务器端端口和上面提到的 t 进行计算后的结果。当客户端 A 向服务器端 B 发送 3 次握手的 ACK 部分内容时,服务器端可以对客户端按照 Cookie 进行验证,如果通过了验证,再分配存储资源。这种方法的缺点是破坏了 TCP 协议。例如,如果客户端 A 向服务器端 B 发送 3 次握手的 ACK 部分内容在网络上丢失,服务器端 B 不能重传已经发送的 3 次握手的 SYN＋ACK 部分,这样在客户端 A 看来,3 次握手已经建立,但是在服务器端 B 看来,握手没有建立,两端的状态不一致。

3. 实现漏洞

实际上,大多数的安全漏洞都是由于软件、硬件和固件的实现错误导致的。实现漏洞是安全漏洞中最大的一类,通常接触到的安全漏洞大多数属于这一类。由于历史和效率的原因,现在使用的大型软件系统,如操作系统、数据库、Web 服务器、FTP 服务器等,都是采用 C 或 C++ 语言开发的。使用 C 或 C++ 语言开发软件时经常会出现缓冲区溢出漏洞。缓冲区溢出攻击的历史可以追溯到 1988 年的 Morris 蠕虫攻击,而这几年的其他蠕虫攻击也都是利用缓冲区溢出攻击进行的。现在,缓冲区溢出漏洞的利用和防护已经变成安全攻防的主要焦点。本节对缓冲区溢出攻击进行重点分析。

缓冲区溢出的根本原因来自 C 语言(及其后代 C++)本质的不安全性。

(1) 没有边界来检查数组和指针的引用。

(2) 标准 C 库中还存在许多非安全字符串操作,如 strcpy()、sprintf()、gets()等。

为了说明这个问题,必须看一看程序的内存映像。

任何一个源程序通常都包括代码段和数据段,这些代码和数据本身都是静态的。为了运行程序,首先要由操作系统负责为其创建进程,并在进程的虚拟地址空间中为其代码段和数据段建立映射。但是,仅有静态的代码段和数据段是不够的,进程在运行过程中还要有其动态环境。一般说来,默认的动态存储环境通过堆栈机制建立。所有局部变量以及所有按值传递的函数参数都通过堆栈机制自动地进行内存空间的分配。分配同一数据类型相邻块的内存区域称为缓冲区。图 11-2 所示为 Linux 下进程的地址空间布局。当然,C 语言还允许程序员使用堆机制创建存储器,存储使用 malloc()获得数据。在此主要讨论堆栈缓冲区溢出。

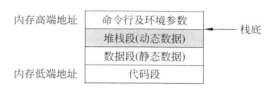

图 11-2　Linux 进程的地址空间布局

从逻辑上讲,进程的堆栈是由多个堆栈帧构成的,其中每个帧都对应一个函数调用。当函数调用发生时,新的堆栈帧被压入堆栈;当函数返回时,相应的堆栈帧从堆栈中弹出。尽管堆栈帧结构的引入为高级语言中实现函数或过程这样的概念提供了直接的硬件支持,但是由于将函数返回地址这样的重要数据保存在程序员可见的堆栈中,当程序写入超过缓冲区的边界时,就会出现“缓冲区溢出”。发生缓冲区溢出时,就会覆盖下一个相邻的内存块,导致一些不可预料的结果:也许程序可以继续;也许程序的执行出现奇怪的现象;也许程序完全失败。

典型的堆栈帧结构如图 11-3 所示,堆栈中存放的是与每个函数对应的堆栈帧。堆栈帧的顶部为函数的实参,下面是函数的返回地址以及前一个堆栈帧的指针,最下面是分配给函数的局部变量使用的空间。一个堆栈帧通常都有两个指针:一个称为堆栈帧指针,指向的位置是固定的;另一个称为栈顶指针,指向位置在函数运行过程中可变。因此,在函数中访问实参和局部变量时都是以堆栈指针为基址,再加上一个偏移。由图 11-3 可知,实参的偏移为正,局部变量的偏移为负。当发生数据栈溢出时,多余的内容就会越过栈底,覆盖栈底后面的内容。通常,与栈底相邻的内存空间中存放着程序返回地址。因此,数据栈的溢出,会覆盖程序的返回地址,从而造成以下局面:要么程序会取到一个错误地址,要么会因程序无权访问该地址而产生一个错误。

下面的程序是一个缓冲溢出的实例。

```
Void sub(char * str)
    { char buf[16];
      strcpy(buf,str);
      return;
    }
Void main()
    { char large_str[256]
      int i;
      for(i=0;i<255;i++)
```

```
        large_str[i]='A';
        sub(large_str)
    }
```

在该程序中,子程序 sub()为字符串变量 buf 分配了 16B 的内存空间,而主程序 Main()调用 sub()要求将 256 个值赋给 buf,因此,子程序的堆栈将被 AAAA…覆盖,从而导致程序返回出错。

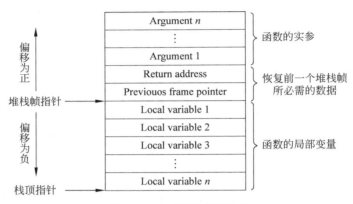

图 11-3　典型的堆栈帧结构

在防护方面,不论是硬件处理器、操作系统、编译器还是软件开发与测试环节,都开始注意如何减少缓冲区溢出漏洞的出现和减弱针对缓冲区溢出的作用。另外,大量的漏洞扫描和入侵检测系统得到了广泛的应用,用于检查和检测那些已经公开的缓冲区溢出漏洞。

在攻击方面,绕过各种防护技术的方法不断被提出。现在,由于安全意识的增强,大的软件公司已经开始使用自动化工具检查源代码中的潜在缓冲区溢出漏洞。另外,各种自动化渗透工具也被用于对运行程序进行渗透测试。可以预见,今后软件中的缓冲区溢出漏洞出现的概率会越来越低,而且由于采用了堆栈不可执行、检查返回地址的 Cookie 等防护机制,攻击漏洞的难度会越来越大。

11.2.3　漏洞扫描技术及其原理

1. 漏洞扫描技术基础

漏洞扫描技术是指在攻击者渗透入侵到用户的系统前,采用手工或使用特定的软件工具——安全扫描器,对系统脆弱点进行评估,寻找可能对系统造成损害的安全漏洞。并且对目标系统进行漏洞检测和分析,提供详细的漏洞描述,并针对安全漏洞提出修复建议和安全策略,生成完整的安全性分析报告,为网络管理员完善系统提供重要依据。

通常有两类漏洞扫描技术,即主机漏洞扫描和网络漏洞扫描。

(1) 主机漏洞扫描。从系统管理员的角度,检查文件系统的权限设置、系统文件配置等主机系统的平台安全以及基于此平台的应用系统的安全,目的是增强主机系统的安全性。

(2) 网络漏洞扫描。采用模拟黑客攻击的形式对系统提供的网络应用和服务以及相关的协议等目标可能存在的已知安全漏洞进行逐项检查,然后根据扫描结果向系统管理员提供周密、可靠的安全性分析报告,为提高网络安全的整体水平提供重要依据。

作为系统安全评估的工具,安全扫描器是一种通过收集系统的信息、自动检测远程或本地主机安全性脆弱点的程序。从整个信息安全角度来看，它主要有以下两种类型。

（1）本地扫描器或系统扫描器。扫描器和待检查系统运行于同一节点，进行自身检查。它基于主机安全评估策略来分析系统漏洞，包括系统错误配置和普通配置信息。用户通过扫描结果对系统漏洞进行修补，直到扫描报告中不再出现任何警告。

（2）远程扫描器或网络扫描器。扫描器和待检查系统运行于不同节点，通过网络远程探测目标节点，发现主机后，扫描它正在运行的操作系统和各项服务，测试这些服务中是否存在安全漏洞。

安全扫描器可以通过两种途径提高系统的安全性：一是提前警告存在的漏洞，从而预防入侵和误用；二是检查系统中由于受到入侵或操作失误而造成的新漏洞。

2．扫描技术分析

扫描器的工作过程通常包括以下 3 个阶段。

（1）发现目标主机或网络。

（2）发现目标后，进一步发现目标系统类型及配置信息，包括确认目标主机操作系统、运行的服务及服务软件版本等，如果目标是一个网络，那么还可以进一步发现该网络的拓扑结构、路由设备及各种网络主机等信息。

（3）测试哪些服务具有安全漏洞。扫描器是一把双刃剑，系统管理员使用它可以发现自己的系统存在的问题，而攻击者使用它可以破坏被攻击对象的安全。不管是出于防护的目的，还是出于攻击的目的，二者同样关心如何更多地发现目标主机或网络中存在的安全漏洞。由于未经同意的网络扫描行为往往意味着网络攻击的开始，所以攻击者还需要考虑如何避免扫描动作被发现。安全扫描技术的技术含量更多地体现在这一点上，而从防护的角度来说，也必须了解对手可能用到的手段，才能实施更有效的防范措施。

扫描技术的类型较多，如 Ping 扫描技术、端口扫描技术、系统类型检测技术等。这里重点介绍端口扫描技术。端口扫描技术主要应用于扫描器工作过程的前两个阶段，第三个阶段，测试哪些服务具有安全漏洞，虽然也很重要，但都是一些简单日常检查项目的累积，主要反映在数量上，并不需要特别的技术。

3．端口扫描技术

在 TCP/IP 网络中，端口号是主机上提供服务的标识。例如，FTP 服务的端口号为 21，Telnet 服务的端口号是 23，DNS 服务的端口号是 53，Web 服务的端口号是 80 等。入侵者知道了被攻击主机的地址后，还需要知道通信程序的端口号；只要扫描到相应的端口被打开着，就知道目标主机上运行着什么服务，以便采取针对这些服务的攻击手段。

根据扫描方法的不同，端口扫描技术可分为全开扫描、半开扫描、秘密扫描和区段扫描等。这几种技术都可以用于查找服务器上打开和关闭的端口，从而发现该服务器上对外开放的服务。但并不是每一种技术都保证能得到正确的结果，它能否成功还依赖于远程目标的网络拓扑结构、IDS（入侵检测系统）、日志机制等配置。全开扫描最精确，但它会引起大量的日志记录，同时也很容易被检测到。而使用秘密扫描虽然可能避开某些 IDS 和可能绕过防火墙规则，但它发出的带特殊标志的数据包却很可能在网络传输过程中被丢弃，从而造成误报。图 11-4 给出了目前常见的端口扫描技术及其所属分类。

下面以典型的 TCP Connect、SYN Flag、SYN|ACK 扫描为例，分析端口扫描的工作原理。

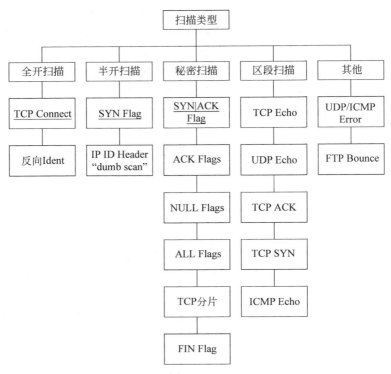

图 11-4　常见端口扫描技术及其分类

1）全开扫描

全开扫描技术通过直接同目标主机进行一次完整的 3 次 TCP/IP 握手过程,建立标准 TCP 连接来检查目标主机的相应端口是否打开。

如果 Server 的端口是打开的,在 Client 和 Server 间的 TCP 数据包将包括以下握手过程。

Client→SYN

Server→SYN|ACK

Client→ACK

而如果 Server 的端口没有打开,上述流程将如下。

Client→SYN

Server→RST|ACK

Client→RST

全开扫描的优点是快速、精确、不需要特殊用户权限。缺点是不能进行地址欺骗,并且非常容易被检测到。

2）半开扫描

"半开"的意思是指 Client 端在 TCP 的 3 次握手尚未完成就单方面中止了连接过程。由于完整的连接还没有建立起来,这种扫描方法常常可以不会被 Server 方记录下来,同时也可以避开基于连接的 IDS 系统。同时,半开扫描仍然可以提供相当可靠的端口是否打开的信息。

SYN 扫描是半开扫描的一种,它的工作流程同完整的 3 次 TCP/IP 握手类似,只是在第三步时不是发送 ACK 包,而代之以 RST 包要求中止连接。对于打开的端口,SYN 扫描流程如下。

Client→SYN

Server→SYN|ACK

Client→RST

对关闭的端口,流程同全开扫描相同,只是这时不需要发送第三个包了。

Client→SYN

Server→RST|ACK

由于半开扫描方式在外在表现上同 SYN Flood 拒绝服务攻击方法类似,现在很多 IDS 都可以轻易地检测到这种扫描方法。

半开扫描的优点是快速、可以绕开基本的 IDS、避免了 TCP 的 3 次握手。缺点是需要超级用户权限,IDS 系统可能阻止大量的 SYN 扫描从而造成误报。

3) 秘密扫描

秘密扫描的意思最早是用来描述避开 IDS 和日志记录的扫描,实际上指的是"半开扫描"。但现在它包括了符合下面这些特征的扫描技术。

(1) 设置单独的标志位(如 ACKnowledge、FIN、RST)。

(2) NULL 标志位(不设任何标志位)。

(3) ALL 标志位(设置所有标志位)。

(4) 绕开过滤规则、防火墙、路由器。

(5) 表现为偶然的网络数据流。

(6) 变化的数据包发散率。

下面以 SYN|ACK 扫描为例来说明秘密扫描方法。

SYN|ACK 扫描技术省掉了 TCP 的 3 次握手的第一步,Client 直接发送 SYN|ACK 包到 Server 端,根据 Server 的应答,Client 可以猜测 Server 的端口是否打开。

如果交互过程如下。

Client→SYN|ACK

Server→RST

通常说明了 Server 的端口是关闭的。

如果 Client 收不到 Server 的应答,说明 Server 的端口可能是开着的。但考虑收不到应答的原因还可能是超时、发出包被状态检测防火墙过滤掉等原因,这个信息不如 TCP Connect 扫描可靠。

SYN|ACK 扫描的优点是快速、可绕开基本的 IDS、避免了 TCP 的 3 次握手。缺点是需要超级用户权限、不可靠。

11.3　常见扫描工具

漏洞扫描工具有很多,这里介绍一些比较有影响的扫描工具。

11.3.1 Sniffer

Sniffer 软件是 NAI 公司推出的一款一流的便携式网络管理和应用故障诊断分析软件。不管是在有线网络还是在无线网络中,它都能够给予网络管理人员实时的网络监视、数据包捕获以及故障诊断分析能力。

Sniffer 分为软件和硬件两种,软件的 Sniffer 有 Sniffer Pro、Network Monitor、PacketBone 等,软件易于安装部署,易于学习使用,同时也易于交流。硬件的 Sniffer 通常称为协议分析仪,一般都是商业性的,具备支持各类扩展的链路捕获能力以及高性能的数据实时捕获分析的功能。

Sniffer 网络分析仪是一个网络故障、性能和安全管理的有力工具,它能够自动地帮助网络专业人员维护网络、查找故障,极大地简化了发现和解决网络问题的过程,广泛适用于 Ethernet、Fast Ethernet、Token Ring、Switched LANs、FDDI、X. 25、DDN、Frame Relay、ISDN、ATM 和 Gigabits 等网络。Sniffer 可以实现以下功能。

(1) 网络安全的保障与维护。Sniffer 可以对异常的网络攻击实时发现并告警,并对高速网络捕获与侦听;对网络传输的内容进行全面分析与解码。

(2) 面向网络链路运行情况监测。Sniffer 对各种网络链路的运行情况、流量及阻塞情况、网上各种协议的使用情况进行监测,并自动发现网络协议,进行网络故障的监测。

(3) 面向网络上应用情况的监测。Sniffer 对任意网段、服务、工作站的应用流量和流向进行监测,监测典型应用程序的响应时间;监测不同网络协议所占带宽比例以及不同应用流量、流向的分布情况和拓扑结构。

(4) 强大的协议解码能力,用于对网络流量的深入解析。Sniffer 对各种现有网络协议、各种应用层协议进行解码;Sniffer 协议开发包(PDK)可以让用户简单、方便地增加用户自定义的协议。

(5) 网络管理、故障报警及恢复。Sniffer 运用强大的专家分析系统帮助维护人员在最短时间内排除网络故障。根据用户习惯,Sniffer 可提供实时数据或图表方式显示统计结果,统计内容如下。

① 网络统计。如当前和平均网络利用率、当前的帧数及字节数、总站数和激活的站数、协议类型、平均帧长等。

② 协议统计。如协议的网络利用率、协议的字节数以及每种协议中各种不同类型的帧的统计等。

③ 差错统计。如错误的 CRC 校验数、发生的碰撞数、错误帧数等。

④ 站统计。如接收和发送的帧数、开始时间、停止时间、消耗时间、站状态等,最多可统计 1024 个站。

⑤ 帧长统计。如某一帧长的帧所占百分比、某一帧长的帧数等。

当某些指标超过规定的阈值时,Sniffer 可以自动显示或采用有声形式的告警。

Sniffer 可根据网络管理者的要求,自动将统计结果生成多种统计报告格式,并可存盘或打印输出。

Sniffer 与其他网络协议分析仪最大的差别在于它的人工智能专家系统(Expert System)。简单地说,Sniffer 能自动实时监视网络,捕捉数据,识别网络配置,自动发现网络故障并进行告警,它能指出网络故障发生的位置、网络故障的性质、产生故障的可能原因以及为解决故障建议采取的行动。

Sniffer 还提供了专家配置功能,用户可以自己设定专家系统判断故障发生的触发条件。有了专家系统,无须知道哪些数据包构成网络问题,也不必熟悉网络协议,更不用去了解这些数据包的内容,便能轻松解决问题。

11.3.2　Internet Scanner

ISS 公司的漏洞扫描和入侵检测产品在市场上占有很大的份额,其中 Internet Scanner 是商业漏洞扫描软件中非常优秀且比较成功的一款,曾经获得过很多次安全大奖。

ISS 公司的创始人 Christopher Klaus 在 1993 年发布了一款开放源代码的 UNIX 平台下的漏洞扫描软件,之后他又发布了 Windows 下的漏洞扫描软件并创建了 ISS 公司。ISS 公司的 Internet Scanner 产品扫描漏洞全面,漏洞更新速度快,用户界面友好、使用简单、方便。ISS 公司有一个专门的组织 X-Force 从事安全漏洞的研究,因此它的安全漏洞库信息全面、更新速度快。

Internet Scanner 是一款运行在 Windows 平台的软件,它是一个独立的软件,不是 Client/Server 结构的软件。由于它是一个商业软件,所以有些商业保护,如果要扫描任意 IP 地址,需要有一个 Key 文件;如果只是扫描本地主机的安全漏洞,不需要有合法的 Key 文件。

Internet Scanner 主要包括策略配置、扫描、显示、报告等几项功能。

策略配置就是制定一个策略,然后选择在策略运行过程中扫描哪些漏洞。若漏洞较多,如有 1000 多条,用户一个一个地选择是否在扫描策略执行时扫描某条漏洞,那么配置过程就太复杂了,所以在具体的安全漏洞上面有一个层次,对漏洞进行适当的分类,Internet Scanner 有 DOS、Backdoors、CGI-BIN、DCOM、FTP 等几十个分类,这样用户可以选择是否扫描某类安全漏洞,而不必细化到某个漏洞的层次,简化了配置。

策略配置完后,进行漏洞扫描,在 Internet Scanner 中称为一个会话。在扫描过程中,Internet Scanner 按照配置的 IP 地址和扫描漏洞的情况,对远程或本地主机进行扫描,扫描需要的时间跟扫描的机器数和扫描的漏洞数有关,扫描的机器数和扫描的漏洞越多,扫描时间越长,一般需要 0.5~1h。

扫描进行的同时,扫描结果会在界面上实时显示出来。

扫描结束后,扫描结果会保存起来,以后可以通过报告方式查看扫描结果。Internet Scanner 提供了多种生成报告的方式,因此用户可以按照不同的需要和视角生成报告。

11.3.3　Nessus

Nessus 是一款开放源代码的漏洞扫描软件,是系统管理员和黑客们经常使用的、非常熟悉的一套软件。Nessus 与 Internet Scanner 不同,它采用 Client/Server 结构。Client 端完成策略配置、扫描出的漏洞显示和生成扫描结果报告等功能,Server 端完成漏洞扫描功能。Nessus 的 Server 端软件只能运行在 UNIX 上,Server 端软件可以运行在 UNIX 和 Windows 上。Client 端和 Server 端需要按照一种约定进行通信,所以需要一个双方的通信协议。为此设计了一个通信协议 NTP(Nessus Transport Protocol),此协议是建立在 SSL

(Security Socket Layer)上的协议,使用 SSL 可以保证通信的机密性、完整性,并且可以鉴别通信双方的身份。NTP 的设计并不复杂,只是完成传输策略配置信息、传输漏洞扫描结果等功能。由于协议设计得不够好,所以一旦要为 Nessus 增加一些新的功能,NTP 就需要重新升级。

Nessus 的 Server 端称为 Nessusd,它的设计思想是基于插件的结构。Nessusd 创建了一个插件环境,提供了一些标准函数,如插件的初始化和运行等。插件完成具体的扫描任务,每个插件扫描一个或几个漏洞,这种方法的好处是扩充性好,一旦发现新的安全漏洞,可以编写一个新的插件扫描对应的漏洞。

Nessus 插件在进行扫描时存在一定的依赖关系。实现端口扫描功能的插件先进行扫描,然后将远程主机端口是否开放的信息放入内存知识库中,当其他插件运行时,会检查内存知识库,如果发现远程主机的某些端口没有开放,那么这些插件就不进行扫描了,这样可以提高漏洞扫描的速度和效率。例如,有些进行 CGI 漏洞扫描的插件,会首先检查远程主机的 HTTP 端口是否开放,如果没有开放,就不会再进行 CGI 漏洞的检查了。

Nessus 的扫描方式是特别设计的,它不是简单地按照端口来确定对应的服务。例如,如果是 23 端口,就认为是 Telnet 服务;如果是 2323 端口,就认为不是 Telnet 服务。Nessus 会按照连接到端口后返回的结果信息来确定对应端口的服务。如对于不同的服务 Telnet、FTP、WWW,在建立连接并发送请求后,其返回的结果信息不同,Nessus 就是通过这种方法来确定对应端口服务的。这个特点很有用,因为很多人可能会在 2323 开放一个 Telnet 服务,在 8080 或 1080 端口开放一个 WWW 服务,在 2121 端口开放一个 FTP 服务,以为这样就能够提高安全性,其实这个想法是错误的。Nessus 按照渗透攻击和标志检查两种方式进行漏洞检查。标志检查就是根据操作系统、服务程序的名称和版本来确定是否有安全漏洞。例如,如果远程主机的操作系统是 Windows,FTP 服务器是 Microsoft FTP Service. * [45],那么可以确定远程主机可能有"STAT * ? AAAAA……AAAAA"漏洞,也就是当远程 FTP 服务器发送"STAT * ? AAAAA……AAAAA"命令时,远程 FTP 服务器会崩溃。

从以上 3 种扫描工具可以看出,借助扫描技术,人们可以发现网络和主机存在的对外开放的端口、提供的服务、某些系统信息、错误的配置、已知的安全漏洞等。但是扫描工具并不是万能的。如果黑客发现安全漏洞后并不公开,那么所有的漏洞扫描软件都无法扫描到这样的安全漏洞。所以,使用漏洞扫描软件并不能扫描出所有已经发现的安全漏洞,也就是不能提供绝对的安全。但是否漏洞扫描软件可以扫描所有已公开的安全漏洞呢?由于公开漏洞数量非常多,对于小的安全公司,并不一定保证扫描所有的安全漏洞。另外,大的安全公司会有一支高水平的漏洞发掘队伍,对于他们发掘的漏洞,公司会采用正常的渠道通知相应的厂商并进行漏洞的公开,但是在一般情况下,他们并不公开漏洞的细节和漏洞的利用程序,这样对于公司而言,能够不断发现新漏洞并获得业内的声誉。同时,由于不公开漏洞的细节和利用程序,使得其他业内的竞争对手短期内无法提供相应的漏洞扫描程序,由此公司也获得了竞争优势。可以说,能够不断快速地更新安全漏洞是漏洞扫描软件的核心竞争力之一。

11.3.4　Wireshark

Wireshark(简称 Ethereal)是一款网络封包分析软件。网络封包分析软件的功能是撷取网络封包,并尽可能显示出最为详细的网络封包资料。Wireshark 使用 WinPCAP 作为接口,直接与网卡进行数据报文交换。

网络封包分析软件的功能可想象成电工技师使用电表来量测电流、电压、电阻的工作,只是将场景移植到网络上,并将电线替换成网络线。在过去,网络封包分析软件非常昂贵,或是专门属于盈利用的软件。Ethereal 的出现改变了这一切。在 GNUGPL 通用许可证的保障范围下,使用者可以以免费的代价取得软件与其源代码,并拥有针对其源代码修改及客制化的权利。Ethereal 是目前全世界上使用最广泛的网络封包分析软件之一。

Wireshark 可以支持 UNIX 和 Windows 平台,在接口实时捕捉包,并能详细显示包的协议信息,它可以打开、保存捕捉的包,导入导出其他捕捉程序支持的包数据格式,可以通过多种方式过滤包和查找包,创建多种统计分析。

Wireshark 是开源软件项目,用 GPL 协议发行。用户可以免费在任意数量的机器上使用它,不用担心授权和付费问题,所有的源代码在 GPL 框架下都可以免费使用。因为以上原因,人们可以很容易地在 Wireshark 上添加新的协议,或者将其作为插件整合到程序里,这种应用十分广泛。

Wireshark 不是入侵检测系统,对于网络中的异常情况,Wireshark 不会进行警告。但可以通过查看 Wireshark 捕捉的信息,进一步诊断是否发生了不安全的事情。另外 Wireshark 不会处理网络事务,它仅仅监视网络,它不会发送网络包或做其他交互性的事情。

小　　结

本章主要从安全漏洞的角度分析了网络安全问题,首先从入侵行为和安全威胁两个方面分析了网络的安全脆弱性,然后针对安全漏洞进行详细介绍,分析了漏洞产生的原因和安全漏洞的分类,并列举了一些安全漏洞,重点分析了堆栈缓冲区溢出漏洞的原理。之后,对漏洞扫描技术进行介绍,重点说明了端口扫描技术的原理。最后向读者介绍了 4 种漏洞扫描工具,分析了各自的特点。通过本章的学习,使读者对安全漏洞及漏洞扫描技术有较深入的理解,掌握漏洞攻击和漏洞扫描的基本原理,并充分认识到安全漏洞是一个非常实际且重要的安全问题,无论是个人还是组织都应当重视。

习　题　11

1. 攻击的方式有哪些? 针对这些攻击手段可以采取什么安全保护措施?
2. 漏洞产生的原因有哪些?
3. 什么是缓冲区溢出? 它产生的原因是什么? 目前都有哪些解决的方法?
4. 扫描器是如何工作的?
5. 什么是主机漏洞扫描? 什么是网络漏洞扫描?
6. Nessus 扫描工具有何特点?
7. 谈谈你对漏洞扫描技术是如何认识的,你认为目前的工具还存在哪些问题?

第 12 章　网络安全协议

本章导读：

随着以 Internet 为主的互联网络的广泛发展和应用，TCP/IP 体系成为现今计算机网络的基础，然而一般的网络协议设计之初并未考虑安全性需求，这就带来了互联网许多的攻击行为，如窃取、篡改信息、假冒、恶意破坏等行为，破坏了信息传输的机密性、完整性和不可否认性等要求。为保证网络传输和应用的安全，出现了很多运行在基础网络协议上的安全协议以增强网络协议的安全。

安全协议是实现信息安全交换和某种安全目的的通信协议，用于计算机网络的安全协议又称为网络安全协议，是网络安全体系结构中的核心问题之一，是确保网络信息系统安全的关键。本章主要讨论了几个 TCP/IP 架构下具有代表性且应用较为广泛的安全协议（或协议套件），主要包括链路层扩展 L2TP、IP 层安全 IPSec、传输层安全 SSL 和 TLS 以及应用安全 SET 和 SHTTP，并对网络安全协议的重要应用虚拟专用网进行了介绍。

12.1　安全协议概述

相互通信的两台计算机系统必须高度协调工作才行，而这种协调是相当复杂的，需要建立一定的规则。在计算机网络中，控制两个对等实体进行通信而建立的规则、标准或约定，称为协议（Protocol）。

安全协议（Security Protocol）是建立在密码体制基础上的一种交互通信协议，它运用密码算法和协议逻辑来实现认证和密钥分配等目标。安全协议除了具有协议的基本特征外，还要求能够保证信息交换的安全，具有严密的逻辑交换规则，并使用访问控制等安全机制。

网络安全协议（Network Security Protocol）属于安全协议，是指在计算机网络中使用的具有安全性功能的通信协议，通过正确地使用密码技术和访问控制技术来解决网络中信息的安全交换问题。

网络安全协议可用于保障计算机网络信息系统中信息的秘密安全传递与处理，确保网络用户能够安全、方便、透明地使用系统中的密码资源。目前，安全协议在金融系统、商务系统、政务系统、军事系统和社会生活中的应用日益普遍。

12.1.1　网络各层相关的安全协议

为了减少网络设计的复杂性，大多数网络都采用分层结构。OSI（Open System Interconnect）参考模型研究的初衷是希望为网络体系和协议发展提供一种国际标准，但随着以 Internet 为主的互联网的飞速发展，将 TCP/IP（Transmission Control Protocol/Internet Protocol）体系推向了应用的前台，使其成为事实上的工业标准。TCP/IP 协议簇采用了 4 层的层级结构，每一层都呼叫它的下一层所提供的协议来完成自己的需求，自下而上分别为链路层、网络层、传输层和应用层。

网络上存在一系列风险,这些风险主要是协议的设计和系统漏洞。由于 TCP/IP 协议簇在设计过程中以面向应用为根本目的,没有全面考虑到安全性以及协议自身的脆弱性和不完备性等,使网络中存在很多漏洞。使用 TCP/IP 协议簇的网络系统面临的威胁和攻击主要有欺骗攻击、拒绝服务攻击、数据截取、数据篡改和否认服务等。例如,网络层 IP 协议不能为数据提供完整性、机密性保护,缺少基于 IP 地址的身份认证机制,容易遭受 IP 地址欺骗攻击;IP 协议还存在利用源路由选项进行攻击,重组 IP 分段包的威胁等。传输层 TCP 协议是面向连接的协议,正常情况下进行数据交换的主机必须使用 3 次握手的 3 个步骤对会话进行初始化,如果一个用户向服务器发送了 SYN 后出现异常,很可能出现 SYN Flood 攻击;利用 TCP 顺序数据递交协议的特点,还可能出现 TCP 序列号猜测攻击等。在应用层也有 DNS 欺骗等攻击存在。

为了解决 TCP/IP 协议簇的安全性问题,弥补在设计之初对安全性考虑的缺失问题,以 Internet 工程任务组(IETF)为代表的相关组织通过改进现有协议和设计新的安全协议来对现有的 TCP/IP 协议簇提供相关的安全保证。由于 TCP/IP 各层提供的功能不同,面向各层提供的安全保证也不同,在协议的不同层次设计了相应的安全协议来保障各个层次的安全。

数据链路层有链路隧道协议、加密技术,网络层有包过滤机制、NAT、IPSec 协议,传输层/会话层有 SSL/TSL 协议,应用层有 SHTTP、PGP、S/MIME。安全协议与网络各层次的关系如图 12-1 所示。运行在网络各层次的相关安全协议及其内容如表 12-1 所示。

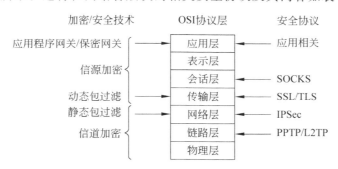

图 12-1　安全协议与网络各层次的关系

表 12-1　网络各层次相关安全协议

层　次	相　关　协　议	内　　容
应用层	S-HTTP	Secure-Hyper Text Protocol 为保证 WWW 的安全,由 EIT (Enterprise Integration Technology Corp) 开发的协议,利用 MIME 基于文本进行加密,报文认证及密钥分发等
	SSH	Secure Shell 对 BSD 系列的 UNIX 的 rsh/rlogin 等的 r 命令加密而采用的安全技术
	SSL-Telnet SSL-SMTP、SSL-POP3	以 SSL 分别对 Secure Sockets Layer-Telnet、SSL-Simple Mail Transfer Protocol 和 SSL-Post Office Protocol Version 3 等的应用进行加密

层 次	相 关 协 议	内 容
应用层	PET	Privacy Enhanced Telnet 使 Telnet 具有加密功能,在远程登录时对连接本身进行加密的方式(由富士通和 WIDE 开发)
	S/MIME	Secure/Multipurpose Internet Mail Extensions 利用 RSA Data Secure 公司提出的 PKCS(Public-Key Cryptography Standards)加密技术实现的 MIME 的安全功能
	PGP	Pretty Good Privacy、Philip Zimmermann 开发的带加密和签名功能的邮件系统
传输层	SSL	Secure Sockets Layer 在 Web 服务器和浏览器之间进行加密
	TLS	Transport Layer Security(IEEE 标准)是将 SSL 通用化的协议
	Socks V5	防火墙及 VPN 用的数据加密及认证协议,IEEE RFC 1928(以 NEC 为主开发)
网络层	IPSec	Internet Protocol Security Protocol(IETF 标准),以 IPSec 通信时和通信对象的密钥交换方式使用 IKE(Internet Key Exchange)
数据链路层	PPTP	Point to Point Tunneling Protocol
	L2F	Level 2 Forwarding protocol
	L2TP	Layer 2 Tunneling Protocol,综合了 PPTP 和 L2F 的协议

12.1.2 几种常见安全协议简介

1. SSL 协议

SSL(Secure Socket Layer)协议是网景公司为实现网上客户机和服务器之间文件的安全传输而推出的会话层安全协议,用来保证客户端和服务器之间通信的保密性、可信性与身份认证,它提供传输双方数据加密的功能和有限的身份认证功能。SSL 协议的实现和使用都比较简单,目前很多厂商均采用此协议,并在电子商务中得到广泛的应用。

SSL 协议实际上是在通常的 TCP/IP 协议上增加了一个安全层,提供数据的加密功能以实现安全的数据传输,而在进行这样的安全传输之前,需要由高层来完成密钥的交换以及身份认证等功能,SSL 协议有广泛的用户群。

2. SET 协议

SET(Secure Electronic Transaction)协议是 Visa、MasterCard 两大信用卡公司以及 IBM 等公司共同推出的"安全电子交易"协议。其初衷是将传统的信用卡交易模式移植到互联网上,同时又保证这种新的交易方式有足够的安全性。也就是说,SET 协议试图提供一种网络在线支付的安全手段。显然,这样的在线支付对于实现和推动真正的电子商务具有非常重要的意义。SET 协议通过使用公共密钥和对称加密方式来保证通信的保密性,通过数字签名技术来确认交易各方的真实身份,通过使用 Hash 算法和数字签名来确定数据是否在传输过程中被篡改,从而保证数据的一致性和完整性,并实现整个交易的不可抵赖性。SET 协议的应用正在逐步推广。

和传统的交易方式相同,SET 协议涉及的主体包括持卡者、商家和银行,他们形成一个三角关系。简单地说,SET 协议就是要解决三角关系 3 条边的单向或双向的安全数据传输和对方身份认证等一系列安全问题。一次网上电子交易涉及的每一方关心的安全问题决定了每条边应该解决的主要安全问题。

(1) 持卡者。对账户信息、交易信息有保密的要求;对商家有身份认证的要求;有对交易信息有进行仲裁和证明的要求。

(2) 商家。对账户信息、交易信息有完整性和有效性确认要求;对持卡者、银行的身份认证;对交易信息有保密要求;对交易信息有进行仲裁和证明的要求。

(3) 银行。对账户信息、交易信息有完整性和有效性验证的要求;对商家有身份认证的要求;对交易信息有进行仲裁和证明的要求。

3. IPSec 协议

IPSec 协议是一种协议套件,它定义了主机和网关所提供的各种能力。IPSec 协议主要包括验证头、封装安全载荷、密钥交换、转码等内容。封装安全载荷验证头定义了格式及提供的服务、包的处理规则;密钥交换定义了在互联网上的密钥的协商机制;转码则定义对数据进行转换的规范,包括算法、密钥长度、转码程序以及算法的其他专门信息。

IPSec 协议是一种包容极广、功能极强的 IP 安全协议,但它在定址能力上比较薄弱。

4. PGP 协议

PGP(Pretty Good Privacy)是一款基于 RSA 公钥加密体系的邮件加密软件。可以用它对邮件保密以防止非授权者阅读,它还能对邮件加上数字签名,从而使收信人可以确认邮件的发送者,并能确信邮件没有被篡改。它可以提供一种安全的通信方式,而事先并不需要任何保密的渠道用来传递密钥。它采用了一种 RSA 和传统加密的混合算法、用于数字签名的邮件文摘算法、加密前压缩等,还有一个良好的人机工程设计,功能强大,有很快的速度。详见 14.2 节。

5. S-HTTP 协议

S-HTTP(Secure Hypertext Transfer Protocol,安全超文本转换协议)最初是由 EIT 公司代表 CommerceNet 联盟开发并提出的。它是超文本传输协议(HTTP)的一个扩展,它允许在互联网上进行文件的安全交换,目的是保证商业贸易的传输安全,促进电子商务的发展。各个 S-HTTP 文件要么是加密的,要么包含数字验证,或两者兼备。对于给定的文档,S-HTTP 可作为另一著名安全协议 SSL 的替代选择。其中的主要区别在于 S-HTTP 允许客户发送证书授权给用户,使用 SSL 则只能授权给服务器。S-HTTP 更可能用于服务器代表银行并要求用户提供比用户名和密码更安全的验证码的情形。S-HTTP 不使用任何加密系统,但它支持 RSA 公共密钥基础结构加密系统。

12.2 IPSec 协议

12.2.1 IPSec 概述

IPSec(IP Security Protocol,IP 安全协议)是一组开放标准集,它们协同地工作来确保对等设备之间的数据机密性、数据完整性及数据认证。这些对等实体可能是一对主机或是一对安全网关(路由器、防火墙、VPN 集中器等),或者它们可能在一个主机和一个安全网关之间,就像远程访问 VPN 这种情况。IPSec 能够保护对等实体之间的多个数据流,并且一个单一网关能够支持不同的成对的合作伙伴之间的多条并发安全 IPSec 隧道。

IPSec 保护涉及 5 个主要组件。

(1) 安全协议。IP 数据报保护机制。验证头(Authentication Header,AH)对 IP 包进行签名并确保其完整性。数据报的内容没有加密,但是可以向接收者保证包的内容尚未更改,还可以向接收者保证包已由发送者发送。封装安全有效负荷(Encapsulating Security Payload,ESP)对 IP 数据进行加密,因此在包传输过程中会遮蔽内容。

(2) 安全关联数据库(Security Associations DataBase,SADB)是将安全协议与 IP 目标地址和索引号进行关联的数据库。索引号称为 SPI(Security Parameter Index,安全参数索引)。这 3 个元素(安全协议、目标地址和 SPI)会唯一标识合法的 IPSec 包。此数据库确保到达包目的地的受保护包可由接收者识别。接收者还可使用数据库中的信息解密通信、检验包未曾受到更改、重新组装包并将包发送到其最终目的地。

(3) 密钥管理。针对加密算法和 SPI 生成和分发密钥。

(4) 安全机制。用于保护 IP 数据报中的数据的验证和加密算法。

(5) 安全策略数据库(Security Policy Database,SPD)。用于指定要应用到包的保护级别的数据库。SPD 过滤 IP 通信来确定应该如何处理包。包可能被废弃,可以毫无阻碍地进行传送,或者也可以受到 IPSec 的保护。对于外发包,SPD 和 SADB 确定要应用的保护级别。对于传入包,SPD 帮助确定包的保护级别是否可以接受。如果包受 IPSec 保护,将在对包进行解密和验证之后参考 SPD。

IPSec 将安全机制应用于发往 IP 目标地址的 IP 数据报。接收者使用其 SADB 中的信息来检验到达的包是否合法,并对其进行解密。应用程序也可以调用 IPSec,以便在每个套接字级别将安全机制应用于 IP 数据报。

12.2.2　IPSec 的安全体系结构

IPSec 体系结构由一系列 RFC 文档定义,整个 IPSec 协议簇的体系结构如图 12-2 所示。

体系结构:包括 IPSec 技术的一般性概念、安全需求、定义和机制,由 RFC 2401 定义;验证头 AH 和封装安全载荷 ESP:包括协议、载荷头的格式、提供的服务以及包的处理规则,分别由 RFC 2402、RFC 2406 定义。

加密算法:描述各种不同加密算法如何用于 ESP,相关文档为 RFC 2405、RFC 2410 和 RFC 2411。

鉴别算法:描述将各种不同鉴别算法用于 AH 及 ESP 鉴别选项,相关文档为 RFC 2402 和 RFC 2402。

密钥管理:包括密钥管理的一组方案,其中 IKE 是默认的密钥自动交换协议,密钥协商的结果,通过 DOI 转换为 IPSec 的参数,相关文档为 RFC 2408、RFC 2409 和 RFC 2412。

解释域(Domain Of Interpretation,DOI):包括一些参数,批准的加密和鉴别算法标识,以及运行参数等,相关文档为 RFC 2407。

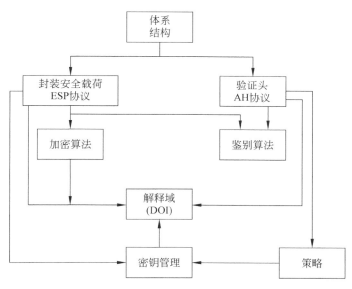

图 12-2　IPSec 协议簇的体系结构

12.2.3　IPSec 策略和服务

1. IPSec 策略

　　IPSec 安全体系既可以用来保护一个完整的 IP 包,也可以保护某个 IP 包的上层协议。这两种保护分别是由 IPSec 两种不同的模式提供。其中,传输模式用于两台主机之间,保护上层协议,在 IP 头和上层协议之间插入 IPSec 头;隧道模式保护整个 IP 包,只要安全联盟的任意一端是安全网关,就必须用隧道模式。

　　IPSec 本身没有为策略定义标准,策略的定义和表示由具体实施方案解决,以下以 Windows Server 2003 为例对 IPSec 策略加以介绍。

　　Windows Server 2003 中的 IPSec 部署包括预定义的 IPSec 规则、筛选器列表、筛选器操作和 3 个预设 IPSec 策略。每个默认 IPSec 策略包含一套预先确定的规则,过滤器列表和筛选器操作。

　　每个 IPSec 策略是基于一些规则。IPSec 策略可包含一个单一的规则,或一套规则。

　　一个 IPSec 规则包含过滤器列表、筛选器操作、验证方法、连接类型、隧道配置等内容。

　　下面以一个实例说明在 Windows Server 2003 系统中应用 IPSec 安全策略过程。

　　1) 启用本地 IPSec 安全策略

　　有以下两种方法可以在系统中启用 IPSec 安全策略。

　　(1) 方法一:利用 MMC 控制台。

　　① 单击"开始"→"运行"菜单命令,在"运行"对话框中输入 MMC,单击"确定"按钮后,启动"控制台"窗口。

　　② 单击"控制台"菜单中的"文件"→"添加/删除管理单元"命令,弹出"添加/删除管理单元"对话框(如图 12-3 所示),单击"独立"选项卡中的"添加"按钮,弹出"添加独立管理单元"对话框,如图 12-4 所示。

图 12-3 "添加/删除管理单元"对话框

图 12-4 IP 安全策略

③ 在列表框中选择"IP 安全策略管理"选项,单击"添加"按钮,在"选择计算机"对话框中,选择"本地计算机",最后单击"完成"按钮。这样就在"MMC 控制台"启用了 IPSec 安全策略。

(2) 方法二:利用本地安全策略。

选择"控制面板"→"管理工具"选项,运行"本地安全设置"选项,在"本地安全设置"窗口中展开"安全设置"选项,就可以找到"IP 安全策略,在本地计算机"。

2)IPSec 安全策略应用实例

目的:阻止局域网中 IP 地址为 192.168.0.2 的机器访问 Windows Server 2003 终端服务器。

很多服务器都开通了终端服务,除了使用用户权限控制访问外,还可以创建 IPSec 安全策略进行限制。

(1) 在 Windows Server 2003 服务器的 IP 安全策略主窗口中,右击"IP 安全策略,在本地计算机",选择快捷菜单中的"创建 IP 安全策略"命令,进入"IP 安全策略向导"界面,单击"下一步"按钮,在"IP 安全策略名称"对话框中输入该策略的名称(如图 12-5 所示),如"终端服务过滤",单击"下一步"按钮,在弹出的对话框中都选择默认值,最后单击"完成"按钮。

(2) 为该策略创建一个筛选器。右击"IP 安全策略,在本地计算机",在快捷菜单中选择"管理 IP 筛选器表和筛选器操作"命令,切换到"管理 IP 筛选器列表"选项卡(如图 12-6 所示),单击下方的"添加"按钮,弹出"IP 筛选器列表"对话框,在"名称"输入框中输入"终端服务",单击"添加"按钮,进入"IP 筛选器向导"对话框,单击"下一步"按钮,在"源地址"下拉列表框中选择"一个特定 IP 地址",然后输入该客户机的 IP 地址和子网掩码,如 192.168.0.2。单击"下一步"按钮后,在"目标地址"下拉列表框中选择"我的 IP 地址",单击"下一步"按钮,接着在"选择协议类型"中选择 TCP,如图 12-7 所示。

单击"下一步"按钮,接着在协议端口中选中"从任意端口"和"到此端口"两个单选按钮,在文本框中输入 3389,单击"下一步"按钮后完成筛选器的创建,如图 12-8 所示。

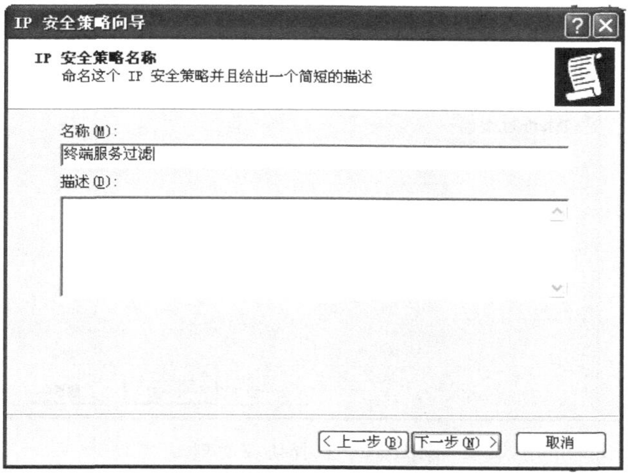

图 12-5　输入策略名称

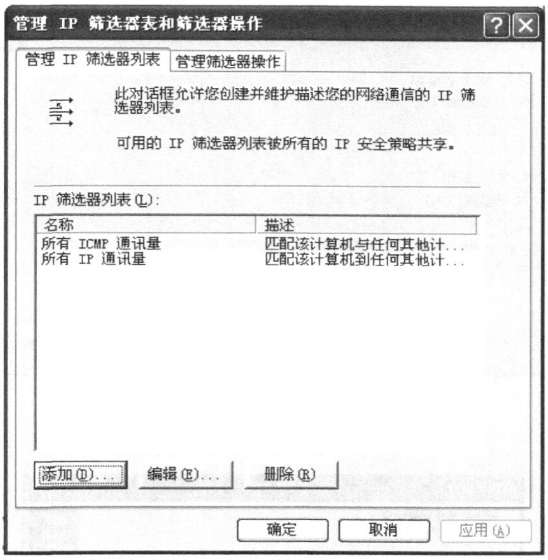

图 12-6　创建筛选器

（3）新建一个阻止操作。切换到"筛选器操作"选项卡，单击"添加"按钮，进入到"IP 安全筛选器操作向导"，单击"下一步"按钮，给这个操作起一个名字，如"阻止"，单击"下一步"按钮，接着设置"筛选器操作的行为"，选中"阻止"单选按钮，如图 12-9 所示，单击"下一步"按钮，就完成了"IP 安全筛选器操作"的添加工作。

最后在 IP 安全策略主窗口中，双击第一步建立的"终端服务过滤"安全策略，单击"添加"按钮，进入"创建 IP 安全规则向导"，单击"下一步"按钮，选择"此规则不指定隧道"，单击"下一步"按钮，在网络类型对话框中选择"局域网"，单击"下一步"按钮，在接下来对话框中选择默认值，单击"下一步"按钮，在 IP 筛选器列表中选择"终端服务"选项，单击"下一步"按钮，接着在筛选器操作列表中选择"阻止"，最后单击"完成"按钮。

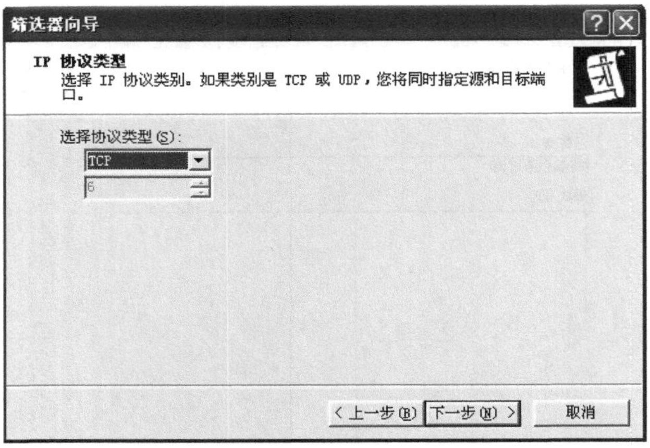

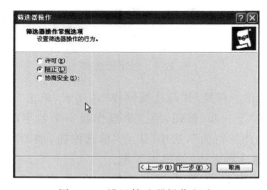

图 12-7　选择协议类型

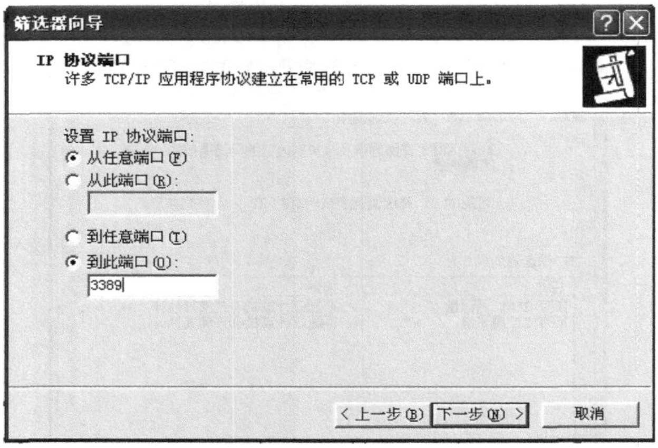

图 12-8　选择端口号

图 12-9　设置筛选器操作行为

完成了创建 IPSec 安全策略后，还要进行指派，右击"终端服务过滤"，在弹出的菜单中选择"指派"选项，这样就启用了该 IPSec 安全策略。局域网中 IP 地址为 192.168.0.2 的机器就不能访问 Windows Server 2003 终端服务器了。

2. IPSec 服务

IPSec 规定了如何在对等层之间选择安全协议、确定安全算法和密钥交换,向上提供了访问控制、数据源认证、数据加密等网络安全服务。

(1) 安全特性。IPSec 的安全特性主要有以下几种。

① 不可否认性。"不可否认性"可以证实消息发送方是唯一可能的发送者,发送者不能否认发送过消息。"不可否认性"是采用公钥技术的一个特征,当使用公钥技术时,发送方用私钥产生一个数字签名随消息一起发送,接收方用发送者的公钥来验证数字签名。由于在理论上只有发送者才唯一拥有私钥,也只有发送者才可能产生该数字签名,所以只要数字签名通过验证,发送者就不能否认曾发送过该消息。但"不可否认性"不是基于认证的共享密钥技术的特征,因为在基于认证的共享密钥技术中,发送方和接收方掌握相同的密钥。

② 反重播性。"反重播"确保每个 IP 包的唯一性,保证信息万一被截取复制后,不能再被重新利用、重新传输到目的地址。该特性可以防止攻击者截取破译信息后,再用相同的信息包冒取非法访问权(即使这种冒取行为发生在数月之后)。

③ 数据完整性。防止传输过程中数据被篡改,确保发出数据和接收数据的一致性。IPSec 利用 Hash 函数为每个数据包产生一个加密检查和,接收方在打开包前先计算检查和,若包遭篡改导致检查和不相符,数据包即被丢弃。

④ 数据可靠性。在数据传输前,对数据进行加密,可以保证在传输过程中,即使数据包遭截取,信息也无法被读。该特性在 IPSec 中为可选项,与 IPSec 策略的具体设置相关。

⑤ 认证。数据源发送信任状,由接收方验证信任状的合法性,只有通过认证的系统才可以建立通信连接。

(2) 基于电子证书的公钥认证。一个架构良好的公钥体系,在信任状的传递中不造成任何信息外泄,能解决很多安全问题。IPSec 与特定的公钥体系相结合,可以提供基于电子证书的认证。公钥证书认证在 Windows 2000 中,适用于对非 Windows 2000 主机、独立主机、非信任域成员的客户机或者不运行 Kerberos V5 认证协议的主机进行身份认证。

(3) 预置共享密钥认证。IPSec 也可以使用预置共享密钥进行认证。预置共享意味着通信双方必须在 IPSec 策略设置中就共享的密钥达成一致。之后在安全协商过程中,信息在传输前使用共享密钥加密,接收端使用同样的密钥解密,如果接收方能够解密,即被认为可以通过认证。但在 Windows 2000 IPSec 策略中,这种认证方式被认为不够安全而一般不推荐使用。

(4) 公钥加密。IPSec 的公钥加密用于身份认证和密钥交换。公钥加密需要两把不同的密钥,一把用来产生数字签名和加密数据,另一把用来验证数字签名和对数据进行解密。

使用公钥加密法,每个用户拥有一个密钥对,其中私钥仅为其个人所知,公钥则可分发给任意需要与之进行加密通信的人。例如,A 想要发送加密信息给 B,则 A 需要用 B 的公钥加密信息,之后只有 B 才能用他的私钥对该加密信息进行解密。虽然密钥对中两把钥匙彼此相关,但要想从其中一把来推导出另一把,以目前计算机的运算能力来看,这种做法完全不现实。因此,在这种加密法中,公钥可以广为分发,而私钥则需要妥善保管。

(5) Hash 函数和数据完整性。Hash 信息验证码 HMAC(Hash Message Authentication Codes)验证接收消息和发送消息的完全一致性(完整性)。这在数据交换中非常关键,尤其当传输介质(如公共网络中)不提供安全保证时更显其重要性。

HMAC 结合 Hash 算法和共享密钥提供完整性。Hash 散列通常也被当成是数字签名,但这种说法不够准确,两者的区别在于:Hash 散列使用共享密钥,而数字签名基于公钥技术。Hash 算法也称为消息摘要或单向转换。称它为单向转换是因为以下几点。

① 双方必须在通信的两个端头处各自执行 Hash 函数计算。

② 使用 Hash 函数很容易从消息计算出消息摘要,但其逆向反演过程以目前计算机的运算能力几乎不可实现。

Hash 散列本身就是加密检查和或消息完整性编码 MIC(Message Integrity Code),通信双方必须各自执行函数计算来验证消息。例如,发送方首先使用 HMAC 算法和共享密钥计算消息检查和,然后将计算结果 A 封装进数据包中一起发送;接收方再对所接收的消息执行 HMAC 计算得出结果 B,并将 B 与 A 进行比较。如果消息在传输中遭篡改致使 B 与 A 不一致,接收方丢弃该数据包。

两种最常用的 Hash 函数如下。

① HMAC-MD5。MD5(消息摘要 5)基于 RFC 1321。MD5 对 MD4 做了改进,计算速度比 MD4 稍慢,但安全性能得到了进一步改善。MD5 在计算中使用了 64 个 32 位常数,最终生成一个 128 位的完整性检查和。

② HMAC-SHA。安全 Hash 算法定义在 NIST FIPS 180-1,其算法以 MD5 为原型。SHA 在计算中使用了 79 个 32 位常数,最终产生一个 160 位完整性检查和。SHA 检查和长度比 MD5 更长,因此安全性也更高。

(6) 加密和数据可靠性。IPSec 使用的数据加密算法是 DES(Data Encryption Standard,数据加密标准)。DES 密钥长度为 56 位,在形式上是一个 64 位数。DES 以 64 位(8 字节)为分组对数据加密,每 64 位明文,经过 16 轮置换生成 64 位密文,其中每字节有 1 位用于奇偶校验,所以实际有效密钥长度是 56 位。IPSec 还支持 3DES 算法,3DES 可提供更高的安全性,但相应地,计算速度更慢。

(7) 密钥管理。

① 动态密钥更新。IPSec 策略使用"动态密钥更新"法来决定在一次通信中,新密钥产生的频率。动态密钥指在通信过程中,数据流被划分成一个个"数据块",每一个"数据块"都使用不同的密钥加密,这可以保证万一攻击者中途截取了部分通信数据流和相应的密钥后,也不会危及其余的通信信息的安全。动态密钥更新服务由 Internet 密钥交换 IKE(Internet Key Exchange)提供。

IPSec 策略允许专家级用户自定义密钥生命周期。如果该值没有设置,则按默认时间间隔自动生成新密钥。

② 密钥长度。密钥长度每增加一位,可能的密钥数就会增加一倍,相应地,破解密钥的难度也会随之成指数级加大。IPSec 策略提供多种加密算法,可生成多种长度不等的密钥,用户可根据不同的安全需求加以选择。

③ Diffie-Hellman 算法。要启动安全通信,通信两端必须首先得到相同的共享密钥(主密钥),但共享密钥不能通过网络相互发送,因为这种做法极易泄密。

Diffie-Hellman 算法是用于密钥交换的最早、最安全的算法之一。Diffie-Hellman 算法的基本工作原理是:通信双方公开或半公开交换一些准备用来生成密钥的"材料数据",在彼此交换过密钥生成"材料"后,两端可以各自生成出完全一样的共享密钥。在任何时候,双方都绝不交换真正的密钥。

通信双方交换的密钥生成"材料",长度不等,"材料"长度越长,所生成的密钥强度也就越高,密钥破译就越困难。除进行密钥交换外,IPSec 还使用 DH 算法生成所有其他加密密钥。

12.2.4　IPSec 的工作模式

IPSec 标准定义了 IPSec 操作的两种不同模式,即传输模式和隧道模式,模式不影响包的编码。在每种模式下,包受 AH、ESP 或两者的保护。如果内部包是 IP 包,这两种模式在策略应用程序方面有所不同。

(1) 在传输模式下,外部头决定保护内部 IP 包的 IPSec 策略。

(2) 在隧道模式下,内部 IP 包决定保护其内容的 IPSec 策略。

在传输模式下,外部头、下一个头以及下一个头支持的任何端口都可用于确定 IPSec 策略。实际上,IPSec 可在一个端口不同粒度的两个 IP 地址之间强制实行不同的传输模式策略。例如,如果下一个头是 TCP(支持端口),则可为外部 IP 地址的 TCP 端口设置 IPSec 策略。类似地,如果下一个头是 IP 数据包头,外部头和内部 IP 数据包头可用于决定 IPSec 策略。这种模式主要为上层协议提供保护,同时增加了 IP 包载荷的保护。典型地,传输模式用于在两台主机之间的端到端的通信。传输模式的 ESP 加密和认证(可选)IP 载荷,但不包括 IP 报头,传输模式的 AH 认证 IP 载荷和 IP 报头的选中部分。

这种模式的优点:内网中的其他用户不能理解主机 A 和主机 B 之间传输的数据;各主机分担了 IPSec 处理载荷,避免了 IPSec 处理的瓶颈问题。缺点:内网中的各个主机只能使用公有 IP 地址;由于每一个需要实现传输模式的主机都必须安装并实现 IPSec 协议,因此不能实现对端用户的透明服务,用户为了获得 IPSec 提供的安全服务,必须消耗内存,花费处理时间;暴露了子网内部的拓扑结构。

隧道模式仅适用于 IP-in-IP 数据报。如果在家中的计算机用户要连接到中心计算机位置,以隧道模式进行隧道连接将会很有用。在隧道模式下,IPSec 策略强制实施于内部 IP 数据报的内容中。可针对不同的内部 IP 地址强制实施不同的 IPSec 策略。也就是说,内部 IP 数据包头、下一个头及下一个头支持的端口,可以强制实施策略。与传输模式不同,在隧道模式下,外部 IP 数据包头不指示其内部 IP 数据报的策略。

因此,在隧道模式下,可为路由器后面的 LAN 的子网和这些子网上的端口指定 IPSec 策略。也可在这些子网上为特定的 IP 地址(即主机)指定 IPSec 策略。这些主机的端口也可以具有特定的 IPSec 策略。但是,如果有动态路由协议在隧道上运行,不能使用子网选择或地址选择,因为对等网络上的网络拓扑的视图可能会更改。更改可能使静态 IPSec 策略失效。隧道模式对整个 IP 包提供保护。隧道模式首先为原先的 IP 包增加一个 IPSec 头,然后在外部再增加一个新的 IP 头。

这种模式的优点:保护子网内的所有用户都可以透明地享受安全网关提供的安全保护;保护子网内部的拓扑结构;子网内的各个主机都可以使用私有的 IP 地址。缺点:由于子网内部通信都是以明文的方式进行,所以无法控制内部发生的安全问题;IPSec 主要集中在网关,增加了安全网关的处理负担,容易造成通信瓶颈。

12.2.5　IPSec 协议组

1. 验证头协议 AH

AH(Authentication Header)协议为 IP 通信提供数据源认证、数据完整性和反重播保证,它能保护通信免受篡改,但不能防止窃听,适合用于传输非机密数据。AH 的工作原理是在每一个数据包上添加一个身份验证报头。此报头包含一个带密钥的 Hash 散列(可以将其当作数字签名,只是它不使用证书),此 Hash 散列在整个数据包中计算,因此对数据的任何更改将使散列无效,这样就提供了完整性保护。

AH 报头位置在 IP 报头和传输层协议报头之间,如图 12-10 所示。

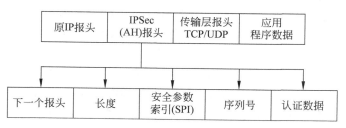

图 12-10　AH 报头

各个域的含义如下。

下一个报头(Next Head):该域标识在 AH 后面的高层协议(如 TCP、UDP 或者 ESP)。这个 8b 的域指出 AH 后的下一载荷的类型。例如,如果 AH 后面是一个 ESP 载荷,这个域将包含值 50。如果在所说的 AH 后面是另一个 AH,那这个域将包含值 51。RFC1700[IANA00]中包含已分配的 IP 协议值信息。

载荷长度(8b):该域表明 AH 内容的长度。这个 8b 的域包含以 32b 为单位的 AH 的长度减 2。为什么要减 2 呢? AH 实际是一个 IPv6 扩展头。IPv6 规范 RFC 1883[DH95] 规定计算扩展头长度时应首先从头长度中减去一个 64b 的字。由于载荷长度用 32b 度量,两个 32b 字也就相当于一个 64b 字,因此要从总认证头长度中减去 2。

保留值(16b):该域保留以备用。当前必须将该域置为 0。这个 16b 的保留域供将来使用。AH 规范 RFC 2402[ka98]规定这个域应被置为 0。

安全参数索引(SPI)(32b):该域是一个固定长度的任意值。当它和目的地址联合使用时,该值将唯一地标识一个用于该数据包的安全关联(也就是说,它指明用于该连接的一组安全参数)。SPI 是个 32b 的整数,用于和源地址或目的地址以及 IPSec 协议(AH 或 ESP)共同唯一标识一个数据报所属的数据流的安全关联(SA)。SA 是通信双方达成的一个协定,它规定了采用的 IPSec 协议、协议操作模式、密码算法、密钥以及用来保护它们之间通信的密钥的生存期。关于 SPI 域的整数值,$1\sim255$ 被 IANA 留作将来使用;0 被保留,用于本地和具体实现。所以目前有效的 SPI 值为 $256\sim2^{32}-1$。

序列号(32b):该域为使用特定的 SPI 发送的每一个数据包提供一个单调增加的数字。该值可以使接收方知晓数据包的顺序,并保证不会将同样的一组参数用于太多的数据包。序列号提供了针对重放攻击的保护。这个域包含一个作为单调增加计数器的 32b 无符号整数。当 SA 建立时,发送者和接收者的序列号值被初始化为 0。通信双方每使用一个特定的

SA 发出一个数据报就将它们的相应序列号加 1。序列号用来防止对数据包的重放,重放指的是数据报被攻击者截取并重新传送。AH 规范强制发送者总得发送序列号给接收者;而接收者可以选择不使用抗重放特性,这时它不理会进入的数据流中数据报的序列号。如果接收端主机启用抗重放功能,它使用滑动接收窗口机制检测重放包。具体的滑动窗口因不同的 IPSec 实现不同而不同;然而一般滑动窗口具有以下功能:窗口长度最小为 32b;窗口的右边界代表一特定 SA 所接收到的验证有效的最大序列号。序列号小于窗口左边界的包将被丢弃。将序列号值位于窗口之内的数据包与位于窗口内的接收到的数据包清单比照验证,如果接收到的数据包的序列号位于窗口内并且数据包是新的,或者其序列号大于窗口右边界且小于 2^{32},那么接收主机继续处理认证数据的计算。对于一个特定的 SA,它的序列号不能循环,所以在一个特定的 SA 传输的数据包的数目达到 2^{40} 之前,必须协商一个新的 SA 以及新的密钥。

认证数据(长度可变):该可变长度域包含有该数据包的完整性校验值(Integrity Check Value,ICV)。它可能包括用于使头长度成为 32 位(在 IPv4 中)或者 64 位(在 IPv6 中)的整数倍的填充值。这个变长域包含数据报的认证数据,该认证数据被称为数据报的完整性校验值(ICV)。对于 IPv4 数据报,这个域的长度必须是 32 的整数倍;对于 IPv6 数据报,这个域的长度必须是 64 的整数倍。用来生成 ICV 的算法由 SA 指定。用来计算 ICV 的可用的算法因 IPSec 的实现不同而不同;然而为了保证互操作性,AH 强制所有的 IPSec 实现必须包含两个 MAC,即 HMAC——MD5 和 HMAC——SHA-1。如果一个 IPv4 数据报的 ICV 域的长度不是 32 的整数倍,或一个 IPv6 数据报的 ICV 域的长度不是 64 的整数倍,必须添加填充比特使 ICV 域的长度达到所需要的长度。

AH 由 IP 号"51"标识,该值包含在 AH 报头之前的协议报头中,如 IP 报头。AH 可以单独使用,也可以与 ESP 结合使用。

2. 封装安全载荷协议

ESP 协议主要用来处理对 IP 数据包的加密,此外对认证也提供某种程度的支持。ESP 是与具体的加密算法相独立的,几乎可以支持各种对称密钥加密算法,如 DES、3DES、RC5 等。为了保证各种 IPSec 实现间的互操作性,目前 ESP 必须提供对 56 位 DES 算法的支持。

ESP 协议数据单元格式由 3 个部分组成,除了头部、加密数据部分外,在实施认证时还包含一个可选尾部,如图 12-11 所示。

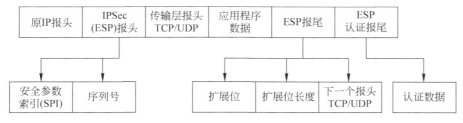

图 12-11 ESP 数据报

各个域的含义如下。

(1) 安全参数索引[SPI]。SPI 是一个 32b 整数。它同源地址、目的地址和 IPSec 协议(ESP 和 AH)结合起来唯一标识数据报所属的数据流的安全关联(SA)。SA 是通信双方关于一些实体的协议,如用来提供 ESP 保密服务的加密算法、认证算法、密钥、IPSec 协议操作模式和 SA 的生存期;关于 SPI 域的整数值,1~255 被 IANA 留作将来使用;0 被保留用于本地和具体实现。所以说目前有效的 SPI 值是 256~$2^{32}-1$。这个域和 AH 的 SPI 类似。

(2) 序列号(Sequence Number)。和 AH 的情况类似,这个域包含一个作为单调增加计数器的 32b 无符号整数。当 SA 建立时,发送者和接收者的序列号值被初始化为 0。对于一个特定的 SA,双方每发出一个数据包就将它们的序列号加 1。序列号用来防止数据报的重放。对于一个特定的 SA,它的序列号不能循环。所以,在一个特定的 SA 传输的数据包的数量达到 2^{32} 前,必须协商一个新的 SA 和新的密钥。规范强制发送者总得发送序列号给接收者,而接收者可以选择不使用抗重放特性。这时它不理会进入的数据流中数据报的序列号。如果接收端主机启用抗重放功能,它使用滑动接收窗口机制检测重放包。具体的滑动窗口因不同的 IPSec 实现不同而不同;然而一般来说,滑动窗口具有以下所述的功能:窗口最小为 32b,窗口的右边界代表一特定 SA 所接收到的经验证有效的最大序列号。将序列号值位于窗口之内的数据包与位于窗口内的接收到的数据包的清单比照验证。如果接收到的数据包的序列号位于窗口内并且数据包是新的,或者它的序列号大于窗口右边界且小于 2^{32},那么接收主机继续处理认证数据的计算;否则将抛弃数据包并审核事件。

(3) 载荷数据(Payload data)。这是一个变长域,如果使用保密服务,其中就包含实际的载荷数据(就是说,数据报加密部分的密文)。这个域是必须有的,不管涉及的 SA 是否需要保密服务。如果采用的加密算法需要初始化向量(IV)。它将在载荷域中传输,并且算法的规范需指明 IV 的长度和它在载荷数据域中的位置。简而言之,IV 用于某种操作模式的分组密码以确保前一部分相似的明文(如 IP 数据报头)生成不同的密文。载荷数据域的长度以比特为单位且必须是 8 的整数倍。

(4) 扩展位(Padding)。如果有的话,这个域包含填充比特,由加密算法使用或用于使填充长度域和 4 字节字中的第 3 个字节对齐,这个域的长度是 0~255B。

(5) 扩展位长度(Pad Length)。扩展位长度是一个 8b 的域,表明扩展位域中填充比特的长度。这个域的有效值是 0~255 间的整数。

(6) 下一个报头(Next Header)。这个 8b 的域表明载荷中封装的数据类型。可能是一个 IPv6 扩展头或传输层协议。例如,值 6 表明载荷中封装的是 TCP 数据。IANA 是一个负责分配 IP 协议值的组织,IANA 的主页是 http://www.iana.org。

(7) 认证数据(Authentication Data)。这个变长域中存放 ICV,它是对除认证数据域外的 ESP 包进行计算获得的。这个域的实际长度取决于使用的认证算法。例如,如果使用 HMAC-MD5,则认证数据域是 128b,如果使用的是 HMAC-SHA-1 或 HMAC-RIPEMD-160 则为 160b。认证数据域是可选的,仅当指定的 SA 要求 ESP 认证服务时才包含它。

IPSec 进行加密时可以有两种工作模式,意味着 ESP 有两种工作模式,即传输模式(Transport Mode)和隧道模式(Tunnel Mode)。当 ESP 工作在传输模式时,采用当前的 IP 头部。而在隧道模式时,待整个 IP 数据包进行加密作为 ESP 的有效负载,并在 ESP 头部前增添以网关地址为源地址的新的 IP 头部,此时可以起到 NAT 的作用。

3. 安全关联

安全关联(Security Association,SA)就是通信双方协商好的安全通信的构建方案,是通信双方共同签署的"协定"。安全关联是单工的,即从业务流的发送方到接收方的一个单向逻辑关系。在典型的、双向的点到点连接中,需要提供两个 SA。

安全关联由以下 3 个参数唯一确定。

(1) 安全参数索引(Security Parameters Index,SPI)。SPI 是一个长度为 32b 的数据,接收方用 AH 和 ESP 报头的 SPI 唯一地确定一个 SA。

(2) IP 目的地址。即 SA 中接收方的 IP 地址。

(3) 安全协议标识符。用以标识通信双方采用的是 AH 协议还是 ESP 协议。

除以上 3 个参数外,SA 还包含以下参数。

(1) 顺序号计数器(Sequence Number Counter)。用来产生 AH 或 ESP 报头中的顺序号(Sequence Number),达到防重放攻击目的。

(2) 顺序号溢出标志(Sequence Counter Overflow)。表示顺序号的溢出是否能产生一个可审核的事件,并防止这一 SA 上数据报的进一步传送。

(3) 防重放窗口(Anti-replay Window)。用来判断入站 AH 或 ESP 数据包是否重放。

(4) AH 信息(AH Information)。所采用 AH 的身份鉴别算法、密钥、密钥生命周期和其他一些相关参数。

(5) ESP 信息(ESP Information)。所采用的 ESP 的加密算法、密钥、密钥生命周期和其他一些相关参数。

(6) SA 的生命周期(Life Time of This SA)。表示一个时间间隔,在该间隔以后,此 SA 或者结束或者被一个新的 SA 所替代。同时这一参数中还有一个标识符用来标识此 SA 是被结束还是被替代。

(7) IPSec 协议模式(IPSec Protocol Mode)。IPSec 的协议模式有隧道、传输、通配符模式。

(8) 路径最大传输单元(Path MTU)。指能传输的最大数据报长度。

以上参数除了 AH 信息和 ESP 信息分别仅为采用 AH 协议或 ESP 时要求以外,其他参数在两种协议中都被要求。在每一个 IPSec 的执行过程中,都有一个标准的安全关联数据库(Security Association DataBase,SADB),其中存放了每一个 SA 的相关参数。SA 的创建分两步进行:先协商 SA 参数,再用 SA 更新安全策略数据库。协商 SA 参数可采用人工协商或 Internet 标准密钥管理协议(如 IKE)来完成。人工密钥协商是必须支持的,在 IPSec 的早期开发及测试过程中,人工协商是一项非常有用的方式。在人工密钥协商过程中,通信双方都需要离线同意 SA 的各项参数,但人工协商过程非常容易出错,既麻烦又不安全。因此,在已经有一种稳定、可靠的密钥管理协议的前提下以及已经配置好 IPSec 的一个环境中,SA 的建立通过一种 Internet 标准密钥管理协议来完成。如果安全策略要求建立安全、保密的连接,但却找不到相应的 SA,IPSec 的内核便会自动调用 IKE。IKE 会与目标主机协商具体的 SA。

4. 安全数据库

IPSec 包含两个指定的数据库,即安全策略数据库 SPD(Security Policy Database)和安全关联数据库 SAD。SPD 指定了决定所有输入或者输出 IP 通信部署的策略。SAD 包含与当前活动的安全关联相关的参数。

(1) 安全策略数据库。SA 仅仅是一个用于实施安全策略的管理结构。因为 SPD 负责所有的 IP 通信流,所以在处理所有通信流(输入或输出)的过程中必须查询 SPD,包括非

IPSec 通信流。为了支持这一点,对于输入通信流和输出通信流而言,SPD 需要不同的条目,这些条目通过一组选择符或者 IP 和上层协议域的值来定义。下面的选择符决定了一个 SPD 条目。

① 目的 IP 地址。这可以是一个单一的 IP 地址、一个地址列表或者一个通配地址。多个地址和通配地址用于多于一个的目的系统共享同一个 SA 的情况(如位于一个网关之后)。

② 源 IP 地址。这可以是一个单一的 IP 地址、一个地址范围或者一个通配地址。多个地址和通配地址用于多于一个的源系统共享同一个 SA 的情况(如位于一个网关之后)。

③ 名称。这可以是一个 X.500 特定名称(DN),或者是一个来自操作系统的用户标识符。

④ 传输层协议。这可以从 IPv4 协议域或者 IPv6 的下一个首部域中得到。它可以是一个单独的协议号码、一个协议号的列表,或者是一个协议号码范围。

⑤ 源端口和目的端口。这些端口可以是单个的 UDP 或 TCP 端口值,真正应用协议的便是这些端口。如果端口不能访问,便需要使用通配符。

⑥ 数据敏感级。这被用于提供信息流安全的系统(如无分级的或者秘密的)。

(2) 安全关联数据库。IPSec 的每一个实现中都包含一个指定的 SAD,它用于定义与每一个 SA 相关联的参数。下面的参数用于定义一个 SA。

① 序列号计数器。用于生成位于 AH 或者 ESP 头中的序列号域的一个 32b 值。

② 序列号计数器溢出。这是一个标志,用于指示序号计数器的溢出是否应该生成可检查的事件,并防止在这个 SA 上继续传输分组(所有实现都需要)。

③ 抗重放窗口。一个 32b 计数器,用于判定一个输入的 AH 或者 ESP 数据包是否是一个重放包。

④ AH 信息。与使用 AH 有关的参数(如认证算法、密钥和密钥生存期)。

⑤ ESP 信息。与使用 ESP 有关的参数(如加密算法、密钥、密钥生存期和初始化值)。

⑥ SA 生存期。一个时间间隔或者字节计数,用于指定一个 SA 使用的持续时间。当该持续时间结束时,必须用一个新的 SA(以及新的 SPI)来替代该 SA,或者终止该 SA,同时该参数还包括一个应该采取何种动作的标识。

⑦ IPSec 协议模式。指定对于该 SA 的通信流所使用的操作模式(传输模式、隧道模式或通配模式)。

⑧ 路径 MTU。可观察的路径的最大传输单元(不经过分片就可以传送的分组的最大长度)。

5. 密钥管理与密钥交换

(1) 密钥管理。就像使用任何安全协议一样,当使用 IPSec 时,必须提供密钥管理功能,如应提供一种方法用于与其他人协商协议、加密算法以及在数据交换中使用的密钥。此外,IPSec 需要知道实体之间所有的协定。IETF 的 IPSec 工作组已经指定所有兼容的系统必须同时支持手工和自动的 SA 和密钥管理。

下面是这些技术的简要描述。

① 手工。手工密钥和 SA 管理是最简单的密钥管理方式。操作员(通常是系统管理员)手工配置每一个系统,提供其他系统进行与安全通信相关的密钥信息以及密钥管理数

据。手工技术可以在小范围、静态环境中有效使用。但是这种方法对于大型网络并不适合。

② 自动。使用自动的密钥管理协议可以创建 SA 所需要的密钥。自动管理也为正在变化的较大型的分布式系统提供了更大的可扩展性。对于自动管理,可以使用各种各样的协议,但是 IKE 好像已经成了当前的默认工业标准。

默认的 IPSec 密钥协商方式是 Internet 密钥交换协议 IKE。在 IPSec 实施时也可以使用其他密钥协商协议(如 SKIP),但是 IKE 是所有 IPSec 实施时都必须遵循的,并且 IKE 也是目前使用的密钥协商协议中最通用的。IKE 允许两个实体(也就是网络主机或网关)通过一系列消息得到安全通信的会话密钥,利用 IKE 交换为通信双方的消息提供认证或加密,并且针对洪流、重放、欺骗等攻击提供不同程度的保护。同其他网络安全系统一样,IKE 也依赖于公、私钥加密技术和密码散列函数等机制,允许使用基于公钥基础设施(PKI)或者其他技术的认证。IKE 与其他驻留在网络层或在网络层以下的 IPSec 协议的不同之处在于,IKE 是一个使用已知的 UDP 端口(端口为 500)的应用层协议。

下面重点介绍一个密钥管理协议,即 Internet 安全连接和密钥管理协议。

Internet 安全连接和密钥管理协议(ISAKMP)是 IPSec 体系结构中的一种主要协议。该协议结合认证、密钥管理和安全连接等概念来建立政府、商家和因特网上的私有通信所需要的安全。

ISAKMP 定义了程序和信息包格式来建立、协商、修改和删除安全连接(SA)。SA 包括了各种网络安全服务执行所需的所有信息,这些安全服务包括 IP 层服务(如头认证和负载封装)、传输或应用层服务,以及协商流量的自我保护服务等。ISAKMP 定义包括交换密钥生成和认证数据的有效载荷。这些格式为传输密钥和认证数据提供了统一框架,而它们与密钥产生技术、加密算法和认证机制相独立。

ISAKMP 区别于密钥交换协议是为了把安全连接管理的细节从密钥交换的细节中彻底地分离出来。不同的密钥交换协议中的安全属性也是不同的。然而,需要一个通用的框架用于支持 SA 属性格式、谈判、修改与删除 SA,ISAKMP 即可作为这种框架。

把功能分离为 3 个部分增加了一个完全的 ISAKMP 实施安全分析的复杂性。然而在有不同安全要求且需协同工作的系统之间这种分离是必需的,而且还应该对 ISAKMP 服务器更深层次发展的分析简单化。

ISAKMP 支持在所有网络层的安全协议(如 IPSec、TLS、TLSP、OSPF 等)的 SA 协商。ISAKMP 通过集中管理 SA 减少了在每个安全协议中重复功能的数量。ISAKMP 还能通过一次对整个栈协议的协商来减少建立连接的时间。

ISAKMP 中,解释域(DOI)用来组合相关协议,通过使用 ISAKMP 协商安全连接。共享 DOI 的安全协议,从公共的命名空间选择安全协议和加密转换方式,并共享密钥交换协议标识。同时它们还共享一个特定 DOI 的有效载荷数据目录解释,包括安全连接和有效载荷认证。

总之,ISAKMP 关于 DOI 定义如下。

① 特定 DOI 协议标识的命名模式。

② 位置字段解释。

③ 可应用安全策略集。

④ 特定 DOI SA 属性语法。

⑤ 特定 DOI 有效负载目录语法。

⑥ 必要情况下，附加密钥交换类型。

⑦ 必要情况下，附加通知信息类型。

密钥管理协议结构如图 12-12 所示，其中各个域的定义如下。

① Initiator Cookie：启动 SA 建立、SA 通知或 SA 删除的实体 Cookie。

② Responder Cookie：响应 SA 建立、SA 通知或 SA 删除的实体 Cookie。

③ Next Payload：信息中的 Next Payload 字段类型。

④ Major Version：使用的 ISAKMP 的主要版本。

⑤ Minor Version：使用的 ISAKMP 的次要版本。

⑥ Exchange Type：正在使用的交换类型。

⑦ Flags：为 ISAKMP 交换设置的各种选项。

⑧ Message ID：唯一的信息标识符，用来识别第二阶段的协议状态。

⑨ Length：全部信息（头＋有效载荷）长（8b）。

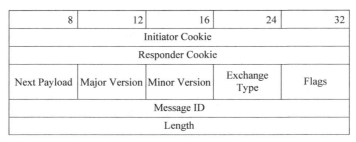

8	12	16	24	32
Initiator Cookie				
Responder Cookie				
Next Payload	Major Version	Minor Version	Exchange Type	Flags
Message ID				
Length				

图 12-12　密钥管理协议结构

（2）密钥交换。密钥交换主要有以下两个协议。

① Internet 密钥交换协议（IKE）是 IPSec 默认的安全密钥协商方法。IKE 通过一系列报文交换为两个实体（如网络终端或网关）进行安全通信派生会话密钥。IKE 建立在 Internet 安全关联和密钥管理协议（ISAKMP）定义的一个框架之上。IKE 是 IPSec 目前正式确定的密钥交换协议，IKE 为 IPSec 的 AH 和 ESP 协议提供密钥交换管理和 SA 管理，同时也为 ISAKMP 提供密钥管理和安全管理。IKE 具有两种密钥管理协议（Oakley 和 SKEME 安全密钥交换机制）的一部分功能，并综合了 Oakley 和 SKEME 的密钥交换方案，形成了自己独一无二的受鉴别保护的加密材料生成技术，如图 12-13 所示。

IKE 协议主要是对密钥交换进行管理，它主要包括 3 个功能：对使用的协议、加密算法和密钥进行协商；方便的密钥交换机制（这可能需要周期性的进行）；跟踪对以上这些约定的实施。

② SKEME 是一种密钥交换协议，由 IBM T. J. Watson 研究所的加密专家 Hugo Krawczyk 于 1996 年提出。SKEME 提供了多种模式的密钥交换。SKEME 的基本模式提供了基于公开密钥的密钥交换和 Diffie-Hellman 密钥交换。但是，SKEME 并不局限于公开密钥加密法和 Diffie-Hellman 密钥交换技术的组合，它能适应其他需求，如可以使用基于预先分配密钥的密钥交换。这种扩展性支持能解决很多重要而又实际的需要，其中包括人工密钥安装和预先共享的主密钥方面的要求。它还包含了对 Kerberos 模型密钥交换的支

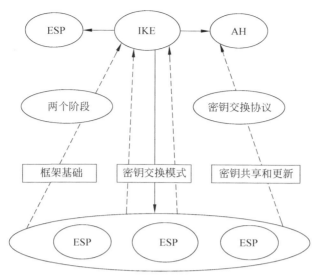

图 12-13　IKE 理论模型

持。在 Kerberos 模型中,通信双方通过共同信任的 KDC 来分配共享密钥。在 SKEME 中,不是直接用从 KDC 分配的密钥对双方通信的数据进行加密,而是用这个密钥产生新的会话密钥。KDC 分配的密钥用于验证 Diffie-Hellman 密钥交换,而不是把从 KDC 得到的密钥用于会话,使得 SKEME 协议可以降低对 KDC 的信任依赖程度,从而使 SKEME 的安全性得到很大的提高。

SKEME 协议的执行过程包含 Cookie 阶段、共享阶段、交换阶段和认证阶段。

Cookie 阶段:目的是防止拒绝服务攻击。这是从 Photuris 密钥管理协议借用过来的。

共享阶段:目的是建立会话密钥 k_{AB}。这时需要通信双方都拥有对方的公共密钥。在这个阶段,用户 A 和用户 B 先用对方的公共密钥把随机取得的半个密钥加密,然后用单向哈希函数把这两个半个密钥合成一个 k_{AB}:

a. A→B:$|k_A|Pk_B$

b. B→A:$|k_B|Pk_A$

在第 a 步中,用户 A 随机选择一个 k_A,采用用户 B 的公共密钥 Pk_B 把它加密,然后,把结果 $|k_A|Pk_B$ 发送给用户 B。同样,在第 b 步中,用户 B 也随机选择一个 k_B,采用用户 A 的公共密钥 Pk_A 把它加密,然后发送给用户 A。最后,用户 A 和 B 用事先协商好的一个单向哈希函数计算得到 $k_{AB}=h(k_A,k_B)$。

交换阶段:在支持 Diffie-Hellman 密钥交换的 SKEME 模式中,交换阶段用来进行密钥交换。假设用户 A 选择了一个随机数 X_A 作为 Diffie-Hellman 的指数,用户 B 选择了另一个随机数 X_B。用户 A 和 B 就可以通过下面的过程进行 Diffie-Hellman 密钥交换,并得到共享密钥 $g^{X_A X_B}(\bmod\ p)$。

a. A→B:$g^{X_A}(\bmod\ p)$

b. B→A:$g^{X_B}(\bmod\ p)$

在不支持 Diffie-Hellman 密钥交换的 SKEME 模式中,交换阶段用来交换随机产生的即时时间值。

认证阶段：在协议的执行过程中，双方的验证在认证阶段完成。这个阶段会用到共享阶段产生的密钥 k_{AB} 来验证从交换阶段得到的 Diffie-Hellman 指数或者即时时间值。如果交换阶段执行了 Diffie-Hellman 密钥交换，认证阶段可以表示为

    a. A→B：$(g^{X_A}, g^{X_B}, ID_A, ID_B)k_{AB}$

    b. B→A：$(g^{X_B}, g^{X_A}, ID_B, ID_A)k_{AB}$

6. IPSec 的典型应用

IPSec 可为各种分布式应用，包括远程登录、客户/服务器、电子邮件、文件传输、Web 访问等提供安全，可保证 LAN、专用和公用 WAN 以及 Internet 的通信安全。

12.2.6　IPSec 的典型应用

例 12-1　端到端安全。

如图 12-14 所示，主机 C、D 位于两个不同的网关 A、B 内，均配置了 IPSec，A、B 通过 Internet（或 Extranet）相连，但都未应用 IPSec。主机 C、D 可以单独使用 ESP 或 AH，也可以将两者组合使用。使用的模式既可以是传输模式也可以是隧道模式。

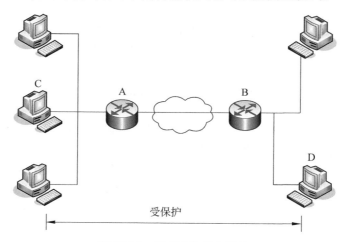

图 12-14　端到端的安全保护

例 12-2　基本的 VPN 支持。

如图 12-15 所示，网关 A、B 上运行隧道模式 ESP，保护两个网内主机的通信，所有主机可不必配置 IPSec。当主机 C 要向主机 D 发送数据包时，网关 A 要对数据包进行封装，封装的包通过隧道穿越 Internet（或 Extranet）后到达网关 B，B 对该包解封，然后发给 D。

例 12-3　保护移动用户访问公司的内部网。

如图 12-16 所示，位于主机 B 的移动用户要通过网关 A 访问其公司的内部主机 C。主机 B 和网关 A 均配置 IPSec，而主机 C 未配置 IPSec。当 B 给 C 发数据包时，要进行封装，经过 Internet（或 Extranet）后到达网关 A，A 对该包解封，然后发给 C。

例 12-4　嵌套式隧道。

如图 12-17 所示，主机 C 要同主机 D 进行通信，中间经过两层隧道。公司的总出口网关为 A，而主机 D 所在部门的网关为 B。C 同 B 间有一条隧道，C 和 A 间也有一条隧道。当

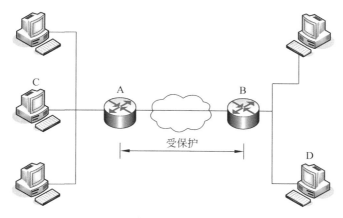

图 12-15 穿过 Internet 的一个 VPN

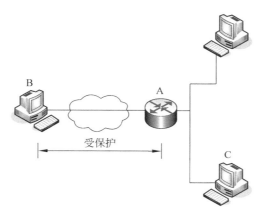

图 12-16 移动用户访问公司内部网

D 向 C 发送数据包 P 时,网关 B 将它封装成 P1,P1 到达网关 A 后被封装成 P2,P2 经过 Internet(或 Extranet)到达主机 C,C 先将其解封成 P1,然后将 P1 还原成 P。

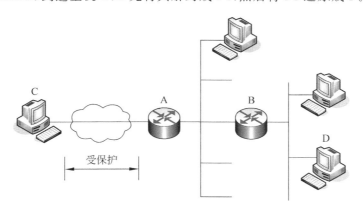

图 12-17 嵌套式隧道

12.3 SSL 安全协议

12.3.1 SSL 概述

SSL 协议(安全套接层协议)指使用公钥和私钥技术组合的安全网络通信协议,它提供在 Internet 上的安全通信服务,是一种在持有数字证书的客户端浏览器和远程的 WWW 服务器之间构造安全通信通道,并且传输数据的协议,包括 SSL 记录协议和 SSL 握手协议两个子协议。其优点在于与应用层协议无关,即应用层协议能够"透明"地建立在 SSL 协议之上,结合私有密钥加密法、公开密钥加密法及数字摘要技术等,提供机密性、完整性、认证性 3 种基本的安全服务。

SSL 协议是网景公司(Netscape)推出的基于 Web 应用的安全协议,SSL 协议指定了一种在应用程序协议(如 HTTP、Telnet、NMTP 和 FTP 等)和 TCP/IP 协议之间提供数据安全性分层的机制,它为 TCP/IP 连接提供数据加密、服务器认证、消息完整性以及可选的客户机认证,主要用于提高应用程序之间数据的安全性,对传送的数据进行加密和隐藏,确保数据在传送中不被改变,即确保数据的完整性。

SSL 与对称密码技术和公开密码技术相结合,可以实现以下 3 个通信目标。

(1) 秘密性。SSL 客户机和服务器之间传送的数据都经过了加密处理,网络中的非法窃听者所获取的信息都将是无意义的密文信息。

(2) 完整性。SSL 利用密码算法和散列函数,通过对传输信息特征值的提取来保证信息的完整性,确保要传输的信息全部到达目的地,可以避免服务器和客户机之间的信息受到破坏。

(3) 认证性。利用证书技术和可信的第三方认证,可以让客户机和服务器相互识别对方的身份。为了验证证书持有者是其合法用户(而不是冒名用户),SSL 要求证书持有者在握手时相互交换数字证书,通过验证来保证对方身份的合法性。

12.3.2 SSL 体系结构

SSL 协议位于 TCP/IP 协议模型的网络层和应用层之间,使用 TCP 来提供一种可靠的端到端的安全服务,它使客户机/服务器应用之间的通信不被攻击窃听,并且始终对服务器进行认证,还可以选择对客户进行认证。SSL 协议在应用层通信之前就已经完成加密算法、通信密钥的协商以及服务器认证工作,在此之后,应用层协议所传送的数据都被加密。SSL 实际上是由共同工作的两层协议组成,如图 12-18 所示。从体系结构图可以看出,SSL 安全协议实际是 SSL 握手协议、SSL 修改密文协议、SSL 警告协议和 SSL 记录协议组成的一个协议簇。

握手协议	修改密文协议	报警协议
SSL记录协议		
TCP		
IP		

图 12-18 SSL 体系结构

SSL 的设计目标是在 TCP 基础上提供一种可靠的端到端安全服务，其服务对象一般是 Web 应用。在 SSL 的体系结构中包含两个协议子层，其中底层是 SSL 记录协议层（SSL Record Protocol Layer）；高层是 SSL 握手协议层（SSL Handshake Protocol Layer）。

1. SSL 记录协议

在 SSL 协议中，所有的传输数据都被封装在记录中。记录是由记录头和长度不为 0 的记录数据组成的。所有的 SSL 通信包括握手消息、安全空白记录和应用数据都使用 SSL 记录层。SSL 记录协议包括了记录头和记录数据格式的规定。

1) SSL 记录头格式

SSL 的记录头可以是两个或 3 个字节长的编码。SSL 记录头包含的信息包括记录头的长度、记录数据的长度、记录数据中是否有粘贴数据。其中粘贴数据是在使用块加密算法时填充实际数据，使其长度恰好是块的整数倍。最高位为 1 时，不含有粘贴数据，记录头的长度为两个字节，记录数据的最大长度为 32 767B；最高位为 0 时，含有粘贴数据，记录头的长度为 3B，记录数据的最大长度为 16 383B。

当数据头长度是 3B 时，次高位有特殊的含义。次高位为 1 时，标识所传输的记录是普通的数据记录；次高位为 0 时，标识所传输的记录是安全空白记录（被保留用于将来协议的扩展）。

2) SSL 记录数据格式

SSL 记录协议为 SSL 连接提供了两种服务：一是机密性；二是消息完整性。为了实现这两种服务，SSL 记录协议对接收的数据和被接收的数据工作过程是如何实现的呢？SSL 记录协议接收传输的应用报文，将数据分片成可管理的块，进行数据压缩（可选），应用 MAC，接着利用 IDEA、DES、3DES 或其他加密算法进行数据加密，最后增加由内容类型、主要版本、次要版本和压缩长度组成的首部。被接收的数据刚好与接收数据工作过程相反，依次被解密、验证、解压缩和重新装配，然后交给更高级用户。

SSL 的记录数据包含 3 个部分，即 MAC 数据、实际数据和粘贴数据。

MAC 数据用于数据完整性检查。计算 MAC 所用的散列函数由握手协议中的 CIPHER-CHOICE 消息确定。若使用 MD2 和 MD5 算法，则 MAC 数据长度是 16B。当会话的客户端发送数据时，密钥是客户的写密钥（服务器用读密钥来验证 MAC 数据）；而当会话的客户端接收数据时，密钥是客户的读密钥（服务器用写密钥来产生 MAC 数据）。序号是一个可以被发送和接收双方递增的计数器。每个通信方向都会建立一对计数器，分别被发送者和接收者拥有。计数器有 32b，计数值循环使用，每发送一个记录计数值递增一次，序号的初始值为 0。

2. SSL 握手协议

SSL 握手协议层包括 SSL 握手协议（SSL Handshake Protocol）、SSL 密码参数修改协议（SSL Change Cipher Spec Protocol）、应用数据协议（Application Data Protocol）和 SSL 报警协议（SSL Alert Protocol）。握手协议层的这些协议用于 SSL 管理信息的交换，允许应用协议传送数据之前相互验证，协商加密算法和生成密钥等。

SSL 握手协议包含两个阶段：第一个阶段用于建立私密性通信信道；第二个阶段用于客户认证。第一阶段是通信的初始化阶段，通信双方都发出 HELLO 消息。当双方都接收到 HELLO 消息时，就有足够的信息确定是否需要一个新的密钥。若不需要新的密钥，双方立即进入握手协议的第二阶段；否则，此时服务器方的 SERVER-HELLO 消息将包含足够的信息使客户方产生一个新的密钥。这些信息包括服务器所持有的证书、加密规约和连接标识。若密钥产生成功，客户方发出 CLIENT-MASTER-KEY 消息；否则发出错误消息。最终当密钥确定以后，服务器方向客户方发出 SERVER-VERIFY 消息。因为只有拥有合适公钥的服务器才能解开密钥。图 12-19 所示为第一阶段的流程。

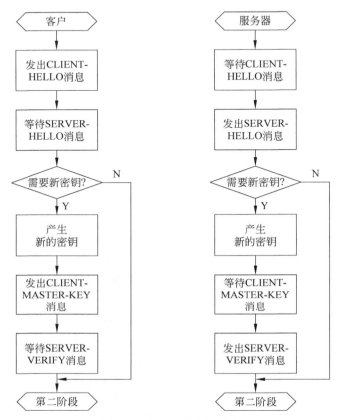

图 12-19　第一阶段的流程

需要注意的是，每一通信方向上都需要一对密钥，所以一个连接需要 4 个密钥，分别为客户方的读密钥、客户方的写密钥、服务器方的读密钥、服务器方的写密钥。

第二阶段的主要任务是对客户进行认证，此时服务器已经被认证了。服务器向客户发出认证请求消息 REQUEST-CERTIFICATE。当客户收到服务器方的认证请求消息，发出自己的证书，并且监听对方回送的认证结果。当服务器收到客户的认证，认证成功返回 SERVER-FINISH 消息，否则返回错误消息。

SSL 握手协议允许通信实体在交换应用数据之前协商密钥的算法、加密密钥和对客户端进行认证（可选）的协议，为下一步记录协议要使用的密钥信息进行协商，使客户端和服务器建立并保持安全通信的状态信息。SSL 握手协议是在任何应用程序数据传输之前使用的。SSL 握手协议包含 4 个阶段：第一个阶段建立安全能力；第二个阶段服务器鉴别和密钥交换；第三个阶段客户鉴别和密钥交换；第四个阶段完成握手协议。

3. SSL 修改密文协议

SSL 修改密文协议使用 SSL 记录协议服务的 SSL 高层协议的 3 个特定协议之一，也是其中最简单的一个。协议由单个消息组成，该消息只包含一个值为 1 的单个字节。该消息的唯一作用就是使未决状态复制为当前状态，更新用于当前连接的密码组。为了保障 SSL 传输过程的安全性，双方应该每隔一段时间改变加密规范。

4. SSL 告警协议

SSL 告警协议是用来为对等实体传递 SSL 的相关警告。如果在通信过程中某一方发现任何异常，就需要给对方发送一条警示消息通告。警示消息有两种：一种是 Fatal 错误，如传递数据过程中，发现错误的 MAC，双方就需要立即中断会话，同时消除自己缓冲区相应的会话记录；另一种是 Warning 消息，这种情况，通信双方通常都只是记录日志，而对通信过程不造成任何影响。SSL 握手协议可以使得服务器和客户能够相互鉴别对方，协商具体的加密算法和 MAC 算法以及保密密钥，用来保护在 SSL 记录中发送的数据。

12.3.3 SSL 协议及其安全性分析

1. SSL 安全优势

（1）监听和中间人式攻击。SSL 使用一个经过通信双方协商确定的加密算法和密钥，对不同的安全级别应用都可找到不同的加密算法，从而用于数据加密。它的密钥管理处理比较好，在每次连接时通过产生一个密码杂凑函数生成一个临时使用的会话密钥，除了不同连接使用不同密钥外，在一次连接的两个传输方向上也使用各自的密钥。尽管 SSL 协议为监听者提供了很多明文，但由于采用 RSA 交换密钥具有较好的密钥保护性能以及频繁更换密钥的特点，因此对监听和中间人式攻击而言，具有较高的防范性。

（2）流量数据分析式攻击。流量数据分析式攻击的核心是通过检查数据包的未加密字段或未加保护的数据包属性，试图进行攻击。在一般情况下，该攻击是无害的，SSL 无法阻止这种攻击。

（3）截取再拼接式攻击。对需要较强的连接加密，需要考虑这种安全性。SSL V3.0 基本上可阻止这种攻击。

（4）报文重发式攻击。报文重发式攻击比较容易阻止，SSL 通过在 MAC 数据中包含"序列号"来防止该攻击。

2. SSL 协议存在的问题

1）密钥管理问题

设计一个安全秘密的密钥交换协议是很复杂的，因此，SSL 的握手协议也存在一些密钥管理问题。SSL 的问题表现在以下几个方面。

（1）客户机和服务器在互相发送自己能够支持的加密算法时，是以明文传送的，存在被攻击修改的可能。SSL V3.0 为了兼容以前的版本，可能降低安全性。

（2）所有的会话密钥中都将生成 MASTER-KEY，握手协议的安全完全依赖于对 MASTER-KEY 的保护，因此在通信中要尽可能少地使用 MASTER-KEY。

2）加密强度问题

Netscape 依照美国内政部的规定，在它的国际版的浏览器及服务器上使用 40b 的密钥。

以 SSL 所使用的 RC4 演绎法所命名的 RC4 法规,对多于 40b 长的加密密钥产品的出口加以限制,这项规定使 Netscape 的 128b 加密密钥在美国之外的地方变成不合法。一个著名的例子是,一个法国的研究生和两个美国柏克莱大学的研究生破译了一个 SSL 的密钥,才使人们开始怀疑以 SSL 为基础的系统安全性。

Microsoft 公司想利用一种称为私人通信技术(Private Communication Technology, PCT)的 SSL Superset 协议来改进 SSL 的缺点。PCT 会衍生出第二个专门为身份验证用的密钥,这个身份验证并不属于 RC4 规定的管辖范围。PCT 加入比目前随机数产生器更安全的产生器,因为它也是 SSL 安全链中的一个薄弱环节。这个随机数产生器提供了产生加密密钥的种子数目(Seed Number)。

3) 数字签名问题

SSL 协议没有数字签名功能,即没有抗否认服务。若要增加数字签名功能,则需要在协议中打"补丁"。这样做,在用于加密密钥的同时又用于数字签名,这在安全上存在漏洞。后来 PKI 体系完善了这种措施,即双密钥机制,将加密密钥和数字签名密钥二者分开,成为双证书机制。这是 PKI 完整的安全服务体系。

12.3.4 SSL 的应用实例

以 Windows Server 2003(简称 Windows 2003)系统为例,介绍如何在 IIS6 服务器中应用 SSL 安全加密机制功能。

1. 生成证书请求文件

要想为某个 IIS 网站创建数字证书,首先必须使用"Web 服务器证书向导"功能为该网站生成一个证书请求文件。进入"控制面板"→"管理工具"→"Internet 信息服务(IIS)管理器",在 IIS 管理器窗口中展开"网站"目录,右击要使用 SSL 安全加密机制功能的网站,在弹出菜单中选择"属性"命令,然后切换到"目录安全性"选项卡,接着单击"服务器证书"按钮。在"IIS 证书向导"窗口中选择"新建证书"选项,单击"下一步"按钮,选中"现在准备证书请求,但稍后发送",接着在"名称"栏中为该证书起个名字,在"位长"下拉列表中选择"密钥的位长",接着设置证书的单位、部门和地理信息,在站点"公用名称栏"中输入该网站的域名,然后指定证书请求文件的保存位置,这里笔者将该证书请求文本文件保存在 d:\certreq .txt。这样就完成了证书请求文件的生成。

2. 申请 IIS 网站证书

完成了证书请求文件的生成后,就可以开始申请 IIS 网站证书了。这个过程需要证书服务(Certificate Services)的支持,Windows 2003 系统默认状态没有安装此服务,需要手工添加。

3. 安装证书服务

在"控制面板"中运行"添加或删除程序",切换到"添加/删除 Windows 组件"页,在"Windows 组件向导"对话框中,选中"证书服务"选项,接下来选择 CA 类型,这里笔者选择"独立根 CA",然后为该 CA 服务器起个名字,设置证书的有效期限,建议使用默认值"5 年"即可,最后指定证书数据库和证书数据库日志的位置后,就完成了证书服务的安装。

完成证书服务的安装后,就可开始申请 IIS 网站证书了。运行 Internet Explorer 浏览器,在地址栏中输入 http://localhost/CertSrv/default.asp。接着在"Microsoft 证书服务"

欢迎窗口中单击"申请一个证书"链接,然后在证书申请类型中单击"高级证书申请"链接,在高级证书申请窗口中单击"使用 BASE64 编码的 CMC 或 PKCS♯10 文件提交…"链接,接着将证书请求文件的内容复制到"保存的申请"输入框中,这里笔者的证书请求文件内容保存在 d:\certreq.txt,最后单击"提交"按钮。

4. 颁发 IIS 网站证书

虽然完成了 IIS 网站证书的申请,但这时它还处于挂起状态,需要颁发后才能生效。在"控制面板"→"管理工具"中,运行"证书颁发机构"程序。在"证书颁发机构"左侧窗口中展开目录,选中"挂起的申请"目录,在右侧窗口找到刚才申请的证书,右击该证书,选择快捷菜单中的"所有任务"→"颁发"命令。

接着单击"颁发的证书"目录,打开刚刚颁发成功的证书,在"证书"对话框中切换到"详细信息"选项卡。单击"复制到文件"按钮,弹出"证书导出"对话框,一路单击"下一步"按钮,在"要导出的文件"栏中指定文件名,这里笔者保存证书路径为 d:\cce.cer,最后单击"完成"按钮。

5. 导入 IIS 网站证书

在 IIS 管理器的"目录安全性"选项卡中,单击"服务器证书"按钮,这时弹出"挂起的证书请求"对话框,选择"处理挂起的请求并安装证书"选项,单击"下一步"按钮后,指定好刚才导出的 IIS 网站证书文件的位置,接着指定 SSL 使用的端口,建议使用默认的 443,最后单击"完成"按钮。

6. 配置 IIS 服务器

完成了证书的导入后,IIS 网站这时还没有启用 SSL 安全加密功能,需要对 IIS 服务器进行配置。

选择需要加密访问的站点目录(如果希望全站加密,可以选择整个站点),右击打开"属性"页,在"目录安全性"选项卡,单击"安全通信"栏的"编辑"按钮,选中"要求安全通道(SSL)"和"要求 128 位加密"选项,最后单击"确定"按钮即可。如果需要用户证书认证等高级功能,也可以选择显示客户证书选择,还可以把特定证书映射为 Windows 用户账户。

应用了 SSL 加密机制后,IIS 服务器的数据通信过程如下:首先客户端与 IIS 服务器建立通信连接,接着 IIS 把数字证书与公用密钥发给客户端。然后使用这个公共密钥对客户端的会话密钥进行加密后,传递给 IIS 服务器,服务器端接收后用私人密钥进行解密,这时就在客户端和 IIS 服务器间创建了一条安全数据通道,只有被 IIS 服务器允许的客户才能与它进行通信。

12.4　TLS 协议

12.4.1　TLS 概述

1996 年 5 月,因特网工程任务组(IETF)特许传输层安全(TLS)工作组对一种类似 SSL 的协议进行标准化。尽管官方工作组负责人另有其说,但是这件事还是被广泛理解为一种调和微软与网景公司方案的尝试。尽管也起草了其他一些方案,但实质上没有获得任何支持。这项计划在 1996 年末完成。

微软制作了一份称为安全传输层协议的提案（Submission），它是对 SSLV3 的修改，增加了一些微软认为关键的特性。其中主要的内容是对数据报（如 UDP）的支持，以及使用共享密钥支持客户端认证。尽管在加密的 SSL 连接上传送共享密码是完全可能的，但是这意味着对于出口情况来说，只能用 40 位的密钥对密码进行加密。STLP 集成了一种强度高得多的基于共享密码的客户端认证，并整合了某些性能上的适当改进，同时还改进了密码的可扩展性，以及允许 TCP"客户端"成为 STLP"服务器"。1996 年末，主要的参与者（以及几个次要的参与者）在 Palo Alto 的一次由密码学家 Bruce Schneier 主持的小组会议中碰面，结果是，除了几处显而易见的（非常微小的）不足之处外，几乎没有人支持对 SSLV3 进行任何改动。特别是存在大量的反对意见——大部分都是以向后兼容的名义，反对微软所提议的这种改动。最终，工作组以安全的名义对文档进行了微小的改动，从而使得密钥扩展和消息认证计算与 SSLV3 完全不兼容，破坏了大部分的向后兼容性。至此，TLS 中最有争议的改变就是决定要求实现支持 DH、DSS 和三重 DES（3DES）。

　　由于两种原因，这样做会出现问题。首先，网景公司只实现了用 RSA 来完成认证和密钥交换。由于网景公司在业界占据了浏览器中的大多数，与网景公司的 SSL 实现进行互操作实际上是至少要满足的标准要求。由于与老式的客户端或服务器进行互操作是市场所需要的，这就意味着实现者必须同时实现 RSA 和 DH/DSS。然而，当时更不方便的是需要增加 3DES。那时，美国出口法规总体上禁止出口强度超过 40 位的密码技术。因此，出口包含 3DES 的 TLS 实现是不合法的。结果就造成了要么实现是与 TLS 兼容的，要么是可出口的，但二者不可得兼。要想理解为什么会进行这些有争议的改动，就必须理解 IETF 是如何工作的。IETF 组织成许多面向特定任务（如开发 TLS）工作的工作组。每个工作组是一个或多个整体领域的一部分。当前存在 8 个领域，即应用、通用标准、因特网、操作和管理、路由、安全、传输和通用服务。每个领域有一个或多个领域指导，他们负责对那个领域执行监管。由领域指导共同组成 IESG（因特网工程指导组），在任何文档成为因特网档案文档，即请求评议文档（RFC）之前，必须经过指导组的批准。1995 年 4 月，在 Massachusetts 州的 Danvers 会议上，IESG 采纳了一项称为 Danvers Doctrine 的条款，声明 IETF 要设计体现良好的工程原则的协议，而不管现在的出口状况如何。当时，这项协议暗指至少要对 DES 提供支持，而过了一段时间就成了 3DES。此外，可能的话，IETF 还将长期偏向于采用不受干扰（即免费的）的算法。当 Merkle-Hellman 专利（涵盖了所有的公用密钥加密）于 1998 年到期时，RSA 仍然受专利保护，IESG 开始敦促工作组采用免费的公用密钥算法。最后，许多 IETF 成员都感觉到让协议拥有一组强制性的选项以确保任何两种实现均能进行交互是一种很好的事。当 TLS 工作组在 1997 年末完成工作的时候，将文档发送给 IESG，然后 IESG 将其返还并指示增加一种强制性的加密算法——用于认证的 DSS，用于密钥磋商的 DH，以及用于加密的 3DES，于是就解决了上面所提到的 3 个问题。邮件讨论组随即出现了大量的讨论，特别是网景公司抵制一般意义上的强制性算法，尤其是 3DES。经过了 IESG 与工作组很长一段时间的僵局之后，勉强达成一致，对文档进行了合适的改变之后再次发回。不幸的是，与此同时，出现了另一个障碍。执行 X.509 证书标准化工作的 IETF 公用密钥信息基础设施（Public Key Infrastructure，PKI）工作组陷入停顿。TLS 依赖于证书，因此也就依赖于 PKI，而 IETF 规定禁止协议推进的进度超出它所依赖的协议。PKI 的最终完成比预期花费了相当长的时间，增添了额外的延迟。1999 年 1 月（两年之后）TLS

最终以 RFC 2246[Dierks1999]的形式发表。

12.4.2　TLS 的特点

TLS(Transport Layer Security Protocol,安全传输层协议)用于在两个通信应用程序之间提供保密性和数据完整性。该协议由两层组成,即 TLS 记录协议(TLS Record)和 TLS 握手协议(TLS Handshake)。较低的层为 TLS 记录协议,位于某个可靠的传输协议(如 TCP)上面。TLS 记录协议提供的连接安全性具有以下两个基本特性。

(1) 私有。对称加密用以数据加密(DES、RC4 等)。对称加密所产生的密钥对每个连接都是唯一的,且此密钥基于另一个协议(如握手协议)协商。记录协议也可以不加密使用。

(2) 可靠。信息传输包括使用密钥的 MAC 进行信息完整性检查。安全哈希功能(SHA、MD5 等)用于 MAC 计算。记录协议在没有 MAC 的情况下也能操作,但一般只能用于这种模式,即有另一个协议正在使用记录协议传输协商安全参数。

TLS 记录协议用于封装各种高层协议。作为这种封装协议之一的握手协议允许服务器与客户机在应用程序协议传输和接收其第一个数据字节前彼此之间相互认证,协商加密算法和加密密钥。TLS 握手协议提供的连接安全具有以下 3 个基本属性。

(1) 可以使用非对称的,或公共密钥的密码来认证对等方的身份。该认证是可选的,但至少需要一个节点方。

(2) 共享加密密钥的协商是安全的。对偷窃者来说协商加密是难以获得的。此外,经认证过的连接不能获得加密,即使是进入连接中间的攻击者也不能。

(3) 协商是可靠的。没有经过通信方成员的检测,任何攻击者都不能修改通信协商。

TLS 的最大优势就在于:TLS 是独立于应用协议。高层协议可以透明地分布在 TLS 协议上面。然而,TLS 标准并没有规定应用程序如何在 TLS 上增加安全性;它把如何启动 TLS 握手协议以及如何解释交换的认证证书的决定权留给协议的设计者和实施者来判断。

12.4.3　TLS 的典型应用

TLS 能够提供对 HTTP 协议有效的保护,其中典型的应用即为保护 Internet 连接。

1. 实现步骤

(1) 初始化连接。作为 HTTP 客户的代理同时也应作为 TLS 的客户。它应该向服务器的适当端口发起一个连接,然后发送 TLSClientHello 来开始 TLS 握手。当 TLS 握手完成,客户可以初始化第一个 HTTP 请求。所有的 HTTP 数据必须作为 TLS 的"应用数据"发送。正常的 HTTP 行为,包括保持连接,应当被遵守。

(2) 关闭连接。TLS 提供了安全关闭连接的机制。当收到一个有效的关闭警告时,实现上必须保证在这个连接上不再接收任何数据。TLS 的实现在关闭连接之前必须发起交换关闭请求。TLS 实现可能在发送关闭请求后,不等待对方发送关闭请求即关闭该连接,产生一个"不完全的关闭"。这只应在了解(典型的是通过检测 HTTP 的消息边界)它已收到它关心的数据的情况下进行。如 RFC 2246 中所定义的,任何未接收一个有效的关闭警告(一个"未成熟关闭")即接到一个连接关闭必须不重用该对话。由于 TLS 并不知道 HTTP 的请求/响应边界,为了解数据截断是发生在消息内还是在消息之间,有必要检查 HTTP 数据本身(即 Content-Length 头)。

2. TLS 实现连接保护的原理

1）客户行为

由于 HTTP 使用连接关闭表示服务器数据的终止，客户端实现上对未成熟的关闭要作为错误对待，对收到的数据认为有可能被截断。在某些情况下 HTTP 协议答应客户知道截断是否发生，这样假如客户收到了完整的应答，则在遵循"严出松入（RFC 1958）"的原则下可容忍这类错误，经常数据截断不体现在 HTTP 协议数据中。有下面两种情况非常值得注意。

（1）无 Content-Length 头的 HTTP 响应。在这种情况下数据长度由连接关闭请求通知，无法区分由服务器产生的未成熟关闭请求及由网络攻击者伪造的关闭请求。

（2）带有有效 Content-Length 头的 HTTP 响应在所有数据被读取完之前关闭。由于 TLS 并不提供面向文档的保护，所以无法知道是服务器对 Content-Length 计算错误还是攻击者已截断连接。

以上规则有一个例外。当客户碰到一个未成熟关闭时，客户把所有已接收到的数据同 Content-Length 头指定的一样多的请求视为已完成。

客户检测到一个未完成关闭时应予以有序恢复，它可能恢复一个以这种方式关闭的 TLS 对话。客户在关闭连接前必须发送关闭警告。未预备接收任何数据的客户可能选择不等待服务器的关闭警告而直接关闭连接，这样在服务器端产生一个不完全的关闭。

2）服务器行为

RFC 2616 答应 HTTP 客户在任何时候关闭连接，并要求服务器有序地恢复它。服务器应预备接收来自客户的不完全关闭，因为客户往往能够判定服务器数据的结束，服务器应乐于恢复以这种方式关闭的 TLS 对话。

在不使用永久连接的 HTTP 实现中，服务器一般期望能通过关闭连接通知数据的结束。但是，当 Content-Length 被使用时，客户可能早已发送了关闭警告并断开了连接。服务器必须在关闭连接前试图发起同客户交换关闭警告，服务器可能在发送关闭警告后关闭连接，从而形成了客户端的不完全关闭。

3）端口号

HTTP 服务器期望最先从客户收到的数据是 Request-LineprodUCtion。TLS 服务器期望最先收到的数据是 ClientHello。因此，一般做法是在一个单独的端口上运行 HTTP/TLS，以区分是在使用哪种协议。当在 TCP/IP 连接上运行 HTTP/TLS 时，默认端口是443。这并不排除 HTTP/TLS 运行在其他传输上。TLS 只假设有可靠的、面向连接的数据流。

4）端标识

（1）服务器身份。通常，解析一个 URI 产生 HTTP/TLS 请求。结果客户得到服务器的主机名。若主机名可用，为防止有人在中间攻击，客户必须把它同服务器证书信息中的服务器的身份号比较检查。若客户有相关服务器标志的外部信息，主机名检查可以忽略（例如，客户可能连接到一个主机名和 IP 地址都是动态的服务器上，但客户了解服务器的证书信息）。在这种情况下，为防止有人攻击，尽可能缩小可接受证书的范围就很重要。在非常情况下，客户简单地忽略服务器的身份是可以的，但必须意识到连接对攻击是完全敞开的。若 DNSName 类型的 subjectAltName 扩展存在，则必须被用作身份标识；否则，在证书的

Subject 字段中必须使用 CommonName 字段。虽然使用 CommonName 是通常的做法,但并不赞成,而 CertificationAuthorities 被鼓励使用 DNSName。使用[RFC 2459]中的匹配规则进行匹配。若在证书中给定类型的身份标识超过一个(也就是,超过一个 DNSName 和集合中的相匹配),名字可以包括通配符 * 表示和单个域名或其中的一段相匹配。例如,*. a.com 和 foo.a.com 匹配但和 bar.foo.a.com 不匹配。f *.com 和 foo.com 匹配但和 bar .com 不匹配。在某些情况下,URL 定义的不是主机名而是 IP 地址。在这种情况下,证书中必须有 iPAddresssubjectAltName 字段且必须精确匹配在 URL 中的 IP 地址。若主机名和证书中的标识不相符,面向用户的客户端必须或者通知用户(客户端可以给用户机会来继续连接)或终止连接并报证书错。自动客户端必须将错误记录在适当的审计日志中(若有的话)并应该终止连接(带一证书错)。自动客户端可以提供选项禁止这种检查,但必须提供选项使能它。

以上描述的检查并未提供对危害源攻击的保护。例如,若 URL 是从一个未采用 HTTP/TLS 的 HTML 页面得到的,某个人可能已在中间替换了 URL。为防止这种攻击,用户应仔细检查服务器提供的证书是否是期望的。

(2) 客户标识。典型情况下,服务器并不知道客户的标识是什么也就无法检查(除非有合适的 CA 证书)。若服务器知道的话(通常是在 HTTP 和 TLS 之外的源得到的),它应该像上面描述的那样检查。

12.5　虚拟专用网

当今社会,随着网络的普以及企业自身的发展和跨国化,企业的分支机构越来越多,移动办公、Soho 办公逐渐成为主流的办公方式,企业和各分支机构的通信需求也日益增加,员工经常需要随时随地连入企业内部网络。VPN(Virtual Private Network,虚拟专用网)技术的出现为企业的这些需求提供了一个解决方案。VPN 需要利用网络协议来实现,因此可以看成是安全协议的一个应用。

12.5.1　VPN 概述

1. VPN 的概念

虚拟专用网络 VPN 被定义为通过一个公用网络(通常是因特网)建立一个临时的、安全的连接,是一条穿过混乱的公用网络的安全、稳定的隧道。VPN 的基本原理:在公共通信网上为需要进行保密通信的双方建立虚拟的专用通信通道,并且所有传输数据均经过加密后在网络中进行传输,这样做有效地保证数据传输的安全性。在虚拟专用网中,任意两个节点之间的连接并没有传统专用网所需的端到端的物理链路,而是通过某种公共网络资源动态组成。虚拟专用网是对企业内部网的扩展,是将用户的外网计算机变成内网接入终端,享有与内网计算机同样的资源访问权限。例如,通过校园网 VPN 服务,能让居住在校外或因公出差、出国的学校师生,只要连上互联网,就能依然方便、安全地访问校内所有授权资源、使用校内各种授权的应用,可以访问校内图书馆数字图书资源,使用校内办公自动化(OA)系统审批公文,登录教务管理系统和人力资源管理系统等办理相应原来必须在校内办公室完成的所有工作。

2. VPN 的优点

VPN 通过开放的 Internet 建立私有的数据传输通道，将在外办公人员、远程分支机构、商业合作伙伴等安全地连接在一起。具有性价比高、可扩展性好的特点。对于用户来说，VPN 技术主要有以下优点。

（1）实现安全通信。VPN 技术以多种方式保证通信安全，如数据加密技术、数据封装技术、身份认证技术和访问控制技术、隧道技术等，保证信息在互联网上的安全传输。

（2）简化网络设计。远程用户或者局域网往往通过 Internet 访问企业内部资源，而企业内部资源又不允许暴露在 Internet 上，网络管理者可通过 VPN 来实现多个分支的连接，从而有效降低远程链路的安装、配置和管理，简化企业的网络设计。

（3）降低管理成本。借助 ISP 建立 VPN，可以节约大量的通信费用，而且企业不需要投入大量的人力和物力建设和维护远程访问设备，有效降低管理成本。

（4）可扩展性好。VPN 技术可以根据实际需要，动态地利用 Internet 扩展企业内部网的范围，从而方便、快速地开通新用户的 VPN 连接或连接新的局域网。

（5）支持新兴业务的开展。VPN 可支持多种新兴业务（如 IP 语音）和多种协议（如 IPV6、MPLS、RSIP 等）。

12.5.2 VPN 分类

每一种虚拟专用网解决方案都可提供不同程度的安全性、可用性，有各自的优、缺点。在选择合适的解决方案时，要考虑企业的需求，根据不同的需求，可以构造不同的虚拟专用网，不同的商业环境对虚拟专用网的要求和所起的作用是不一样的。

根据网络结构和应用的不同，VPN 可以分为 3 类，分别为远程访问虚拟专用网（Access VPN/也叫 VPDN）、企业内部虚拟专用网（Intranet VPN）和扩展型企业内部虚拟专用网（Extranet VPN）。

1. 远程访问虚拟专网

远程访问 VPN（Access VPN）又称 VPDN（Virtual Private Dialup Network），这种方式的 VPN 解决了出差员工在异地访问企业内部私有网的问题，提供了身份验证授权和计费的功能，出差员工和外地客户甚至不必拥有本地 ISP 的上网权限就可以访问企业内部资源，原因是客户端直接与企业内部建立了 VPN 隧道，这对于流动性很大的出差员工和分布广泛的客户来说是很有意义的。远程访问 VPN 是远程用户或移动雇员和公司内部网之间的VPN，如图 12-20 所示。

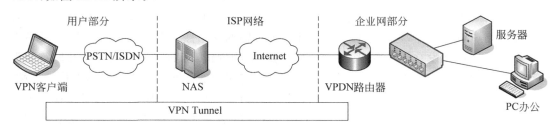

图 12-20　远程访问 VPN

企业开设 VPN 服务所需的设备很少，只需在资源共享处放置一台支持 VPN 的路由器就可以了,资源享用者通过 PSTN 连入所在地 NAS(Network Access Server)服务器后直接呼叫企业的 VPN 路由器,呼叫的方式和拥有 PSTN 连接的呼叫方式是完全一样的,只需按当地的电话收费标准交付费用。当然也可能是 ADSL 的接入方式,情况是一样的。

2. 企业内部虚拟专网

Intranet VPN 是适应大中型企业和其在地域上分布不同的机构设置的网络,通过 Intranet 隧道,企业内部各个机构可以很好地交流信息,通过 Internet 在公司企业总部和国内国外的企业分支机构建立了虚拟私有网络,这种应用实质上是通过公用网在各个路由器之间建立 VPN 连接来传输用户的私有网络数据。Intranet VPN 可以说是公司远程分支机构的 LAN 和公司总部 LAN 之间的 VPN,目前大多数的企业 VPN 都是这种情况,结构如图 12-21 所示。

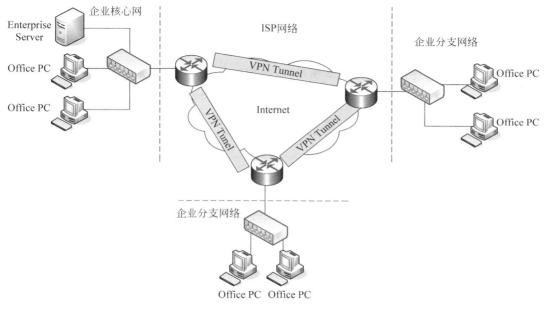

图 12-21   Intranet VPN

例如,某公司总部有企业内部数据库服务器,供全国各地各分支机构查询使用,若采用各个分支机构独立核算的方式,由于经营品牌和型号众多,将会给公司的统一经营带来不便。为了使各分支机构和总部同步,可采用 Intranet VPN 来实现分支机构和总部的连接,通过 VPN 通道传输核算数据。方案为:在公司总部使用一台相对高端的 IPSec VPN 设备作为公司内部网的防火墙,利用自带的 VPN 网关功能为各分支机构提供 VPN 接入服务,根据各分支机构的多少,选用 IPSec VPN 设备作为防火墙和区域 VPN 节点。

3. 企业扩展虚拟专网

Extranet VPN 是供应商、商业合作伙伴的 LAN 和公司的 LAN 之间的 VPN,如图 12-22 所示,企业扩展虚拟专网在因特网内打开一条隧道,并保证经包过滤后信息传输的安全。这种情况和 Access VPN 在硬件结构上非常相像。不过客户端 PC 上不必配置任何关于 VPN 的设置或者软件,它需要做的就是拨号上网连接到 NAS,而 VPN 隧道是由 NAS 来负责与企业内部的路由器建立完成的。

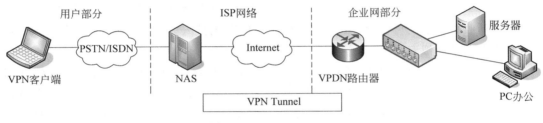

图 12-22　Extranet VPN

为了保证各个公司的机密信息,互联网的每个内部网络只开放部分资源而不是全部资源给外联网用户,而且对不同的用户授予不同的访问权限,这使得 Extranet VPN 的网络管理和访问控制的设置非常麻烦。

12.5.3　VPN 隧道协议

实现 VPN 的关键技术如表 12-2 所示,有数据加密技术、隧道技术、身份认证技术和访问控制技术。从目前实现的协议来看,VPN 主要通过 IPSec、L2TP 或 SSL 协议来实现。

表 12-2　VPN 关键技术

采 用 技 术	作 用
数据加密技术	保证数据的机密性
隧道技术	保证数据的完整性,创建隧道、封装数据
身份认证技术	鉴别主机、端点的身份
访问控制技术	授权并监督用户访问数据的权限

1. 隧道协议

隧道(Tunneling)技术是 VPN 的核心。隧道是在 Internet 中建立一条端到端、专用的、独占的数据传输通道,一条隧道可能穿越多个公共网络。隧道由隧道协议、隧道开通器和隧道终端器 3 个部分组成。隧道是一个逻辑概念,是利用一种协议传输另一种协议的技术。隧道技术通过 IP(或其他层次)封装来保护数据包,从而提供了更高级别的保护。主要思想是:先将传输的原始信息加密并进行协议封装处理;然后将其嵌入另一协议的数据包并送入网络,从而能像普通数据包一样传输。经过加密和封装后,只有源端和目的端的用户能够对隧道中嵌入的信息进行解释和处理,而其他用户是看不见和无法理解的。VPN 采用隧道技术以及加密、身份认证等方法,在公共网络上构建企业网络技术。

VPN 技术中的隧道是由隧道协议形成的。目前,IP 网上较为常见的隧道协议大致有两类,即第二层隧道协议(包括 PPTP、L2F、L2TP)和第三层隧道协议(包括 GRE、IPSec、MPLS)。第二层和第三层隧道协议的区别主要在于用户数据在网络协议栈的第几层被封装。此外,传输层安全协议 SSL 也可作为 VPN 隧道协议构建 VPN,称为 SSL VPN。常见的隧道协议如表 12-3 所示。

表 12-3　常用的隧道协议

所 在 层 次	隧道协议名称	所 在 层 次	隧道协议名称
网络接口层	PPTP、L2F、L2TP	传输层	SSL、SOCKS
网络层	IPSec、GRE	应用层	SET、S-MIME、IKE

点对点隧道协议(Point to Point Tunneling Protocol,PPTP)是由 PPTP 论坛开发的点到点的安全隧道协议,为使用电话上网的用户提供安全 VPN 业务,1996 年成为 IETF 草案。PPTP 是 PPP 协议的一种扩展,提供了在 IP 网上建立多协议的安全 VPN 的通信方式,远端用户能够通过任何支持 PPTP 的 ISP 访问企业的专用网络。PPTP 提供 PPTP 客户机和 PPTP 服务器之间的保密通信。PPTP 客户机是指运行该协议的 PC 机,PPTP 服务器是指运行该协议的服务器。通过 PPTP,客户可以采用拨号方式接入公共的 IP 网。拨号客户首先按常规方式拨号到 ISP 的接入服务器,建立 PPP 连接;在此基础上,客户进行二次拨号建立到 PPTP 服务器的连接,该连接称为 PPTP 隧道。PPTP 隧道实质上是基于 IP 协议的另一个 PPP 连接,其中 IP 包可以封装多种协议数据,包括 TCP/IP、IPX 和 NetBEUI。对于直接连接到 IP 网的客户则不需要第一次的 PPP 拨号连接,可以直接与 PPTP 服务器建立虚拟通路。PPTP 的最大优势是 Microsoft 公司的支持,并支持流量控制,可保证客户机与服务器间不拥塞,改善通信性能,最大限度地减少包丢失和重发现象。PPTP 把建立隧道的主动权交给了客户,但客户需要在其 PC 上配置 PPTP,这样做既会增加用户的工作量,又会造成网络的安全隐患。另外,PPTP 仅工作于 IP,不具有隧道终点的验证功能,需要依赖用户的验证。

L2F(Layer 2 Forwarding)是由 Cisco 公司提出的,可以在多种介质(如 ATM、FR、IP)上建立多协议的安全 VPN 的通信方式。它将链路层的协议(如 HDLC、PPP、ASYNC 等)封装起来传送,因此网络的链路层完全独立于用户的链路层协议。该协议 1998 年提交给 IETF,成为 RFC 2341。

L2TP 协议是由 IETF 起草,微软、Ascend、Cisco、3COM 等公司参与制定的第二层隧道协议,它结合了 PPTP 和 L2F 两种第二层隧道协议的优点,为众多公司所接受,已经成为 IETF 有关 2 层通道协议的工业标准。它可以让用户从客户端或接入服务器端发起 VPN 连接。L2TP 定义了利用公共网络设施封装传输链路层 PPP 帧的方法。目前用户拨号访问因特网时,必须使用 IP 协议,并且其动态得到的 IP 地址也是合法的。L2TP 的好处就在于支持多种协议,用户可以保留原来的 IPX、AppleTalk 等协议或企业原有的 IP 地址,企业在原来非 IP 网上的投资不至于浪费。另外,L2TP 还解决了多个 PPP 链路的捆绑问题。在安全性考虑上,L2TP 仅仅定义了控制包的加密传输方式,对传输中的数据并不加密。因此,L2TP 并不能满足用户对安全性的需求,如果需要安全的 VPN,则依然需要 IPSec。

通用路由封装协议(Generic Routing Encapsulation,GRE)是由 Cisco 和 Net-smiths 等公司于 1994 年提交给 IETF 的(RFC 1701 和 RFC 1702)。目前有多数厂商的网络设备均支持 GRE 隧道协议。GRE 规定了如何用一种网络协议去封装另一种网络协议的方法。GRE 的隧道由两端的源 IP 地址和目的 IP 地址来定义,允许用户使用 IP 包封装 IP、IPX、AppleTalk 包,并支持全部的路由协议(如 RIP2、OSPF 等)。通过 GRE,用户可以利用公共 IP 网络连接 IPX 网络、AppleTalk 网络,还可以使用保留地址进行网络互联,或者对公网隐藏企业网的 IP 地址。GRE 只提供了数据包的封装,并没有加密功能来防止网络侦听和攻击,所以在实际环境中经常与 IPSec 在一起使用,由 IPSec 为用户提供数据的加密,从而给用户提供更好的安全性。GRE 协议的主要用途有两个,即企业内部协议封装和私有地址封装。在国内,由于企业网几乎全部采用的是 TCP/IP 协议,因此在中国建立隧道时没有对企业内部协议封装的市场需求。企业使用 GRE 的唯一理由应该是对内部地址的封装。当运营商向多个用户提供这种方式的 VPN 业务时会存在地址冲突的可能性。

IPSec 及 SSL 协议详见前面章节。

2. VPN 隧道协议比较

第三层隧道与第二层隧道相比,其优点在于其安全性、可扩展性及可靠性。从安全的角度来看,由于第二层隧道一般终止在用户网设备(CPE)上,会对用户网的安全及防火墙技术提出较严峻的挑战。而第三层的隧道一般终止在 ISP 的网关上,不会对用户网的安全构成威胁。从可扩展性角度来看,第二层 IP 隧道将整个 PPP 帧封装在报文内,可能会产生传输效率问题;其次,PPP 会话会贯穿整个隧道,并终止在用户网的网关或服务器上。由于用户网内的网关要保存大量的 PPP 对话状态及信息,这会对系统负荷产生较大的影响,当然也会影响系统的可扩展性。此外,由于 PPP 的 LCP(数据链路层控制)及 NCP(网络层控制)对时间非常敏感,IP 隧道的效率会造成 PPP 会话超时等问题。第三层隧道终止在 ISP 网内,并且 PPP 会话终止在 RAS 处,网点无须管理和维护每个 PPP 会话状态,从而减轻系统负荷。

目前 VPN 的两大主流技术 IPSec VPN 和 SSL VPN,它们也各有优、缺点。IPSec VPN 一般用于局域网与局域网之间的连接,由于 IPSec 的安全性,IPSec VPN 的安全性很高,但是缺点是必须安装客户端软件。IPSec VPN 相比 SSL VPN 的优势如下。

(1)IPSec VPN 应用更广泛,由于 SSL 对于非 Web 应用的访问难以实现,如文件共享、预定文件备份、自动文件传输等。这使得网络资源的共享受限,而 IPSec 则可以不通过 Web 接入就实现企业资源的访问。

(2)IPSec VPN 是网络层的理想方案,由于 IPSec 实现的是网络层的连接,任何的局域网应用都可以通过 IPSec 隧道进行访问,这是最理想的应用方案,对于网络权限管理来说非常有用。

(3)IPSec VPN 适合专用网络,由于提供了完整的网络层连接功能,因此对于实现专用网络的安全连接,IPSec 是最佳选择。

简单来说,SSL VPN 就是采用 SSL 协议来实现远程登录的一种新型 VPN 技术,一般用于移动用户与局域网之间的连接。较 IPSec VPN 它有以下优点。

(1)SSL VPN 应用简单,不需要配置,可以立即安装、快速实现;因为浏览器中内嵌了 SSL 协议,用户使用时不需要安装客户端软件,这为移动用户或者分散用户访问企业总部内部网提供了极大的方便;它的兼容性好,与 IPSec VPN 对不同的操作系统需要不同的客户端软件不同,SSL 完全可避免这样的麻烦。

(2)SSL VPN 比 IPSec VPN 更安全,SSL 的安全通道是点到点连接的,所以无论是在局域网还是外网数据都不透明,像上面介绍的一样,SSL 受黑客攻击的机会很小,感染病毒的可能也很低,即使感染了也仅是一台主机,不会影响到整个网络的。

(3)SSL VPN 具有更好的可扩展性,IPSec 在部署安全网关时要考虑拓扑排序,一旦添加新设备就要改变网络结构,就需要重新部署。而 SSL VPN 由于可以部署在内网中任意节点处,所以可以根据需要添加,无须改变网络结构。

(4) SSL VPN 让数据更安全,由于 IPSec VPN 是基于网络层的,所以一旦过了 IPSec VPN 网关,内部就处于无保护状态,内部数据就有丢失的可能。而 SSL VPN 则是重点保护具体的敏感数据,对于不同的用户名给予不同的操作权限,这样既安全又能保证数据的实时跟踪。

(5) SSL VPN 具有更好的经济性,对于 IPSec VPN 来说,如果要增加一个访问分支,就需要增加一个硬件设备,这对于中小企业来说是难以承受的。而 SSL VPN 由于自始至终仅需要一台硬件设备就可以实现添加更多的远程访问权限,投资更具性价比。

虽然 SSL VPN 有许多相对 IPSec VPN 的优点,但对于应用 VPN 的大、中型企业来说这些优点显得不是很重要。一个企业往往有很多种应用(OA、财务、销售管理、ERP,很多并不基于 Web),单纯只有 Web 应用极少。一般企业希望 VPN 能达到局域网的效果(如网上邻居,而 SSL VPN 只能保护应用层协议,如 Web、FTP 等),保护更多的应用这一点,SSL VPN 根本做不到。所以目前的 SSL VPN 应用还仅适用于基于 Web 的应用,范围有限。对于企业高级用户或站点对站点连接所需要的直接访问企业网络功能来说,IPSec VPN 最适合。通过 IPSec,各地员工能够享受不间断的安全连接,存取所需的数据资源,提升工作效率。SSL VPN 的优势在于 Web,在 Web 的易用性和安全性方面架起了一座桥梁。

小　　结

网络协议是网络通信得以实现的基础,就像人与人的交流需要使用同一种语言一样,通信时需要使用同一种网络协议。目前应用最多的是 TCP/IP 协议,其中包括的许多常用网络协议都可以集成安全验证或加密功能,使网络通信更加安全、可靠。网络协议安全也是实现网络通信安全的重要手段。本章从网络各层次相关的网络协议入手,介绍了几种常见的安全协议以及利用网络协议来实现的 VPN 的基本原理和分类应用。重点内容为 IPSec 和 SSL 协议。其中 IPSec 从体系结构入手,然后对体系结构中各个成员分别展开介绍,重点介绍 AH 和 ESP 两种协议的报头结构及其两种运行模式,安全关联 SA、ISAKMP 的报文格式及密钥交换协议 IKE。难点在于 IPSec 对出站和入站报文的处理过程、SA 的建立过程。

通过本章的学习,读者不仅可以了解当前流行的各种网络协议,而且还可以掌握针对不同网络协议可以实施的安全措施,充分确保网络通信的安全。

习　题　12

1. 选择题。

(1) 下列 VPN 技术中,属于第二层 VPN 的有(　　)。
　　A. SSL VPN　　　　B. GRE VPN　　　　C. L2TP VPN　　　　D. IPSec VPN

(2) SSL 远程接入方式包括(　　)。
　　A. Web 接入　　　　B. TCP 接入　　　　C. IP 接入　　　　D. 手工接入

(3) SSL 层位于(　　)与(　　)之间。

A. 传输层,网络层   B. 应用层,传输层

C. 数据链路层,物理层   D. 网络层,数据链路层

（4）目前应用最为广泛的第二层隧道协议是（ ）。

  A. PPP 协议   B. PPTP 协议   C. L2TP 协议   D. SSL 协议

（5）（ ）协议兼容了 PPTP 协议和 L2F 协议。

  A. PPP 协议   B. L2TP 协议   C. PAP 协议   D. CHAP 协议

2. 填空题。

（1）安全协议的安全性质是_____、_____、_____、_____。

（2）IPSec 协议支持的工作模式有_____模式和_____模式。

（3）IPSec 主要由_____、_____以及_____组成。

（4）_____可以为 IP 数据流提供高强度的密码认证,以确保被修改过的数据包可以被检查出来。

（5）ESP 提供和 AH 类似的安全服务,但增加了_____和_____等两个额外的安全服务。

（6）SSL 协议分为两层,低层是_____,高层是_____。

（7）SSL 协议全称为_____。

（8）_____不仅是目前世界上使用最为广泛的邮件加密软件,而且也是在即时通信、文件下载等方面都占有一席之地。

（9）S-HTTP 协议的全称是_____。

（10）S-HTTP 是 HTTP 协议的扩展,目的是_____。

3. 问答题。

（1）简述 IPSEC 协议提供的安全机制及其协议结构。

（2）试述 IPSEC 协议的安全特性。

（3）简述 IPSEC 的策略与服务并详述其在 Windows 2003 操作系统上的实现过程。

（4）画图说明 SSL 协议体系结构。

（5）简述 SSL 协议的工作流程。

（6）在 AH 和 ESP 中,是怎样实现防重放攻击的? 在 ISAKMP 中,通过什么载荷可实现防重放攻击?

（7）AH 和 ESP 的传输模式和隧道模式的主要区别是什么? IKE 的快速交换模式的第1、2 条消息中均包含了两个身份认证信息,其作用是什么?

（8）试述 IPSec 对入站和出站报文的处理过程。

（9）当两个传输模式 SA 进行捆绑,以允许在相同端数据流中有 AH 和 ESP 协议,应在执行 AH 前执行 ESP,为什么?

（10）简述 VLAN 的特性。

（11）简述 SSL 的作用及其在 IIS 上的配置方法。

（12）简述 TLS 协议的特点并举例说明它的应用。

第 13 章　其他网络安全技术

本章导读：

首先，网络操作系统的安全性是整个网络系统安全体系中的基础环节。在保护一个企业的信息技术方面，防火墙、加密设备和其他的许多相关部件都有着重要的作用。但是，最基础、最重要的是选择一个适当的网络操作系统，利用其提供的安全服务，为网络的运行提供一个安全的平台。在目前流行的网络操作系统 Windows 2000 和 Linux 中，均提供了比较可靠的安全实现机制，本章介绍其相关的理论基础和应用。

其次，网络数据库的安全性问题已经成为大型网络信息系统建设的一个十分重要的问题。本章将介绍网络数据库的安全控制问题，内容包括：网络数据库面临的安全威胁和必须满足的安全需求；网络数据库的安全模型，如基本的存取控制模型、扩展的基本存取控制模型、多级安全模型；网络数据库中常用的一些安全控制技术，如防火墙、用户身份认证、用户授权控制、监督跟踪、存储过程、安全审计、备份与故障恢复、加密技术、反病毒技术等。

再者，保证计算机及网络系统的机房安全，以及保证所有设备及场地的物理安全，是整个计算机网络系统安全的前提。本章将介绍常见的几类物理安全，如环境安全、电磁防护、物理隔离和安全管理。

另外，软件是整个计算机的灵魂，是计算机及网络系统中不可缺少的工具。本章将介绍软件的概念，软件安全的内涵及软件面临的威胁，以及保证软件安全的有关技术，如软件加密技术、防止非法复制技术、防止软件跟踪技术等，以及常见的计算机病毒的特征及其防治策略。

13.1　操作系统安全

一个有效而可靠的操作系统应具有优良的保护性能，系统必须提供一定的保护措施，因为操作系统是所有编程系统的基础，而且在计算机系统中往往存储着大量的信息，系统必须对这些信息提供足够的保护，以防止被未授权用户滥用或毁坏。只靠硬件不能提供充分的保护手段，必须将操作系统与适当的硬件相结合才能提供强有力的保护。操作系统应提供的安全服务有内存保护、文件保护、普通实体保护（对实体的一般存取控制）、存取认证（用户的身份认证），这些服务可以防止用户软件的缺陷损害系统。

操作系统的安全可从以下几个方面来考虑：①物理上分离，进程使用不同的物理实体；②时间上分离，具有不同安全要求的进程在不同的时间运行；③逻辑上分离，用户感觉上是在没有其他进程的情况下进行的，而操作系统限制程序的存取，使得程序不能存取允许范围以外的实体；④密码上分离，进程以一种其他进程不了解的方式隐藏数据及计算。前两种方法将直接导致资源利用率严重下降，因此一般不用。

13.1.1 Windows NT 操作系统的安全机制

Windows NT 是 Microsoft 公司的网络操作系统,与 Windows 95 界面一致,操作方法也相同,提供了可靠的文件和打印服务,也提供了运行强有力的客户/服务器应用程序结构,具有通信和 Internet 服务内置支持。其主要特点如下。

(1) 支持多种硬件平台。

(2) 支持多种客户机以及与其他网络操作系统的互联。

(3) 支持更多的网络协议。

(4) 内置良好的安全措施与容错能力。

(5) 内置的 Intranet/Internet 功能。

(6) 性能监视。

(7) 更多的管理向导。

(8) 支持 NTFS 和 FAT 文件系统。

(9) 用户工作环境的管理。

(10) 网络打印易于使用与管理。

(11) 使用基于客户的网络管理工具。

(12) 网络活动记录与追踪。

(13) 可访问多个网络的资源。

(14) 与微软其他服务器配合。

(15) 登录。

1. 交互式的登录

Windows NT 以用户同时按下 Ctrl＋Alt＋Del 键的欢迎窗口开始,用这种键的组合来开始登录过程能防止后台恶意应用程序的运行,防止特洛伊木马截取用户的登录信息。

如果用户的账号、口令均有效,并且该用户有存取该系统的许可,安全系统就创建一个访问令牌。访问令牌代表该用户,含有用户安全标识、用户名及用户所属组等信息。

对于不同的人以相同的用户身份登录,Windows NT 识别为同一个用户。因此,如果非授权盗用用户账号的入侵者闯入系统进行破坏活动,Windows NT 是无能为力的。

管理员可以使用域用户管理器为用户建立和修改其属性,同时可以设置其他账号安全属性。对登录的防范措施如下。

(1) 设置工作站登录限制。它可以限制用户在哪些工作站上网。一旦用户的 ID 和 Password 泄露,也只能在指定的机器访问,大大提高了安全性。

(2) 设置时间登录限制。在系统指定时间内登录的用户如果超过登录时限,可以根据系统设置切断用户连接,或者允许用户继续工作,直到他离开系统。

(3) 设置账号失效日期。在高度安全的系统中,定期使用户账号失效。用户被重新授权访问是系统一项重要的安全策略,但开销较大。

(4) 设置用户登录失败限制次数。在设置的用户登录失败次数内如未成功登录,系统将锁定用户账号,必须由管理员来解锁。

2. 存取控制

每个文件或目录对象都有一个存取控制列表,列表中有一个存取控制项的清单。存取控制项提供了一个用户或一组用户在对象的访问或审计许可权方面的信息。存取控制列表与文件系统一起保护着对象,使它们免受非法访问的侵害。共有 3 种不同类型的存取控制项,即系统审计、允许访问和禁止访问。

系统审计负责处理登录安全事件和审计信息。允许访问和禁止访问也被称为可自由决定的存取控制项,由其访问类型来决定其各自的优先级,即禁止总是比允许的优先级高。如果用户所属的组被禁止对某一对象进行访问,那么不管用户自己的账号和用户所属的组别的组是否对该对象访问具有允许的访问权,用户都不能对该对象进行访问;如果没有为某个对象设定可自由决定的存取控制列表,系统将自动为该对象设定一个默认值,文件的默认存取控制列表将自动继承其所属目录的存取控制属性。

3. 用户权限

用户权限是指用户在系统中能进行特定操作的权力,它适用于用户所处的整个系统,通常都是由系统管理员为用户或组指定。用户一般具有从网络上访问某台计算机的权限。如果在域控制器上设定,则可以连接到所有的域控制器。如果在工作站上设定,可以连接到所有的工作站上。

4. 许可权

通过赋予文件和目录的许可权,NTFS 文件系统保证用户不能访问未授权的文件和目录,且不能进行超越权限的操作。NTFS 文件系统的自动恢复等功能提供了文件和目录的物理安全。

在 Windows NT 中,许可权决定了用户访问某些资源的权限。这些资源包括文件、目录、打印机和其他对象及服务程序。适用于特定对象的许可权取决于对象的类型。例如,用于打印机的许可权不同于用于访问文件的许可权。此外,访问文件的许可权又随着所用文件系统类型的不同而有所差异。与 FAT 相比,可以更加严密地控制对 NTFS 文件系统的访问。

5. 所有权

对象所有权使用户有权改变他们拥有对象的许可权。通常,文件或目录的创建者就是文件或目录的所有者。用户不能放弃自己对对象的所有权,但却可以让别的用户也同时拥有该对象的所有权。

6. 访问许可权

一般情况下,在共享一个对象时设置对它的访问许可权,可以随时修改这些许可权,可以用多种方法设置许可权,设置的方法随资源类型的不同而有所差异,如设置磁盘资源的访问许可权和设置打印机资源的访问许可权等。

7. 共享许可权

共享许可权类似于 NTFS 文件目录许可权,提供一组规则来控制用户对文件和目录的访问。不同的是,文件目录的许可权无论对本地还是远程访问,都进行访问许可验证,而共享许可权则是对于网络共享资源的过程访问而言的。这样,共享许可权为网络共享资源提供了另一层的安全性保护。可见,Windows NT 作为文件服务器所具有的功能既安全又灵活。文件目录及打印机等共享资源的共享许可权可以用 Windows NT 资源管理器授予。

8. 审计

审计就是对那些可能危及系统安全的系统级属性进行逻辑评估。它可以报道并跟踪企图对系统进行破坏的行为,也可用于安全活动中。安全审计有状态审计和时间审计两种类型。状态审计包括对系统的当前状态和程序的审计。时间审计则评估程序停止运行后产生的审计记录。

13.1.2　Linux/UNIX 操作系统的安全机制

UNIX/Linux 系统的安全机制有 6 种,下面分别进行介绍。

1. PAM 机制

PAM 为更有效的认证方法的开发提供了便利,在此基础上可以很容易地开发出替代常规的用户名加口令的认证方法,如智能卡、指纹识别等认证方法。

2. 入侵检测系统

入侵检测技术是一项相对比较新的技术,很少有操作系统安装了入侵检测工具。事实上,标准的 Linux 发布版本也是最近才配备了这种工具。尽管入侵检测系统的历史很短,但发展却很快,目前比较流行的入侵检测系统有 Snort、Portsentry、Lids 等。

利用 Linux 配备的工具和从因特网下载的工具,就可以使 Linux 具备高级的入侵检测能力,这些能力包括以下几种。

(1) 记录入侵企图,当攻击发生时及时通知管理员。

(2) 在规定情况的攻击发生时,采取事先规定的措施。

(3) 发送一些错误信息,如伪装成其他操作系统,这样攻击者会认为他们正在攻击一个 Windows NT 或 Solaris 系统。

3. 加密文件系统

加密技术在现代计算机系统安全中扮演着越来越重要的角色。加密文件系统就是将加密服务引入文件系统,从而提高计算机系统的安全性。有太多的理由需要加密文件系统,如防止硬盘被偷窃、防止未经授权的访问等。

目前 Linux 已有多种加密文件系统,如 CFS、TCFS、CRYPTFS 等,较有代表性的是 TCFS(Transparent Cryptographic File System),它通过将加密服务和文件系统紧密集成,使用户感觉不到文件的加密过程。TCFS 不修改文件系统的数据结构,备份与修复以及用户访问保密文件的语义也不变。

TCFS 能够做到让保密文件对以下用户不可读。

(1) 合法拥有者以外的用户。

(2) 用户和远程文件系统通信线路上的偷听者。

(3) 文件系统服务器的超级用户。对于合法用户,访问保密文件与访问普通文件几乎没有区别。

4. 安全审计

即使系统管理员十分精明地采取了各种安全措施,但还会不幸地发现一些新漏洞。攻击者在漏洞被修补之前会迅速抓住机会攻破尽可能多的机器。虽然 Linux 不能预测何时主机会受到攻击,但是它可以记录攻击者的行踪。

Linux 还可以进行检测、记录时间信息和网络连接情况,这些信息将被重定向到日志中备查。

日志是 Linux 安全结构中的一个重要内容,它是提供攻击发生的唯一真实证据。因为现在的攻击方法多种多样,所以 Linux 提供网络、主机和用户级的日志信息。例如,Linux 可以记录以下内容。

(1) 记录所有系统和内核信息。

(2) 记录每一次网络连接和它们的源 IP 地址、长度,有时还包括攻击者的用户名和使用的操作系统。

(3) 记录远程用户申请访问哪些文件。

(4) 记录用户可以控制哪些进程。

(5) 记录具体用户使用的每条命令。

在调查网络入侵者的时候,日志信息是不可缺少的,即使这种调查是在实际攻击发生之后进行。

5. 强制访问控制

强制访问控制(Mandatory Access Control,MAC)是一种由系统管理员从全系统的角度定义和实施的访问控制,它通过标记系统中的主、客体,强制性地限制信息的共享和流动,使不同的用户只能访问到与其有关的、指定范围的信息,从根本上防止信息的失密、泄密和访问混乱的现象。

传统的 MAC 实现都是基于 TCSEC 中定义的 MLS 策略,但因 MLS 本身存在着这样或那样的缺点(不灵活、兼容性差、难以管理等),研究人员已经提出了多种 MAC 策略,如 DTE、RBAC 等。由于 Linux 是一种自由操作系统,目前在其上实现强制访问控制的就有好几家,其中比较典型的包括 SELinux、RSBAC、MAC 等,采用的策略也各不相同。

NSA 推出的 SELinux 安全体系结构称为 Flask,在这一结构中,安全性策略的逻辑和通用接口一起封装在与操作系统独立的组件中,这个单独的组件称为安全服务器。SELinux 的安全服务器定义了一种混合的安全性策略,由类型实施(TE)、基于角色的访问控制(RBAC)和多级安全(MLS)组成。通过替换安全服务器,可以支持不同的安全策略。SELinux 使用策略配置语言定义安全策略,然后通过 Checkpolicy 编译成二进制形式,存储在文件 /ss_policy 中,在内核引导时读到内核空间。这意味着安全性策略在每次系统引导时都会有所不同。策略甚至可以通过使用 security_load_policy 接口在系统操作期间更改(只要将策略配置成允许这样的更改)。

基于规则集的访问控制(Rule Set Based Access Control,RSBAC)是根据 Abrams 和 LaPadula 提出的 GFAC(Generalized Framework for Access Control)模型开发的,可以基于多个模块提供灵活的访问控制。所有与安全相关的系统调用都扩展了安全实施代码,这些代码调用中央决策部件,该部件随后调用所有激活的决策模块,形成一个综合的决定,然后由系统调用扩展来实施这个决定。RSBAC 目前包含的模块主要有 MAC、RBAC、ACL 等。

MAC 是英国的 Malcolm Beattie 针对 Linux 2.2 编写的一个非常初级的 MAC 访问控制,它将一个运行的 Linux 系统分隔成多个互不可见的(或者互相限制的)子系统,这些子系统可以作为单一的系统来管理。MAC 是基于传统的 Biba 完整性模型和 BLP 模型实现的,但作者目前似乎没有延续他的工作。

6. 防火墙

防火墙是在被保护网络和因特网之间,或者在其他网络之间限制访问的一种部件或一系列部件。

Linux 防火墙系统提供了以下功能。

(1) 访问控制。可以执行基于地址(源和目标)、用户和时间的访问控制策略,从而可以杜绝非授权的访问,同时保护内部用户的合法访问不受影响。

(2) 审计。对通过它的网络访问进行记录,建立完备的日志、审计和追踪网络访问记录,并可以根据需要产生报表。

(3) 抗攻击。防火墙系统直接暴露在非信任网络中,对外界来说,受到防火墙保护的内部网络如同一个点,所有的攻击都是直接针对它的,该点称为堡垒机,因此要求堡垒机具有高度的安全性和抵御各种攻击的能力。

(4) 其他附属功能。如与审计相关的报警和入侵检测,与访问控制相关的身份验证、加密和认证,甚至 VPN 等。

13.2 数据库安全

据统计,西方发达国家的政府机构和企业,每年通过计算机被窃取的资金高达数十亿美元。在中国也发生过多起通过计算机犯罪的案例。因此,随着计算机数据库系统的广泛应用,数据库的保护也变得越来越重要。

数据库系统的安全需求与其他系统大致相同,要求有完整性、可靠性、有效性、保密性、可审计性及存取控制及用户身份鉴定等。

数据库的完整性与可靠性指保证数据的正确性,它涉及数据库内容的正确性、有效性和一致性。实现数据完整性是为了保证数据库中数据的正确、有效,使其免受无效更新的影响。这些无效更新包括错误地更改和输入数据、用户的误操作及机器故障等。此外,还应防止外部非法程序或是外部力量(如火灾或电)篡改或干扰数据,使得整个数据库被破坏(如发生磁盘密封损坏或其他损坏)或者单个数据项不可读。

总的说来,数据库的完整性是数据库管理系统 DBMS、操作系统及计算机系统管理程序的职责。从操作系统及设计系统管理程序的角度来看,数据库和 DBMS 分别是文件和程序。因此,对数据库的一种形式的保护大抵可采取定期备份系统中所有文件的方法。定期备份数据库足以防止灾难性故障。另外,可使用单向函数的密码算法对数据加密,确保数据的完整性。为了实现数据的正确性,数据库管理系统应能保证:能检测各种操作的有效性和是否违反对这些数据所定义的完整性约束。在检测出错误操作后,要做出适当的反应,如拒绝该操作、返回错误信息等。

一个系统保证单个事务处理时的数据有效性是容易的,然而在一个多用户数据库系统中,就产生了并行事务相互干扰问题。这种干扰有可能影响系统正常运行或使数据丢失,因此需要有并发控制机制。

在一个大的数据库系统中,有可能遇到各种(如掉电、机器故障等)问题,而引起数据紊乱,使多年积累的数据不能使用。为了解决这个问题,必须有一套恢复机制。在出现上述问题时能及时恢复数据库,以免造成重大损失。

数据库通常通过用户的存取特权在逻辑上将数据分离。数据库管理指定谁被允许存取字段、记录或元素等数据。DBMS 必须实施这一策略,授权存取所有指定数据或禁止存取所指定的数据,而且存取方式是很多的。用户或程序有权读、修改、删除或加入值,增加或删除整个字段或记录,或者组织整个数据库。

从表面上看,数据库的存取控制似乎和操作系统或计算机系统的任何其他部分的存取控制类似。但是,数据库的存取控制问题更为复杂,操作系统的实体(如文件)都是不相关的项,而记录、字段、元素则是互相联系的。用户不能通过读其他文件来确定某一文件的内容,但却有可能仅通过读出其他数据元素而得到某一数据元素,这种现象称为"推理"。有可能通过推理存取数据,而不用直接存取保密实体本身。限制推理可以防止由推理得到未授权的存取路径,但是,限制推理也将限制那些并不打算存取非授权数值的用户的询问。为了检查所请求的存取是否有不可接受的推理,可能会降低对数据库的存取效率。

对于一些重要部门,单从访问控制和数据库的完整性方面考虑安全还不够,因为它存在一个严重的不安全因素,即原始数据以可读的形式存储在数据库中,对于一些计算机的内行,是完全可以进入系统,或从存储介质中导出。必须解决数据库的保密问题,除在传输过程中采取加密保护和控制非法访问外,还必须对存储数据进行加密保护。但由于受数据库组织和数据库应用环境的限制,它与一般的网络加密和通信加密有着很大区别。例如,网络通信发送和接收的都是同一连续的比特流,传输的信息无论长短,密钥的匹配都是连续、顺序对应的,它不受密钥长度的限制;在数据库中,记录的长度一般较短,数据存储的时间长(通常几年到几十年),相应密钥的保存时间也因数据生命周期而定。若在库内使用同一密钥,保密性差;若不同记录使用不同的密钥,则密钥太多,管理相当复杂。因此,不能简单采用一般通用的加密技术,而必须针对数据库的特点,研究相应的加密方法和密钥管理方法。

13.2.1 数据库面临的安全威胁

对于数据库系统来说,威胁主要来自:非法访问数据库信息;恶意破坏数据库或未经授权非法修改数据库数据;用户通过网络进行数据库访问时受到各种攻击,如搭线窃听等;对数据库的不正确访问,引起数据库数据的错误。对抗这些威胁,仅仅采用操作系统和网络中的保护是不够的,因为它的结构与其他系统不同,含有重要程度和敏感级别不同的各种数据,并为拥有各种特权的用户共享,同时又不能超出给定的范围。它涉及的范围更广,除了对计算机、外部设备、联机网络和通信设备进行物理保护外,还要采取软件保护技术,防止非法运行系统软件、应用程序和用户专用软件;采取访问控制和加密技术,防止非法访问或盗用机密数据;对非法访问的记录和跟踪,同时要保证数据的完整性和一致性等。数据库所面临的安全威胁有10种。

1. 过度的特权滥用

在用户(或应用程序)得到访问数据库的特权访问的授权时(这种授权超过了其工作职能的要求),这些特权可能被用于恶意的目的。例如,某个大学网络管理员的工作要求仅能改变学生的联系信息,但他可能利用过高的数据库更新特权来更改班级等其他信息。其原因很简单,数据库管理员并没有为每一个用户定义和更新精细的访问特权控制机制,所以造成过度的特权滥用。结果,所有的用户或大量的用户组都拥有极大的超过其特定工作需求的默认访问特权。

2. 合法的特权滥用

用户还可能将特权用于非授权的目的。不妨考虑这样一位具有欺诈倾向的卫生保健工作人员,他拥有通过一种定制的 Web 应用程序来查看个别病人记录的特权。Web 应用程序的结构通常会限制用户查看个别病人的健康记录,不能同时查看多个病人的记录,也不能随意复制。然而,这位不怀好意的工作人员通过使用客户端软件,如电子表格 Excel 软件可以链接到数据库,就可能突破这些限制。使用 Excel 及其合法的登录凭证,这位工作人员就可能检索并保存所有的病人记录。

这种病人记录数据库的偷偷复制不太可能与卫生保健部门的病人数据保护策略保持一致。需要考虑两种风险:一是这位工作人员有可能用病人的记录换取金钱;二也是最为常见的,即这位雇员会检索病人信息,并将大量的信息保存到其客户机上用于合法的工作目的。而一旦这种数据放到了终端机器上,它也就易于受到木马等恶意代码的攻击,或者连同笔记本计算机一块儿被窃。

3. 特权提升

攻击者可以利用数据库平台软件的漏洞将普通用户的访问权提升为管理员的特权。这些漏洞可存在于存储过程、内置函数、协议执行中,甚至存在于 SQL 语句中。例如,一个财务机构的软件开发人员可能会利用有漏洞的函数获取数据库的管理特权。借助这种管理特权,这位开发人员就可以关闭审核机制,创建虚假账户,转移资金等,其危险性可想而知。

4. 平台漏洞

底层的操作系统中的漏洞和安装到数据库服务器上的其他服务中的漏洞,可导致未授权的访问、数据损害或拒绝服务等。例如,"暴风蠕虫"可以利用系统漏洞创建拒绝服务攻击的条件。

5. SQL 注入

在 SQL 注入攻击中,攻击者一般将未授权的数据库语句插入到易受攻击的 SQL 数据通道中。他们的目标往往是存储过程和 Web 应用程序输入参数。这些注入的语句被传递给数据库执行。使用 SQL 注入,攻击者可以再次获取对整个数据库的访问。

6. 不健全的审计

自动记录所有的敏感数据或不正常的数据库业务应当成为底层的任何数据库部署基础的一部分,不健全的数据库审计策略代表着多种等级的一系列风险。

(1)规范风险。存在着不健全的数据库审计机制(或者根本就没有什么审计机制)的企业越来越发现自己与有关管理部门的规范性要求不一致。

(2)阻止手段。如同视频摄像机录制进入银行的每个人的面孔一样,数据库审计机制用于阻止这种攻击者:攻击者知道数据库审计跟踪是通过将入侵者与犯罪事实联系起来而向调查人员提供取证的事实。

(3)检测和恢复。审计机制代表着数据库防御的底线。如果攻击者成功地绕过了其他的防御,审计数据在事后能够确认违反规范的存在。审计数据可用于将一种违反规范的事实与一个特定的用户联系起来,并修复系统。

数据库软件平台一般都集成了基本的审计功能,不过这些功能却由于种种弱点而限制或阻止了对它们的部署,分述如下。

(1)缺乏用户责任。在用户通过 Web 应用程序访问数据库时,本地的审计机制并不知道特定的用户身份。但在这种情况下,所有的用户活动都与 Web 应用程序账户名称有联系。因此,在本地审计日志揭示出发生了欺诈性的数据库业务时,就找不到该为此负责的用户。

（2）性能降低。本地的数据库审计机制由于占用 CPU 和磁盘资源而饱受责难。在打开审计功能时，性能的严重降低迫使许多企业减少审计范围或干脆放弃审计。

（3）责任分离。对数据库服务器拥有管理员访问特权的用户（不管是合法的还是非法获取的），都可以轻松地关闭审计功能来隐藏其欺诈性活动。理想情况下，审计责任应当将数据库管理员和数据库服务器分离开来。

（4）精细程度有限。许多本地的审计机制并没有记录可以支持攻击检测、取证和恢复的细节，如数据库客户端应用程序、源 IP 地址、查询响应属性、无效的查询（一种重要的攻击侦察指示工具）并没有被许多本地机制所记录。

（5）私密性。审计机制对数据库服务器平台应当是唯一的。Oracle 的日志不同于 MS-SQL，MS-SQL 日志不同于 Sybase 等。对于拥有混合数据库环境的企业来说，这实质上就是要禁止整个企业范围内实施统一的审计过程。

7．拒绝服务攻击

拒绝服务攻击是一种一般性的攻击，它可造成合法用户对网络应用程序或数据的访问遭到拒绝。可以通过多种技术创建拒绝服务攻击的条件，其中的许多技术都与前面提到的漏洞有关。例如，通过利用数据库平台的漏洞来搞垮服务器就可以实现拒绝服务攻击。其他常见的拒绝服务攻击技术包括数据损害、网络淹没、服务资源（内存、CPU）过载等。资源过载在数据库环境中特别常见。

拒绝攻击的动机千差万别，这种攻击常与欺诈诡计紧密联系，其中的远程攻击者不断地攻击服务器，妄图使其瘫痪。拒绝服务攻击代表着许多企业的一种严重威胁。

8．数据库通信协议漏洞

在所有的数据库系统厂商的数据库通信协议中可以确认的安全漏洞的数量越来越多，IBM 的 DB2FixPacks 的 7 个漏洞中就有 4 个属于协议漏洞。与此类似，在最流行的 Oracle 数据库中也有不少是源于协议的漏洞。这些漏洞的欺诈性活动包括未授权的数据访问、数据损害、拒绝服务攻击等不一而足。而 SQL Slammer 蠕虫，可以利用微软的 SQL Server 协议中的漏洞强制实施拒绝服务攻击。更为糟糕的是，这些欺诈性的操作在本地的审计记录中并没有留下什么记录，因为本地的数据库审计机制并没有涉及协议操作。

9．不健全的认证

不健全的认证方案使得攻击者通过窃取登录的机密信息而假冒为合法的数据库用户身份，攻击者可以采取多种策略来获取登录机密信息。

（1）强力攻击。攻击者不断地输入用户名和口令的组合直至发现其中的某个可以奏效。强力攻击包括简单地猜测，还包括所有可能的用户名和口令的组合的系统化穷举。通常情况下，攻击者将会使用自动化的程序来加速强力攻击过程。

（2）社交工程。也有人称之为社会工程，无论如何，攻击者都是利用自然人的信任倾向，目的是为了使人愿意提供其登录凭证。例如，攻击者可以通过电话将自己描述为 IT 经理，要求用户提供登录凭证以便于对系统进行维护。

（3）直接窃取登录凭证。攻击者可通过复制口令文件等而窃取登录凭证。

10．备份数据泄露

通常，备份数据库的存储媒体受到的保护程度远远不够。结果，出现数据库磁带和硬盘被盗的情况也就不足为奇了。

13.2.2 数据库安全模型与控制措施

1. 数据库安全模型

安全模型也称为"策略表达模型"，它是一种抽象且独立于软件实现的概念模型，数据库系统的安全模型是用于精确描述数据库系统的安全需求和安全策略的有效方式。

从 20 世纪 70 年代开始，一系列数据库安全模型与原型系统得到研究。自 20 世纪 80年代末开始，研究的重点集中于如何在数据库系统中实现多级安全，即如何将传统的关系数据库理论与多级安全模型相结合，建立多级安全数据库系统。到目前为止，先后提出的基于多级关系模型的数据库多级安全模型主要有 Bell-La Padula（简称为 BLP）、Biba、SeaView和 Jajodia Sandhu（简称为 JS）模型等。

在多级安全模型中，客体（各种逻辑数据对象）被赋予不同的安全标记属性，或称为"密级"（Security Level）；主体（用户或用户进程）根据访问权限也被分配不同的许可级（Clearance Level）。主体根据一定的安全规则访问客体，以保证系统的安全性和完整性。一般地，多级安全模型还能对系统内的信息流动进行控制。传统模式中关系的定义需要修改以支持多级关系，其中关系的完整性约束及关系操作也需要改进以保证安全性。因此，数据库系统的多级安全模型是以多级关系数据模型为基础的。

与传统关系数据模型类似，多级关系数据模型中的三要素为多级关系、多级关系完整性约束和多级关系操作。此外，为解决实际存储问题，多级关系模型中还包括多级关系的分解与恢复算法。按由大到小的次序，多级访问控制粒度可分为关系级、元组级与属性级。粒度越小，则控制越灵活，相对应的多级关系模型越复杂。

随着研究的深入，人们逐渐认识到，多级安全模型与传统的关系数据库理论（如可串行化理论等）之间存在一定的内在冲突，导致在某些问题上必须在正确性与安全性之间妥协。比如，数据库多级安全模型通过引入多实例来解决数据完整性和推理控制问题。多实例不可避免地会带来数据一致性问题，也会影响系统的运行效率，在不少场合显得弊大于利。有的学者研究了消除多实例的方法，比如通过将所有的主键赋予可能的最低安全级来消除元组多实例的发生，但是这种方法大多限制了系统的可用性和灵活性。如何在满足数据的保密性和完整性的同时兼顾系统的可用性，这一直是数据库安全模型研究需要解决的一个重要问题。

2. 控制措施

建立有效数据库系统安全机制可以很好地控制数据库系统的安全。数据库安全机制是用于实现数据库的各种安全策略的功能集合，正是由这些安全机制来实现安全模型，进而实现保护数据库系统安全的目标。近年来，对用户的认证与鉴别、存取控制、数据库加密及推理控制等安全机制的研究取得了不少新的进展。

1）用户标识与鉴别

用户标识是指用户向系统出示自己的身份证明，最简单的方法是输入用户 ID 和密码。标识机制用于唯一标志进入系统的每个用户的身份，因此必须保证标识的唯一性。

鉴别是指系统检查验证用户的身份证明，用于检验用户身份的合法性。标识和鉴别功能保证了只有合法的用户才能存取系统中的资源。

由于数据库用户的安全等级是不同的,因此分配给他们的权限也是不一样的,数据库系统必须建立严格的用户认证机制。身份的标识和鉴别是 DBMS 对访问者授权的前提,并且通过审计机制使 DBMS 保留追究用户行为责任的能力。功能完善的标识与鉴别机制也是访问控制机制有效实施的基础,特别是在一个开放的多用户系统的网络环境中,识别与鉴别用户是构筑 DBMS 安全防线的第一个重要环节。

近年来标识与鉴别技术发展迅速,一些实体认证的新技术在数据库系统集成中得到应用。目前,常用的方法有通行字认证、数字证书认证、智能卡认证和个人特征识别等。

通行字也称为"口令"或"密码",它是一种根据已知事物验证身份的方法,也是一种最广泛研究和使用的身份验证法。在数据库系统中往往对通行字采取一些控制措施,常见的有最小长度限制、次数限定、选择字符、有效期、双通行字和封锁用户系统等。一般还需考虑通行字的分配和管理,以及在计算机中的安全存储。通行字多以加密形式存储,攻击者要得到通行字必须知道加密算法和密钥。算法可能是公开的,但密钥应该是秘密的。也有的系统存储通行字的单向 Hash 值,攻击者即使得到密文也难以推出通行字的明文。

数字证书是认证中心颁发并进行数字签名的数字凭证,它实现实体身份的鉴别与认证、信息完整性验证、机密性和不可否认性等安全服务。数字证书可用来证明实体所宣称的身份与其持有的公钥的匹配关系,使得实体的身份与证书中的公钥相互绑定。

智能卡(有源卡、IC 卡或 Smart 卡)作为个人所有物,可以用来验证个人身份,典型智能卡主要由微处理器、存储器、输入/输出接口、安全逻辑及运算处理器等组成。在智能卡中引入了认证的概念,认证是智能卡和应用终端之间通过相应的认证过程来相互确认合法性。在卡和接口设备之间只有相互认证之后才能进行数据的读、写操作,目的在于防止伪造应用终端及相应的智能卡。

根据被授权用户的个人特征来进行认证是一种可信度更高的验证方法,个人特征识别应用了生物统计学(Biometrics)的研究成果,即利用个人具有唯一性的生理特征来实现。个人特征都具有因人而异和随身携带的特点,不会丢失并且难以伪造,非常适合个人身份认证。目前已得到应用的个人生理特征包括指纹、语音声纹(Voice-print)、DNA、视网膜、虹膜、脸型和手型等。一些学者已开始研究基于用户个人行为方式的身份识别技术,如用户签名和敲击键盘的方式等。

个人特征一般需要应用多媒体数据存储技术来建立档案,相应地需要基于多媒体数据的压缩、存储和检索等技术作为支撑。目前已有不少基于个人特征识别的身份认证系统成功地投入应用。如美国联邦调查局(FBI)成功地将小波理论应用于压缩和识别指纹图样,从而可以将一个 10 MB 的指纹图样压缩成 500 KB,从而大大减少了数百万指纹档案的存储空间和检索时间。

2) 存取控制

访问控制的目的是确保用户对数据库只能进行经过授权的有关操作。在存取控制机制中,一般把被访问的资源称为"客体",把以用户名义进行资源访问的进程、事务等实体称为"主体"。

传统的存取控制机制有两种,即自主存取控制(Discretionary Access Control,DAC)和强制存取控制(Mandatory Access Control,MAC)。在 DAC 机制中,用户对不同的数据对象有不同的存取权限,而且还可以将其拥有的存取权限转授给其他用户。DAC 访问控制完全基于访问者和对象的身份；MAC 机制对于不同类型的信息采取不同层次的安全策略，对不同类型的数据来进行访问授权。在 MAC 机制中，存取权限不可以转授，所有用户必须遵守由数据库管理员建立的安全规则，其中最基本的规则为"向下读取、向上写入"。显然，与 DAC 相比，MAC 机制比较严格。

近年来，基于角色的存取控制(Role-Based Access Control，RBAC)得到了广泛的关注。RBAC 在主体和权限之间增加了一个中间桥梁——角色。权限被授予角色，而管理员通过指定用户为特定角色来为用户授权。从而大大简化了授权管理，具有强大的可操作性和可管理性。角色可以根据组织中的不同工作创建，然后根据用户的责任和资格分配角色，用户可以轻松地进行角色转换。而随着新应用和新系统的增加，角色可以分配更多的权限，也可以根据需要撤销相应的权限。

RBAC 核心模型包含了 5 个基本的静态集合，即用户集(Users)、角色集(Roles)、特权集(Perms)(包括对象集(Objects)和操作集(Operators))，以及一个运行过程中动态维护的集合，即会话集(Sessions)，如图 13-1 所示。

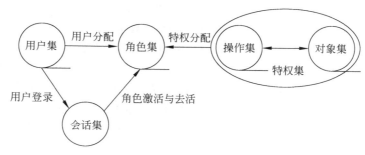

图 13-1　RBAC 核心模型

用户集包括系统中可以执行操作的用户，是主动的实体；对象集是系统中被动的实体，包含系统需要保护的信息；操作集是定义在对象上的一组操作，对象上的一组操作构成了一个特权；角色则是 RBAC 模型的核心，通过用户分配(UA)和特权分配(PA)使用户与特权关联起来。

RBAC 属于策略中立型的存取控制模型，既可以实现自主存取控制策略，又可以实现强制存取控制策略。它可以有效缓解传统安全管理处理瓶颈问题，被认为是一种普遍适用的访问控制模型，尤其适用于大型组织的有效访问控制机制。

2002 年，J. Park 和 R. Sundhu 首次提出了 UCON(Usage CONtrol，使用控制)的概念。UCON 对传统的存取控制进行了扩展，定义了授权(Authorization)、职责(Obligation)和条件(Condition)3 个决定性因素，同时提出了存取控制的连续性(Continuity)和易变性(Mutability)两个重要属性。UCON 集合了传统的访问控制、可信管理以及数字权力管理，从而用系统方式提供了一个保护数字资源的统一标准的框架，为下一代存取控制机制提供了新思路。

3) 数据库加密

由于数据库在操作系统中以文件形式管理，所以入侵者可以直接利用操作系统的漏洞窃取数据库文件，或者篡改数据库文件内容。另外，数据库管理员(DBA)可以任意访问所有数据，往往超出了其职责范围，同样造成安全隐患。因此，数据库的保密问题不仅包括在传输过程中采用加密保护和控制非法访问,还包括对存储的敏感数据进行加密保护,使得即使数据不幸泄露或者丢失,也难以造成泄密。同时,数据库加密可以由用户用自己的密钥加密自己的敏感信息,而不需要了解数据内容的数据库管理员无法进行正常解密,从而可以实现个性化的用户隐私保护。

对数据库加密必然会带来数据存储与索引、密钥分配和管理等一系列问题,同时加密也会显著地降低数据库的访问与运行效率。保密性与可用性之间不可避免地存在冲突,需要妥善解决二者之间的矛盾。

数据库中存储密文数据后,如何进行高效查询成为一个重要的问题。查询语句一般不可以直接运用到密文数据库的查询过程中,一般的方法是首先解密加密数据,然后查询解密数据。但由于要对整个数据库或数据表进行解密操作,因此开销巨大。在实际操作中需要通过有效的查询策略来直接执行密文查询或较小粒度的快速解密。

一般来说,一个好的数据库加密系统应该满足以下几个方面的要求。

(1) 足够的加密强度,保证长时间且大量数据不被破译。

(2) 加密后的数据库存储量没有明显增加。

(3) 加、解密速度足够快,影响数据操作响应时间尽量短。

(4) 加、解密对数据库的合法用户操作(如数据的增、删、改等)是透明的。

(5) 灵活的密钥管理机制,加、解密密钥存储安全,使用方便可靠。

13.2.3 主流数据库系统安全

1. SQL Server

SQL Server 只能在 Windows 上运行,没有丝毫的开放性,操作系统的稳定对数据库是十分重要的。Windows 9X 系列产品是偏重于桌面应用,NT Server 只适合中小型企业。而且 Windows 平台的可靠性、安全性和伸缩性是非常有限的。它不像 UNIX 那样久经考验,尤其是在处理大数据库方面。

在改进 SQL Server 7.0 系列所实现的安全机制的过程中,Microsoft 建立了一种既灵活又强大的安全管理机制,它能够对用户访问 SQL Server 服务器系统和数据库的安全进行全面的管理。按照以下步骤,可以为 SQL Server 7.0(或 2000)构造出一个灵活的、可管理的安全策略,而且它的安全性经得起考验。

1) 验证方法选择

构造安全策略的第一个步骤是确定 SQL Server 用哪种方式验证用户。SQL Server 的验证是把一组账户、密码与 Master 数据库 Sysxlogins 表中的一个清单进行匹配。Windows NT/2000 的验证是请求域控制器检查用户身份的合法性。一般地,如果服务器可以访问域控制器,应该使用 Windows NT/2000 验证。域控制器可以是 Win2K 服务器,也可以是 NT 服务器。无论在哪种情况下,SQL Server 都接收到一个访问标记(Access Token)。访问标记是在验证过程中构造出来的一个特殊列表,其中包含了用户的 SID(安全标识号)以及一系列用户所在组的 SID。正如本书后面所介绍的,SQL Server 以这些 SID 为基础授予访问权限。注意,操作系统如何构造访问标记并不重要,SQL Server 只使用访问标记中的 SID。也就是说,不论使用 SQL Server 2000、SQL Server 7.0、Win2K 还是 NT 进行验证,结果都一样。

如果使用 SQL Server 验证的登录，它最大的好处是很容易通过 Enterprise Manager 实现，最大的缺点在于 SQL Server 验证的登录只对特定的服务器有效，也就是说，在一个多服务器的环境中管理比较困难。使用 SQL Server 进行验证的第二个重要的缺点是，对于每一个数据库，必须分别为它管理权限。如果某个用户对两个数据库有相同的权限要求，必须手工设置两个数据库的权限，或者编写脚本设置权限。如果用户数量较少，如 25 个以下，而且这些用户的权限变化不是很频繁，SQL Server 验证的登录或许适用。但是，在几乎所有的其他情况下（有一些例外情况，如直接管理安全问题的应用），这种登录方式的管理负担将超过它的优点。

2) Web 环境中的验证

即使最好的安全策略也常常在一种情形前屈服，这种情形就是在 Web 应用中使用 SQL Server 的数据。在这种情形下，进行验证的典型方法是把一组 SQL Server 登录名称和密码嵌入到 Web 服务器上运行的程序，如 ASP 页面或者 CGI 脚本；然后，由 Web 服务器负责验证用户，应用程序则使用它自己的登录账户（或者是系统管理员 sa 账户，或者为了方便起见，使用 Sysadmin 服务器角色中的登录账户）为用户访问数据。

这种安排有几个缺点，其中最重要的包括：它不具备对用户在服务器上的活动进行审核的能力，完全依赖于 Web 应用程序实现用户验证，当 SQL Server 需要限定用户权限时不同的用户之间不易区别。如果使用的是 IIS 5.0 或者 IIS 4.0，可以用以下 4 种方法验证用户。

(1) 为每一个网站和每一个虚拟目录创建一个匿名用户的 NT 账户，此后，所有应用程序登录 SQL Server 时都使用该安全环境。可以通过授予 NT 匿名账户合适的权限，改进审核和验证功能。

(2) 让所有网站使用 Basic 验证。此时，只有当用户在对话框中输入了合法的账户和密码，IIS 才会允许他们访问页面。IIS 依靠一个 NT 安全数据库实现登录身份验证，NT 安全数据库既可以在本地服务器上，也可以在域控制器上。当用户运行一个访问 SQL Server 数据库的程序或者脚本时，IIS 把用户为了浏览页面而提供的身份信息发送给服务器。如果使用这种方法，则在通常情况下，浏览器与服务器之间的密码传送一般是不加密的，对于那些使用 Basic 验证而安全又很重要的网站，必须实现安全套接字层（Secure Sockets Layer，SSL）。

(3) 在客户端只使用 IE 5.0、IE 4.0、IE 3.0 浏览器的情况下，可以使用第三种验证方法，可以在 Web 网站上和虚拟目录上都启用 NT 验证。IE 会把用户登录计算机的身份信息发送给 IIS，当该用户试图登录 SQL Server 时，IIS 就使用这些登录信息。使用这种简化的方法时，可以在一个远程网站的域上对用户身份进行验证（该远程网站登录到一个与运行着 Web 服务器的域有着信任关系的域）。

(4) 如果用户都有个人数字证书，可以把那些证书映射到本地域的 NT 账户上。个人数字证书与服务器数字证书以同样的技术为基础，它证明用户身份标识的合法性，所以可以取代 NT 的 Challenge/Response（质询/回应）验证算法。Netscape 和 IE 都自动在每一个页面请求中把证书信息发送给 IIS。IIS 提供了一个让管理员把证书映射到 NT 账户的工具，因此，可以用数字证书取代通常的提供账户名字和密码的登录过程。

由此可见，通过 NT 账户验证用户时可以使用多种实现方法。即使当用户通过 IIS 跨越 Internet 连接 SQL Server 时,选择仍旧存在。因此,应该把 NT 验证作为首选的用户身份验证办法。

3）设置全局组

构造安全策略的下一个步骤是确定用户应该属于什么组。通常,每一个组织或应用程序的用户都可以按照他们对数据的特定访问要求分成许多类别。例如,会计应用软件的用户一般包括数据输入操作员、数据输入管理员、报表编写员、会计师、审计员及财务经理等,每一组用户都有不同的数据库访问要求。

控制数据访问权限最简单的方法是,分别为每一组用户创建一个满足该组用户权限要求的、域内全局有效的组。既可以为每一个应用分别创建组,也可以创建适用于整个企业的、涵盖广泛用户类别的组。如果想要精确地了解组成员可以做什么,为每一个应用程序分别创建组是一种较好的选择。例如,在前面的会计系统中,应该创建 Data Entry Operators、Accounting Data Entry Managers 等组。请注意,为了简化管理,最好为组取一个能够明确表示出作用的名字。

除了面向特定应用程序的组外,还需要几个基本组。基本组的成员负责管理服务器。按照习惯,可以创建下面这些基本组,即 SQL Server Administrators、SQL Server Users、SQL Server Denied Users、SQL Server DB Creators、SQL Server Security Operators、SQL Server Database Security Operators、SQL Server Developers 以及 DB_Name Users（DB_Name 是服务器上一个数据库的名字）。当然,如果有必要,还可以创建其他组。

创建了全局组之后,接下来可以授予它们访问 SQL Server 的权限。首先为 SQL Server Users 创建一个 NT 验证的登录并授予它登录权限,把 Master 数据库设置为它的默认数据库,但不要授予它访问任何其他数据库的权限,也不要把这个登录账户设置为任何服务器角色的成员。接着再为 SQL Server Denied Users 重复这个过程,但这次要拒绝登录访问。在 SQL Server 中,拒绝权限始终优先。创建了这两个组之后,就有了一种允许或拒绝用户访问服务器的便捷方法。

为那些没有直接在 Sysxlogins 系统表里面登记的组授权时,不能使用 Enterpris Manager,因为 Enterprise Manager 只允许从现有登录名字的列表选择,而不是域内所有组的列表。要访问所有的组,请打开 Query Analyzer,然后用系统存储过程 sp_addsrvrolemember 以及 sp_addrolemember 进行授权。

对于操作服务器的各个组,可以用 sp_addsrvrolemember 存储过程把各个登录加入到合适的服务器角色：SQL Server Administrators 成为 Sysadmins 角色的成员,SQL Server DB Creators 成为 Dbcreator 角色的成员,SQL Server Security Operators 成为 Securityadmin 角色的成员。注意,sp_addsrvrolemember 存储过程的第一个参数要求是要有账户的完整路径,如 BigCo 域的 joes 应该是 BigCo/joes（如果想用本地账户,则路径应该是 server_name/joes）。

要创建在所有新数据库中都存在的用户,可以修改 Model 数据库。为了简化工作,SQL Server 自动把所有对 Model 数据库的改动复制到新的数据库。只要正确运用 Model 数据库,无需定制每一个新创建的数据库。另外,可以用 sp_addrolemember 存储过程把 SQL Server Security Operators 加入到 db_securityadmin,把 SQL Server Developers 加入到 db_owner 角色。

注意仍然没有授权任何组或账户访问数据库。事实上,不能通过 Enterprise Manager

授权数据库访问，因为 Enterprise Manager 的用户界面只允许把数据库访问权限授予合法的登录账户。SQL Server 不要求 NT 账户在把它设置为数据库角色的成员或分配对象权限之前能够访问数据库，但 Enterprise Manager 有这种限制。尽管如此，只要使用的是 sp_addrolemember 存储过程而不是 Enterprise Manager，就可以在不授予域内 NT 账户数据库访问权限的情况下为任意 NT 账户分配权限。

至此，对 Model 数据库的设置已经完成。但是，如果用户群体对企业范围内各个应用数据库有着类似的访问要求，可以把下面这些操作移到 Model 数据库上进行，而不是在面向特定应用的数据库上进行。

4）允许数据库访问

在数据库内部，与迄今为止对登录验证的处理方式不同，可以把权限分配给角色而不是直接把它们分配给全局组。这种能力使得我们能够轻松地在安全策略中使用 SQL Server 验证的登录。即使你从来没有想要使用 SQL Server 登录账户，本书仍旧建议分配权限给角色，因为这样能够为未来可能出现的变化做好准备。

创建了数据库之后，可以用 sp_grantdbaccess 存储过程授权 DB_Name Users 组访问它。但应该注意的是，与 sp_grantdbaccess 对应的 sp_denydbaccess 存储过程并不存在，也就是说，不能按照拒绝对服务器访问的方法拒绝对数据库的访问。如果要拒绝数据库访问，可以创建另一个名为 DB_Name Denied Users 的全局组，授权它访问数据库，然后把它设置为 db_denydatareader 以及 db_denydatawriter 角色的成员。注意 SQL 语句权限的分配，这里的角色只限制对对象的访问，但不限制对数据定义语言（Data Definition Language，DDL）命令的访问。

正如对登录过程的处理，如果访问标记中的任意 SID 已经在 Sysusers 系统表登记，SQL 将允许用户访问数据库。因此，既可以通过用户的个人 NT 账户 SID 授权用户访问数据库，也可以通过用户所在的一个（或者多个）组的 SID 授权。为了简化管理，可以创建一个名为 DB_Name Users 的拥有数据库访问权限的全局组，同时不把访问权授予所有其他的组。这样，只需简单地在一个全局组中添加或者删除成员就可以增加或者减少数据库用户。

5）分配权限

实施安全策略的最后一个步骤是创建用户定义的数据库角色，然后分配权限。完成这个步骤最简单的方法是创建一些名字与全局组名字配套的角色。例如，对于前面例子中的会计系统，可以创建 Accounting Data Entry Operators、Accounting Data Entry Managers 之类的角色。由于会计数据库中的角色与账务处理任务有关，你可能想要缩短这些角色的名字。然而，如果角色名字与全局组的名字配套，能够更方便地判断出哪些组属于特定的角色。

创建好角色之后就可以分配权限。在这个过程中，只需用到标准的 GRANT、REVOKE 和 DENY 命令。但应该注意 DENY 权限，这个权限优先于所有其他权限。如果用户是任意具有 DENY 权限的角色或者组的成员，SQL Server 将拒绝用户访问对象。

接下来就可以加入所有 SQL Server 验证的登录。用户定义的数据库角色可以包含 SQL Server 登录以及 NT 全局组、本地组、个人账户，这是它最宝贵的特点之一。用户定义的数据库角色可以作为各种登录的通用容器，使用用户定义角色而不是直接把权限分配给全局组的主要原因就在于此。

由于内建的角色一般适用于整个数据库而不是单独的对象,因此这里建议只使用两个内建的数据库角色,即 db_securityadmin 和 db_owner。其他内建数据库角色,如 db_datareader,它授予对数据库里面所有对象的 SELECT 权限。虽然可以用 db_datareader 角色授予 SELECT 权限,然后有选择地对个别用户或组拒绝 SELECT 权限,但使用这种方法时,可能忘记为某些用户或者对象设置权限。一种更简单、更直接且不容易出现错误的方法是为这些特殊的用户创建一个用户定义的角色,然后只把那些用户访问对象所需的权限授予这个用户定义的角色。

6) 简化安全管理

SQL Server 验证的登录不仅能够方便地实现,而且与 NT 验证的登录相比,它更容易编写到应用程序里。但是,如果用户的数量超过 25,或者服务器数量在一个以上,或者每个用户都可以访问一个以上的数据库,或者数据库有多个管理员,SQL Server 验证的登录不容易管理。由于 SQL Server 没有显示用户有效权限的工具,要记忆每个用户具有哪些权限以及他们为何要得到这些权限就更加困难。即使对于一个数据库管理员还要担负其他责任的小型系统,简化安全策略也有助于减轻问题的复杂程度。因此,首选的方法应该是使用 NT 验证的登录,然后通过一些精心选择的全局组和数据库角色管理数据库访问。

下面是一些简化安全策略的经验规则。

(1) 用户通过 SQL Server Users 组获得服务器访问,通过 DB_Name Users 组获得数据库访问。

(2) 用户通过加入全局组获得权限,而全局组通过加入角色获得权限,角色直接拥有数据库里的权限。

(3) 需要多种权限的用户通过加入多个全局组的方式获得权限。

只要规划恰当,就能够在域控制器上完成所有的访问和权限维护工作,使得服务器反映出你在域控制器上进行的各种设置调整。虽然实际应用中情况可能有所变化,但本书介绍的基本措施仍旧适用,它们能够帮助你构造出很容易管理的安全策略。

2. Oracle

能在所有主流平台上运行(包括 Windows),完全支持所有的工业标准;采用完全开放策略,可以使客户选择最适合的解决方案。

数据库安全性问题一直是围绕着数据库管理员的噩梦,数据库数据的丢失以及数据库非法用户的侵入使得数据库管理员身心疲惫不堪。随着计算机技术的飞速发展,数据库的应用十分广泛,深入到各个领域,但随之而来产生了数据的安全问题。各种应用系统的数据库中大量数据的安全问题、敏感数据的防窃取和防篡改问题,越来越引起人们的高度重视。数据库系统作为信息的聚集体,是计算机信息系统的核心部件,其安全性至关重要,关系到企业兴衰、国家安全。因此,如何有效地保证数据库系统的安全,实现数据的保密性、完整性和有效性,已经成为如今关注的一个话题。

甲骨文董事长拉里·埃里森在 Oracle OpenWorld 大会上,谈到了一个观点——要保护数据库安全关键在于加密。他还认为,不仅要为发往互联网的数据库中的数据加密,还要为从硬盘转移到后端系统的过程中的数据加密。他还建议企业禁止用户在没有进行加密的情况下实施数据备份,"因为如果没有加密的备份 CD 或者 DVD 光盘一旦丢失,你就会失去信息。"

数据库系统的安全性很大程度上依赖于数据库管理系统。如果数据库管理系统安全机制非常强大,则数据库系统的安全性能就较好。目前市场上流行的是关系式数据库管理系统,其安全性很弱,这就导致数据库系统的安全性存在一定的威胁。因此,数据库管理员应从以下几个方面对数据库的安全进行考虑。

1) 用户角色的管理

这是保护数据库系统安全的重要手段之一。通过建立不同的用户组和用户口令验证,可以有效地防止非法的 Oracle 用户进入数据库系统;另外在 Oracle 数据库中,可以通过授权来对 Oracle 用户的操作进行限制,即允许一些用户可以对 Oracle 服务器进行访问,也就是说,对整个数据库具有读写的权利,而大多数用户只能在同组内进行读写或对整个数据库只具有读的权利。在此,特别强调对 SYS 和 SYSTEM 两个特殊账户的保密管理。

为了保护 Oracle 数据库服务器的安全,应保证 $ORACLE_HOME/bin 目录下的所有内容的所有权为 Oracle 用户所有。为了加强数据库在网络中的安全性,对于远程用户,应使用加密方式通过密码来访问数据库,加强网络上的 DBA 权限控制,如拒绝远程的 DBA 访问等。

2) 数据库的加密

由于数据库系统在操作系统下都是以文件形式进行管理的,因此入侵者可以直接利用操作系统的漏洞窃取数据库文件,或者直接利用 OS 工具来非法伪造、篡改数据库文件内容。这种隐患一般数据库用户难以察觉,分析和堵塞这种漏洞被认为是 B2 级的安全技术措施。

数据库管理系统分层次的安全加密方法主要用来解决这一问题,它可以保证当前面的层次已经被突破的情况下仍能保障数据库数据的安全,这就要求数据库管理系统必须有一套强有力的安全机制。解决这一问题的有效方法之一是数据库管理系统对数据库文件进行加密处理,使得即使数据不幸泄露或者丢失,也难以被人破译和阅读。

可以考虑在 3 个不同层次实现对数据库数据的加密,这 3 个层次分别是 OS 层、DBMS 内核层和 DBMS 外层。

(1) 在 OS 层加密。在 OS 层无法辨认数据库文件中的数据关系,从而无法产生合理的密钥,对密钥合理的管理和使用也很难。所以,对大型数据库来说,在 OS 层对数据库文件进行加密很难实现。

(2) 在 DBMS 内核层实现加密。这种加密是指数据在物理存取之前完成加、解密工作。这种加密方式的优点是加密功能强,并且加密功能几乎不会影响 DBMS 的功能,可以实现加密功能与数据库管理系统之间的无缝耦合。其缺点是加密运算在服务器端进行,加重了服务器的负载,而且 DBMS 和加密器之间的接口需要 DBMS 开发商的支持。

(3) 在 DBMS 外层实现加密。比较实际的做法是将数据库加密系统做成 DBMS 的一个外层工具,根据加密要求自动完成对数据库数据的加、解密处理。采用这种加密方式进行加密,加、解密运算可在客户端进行,它的优点是不会加重数据库服务器的负载并且可以实现网上传输的加密。缺点是加密功能会受到一些限制,与数据库管理系统之间的耦合性稍差。

下面进一步解释在 DBMS 外层实现加密功能的原理。

数据库加密系统分成两个功能独立的主要部件:一个是加密字典管理程序;另一个是

数据库加、解密引擎。数据库加密系统将用户对数据库信息具体的加密要求以及基础信息保存在加密字典中,通过调用数据加、解密引擎实现对数据库表的加密、解密及数据转换等功能。数据库信息的加、解密处理是在后台完成的,对数据库服务器是透明的。

按以上方式实现的数据库加密系统具有很多优点。首先,系统对数据库的最终用户是完全透明的,管理员可以根据需要进行明文和密文的转换工作;其次,加密系统完全独立于数据库应用系统,无须改动数据库应用系统就能实现数据加密功能;第三,加、解密处理在客户端进行,不会影响数据库服务器的效率。

数据库加、解密引擎是数据库加密系统的核心部件,它位于应用程序与数据库服务器之间,负责在后台完成数据库信息的加、解密处理,对应用开发人员和操作人员来说是透明的。数据加、解密引擎没有操作界面,在需要时由操作系统自动加载并驻留在内存中,通过内部接口与加密字典管理程序和用户应用程序通信。数据库加、解密引擎由 3 大模块组成,即加、解密处理模块、用户接口模块和数据库接口模块。其中,数据库接口模块的主要工作是接受用户的操作请求,并传递给加、解密处理模块,此外还要代替加、解密处理模块去访问数据库服务器,并完成外部接口参数与加、解密引擎内部数据结构之间的转换。加、解密处理模块完成数据库加、解密引擎的初始化、内部专用命令的处理、加密字典信息的检索、加密字典缓冲区的管理、SQL 命令的加密变换、查询结果的解密处理以及加、解密算法实现等功能,另外还包括一些公用的辅助函数。

3) 数据保护

数据库的数据保护主要是数据库的备份,当计算机的软、硬件发生故障时,利用备份进行数据库恢复,以恢复破坏的数据库文件或控制文件或其他文件。

另一种数据保护就是日志,Oracle 数据库提供日志,用以记录数据库中所进行的各种操作,包括修改、调整参数等,在数据库内部建立一个所有作业的完整记录。

再一个就是控制文件的备份,它一般用于存储数据库物理结构的状态,控制文件中的某些状态信息在实例恢复和介质恢复期间用于引导 Oracle 数据库。

日常工作中,数据库的备份是数据库管理员必须不断进行的一项工作,Oracle 数据库的备份主要有以下几种方式。

(1) 逻辑备份。逻辑备份就是将某个数据库的记录读出并将其写入一个文件中,这是经常使用的一种备份方式。

① export(导出)。此命令可以将某个数据文件、某个用户的数据文件或整个数据库进行备份。

② import(导入)。此命令将 export 建立的转储文件读入数据库系统中,也可按某个数据文件、用户或整个数据库进行。

(2) 物理备份。物理备份也是数据库管理员经常使用的一种备份方式。它可以对 Oracle 数据库的所有内容进行复制,方式可以是多种,有脱机备份和联机备份,它们各有所长,在实际中应根据具体情况和所处状态进行选择。

① 脱机备份。其操作是在 Oracle 数据库正常关闭后,对 Oracle 数据库进行备份,备份的内容包括所有用户的数据库文件和表、所有控制文件、所有的日志文件、数据库初始化文件等。可采取不同的备份方式。例如,利用磁带转储命令(tar)将所有文件转储到磁带上,或将所有文件原样复制(copy,rcp)到另一个备份磁盘中或另一个主机的磁盘中。

② 联机备份。这种备份方式也是切实有效的,它可以将联机日志转储归挡,在 Oracle 数据库内部建立一个所有进程和作业的详细、准确的完全记录。

物理备份的另一个好处是可将 Oracle 数据库管理系统完整转储,一旦发生故障,可以方便、及时地恢复,以减少数据库管理员重新安装 Oracle 带来的麻烦。

有了上述几种备份方法,即使计算机发生故障,如介质损坏、软件系统异常等情况时,也不必惊慌失措,可以通过备份进行不同程度的恢复,使 Oracle 数据库系统尽快恢复到正常状态。几种数据库损坏情况的恢复方式如下。

(1) 数据文件损坏。这种情况可以用最近所做的数据库文件备份进行恢复,即将备份中的对应文件恢复到原来位置,重新加载数据库。

(2) 控制文件损坏。若数据库系统中的控制文件损坏,则数据库系统将不能正常运行,那么,只需将数据库系统关闭,然后从备份中将相应的控制文件恢复到原位置,重新启动数据库系统即可。

(3) 整个文件系统损坏。在大型的操作系统中,如 UNIX,由于磁盘或磁盘阵列的介质不可靠或损坏是经常发生的,这将导致整个 Oracle 数据库系统崩溃,这种情形只能做以下工作。

① 将磁盘或磁盘阵列重新初始化,去掉失效或不可靠的坏块。

② 重新创建文件系统。

③ 利用备份将数据库系统完整地恢复。

④ 启动数据库系统。

13.3 物 理 安 全

信息安全首先要保障信息的物理安全。物理安全是指在物理介质层次上对存储和传输的信息的安全保护,具体地讲就是保护计算机设备、设施(含网络)免遭地震、水灾、火灾、有害气体和其他环境事故(如电磁污染等)破坏的措施和过程。物理安全主要考虑的问题是环境、场地和设备的安全以及实体访问控制和应急处置计划等。

物理安全中应该考虑的是:在安全方案上所付出的代价不应当多于值得保护的价值。

13.3.1 物理安全概述

物理安全是信息安全的最基本保障,是不可缺少和忽略的部分。一方面,研制生产计算机和通信系统厂商应该在各种软件和硬件系统中充分考虑到系统所受的安全威胁和相应的防护措施;另一方面,也应该通过安全意识的提高、安全制度的完善、安全操作的提倡等方式使用户和管理维护人员在系统和物理层次上实现信息的保护。

保证计算机及网络系统机房的安全,以及保证所有设备及其场地的物理安全,是整个计算机网络系统安全的前提。如果物理安全得不到保证,整个计算机网络系统的安全也就无法实施。

物理安全的目的是保护计算机、网络服务器、交换机、路由器、打印机等硬件实体和通信设施免受自然灾害、人为失误、犯罪行为的破坏,确保系统有一个良好的电磁兼容的工作环境并能隔离有害的攻击。

物理安全包括环境安全、电磁保护、物理隔离及安全管理。

（1）环境安全。计算机网络通信系统的运行环境应按照国家有关标准设计实施,具备消防报警、安全照明、不间断供电、温湿度控制系统和防盗报警,以保护系统免受水、火、有害气体、地震、静电等危害。

（2）电磁保护。计算机网络系统和其他电子设备一样,工作时要产生电磁辐射,电磁辐射可被高灵敏度的接收设备接收并进行分析、还原,造成系统信息泄露。另外,计算机及网络系统又处在复杂的电磁干扰的环境中,外界的电磁干扰也能使计算机网络系统工作不正常,甚至瘫痪。电磁保护的主要目的是通过屏蔽、隔离、滤波、吸波、接地等措施,提高计算机网络系统以及其他电子设备的抗干扰能力,使之能抵抗强电磁干扰,同时将计算机的电磁泄露发射降到最低。

（3）物理隔离。物理隔离技术就是把有害的攻击隔离,在可信网络之外和保证可信网络内部信息不外泄的前提下,完成网络间数据的安全交换。

（4）安全管理。安全管理包含两方面内容:一是对计算机网络系统的管理;二是涉及法规建设、建立、健全各项管理制度等内容的安全管理。

13.3.2　环境安全

为了保证物理安全,应对计算机及其未来系统的实体访问进行控制,即对内部或外部人员出入工作场所(主机房、数据处理区和辅助区等)进行限制。根据工作需要,每个工作人员可以进入的区域应予以规定,而各个区域应有明显的标记或专人值守。

计算机机房的设计应考虑减少无关人员进入机房的机会。同时,计算机机房应避免靠近公共区域,避免窗户直接临街,应安排机房在内(室内靠中央的位置),辅助工作区域在外(室内周边位置)。在一个高大的建筑内,计算机机房最好不要建在潮湿的底层,同时也尽量避免建在顶层,因顶层可能会有漏雨和雷电穿窗而入的危险。在有多个办公室的楼层内,计算机机房应至少占据半层或靠近一边。这样既便于防护,也有利于发生火警时的撤离。

所有进出计算机机房的人都必须通过管理人员控制的地点。应有一个对外的接待室,访问人员一般不进入数据区或机房,而在接待室接待。有特殊需要而进入控制区时,应办理手续。每个访问者和带入、带出的物品都应接受检查。

机房建筑和结构从安全的角度,还应考虑以下几点。

（1）电梯和楼梯不能直接进入机房。

（2）建筑物周围应有足够亮度的照明设施和防止非法进入的设施。

（3）外部容易接近的进出口,如风道口、排风口、窗户、应急门等有栅栏或监控措施,而周边应有物理屏障(隔墙、带刺铁丝网等)和监视报警系统,窗口应采取防范措施,必要时安装自动报警设备。

（4）机房进、出口须设置应急电话。

（5）机房供电系统应将动力照明用电与计算机系统供电线路分开,机房及疏散通道应配备应急照明设施。

（6）计算机中心周围100m内不能有危险建筑物。危险建筑物指易燃、易爆、有害气体等存放场所,如加油站、煤气站、天然气煤气管道和散发有强烈腐蚀性气体的设施、工厂等。

（7）进出机房时要更衣、换鞋,机房的门窗在建造时应考虑封闭性能。

（8）照明应达到规定标准。

物理的安全性非常重要，但这个问题中的大部分内容与网络安全无关，如服务器被盗窃，那么硬盘就可能被窃贼使用物理读取的方式进行分析读取，这是一种非常极端的例子，更一般的情况可能是非法使用者接触了系统的控制台，重新启动计算机并获得控制权，或者通过物理连接的方式窃听网络信息。

13.3.3 电磁防护

电磁防护的主要目的是通过屏蔽、隔离、滤波、吸波接地等措施提高计算机及网络系统、其他电子设备的抗干扰能力，使之能抵抗强电磁干扰，同时将计算机的电磁泄露发射降到最低。从而在未来的电子战、信息战、商战中立于不败之地。

在一个系统内，两个或两个以上的电子元器件处于同一环境时，就会产生电磁干扰。电磁干扰是电子设备或通信设备中最主要的干扰。按干扰的耦合方式不同，可将电磁干扰分为传导干扰和辐射干扰两类。传导干扰是通过干扰源和被干扰电路之间存在一个公共阻抗而产生的干扰。传导发射是通过电源线或信号线向外发射，在此过程中，电路中存在的公共阻抗可以将发射干扰转换为传导干扰，电磁场以感性、容性耦合方式也可以将发射干扰转换为传导干扰。辐射干扰是通过介质以电磁场的形式传播的干扰。辐射电磁场从辐射源通过天线效应向空间辐射电磁波，按照波的规律向空间传播，被干扰电路经耦合将干扰引入到电路中。辐射干扰源可以是载流导线，如信号线、电源线等，也可为电路、芯片等。

外界的电磁干扰能使计算机网络系统工作不正常。电磁干扰的危害主要有两个方面。一方面是计算机电磁辐射的危害。计算机作为一台电子设备，它自身的电磁辐射可造成电磁干扰和信息泄露两大危害。计算机主要是由数字电路组成的，所产生的数字信号多为低电压、大电流的脉冲信号，这些信号对外的辐射强度很大，它们会通过电源线、信号线对其他设备形成传导干扰，又向空间发射很强的电磁波，其频率范围从几千赫兹直至几百赫兹，不仅对其他电子设备产生电磁干扰，而且对信息安全造成威胁。因为这些电磁波是带有信息的发射频谱，被敌方窃听并还原后，可导致信息泄露。另一方面是外部电磁场对计算机正常工作的影响。除了计算机对外的电磁辐射造成信息泄露的危害外，外部强电磁场通过辐射、传导、耦合等方式也对计算机的正常工作产生很多危害。在高科技技术条件下进行的电子战所采取的强电磁干扰和核爆炸产生的瞬态强电磁脉冲辐射值高，上升时间快，频谱很宽，可以从很低的频率一直扩展到超高频。强电磁脉冲产生的电磁场可直接摧毁计算机，也可在外部导体上感应出一个强浪涌电压，直接或通过变压器将浪涌电压耦合到室内的电气装置上，造成设备损坏。因此，若不采取防护措施，在强电磁干扰和核打击面前，计算机系统一定会被摧毁。

目前，主要的电磁防护措施有两类：一类是对传导发射的防护，主要采取对电源线和信号线加装性能良好的滤波器，减小传输阻抗和导线间的交叉耦合；另一类是对辐射的防护，这类防护措施又可分为以下两种：一种是采用各种电磁屏蔽措施，如对设备的金属屏蔽和各种接插件的屏蔽，同时对机房的下水管、暖气管和金属门窗进行屏蔽和隔离；第二种是干扰的防护措施，即在计算机系统工作的同时，利用干扰装置产生一种与计算机系统辐射相关的伪噪声向空间辐射来掩盖计算机系统的工作频率和信息特征。

13.3.4　物理隔离技术

物理隔离技术的目标是确保把有害的攻击隔离,在可信网络之外和保证可信网络内部信息不外泄的前提下,完成网间数据的安全交换。物理隔离技术是在原有安全技术的基础上发展起来的一种全新的安全防护技术。

隔离的概念从产生至今一直处于不断发展之中。隔离就是实实在在的物理隔离,各个专用网络自成体系,它们之间完全隔开互不相连。这一点至今仍适用于一些专用网络,在没有解决安全问题或没有了解解决问题的技术手段之前先断开再说。此时的隔离,处于彻底的物理隔离阶段,网络处于信息孤岛状态,是最原始、最简单的。此方法的最大缺点是信息交流、维护和使用极不方便,成本提高。于是,出现了将同一台计算机连入两个完全物理隔离的网络,同时又保证两个网络不会因此而产生任何连接的技术——物理隔离卡、安全隔离计算机和隔离集线器等。利用以上技术所产生的网络隔离,是彻底的物理隔离,两个网络之间没有信息交流,所以也就可以抵御所有的网络攻击,它们适用于一台终端(或一个用户)需要分时访问两个不同的物理隔离的网络的应用环境。

物理隔离技术经历了彻底的物理隔离、协议隔离、物理隔离网闸 3 个阶段,物理隔离技术的发展历程是网络应用对安全需求变化的真实写照。

(1) 彻底的物理隔离。它阻断了两个网络间的信息交流,但其实大多数的专用网络,仍然需要与外部网络特别是 Internet 进行信息交流或获取信息。既要保证安全(隔离),又要进行数据交换,这对隔离提出了更高的要求,变成了满足适度信息交换要求的隔离,在某种程度上可以理解为更高安全要求的网络连接,即同一台计算机需要连入两个物理上完全隔离的网络。例如,银行、证券、税务、海关、民航等行业部门,就要求在物理隔离的条件下实现安全的数据库数据交换。协议隔离就是在这样的要求下产生的。

(2) 协议隔离。通常指两个网络之间存在着直接的物理连接,但通过专用(或私有)协议来连接两个网络。基于协议隔离的安全隔离系统实际上是两台主机的结合体,在网络中充当网关的作用。协议隔离的好处是阻断了直接通过常规协议的攻击方式。协议隔离是采用专用协议来对两个网络进行隔离,并在此基础上实现两个网络之间的信息交换。由于协议隔离技术存在直接的物理和逻辑连接,因此仍然是数据包的转发,一些攻击依然会出现。

(3) 物理隔离网闸。既要在物理上断开,又能够进行适度的信息交换,这样的应用需求越来越迫切。物理隔离网闸技术就是在这样的条件下产生的。它能够实现高速的网络隔离,高效的内外网数据交换,且应用支持做到完全透明。它创建了一个这样的环境:内、外网络在物理上断开,但在逻辑上相连,通过分时操作来实现两个网络之间更安全的信息交换。物理隔离网闸技术使用带有多种控制功能的固态开关读写介质,连接两个独立主机系统的信息安全设备。由于物理隔离网闸所连接的两个独立主机系统之间,不存在通信的物理连接、信息传输命令和信息传输协议,不存在依据协议的数据包转发,只有数据文件的无协议"摆渡",且对固态介质只有"读"和"写"两个命令。纯数据交换是该技术的特点。数据必须是可存储的数据文件,这才能保证在网络断开的情况下数据不丢失,才可以通过非网络方式来进行适度交换。内网与外网永不连接,在同一时刻只有一个网络同物理隔离网闸建立无协议的数据连接。

在任何最坏的情况下,物理隔离网闸能够保证网络是断开的,因为其基本思路是:如果不安全就隔离。在自身安全上,也确保了任何外部人员都不能访问和改变其安全策略,因为安全策略被放在可信网络端的计算机上。物理隔离网闸技术为信息网络提供了更高层次的安全防护能力,不仅使得信息网络的抗攻击能力大大增强,而且有效地防范了信息外泄事件的发生。

物理隔离在安全上的要求主要有以下 3 点。

(1) 在物理传导上使内、外网络隔断。确保外部网不能通过网络连接而入侵内部网,同时防止内部网信息通过网络连接泄露到外部网。

(2) 在物理辐射上隔断内部网与外部网。确保内部网信息不会通过电磁辐射或耦合方式泄露到外部网。

(3) 在物理存储上隔断两个网络环境。对于断电后会遗失信息的部件,如内存、处理器等暂存部件,要在网络转换时做清除处理,防止残留信息出网;对于断电非遗失性设备,如磁带机、硬盘等存储设备,内部网与外部网信息要分开存储。

13.3.5 安全管理技术

安全管理是指计算机网络的系统管理,包括应用管理、可用性管理、性能管理、服务管理、系统管理、存储/数据管理等内容。所以安全管理功能可概括为 OAM&P,即计算机网络的运行(Operation)、维护(Maintenance)、服务提供(Provisioning)等所需要的各种活动。有时也考虑前 3 种,即把安全管理功能归结为 OAM。国际标准化组织(ISO)在 ISO/IEC 7498—4 文档中定义了开放系统的计算机网络管理的 5 大功能,即故障管理功能、配置管理功能、性能管理功能、安全管理功能和计费管理功能。

13.4 软 件 安 全

在网络信息系统中,软件作为特殊的资源具有双重性:一是作为使用计算机及网络系统的工具和手段代替人们完成各种信息处理任务,人们离开软件将无法在信息系统中做任何事情;二是作为一种知识产品,既受知识产权的保护,又是人们必须掌握和学习的对象。很明显,软件既是人们操纵的客体,又是直接控制信息系统中数据的主体。因此,保护软件的安全也是保护网络信息系统中数据安全的一个重要方面。

13.4.1 软件安全概述

1. 软件概述

软件是计算机及网络信息系统的重要组成部分。软件是指程序及有关程序的技术文档资料,包括计算机本身运行所需要的系统软件、各种应用程序和用户文件等。根据软件所起的作用,可将软件分为固件、系统软件、中间件和应用软件。固件是指一些与硬件结合非常紧密的小型软件,一般是固化在只读存储器中,如 BIOS、系统引导程序等;系统软件是为了方便使用机器及其输入/输出设备,充分发挥计算机系统的效率,负责管理和优化计算机软/硬件资源的使用,围绕计算机系统本身开发的程序系统,如 DOS、Windows、UNIX/Linux 操作系统,程序编译软件、数据库管理软件;中间件是指在计算机系统平台上与计算机软件之间起桥梁作用的一组软件,如 API、ODBC、ADO 和 Web 服务器等;应用软件是专门为了某种使用目的而编写的程序系统,常用的有文字处理软件,如 Word、WPS、专用的财务软件、人事管理软件。一般情况下,人们所用到的软件大多是应用软件。软件作为网络信息系统中的一种特殊数据具有以下特征。

(1) 商品/产品特征。软件是知识产业的一种独特的产品,不仅可以用于技术交流,还可以用于商务交流,它与产品具有相似性,又与商品具有相似性。作为产品,它具有独创性,涉及版权问题;作为商品,它可以被使用,涉及归属问题、技术机密性等。

(2) 工具特征。软件作为一种工具,不仅能帮助人们有效控制和管理系统中的信息资源,而且还具有破坏性(指某些特定的软件可能会危害系统的资源,如病毒)、攻击性(指某些特定的软件运行可能会取代正常工作的软件)和可激发性(指某些特定的软件能在一定的内部或外部条件的激发下自动运行)。

此外,软件除了与其他数据一样具有被使用、存储、复制、修改和传播等特性外,软件还具有再生性(指软件潜伏在载体或系统中以某种形式增长、产生数据或产生新的软件)和可移植性(指软件经适当修改就可在不同系统中运行)。与其他产品或商品相比,软件更易被复制、修改和传播。

由此可以看出,软件是计算机及网络信息系统中必不可少的组成部分,不但能给人们处理信息提供便利,而且有的软件也可能给人们带来目前最为关心的安全问题。

2. 软件安全的内涵

软件是计算机及网络信息系统不可缺少的组成部分,从网络信息系统安全的角度看,软件安全问题也是整个计算机及网络信息系统的重要组成部分。因此,从计算机及网络信息系统的角度讲,软件安全就是保障软件系统自身的安全和保证软件能正常连续地运行,即保护软件不会被破坏,不会被有意或无意地跟踪、更改和非法复制,保证软件能在一定的外部环境下正常、安全地运行和工作。与计算机及网络信息系统中的其他资源一样,软件也涉及软件的机密性、完整性、可靠性、有效性、可用性等内容,这些安全特性可以通过以下安全保护来实现。

(1) 保障软件自身的安全。由于软件具有自身的使命,保障自身及运行和工作的安全(如防止数据丢失、被篡改、被伪造等)是最关键的问题。

(2) 保障软件的存储安全。软件是存储在介质上的,需要时才调入内存,因此保障软件的存储安全尤为重要。不管采用什么存储策略(如保密存储、压缩存储和备份存储等),必须保证存储的可靠性和可恢复性,这是存储安全最基本的要求。

(3) 保障软件的通信安全。保障软件的通信安全是指软件的安全传输问题。在计算机及网络信息系统中,通常把软件作为数据对象进行传输,其安全性与数据对象的安全性要求是一样的。

(4) 保障软件运行的安全。保障软件运行的安全就是保证软件正常运行和完成正常的功能,防止软件在运行过程中被监视、干扰和篡改等。当然,软件能否完成正常的功能也属于软件质量问题,因此开发者必须确保软件在完成用户所需功能的前提下确保软件的质量,因而软件质量问题是软件安全中不可忽视的问题。

(5) 保障软件使用的安全。保障软件使用的安全是确保软件被用户正确使用,包含两层含义:一是必须被合法用户使用(即要防止软件被非法复制和偷窃);二是合法用户不能滥用(就是需要对合法用户进行教育和培训,并加强管理)。目前,在计算机及网络信息系统中通常采取访问控制机制来区分合法用户和非法用户,并通过授权访问机制来限制合法用户的操作行为,防止用户滥用。

3. 软件安全面临的威胁

软件作为具有知识产权的作品、产品或商品,在投入市场后会面临许多安全威胁。

(1) 非法复制。由于软件具有易复制、修改和传播等特征,近年来软件的盗版日趋严重。有资料表明,全球软件每年因非法盗版而蒙受的损失超过150亿美元,而且损失呈逐年增长的趋势。

(2) 软件质量问题。软件开发商所提供的软件不可避免地存在各种漏洞,这些漏洞威胁计算机及网络信息系统的安全。近年来,因软件漏洞而引起的安全事件呈逐年上升的趋势。一些黑客热衷于发现这些漏洞,并利用这些漏洞对用户进行破坏。因此,对用户来说,希望所使用的软件是安全的,没有漏洞的可靠系统,即使存在漏洞,也不希望被黑客利用;而对于软件开发商来说,应减少软件中的漏洞,发现漏洞时应及时弥补,不给用户造成损失或尽量减少损失。目前,大多数软件公司都是使用"补丁"程序来修正软件所出现的问题。但从现实情况来看,一些软件的"补丁"数量越来越多,而安全性并没有提高。因此,打"补丁"解决不了软件安全问题,要求软件开发商必须在开发中尽量预知,在开发过程中尽量减少或排除软件存在的这样或那样的不安全因素。

(3) 软件跟踪。软件投入市场后,总有人利用各种程序调试分析工具对程序进行跟踪和逐条运行、窃取软件源码、取消复制和加密功能,从而实现对软件的破译。目前,软件跟踪技术有动态跟踪和静态跟踪,它们都是利用系统中提供的单步中断、断点中断功能来实现的。动态跟踪是利用调试工具强行把程序中断到某处,使程序单步执行,从而实现跟踪分析与破译;静态跟踪分析是利用反编译工具将软件反编译成源代码形式进行分析与破译。

13.4.2 软件安全保护技术

随着现代计算机技术的不断发展,计算机软件被大量开发出来,而软件因其数字产品的特性使得其复制非常容易,这就产生了软件开发者的利益保护问题。软件开发者为了维护自身的商业利益,不断地寻找各种有效的技术来保护自身的软件版权,以增加其保护强度,推迟软件被破解的时间。而破解者则或者是受盗版所带来的高额利润的驱使,或者是出于纯粹的个人兴趣,不断开发出新的破解工具,并针对出现的保护方式进行跟踪分析以找到相应的破解方法。从理论上说,几乎没有破解不了的保护。要实现开发者的权益保护,仅靠法律手段或技术手段是不够的,最终要靠人们的知识产权意识和法制观念的进步以及技术水平的共同提高。但是若一种保护技术的强度强到足以让破坏者在软件的生命周期内无法将其完全破解,这种保护技术就可以说是非常成功的。下面介绍几种软件安全保护技术。

1. 软件加密技术

软件加密的主要要求是软件加密保护版权和防止软件跟踪。软件加密技术就是制作各种特殊标记的技术,通常称这种特殊标记为指纹。成功的防复制技术制作出的指纹应该具备唯一性(不重复)和不可复制性。由于现在的大部分指纹已经不可能被直接复制,所以解密者开始使用各种跟踪调试软件来动态和静态地跟踪和分析加密程序,并通过跟踪和分析,了解各类磁盘加密技术的思路和具体的实现方法,最后再通过攻击磁盘加密技术中的弱点来达到解密的目的。这样就迫使加密者不得不对自己的加密思路和实现方法加以保护,于是磁盘加密技术中的防止软件跟踪技术应运而生了，至此一个完整的磁盘加密技术才真正诞生。

2. 防止非法复制技术

防止软件非法复制技术主要分为硬盘防复制和光盘防复制等。

1）硬盘防复制

硬盘防复制是指对硬盘上的软件加密，防止硬盘上的软件被非法复制，主要有以下几种方法。

（1）引导扇区设置密码反复制。硬盘的主引导扇区是一个特殊的扇区，它是独立 DOS 操作系统的一个扇区，利用 DOS 的系统功能调用方法读取这一扇区的内容。该扇区中存放有硬盘主引导程序和硬盘分区表的信息。通常，引导程序占用的扇区位置是偏移地址 0000～00DM，而硬盘分区表则从偏移地址 01BEH 开始存放，在引导程序和硬盘分区表之间大约有 206B 空间是空白区。如果硬盘安装程序在此区域中设置一个密码，并在被存放到硬盘的加密软件中编写一段程序，当读取主引导扇区的这个密码时，若发现密码存在则使程序正常工作；否则即进入死机状态。若有人试图将加密软件复制到另一硬盘上，而没有将主引导扇区中的密码设置到新硬盘的主引导扇区中，则被复制的软件在另一个硬盘上是无法运行的。这样，被加密的软件即具有了反复制的功能。

硬盘安装程序的主要功能有两个：一是在硬盘上设置密码标志；二是将被加密的软件安装到硬盘上。被安装的软件一般在出售给用户之前已进行了反动态跟踪和静态分析的加密处理，并具有识别硬盘主引导扇区存放的密码功能。

（2）利用文件首簇号反复制。文件首簇号是表示在磁盘上文件所占有的最初两个扇区的逻辑位置。由于不同类型硬盘的柱面数、磁头数、每个柱面上的扇区数都是不尽相同的，所以对于同一个文件来说，如果同时被复制到两个硬盘上，其首簇号一般是不相同的。即使同一类型的硬盘，由于各自存储介质上文件的建立、修改与删除操作情况不同，文件的数目、子目录数目也不尽相同，所以磁盘空间的使用情况也不尽相同。这样，即使将同一个软件装入两个相同类型的磁盘，它们所占有的首簇号一般也不会相同。鉴于这种原理，对于硬盘文件的反复制技术，可以利用文件的首簇号作为标记。利用文件首簇号进行磁盘文件的反复制，首先获取和安装文件首簇号，即文件目录登记项的内容。由于 DOS 在进行磁盘文件的读写操作时，首先要获取文件目录登记项，其中包含了文件的首簇号，所以获取文件目录登记项的内容是 DOS 文件管理的一个基本操作。DOS 在进行文件读写操作时可以采取两种不同系统功能调用，其中在传统的文件读写系统功能调用中，要使用文件控制块 FCB 进行磁盘文件的读、写操作。其次需要识别文件首簇号。文件首簇号的识别操作又被加密程序自己来完成，在被加密程序中编写一段程序读取自身的文件首簇号，将读取的结果与程序中由安装程序事先安装的首簇号进行比较，若发现二者相同，则使程序正常运行；若发现二者不同，则使程序转入死循环状态。

2）光盘防复制

目前保护光盘的方法有很多种，但其主要原理是利用特殊的光盘母盘上的某些特征信息是不可再现的，而且这些特征信息大多是光盘上非数据性的内容，在光盘复制时复制不到的地方。常见的光盘防复制技术主要有以下 3 种。

（1）外壳保护技术。"外壳"就是给可执行的文件加上一个外壳。用户执行的实际上是这个外壳的程序,而这个外壳程序负责把用户原来的程序在内存中解压缩,并把控制权还给解压缩后的真正程序。由于一切工作都是在内存中运行,用户根本不知道也不需要知道其运行过程,并且对执行速度没有影响。如果在外壳程序中加入软件锁或钥匙盘的验证部分,它就是所说的外壳保护了。在 Internet 上面有很多程序是专门为加壳而设计的,它对程序进行压缩或根本不压缩,它的主要特点在于反跟踪,保护代码和数据,保护程序数据的完整性。外壳程序可以保护程序代码不被黑客修改,保护程序不被人跟踪调试,保护程序不被静态分析。

(2) 光盘狗技术。一般的光盘保护技术需要制作特殊的母盘,进而改动母盘机,这样实施起来费用高,而且花费的时间也不少。光盘狗技术能通过识别光盘上的特征来区分是原版盘还是盗版盘。该特征是在光盘压制生产时自然产生的,即由同一张母盘压制出的光盘特征相同,而不同的母盘压制出的光盘即便盘上内容完全一样,盘上的特征也不一样。也就是说,这种特征是在盗版者翻制光盘过程中无法提取和复制的。光盘狗是专门保护光盘软件的优秀方案,并且通过了中国软件评测中心的保护性能和兼容性的测试。

(3) CSS 保护技术。CSS(Content Scrambling System,数据干扰系统)技术的主要工作思路是将全球光盘设置为 6 个区域,并对每个区域进行不同的技术保护,只有具备该区域解码器的光驱才能正确处理光盘中的数据。使用该技术保护时,首先需要将所有存入光盘的信息经过编码程序处理,需要访问这些经过编码的数据时必须要先对这些数据进行解码。

3. 防止软件跟踪技术

DOS 中有一个功能强大的动态跟踪调试软件 Debug,能够实现对程序的跟踪和逐条运行,它利用了单步中断和断点中断,目前的大多数跟踪调试软件都是利用了这两个中断。单点中断(INT1)是由机器内部状态引起的一种中断,当系统标志寄存器的 TF 标志(单步跟踪标志)被置位时,就会自动产生一次单步中断,使得 CPU 在执行一条指令后停下来,并显示各寄存器的内容;断点中断(INT3)是一种软中断,软中断又称为自陷指令,当 CPU 执行到自陷指令时,就进入断点中断,由断点中断服务程序完成对断点处各寄存器内容的显示。

Debug 中的 G 命令是用于运行程序的,但当 G 命令后面跟有断点参数时,就可使程序运行至断点处中断,并显示各寄存器的内容,这样就可以大大提高跟踪的速度。它是通过调用断点中断来实现的:Debug 首先保存设置的断点处指令,改用断点中断 INT3 指令代替,当程序执行到断点处的 INT3 指令时,便产生断点中断,并用原先保存的断点处指令重新替代 INT3,以完成一个完整的设置断点的 G 命令。通过对单步中断和断点中断的合理组合,可以产生强大的动态调试跟踪功能,这就对磁盘加密技术造成巨大的威胁,所以破坏单步中断和断点中断,在反跟踪技术中显得十分重要。

反跟踪技术是一种防止利用调试工具或跟踪软件来窃取软件源码、取消软件防复制和加密功能的技术。一个有效的反跟踪技术应该具有 3 个特征:重要程序段是不可跳越和修改的;不通过加密系统的译码法密码不可破译;加密系统是不可动态跟踪执行的。反跟踪技术主要采用的方法有以下几种。

(1) 破坏单步中断和断点中断。采取对单步中断和断点中断进行组合的措施,可以产生强大的动态调试跟踪功能,在反跟踪技术中,破坏单步中断和断点中断发挥着巨大的作用。使用其他中断来代替断点中断,可以使一切跟踪者的调试软件的运行环境,受到彻底的破坏,从根本上被破坏,使跟踪者寸步难行,从而防止计算机用户被跟踪,以不变应万变保护计算机的信息安全。

（2）封锁键盘输入。各类跟踪软件有一个共同的特点,它们在进行跟踪时,都要通过键盘接受操作者发出的命令,调试跟踪的结果如何,要在计算机的屏幕上才能显示出来。因此,针对跟踪软件的这个特点,在加密系统不需要利用键盘输入信息的情况下,反跟踪技术可以关闭计算机的键盘,以阻止跟踪者接受操作者的命令,从而使跟踪软件的运行环境遭到破坏,避免跟踪者的继续跟踪。为了封锁键盘输入,反跟踪技术可采用的方法有禁止接收键盘数据、禁止键盘中断、改变键盘中断程序的入口地址等方法。

（3）检测跟踪法。当计算机的跟踪者利用各种跟踪调试软件,进而对计算机的加密系统分析执行时,计算机一定会显示出现异常情况,因为计算机的运行环境、中断入口、时间长短等许多地方与正常执行加密系统不同。在这些显示异常的地方,如果采取一定的反跟踪措施,就可保护计算机的加密系统。为了提高跟踪者的解密难度,可将检测跟踪的反跟踪技术频繁使用,前呼后拥,环环相扣,让破译者眼花缭乱,使他们感觉永远无法解密,从而可以极大地提高计算机软件的安全性。

（4）分块加密执行程序。为了防止计算机加密程序被反汇编,加密程序要采取分块密文的形式来装入内存。在执行时,由上一块加密程序来对其进行译码。一旦执行结束后,必须马上清除掉。这样,不管在什么时候,解密者都不可能从内存中得到完整的解密程序代码。此方法不但能防止计算机软件被反汇编,而且还可使解密者束手无策,没有办法设置断点,进而防止计算机被跟踪。

（5）逆指令流法。在计算机内存中,指令代码存放的顺序是先存放低级地址,后存放高级地址,从低地址向高地址存放,这也是 CPU 执行指令的顺序。针对 CPU 执行指令的这个特征,逆指令流法采用特意改变顺序执行指令的方式,使 CPU 按逆向的方式执行指令,这样,对于已经逆向排列的指令代码,解密者根本无法阅读,进而防止解密者的跟踪。

13.4.3　计算机病毒

计算机病毒在《中华人民共和国计算机信息系统安全保护条例》中被明确定义,病毒是指：“编制或在计算机程序中插入的破坏计算机功能或者破坏数据,影响计算机使用并且能够自我复制的一组计算机指令或程序代码”。病毒往往会利用计算机操作系统的弱点进行传播,提高系统的安全性是防病毒的一个重要方面。病毒和反病毒将作为一种技术对抗长期存在,两种技术都将随着计算机技术的发展而得到长期的发展。

1. 蠕虫病毒

计算机蠕虫可以独立运行,并能把自身的一个包含所有功能的版本传播到另外的计算机上。计算机蠕虫和计算机病毒都具有传染性和复制功能,这两个主要特征上的一致导致二者之间很难区分。近年来,越来越多的病毒采取了蠕虫技术来达到其在网络上迅速感染的目的。蠕虫病毒的传染机理是利用网络进行复制和传播,传播途径有网络、电子邮件及 U 盘、移动硬盘等移动存储设备。蠕虫病毒侵入一台计算机后,首先获取其他计算机的 IP 地址,然后将自身副本发送给这些计算机。蠕虫病毒也使用存储在染毒计算机上的邮件客户端地址簿里的地址来传播程序。一般情况下,蠕虫程序只占用内存资源而不占用其他资源。

目前蠕虫病毒表现出 3 种传播趋势,即邮件附件、无口令或弱口令共享、利用操作系统或者应用系统漏洞来传播病毒,所以防治蠕虫也应该从这3个方面入手。

（1）针对通过邮件附件传播病毒。在邮件服务器上安装杀毒软件,对附件进行杀毒。在客户端（Outlook）限制访问附件中的特定扩展名的文件,用户不运行可疑邮件携带的附件。

（2）针对弱口令共享传播的病毒。这类病毒会搜索网络上的开放共享并复制病毒文件,更进一步的蠕虫还自带了口令的字典来破解薄弱用户口令,尤其是薄弱管理员口令。对于此类病毒,在安全策略上需要增加口令的强度策略,保证必要的长度和复杂度;通过网络上的其他主机定期扫描开放共享和对登录口令进行破解尝试,发现问题及时改正。

（3）针对通过系统漏洞传播的病毒。配置 Windows Update 自动升级功能,使主机能够及时安装系统补丁,防患于未然;定期通过漏洞扫描产品查找主机存在的漏洞,发现漏洞及时升级;关注系统提供商、安全厂商的安全警告,如有问题则采取相应措施。

2. 木马病毒

特洛伊木马,其名称取自希腊神话的特洛伊木马故事。计算机世界的特洛伊木马是指隐藏在正常程序中的一段具有特殊功能的恶意代码,是具备破坏和删除文件、发送密码、记录键盘和 DOS 攻击等特殊功能的后门程序。它是一种基于远程控制的黑客工具,具有隐蔽性和非授权性的特点。木马病毒的产生严重危害现代网络的安全运行。

木马和病毒一样,都是一种人为的程序,计算机病毒完全是为了搞破坏,破坏计算机里的资料数据,而木马是赤裸裸地偷偷监视别人和盗窃别人的密码、数据等。例如,盗窃管理员密码、游戏账号、股票账号、网上银行账号等,达到偷窥别人隐私和得到经济利益的目的。"木马"程序是指通过一段特定的程序来控制另一台计算机。木马通常有两个可执行程序:一个是客户端,即控制端;另一个是服务端,即被控制端。植入被控制计算机的是"服务器"部分,而"黑客"正是利用"控制器"进入运行了"服务器"的计算机。运行了木马程序的"服务器"以后,被植入的计算机就会有一个或几个端口被打开,使黑客可以利用这些打开的端口进入计算机系统,安全和个人隐私也就全无保障了。木马的设计者为了防止木马被发现而采用多种手段隐藏木马。木马的服务一旦运行并被控制端连接,其控制端将享有服务端的大部分操作权限,如给计算机增加口令,浏览、移动、复制、删除文件、修改注册表,更改计算机配置等。

目前防范木马攻击的主要措施如下。

（1）运行反木马实时监控程序。在上网时必须运行反木马实时监控程序,实时监控程序可即时显示当前所有运行程序并配有相关的详细描述信息。

（2）不要执行任何来历不明的软件。对于网上下载的软件在安装、使用前一定要用反病毒软件信息检查,最好是专门查杀木马程序的软件,确定没有木马程序后再执行和使用。

（3）不要轻易打开不熟悉的邮件。很多木马程序附加在邮件的附件中,邮件接收方一旦点击附件,木马就会立即运行。

（4）不要随意下载软件。不要随便在网上下载一些盗版软件,特别是一些不可靠的FTP站点、公众新闻组、论坛或 BBS,因为这些是新木马发布的首选之地。

木马的查杀可以采用手动和自动两种方式。最简单的方式是安装杀毒软件,当今国内很多杀毒软件像 360、瑞星、金山毒霸都能删除网络中最猖獗的木马。

3. 流氓软件

"流氓软件"是介于病毒和正规软件之间的软件。流氓软件起源于国外的 Badware 一词,在著名的网上对 Badware 的定义为:是一种跟踪你上网行为并将你的个人信息反馈给"躲在阴暗处的"市场利益集团的软件,并且可以通过软件向你弹出广告。Badware 又可分为间谍软件(Spyware)、恶意软件(Malware)和欺骗性广告软件(Deceptive Adware)。

"流氓软件"能很好地隐藏自己,因而杀毒软件及时杀除流氓软件的可能性就大大降低了,这就要求用户要有一定的流氓软件的防护能力,才能使上网更加安全。

(1) 要有安全的上网意识。不要轻易登录不了解的网站,因为这样容易遇到网页脚本病毒的袭击,从而使系统感染上流氓软件。不要随便下载不熟悉的软件。安装软件时应仔细阅读软件附带的用户协议及使用说明。在安装操作系统后,应先上网打系统补丁,堵住一些已知漏洞,这样能避免利用已知漏洞的流氓软件的驻留。如果用户使用 IE 浏览器上网,应该将浏览器的安全级别调到中高级别,或在自定义里将 ActiveX 控件、脚本程序都禁止执行,这样能防止隐藏在网页中的流氓软件入侵。

(2) 判断流氓软件。判断计算机是否中了流氓软件,要根据流氓软件的中招症状来看。一般地,浏览器首页被无故修改、总是弹出广告窗口、CPU 的资源被大量占用、系统运行变慢、浏览器经常崩溃或出现找不到某个 DLL 文件的提示框,这些都是中了流氓软件最常见的现象。中了流氓软件,就要采取相应的措施。首先,利用一些第三方的内存查看工具查看内存是否有可疑的进程或线程。其次,用户在查看进程的过程中可以查看进程路径,若进程的路径是系统的临时目录,就可能是流氓软件。另外,用户还可以查看注册表里的自启动中是否有用户不认识的程序键值,这些都可能是流氓软件建立的。

(3) 清理流氓软件。对于已知的流氓软件,建议用户用专门的清除工具进行清除。若一些特殊场合用户需要手动清除流氓软件,则按照流氓软件的传播链条,按照先删除内存的进程,再删除注册表中的键值,最后删除流氓软件,将系统配置修改为默认属性这样的过程进行处理。

小　　结

本章从操作系统安全出发,重点介绍了当前主流的操作系统的安全机制,分析了操作系统面临的主要信息安全威胁,提出了相应的解决手段。

由于数据库的广泛采用,网络数据库又是当前的研究热点,因此数据库安全问题成为一个无法回避的问题。本章从数据库所面临的安全威胁、数据库安全模型与机制以及主流数据库的安全机制等几个方面对数据库的安全作了详细的阐述。

物理安全是整个计算机网络系统安全的前提。本章从概念、安全要求及防护措施几个方面说明了常见的几类物理安全技术。

软件安全的定义以及软件面临的安全威胁、确保软件安全的相关技术(如软件加密技术、防止非法复制技术、防止软件跟踪技术等)、常见的计算机病毒。

习　题　13

1. 简述数据库数据的安全措施。
2. 简述数据库系统安全威胁的来源。
3. 试述数据库安全模型与控制措施。
4. 简述 Oracle 数据库安全性主要措施。
5. 什么是封锁？封锁的基本类型有哪几种？含义是什么？
6. 什么是数据库的安全性？简述 DBMS 提供的安全性控制功能包括哪些内容。
7. 简述构造 SQL Server 7.0(或 2000)安全策略的过程。
8. 试述实现数据库安全性控制的常用方法和技术。
9. 简述计算机软件安全的主要内涵。
10. 什么是软件反跟踪技术？有哪些常见的反跟踪技术？

第 14 章　应 用 安 全

本章导读：

网络应用服务，指的是在网络上所开放的一些服务，通常能见到如 Web、E-Mail、FTP、DNS、Telnet 等，当然，也有一些非通用，在某些领域、行业中自主开发的网络应用服务。通常所说的服务器即具有网络服务的主机。

网络应用服务安全指的是主机上运行的网络应用服务是否能够稳定、持续运行，不会受到非法的数据破坏及运行影响。

本章主要对网络服务安全、电子邮件安全、电子商务安全、DNS 安全和电子投票选举安全做详细的分析阐述。

14.1　网络服务安全

随着因特网的发展，客户机/服务器结构逐渐向浏览器/服务器结构发展，Web 服务在很短时间内成为因特网上的主要服务。Web 文本发布的特点是简洁、生动、形象，所以无论是单位还是个人，都更加倾向于使用 Web 来发布信息。

Web 服务是基于超文本传输协议（HTTP 协议）的服务，HTTP 协议是一个面向连接的协议，在 TCP 的端口 80 上进行信息的传输。大多数 Web 服务器和浏览器都对 HTTP 协议进行了必要的扩展，一些新的技术接口 CGI 通用网关程序、Java 小程序、ActiveX 控件、虚拟现实等，也开始应用于 Web 服务，使 Web 文本看上去更生动、更形象，信息交互也显得更加容易。

Web 服务在方便用户发布信息的同时，也给用户带来了不安全因素，尤其是在标准协议基础之上扩展的某些服务，在向用户提供信息交互的同时，也增加了新的不安全因素。

14.1.1　网络服务安全的层次结构

Web 赖以生存的环境包括计算机硬件、操作系统、计算机网络、许多的网络服务和应用，所有这些都存在着安全隐患，最终威胁到 Web 的安全。Web 的安全体系结构非常复杂，主要包括以下几个方面。

（1）客户端软件的安全。

（2）运行浏览器的计算机设备及其操作系统的安全（主机系统安全）。

（3）客户端的局域网。

（4）Internet。

（5）服务器端的局域网。

（6）运行服务器的计算机设备及操作系统的安全。

（7）服务器上的 Web 服务器软件。

在分析 Web 服务器的安全性时，一定要考虑到所有这些方面，因为它们是相互联系的，每个方面都会影响到 Web 服务器的安全性,它们中安全性最差的决定了给定服务器的安全级别。

14.1.2 网络服务安全的分类

网络应用服务可以有多种分类方法,一些典型的分类方法如下。

按照技术特征分类,有点到点业务与点到多点业务;按照电信业务分类,有基础电信业务和增值电信业务;按照是否经营分类,有经营性网络应用服务与非经营性网络应用服务;按照所传递加工的信息分类,有自主保护、指导保护、监督保护、强制保护与专控保护五级;按照服务涉及的范围分类,有公众类网络应用服务与非公众类网络应用服务。

各个分类方式从不同角度将网络应用服务进行了分类。本书以公众类网络应用服务与非公众类网络应用服务的分类方法来分析网络服务的安全。

公众信息类网络应用是在公众网络范围内信息发送者不指定信息接收者的网络应用。信息发送者将信息发送到应用平台上,信息接收者主动决定是否通过网络接收信息的网络应用,信息发送者在一定范围内以广播或组播的方式不指定信息接收者强行发送信息。公众信息类网络应用通常涉及网络媒体,主要包括 BBS、网络聊天室、WWW 服务、IPTV、具有聊天室功能的网络游戏等应用。

非公众信息类网络应用是公众网络范围内信息发送者指定信息接收者的网络应用以及非公众网络范围内的网络应用。非公众信息类网络应用类型中,公众网络上一般是点到点的信息传播的网络应用,主要有普通 QQ 应用、普通 MSN 应用、普通 E-Mail、PC2PC 的VoIP、电子商务等应用。

14.1.3 几种典型应用服务安全的分析

1. WWW 浏览安全

WWW 页面的拥有人为信息发送者,WWW 页面的请求者为信息接收者,ISP 为通道提供者。公网上的 WWW 应用是一种典型的公众信息类网络应用服务,是信息发送者无法指定信息接收者的媒体类网络应用。在 WWW 应用中网络与平台安全由通道提供者 ISP 与 WWW 服务器拥有人负责;WWW 服务提供安全主要体现在主管部门对服务平台的监管;信息传递安全由 ISP 或者信息发送者与信息接收者端到端负责,信息存储处理安全由WWW 服务器拥有人负责;信息内容安全由平台提供者与信息发送者负责,主管部门监管,法定授权部门查处。

2. DNS 安全

由 DNS 服务器以及客户机构成的服务平台,该服务平台分层架构。DNS 服务器的拥有者为平台提供者,根域名服务器由 ICANN 拥有人维护,各级域名服务器由相应组织拥有人维护。DNS 域名服务器信息发布者为 DNS 拥有人,DNS 服务信息接收者为域名解析的请求者。公网上的 DNS 服务通常由通道提供者 ISP 提供。DNS 服务中网络与服务平台安全由 ISP 与 DNS 服务器拥有人负责,信息传递安全由 ISP 负责,信息存储安全由 ICANN负责,DNS 服务不涉及信息内容安全。

3. BBS 安全

Telnet/WWW 协议服务器端、BBS 服务器端以及主机构成服务平台。BBS 服务器的拥有者为平台提供者。BBS 发帖人为信息发布者，访问 BBS 阅读的人为信息接收者。BBS 服务的信息发送者一般无法指定信息接收者，因此 BBS 应用通常也有媒体功能，是一种公众类网络应用服务。在 BBS 应用中网络与平台安全由通道提供者 ISP 与 BBS 服务器拥有人负责；BBS 服务提供安全主要体现在主管部门对服务平台的监管；信息传递安全由 ISP 或者信息发送者与信息接收者端到端负责；信息存储处理安全由 WWW 服务器拥有人负责；信息内容安全由平台提供者与信息发送者负责，主管部门监管，法定授权部门查处。

4. E-Mail 安全

由 SMTP 服务器端、POP3 服务器端以及主机构成的服务平台。E-Mail 服务器的拥有者为设备提供者，邮件发送者为信息发布者，邮件接收者为信息接收者。邮件服务的信息接收者通过邮件地址指定，是一种典型的非公众信息类网络应用服务。在邮件服务中，平台安全由邮件服务提供者负责；服务提供安全通过认证等方式提供，监管由主管部门负责；信息传递安全由 ISP 或者端到端保障；信息内容安全由信息发送者负责，法定授权部门查处。

5. MSN 安全

MSN 服务器端以及主机（群）构成的服务平台。MSN 服务器的拥有者为平台提供者，发信息的人为信息发送者，聊天看到信息的人是信息接收者。聊天双方既是信息发布者也是信息接收者，ISP 为通道提供者。MSN 应用的信息接收者由信息发布者指定，是一种典型的非公众信息类网络应用服务。在 MSN 应用中，网络与平台安全由 MSN 业务提供者负责；服务提供安全通过认证等方式提供；信息内容安全由信息发送者负责，法定授权部门查处。

14.2 电子邮件安全

毫无疑问，电子邮件是当今世界上使用最频繁的商务通信工具，据可靠统计显示，目前全球每天的电子邮件发送量已超过 500 亿条。电子邮件的持续升温使之成为那些企图进行破坏的人所日益关注的目标。如今，黑客和病毒撰写者不断开发新的和有创造性的方法，以期战胜安全系统中的改进措施。在不断公布的漏洞通报中，邮件系统的漏洞是最普遍的一项。黑客常常利用电子邮件系统的漏洞，结合简单的工具就能达到攻击目的。随着网络的进一步发展，电子邮件已经成为人们联系沟通的重要手段，而电子邮件的安全问题也越来越得到使用者的重视。

基于简单邮件传输协议（Simple Mail Transfer Protocol，SMTP）的电子邮件系统被广泛应用，但邮件系统本身不具备安全措施，邮件在收、发、存的过程中都是采用通用编码方式，信息的发送和接收无鉴别和确认功能，信件内容容易被篡改，不怀好意的人甚至可以冒名发信而被害者却丝毫不知。显然，传统的电子邮件不利于重要信息的传递。资料显示，每年因毫不设防的电子邮件导致泄密、误解等造成的经济损失至少在千亿美元以上。更重要的是，电子邮件泄露政治、军事秘密等恶性事件时常发生，因此导致的损失更是难以估计。

14.2.1 电子邮件安全技术现状

1. 端到端的安全电子邮件技术

端到端的安全电子邮件技术保证邮件从被发出到被接收的整个过程中,内容保密,无法修改,并且不可否认(Privacy、Integrity、Non-Repudation)。目前,Internet 上有两套成型的端到端安全电子邮件标准,即 PGP 和 S/MIME。

PGP(Pretty Good Privacy)是一种长期一直在学术圈和技术圈内得到广泛使用的安全邮件标准。其特点是通过单向散列算法对邮件内容进行签名,以保证信件内容无法修改,使用公钥和私钥技术保证邮件内容保密且不可否认。发信人与收信人的公钥都分布在公开的地方,如 FTP 站点,而公钥本身的权威性(这把公钥是否代表发信人?)则可以由第三方特别是收信人所熟悉或信任的第三方进行签名认证,没有统一、集中的机构进行公钥/私钥的签发。也就是说,在 PGP 系统中,信任是双方之间的直接关系,或是通过第三者、第四者的间接关系,但任意两方之间都是对等的,整个信任关系构成网状结构,这就是 Web of Trust。最近,基于 PGP 的模式又发展出了另一种类似的安全电子邮件标准,称为 GPG(Gnu Privacy Guard)。

S/MIME(Secure Multi-Part Internet Mail Extension)是从 PEM(Privacy Enhanced Mail)和 MIME(Internet 邮件的附件标准)发展而来的。同 PGP 一样,S/MIME 也利用单向散列算法和公钥与私钥的加密体系。与 PGP 不同的主要有两点:首先,它的认证机制依赖于层次结构的证书认证机构,所有下一级的组织和个人的证书由上一级的组织负责认证,而最上一级的组织(根证书)之间相互认证,整个信任关系基本是树状的,这就是 Tree of Trust;其次,S/MIME 将信件内容加密签名后作为特殊的附件传送。S/MIME 的证书格式也采用 X.509,但与一般浏览器网上购物使用的 SSL 证书还有一定差异,支持的厂商相对少一些。在国外,Verisign 免费向个人提供 S/MIME 电子邮件证书;在国内,也有公司提供支持该标准的产品;而在客户端,Netscape Messenger 和 Microsoft Outlook 都支持 S/MIME。

2. 传输层的安全电子邮件技术

传统的邮件包括信封和信本身,电子邮件则包括信头和信体。现存的端到端安全电子邮件技术一般只对信体进行加密和签名,而信头则由于邮件传输中寻址和路由的需要,必须保证原封不动。然而,一些应用环境下,可能会要求信头在传输过程中也能保密,这就需要传输层的技术作为后盾。目前主要有两种方式实现电子邮件在传输过程中的安全,一种是利用 SSL SMTP 和 SSL POP,另一种是利用 VPN 或者其他的 IP 通道技术,将所有的 TCP/IP 传输封装起来,当然也就包括了电子邮件。

SMTP 是发信的协议标准,POP(Post Office Protocol)是收信的协议。SSL SMTP 和 SSL POP 是在 SSL 所建立的安全传输通道上运行 SMTP 和 POP 协议,同时又对这两种协议做了一定的扩展,以更好地支持加密的认证和传输。这种模式要求客户端的 E-Mail 软件和服务器端的 E-Mail 服务器都支持,而且都必须安装 SSL 证书。

基于 VPN 和其他 IP 通道技术,封装所有的 TCP/IP 服务,也是实现安全电子邮件传输的一种方法。这种模式往往是整体网络安全机制的一部分。

3. 邮件服务器的安全与可靠性

建立一个安全的电子邮件系统,采用合适的安全标准非常重要。但仅仅依赖安全标准是不够的,邮件服务器本身必须是安全、可靠、久经实战考验的。

对邮件服务器本身的攻击由来已久。第一个通过 Internet 传播的病毒 Worm,就利用了电子邮件服务器 Sendmail 早期版本上的一个安全漏洞。目前对邮件服务器的攻击主要分网络入侵(Network Intrusion)和服务破坏(Denial of Service)两种。

对于网络入侵的防范,主要依赖于软件编程时的严谨程度,一般选型时很难从外部衡量。不过,服务器软件是否经受过实战的考验,在历史上是否有良好的安全记录,在一定程度上还是有据可查的。

对于服务破坏的防范,则可以分成以下几个方面。

(1) 防止来自外部网络的攻击,包括拒绝来自指定地址和域名的邮件服务连接请求、拒绝收信人数量大于预定上限的邮件、限制单个 IP 地址的连接数量、暂时搁置可疑的信件等。

(2) 防止来自内部网络的攻击,包括拒绝来自指定用户、IP 地址和域名的邮件服务请求;强制实施 SMTP 认证;实现 SSL POP 和 SSL SMTP 以确认用户身份等。

(3) 防止中继攻击,包括完全关闭中继功能、按照发信和收信的 IP 地址和域名灵活地限制中继、按照收信人数限制中继等。

(4) 为了灵活地制定规则以实现上述的防范措施,邮件服务器应有专门的编程接口。

14.2.2　电子邮件安全保护技术和策略

1. 系统漏洞和黑客对电子邮件系统的攻击

(1) 黑客可利用的漏洞。下面分别概述了黑客圈中一些广为人知的漏洞,并阐释了黑客利用这些安全漏洞的方式。

① IMAP 和 POP 漏洞。密码脆弱是这些协议的常见弱点,各种 IMAP 和 POP 服务还容易受到如缓冲区溢出等类型的攻击。

② 拒绝服务(DoS)攻击。

a. 死亡之 Ping。发送一个无效数据片段,该片段始于包结尾之前,但止于包结尾之后。

b. 同步攻击。极快地发送 TCP SYN 包(它会启动连接),使受攻击的机器耗尽系统资源,进而中断合法连接。

c. 循环。发送一个带有完全相同的源/目的地址/端口的伪造 SYN 包,使系统陷入一个试图完成 TCP 连接的无限循环中。

③ 系统配置漏洞。企业系统配置中的漏洞可以分为以下几类。

a. 默认配置。大多数系统在交付给客户时都设置了易于使用的默认配置,被黑客盗用变得轻松。

b. 空的/默认根密码。许多机器都配置了空的或默认的根/管理员密码,并且其数量多得惊人。

④ 利用软件问题。在服务器守护程序、客户端应用程序、操作系统和网络堆栈中,存在很多的软件错误,分为以下几类。

a. 缓冲区溢出。程序员会留出一定数目的字符空间来容纳登录用户名,黑客则会通过发送比指定字符串长的字符串,其中包括服务器要执行的代码,使之发生数据溢出,造成系统入侵。

b. 意外组合。程序通常是用很多层代码构造而成的，入侵者可能会经常发送一些对于某一层毫无意义，但经过适当构造后对其他层有意义的输入。

c. 未处理的输入。大多数程序员都不考虑输入不符合规范的信息时会发生什么。

⑤ 利用人为因素。黑客使用高级手段使用户打开电子邮件附件，包括双扩展名、密码保护的 Zip 文件、文本欺骗等。

⑥ 特洛伊木马及自我传播。结合特洛伊木马和传统病毒的混合攻击正日益猖獗，黑客所使用的特洛伊木马的常见类型有以下几种。

a. 远程访问。过去，特洛伊木马只会侦听对黑客可用的端口上的连接。现在特洛伊木马则会通知黑客，使黑客能够访问防火墙后的机器。有些特洛伊木马可以通过 IRC 命令进行通信，这表示从不建立真实的 TCP/IP 连接。

b. 数据发送。将信息发送给黑客。方法包括记录按键、搜索密码文件和其他秘密信息。

c. 破坏。破坏和删除文件。

d. 拒绝服务。使远程黑客能够使用多个僵尸计算机启动分布式拒绝服务（DDoS）攻击。

e. 代理。旨在将受害者的计算机变为对黑客可用的代理服务器，使匿名的 TelNet、ICQ、IRC 等系统用户可以使用窃得的信用卡购物，并在黑客追踪返回到受感染的计算机时使黑客能够完全隐匿其名。

（2）典型的黑客攻击情况。尽管并非所有的黑客攻击都是相似的，但以下步骤简要说明了一种典型的攻击情况。

① 外部侦察。入侵者会进行 whois 查找，以便找到随域名一起注册的网络信息。入侵者可能会浏览 DNS 表（使用 nslookup、dig 或其他实用程序来执行域传递）来查找机器名。

② 内部侦察。通过 ping 扫描，以查看哪些机器处于活动状态。黑客可能对目标机器执行 UDP/TCP 扫描，以查看什么服务可用。他们会运行 rcpinfo、showmount 或 snmpwalk 之类的实用程序，以查看哪些信息可用。黑客还会向无效用户发送电子邮件，接收错误响应，以使他们能够确定一些有效的信息。此时，入侵者尚未作出任何可以归为入侵之列的行动。

③ 漏洞攻击。入侵者可能通过发送大量数据来试图攻击广为人知的缓冲区溢出漏洞，也可能开始检查密码易猜（或为空）的登录账户。黑客可能已通过若干个漏洞攻击阶段。

④ 立足点。在这一阶段，黑客已通过窃入一台机器成功获得进入对方网络的立足点。他们可能安装为其提供访问权的工具包，用自己具有后门密码的特洛伊木马替换现有服务，或者创建自己的账户。通过记录被更改的系统文件，系统完整性检测（SIV）通常可以在此时检测到入侵者。

⑤ 牟利。这是能够真正给企业造成威胁的一步。入侵者现在能够利用其身份窃取机密数据，滥用系统资源（如从当前站点向其他站点发起攻击），或者破坏网页。

另一种情况是在开始时有些不同。入侵者不是攻击某一特定站点，而可能只是随机扫描 Internet 地址，并查找特定的漏洞。

由于企业日益依赖于电子邮件系统，它们必须防止电子邮件传播的攻击和易受攻击的电子邮件系统所受的攻击这两种攻击。解决方法如下。

① 在电子邮件系统周围锁定电子邮件系统。电子邮件系统周边控制开始于电子邮件网关的部署。电子邮件网关应根据特定目的与加固的操作系统和防止网关受到威胁的入侵检测功能一起构建。

② 确保外部系统访问的安全性。电子邮件安全网关必须负责处理来自所有外部系统的通信,并确保通过的信息流量是合法的。通过确保外部访问的安全,可以防止入侵者利用Web、邮件等应用程序访问内部系统。

③ 实时监视电子邮件流量。实时监视电子邮件流量对于防止黑客利用电子邮件访问内部系统是至关重要的。检测电子邮件中的攻击和漏洞攻击(如畸形 MIME)需要持续监视所有电子邮件。

在上述安全保障的基础上,电子邮件安全网关应简化管理员的工作,能够轻松集成,并被使用者轻松配置。

2. 垃圾邮件及防范技术

许多人在网上碰到过被别人恐吓的情况,多是"我炸了你的邮箱"之类。此类话语听起来吓人,其实,轰炸邮箱无非就是发送大量的垃圾邮件造成对方收发电子邮件的困难。如果是 ISP(Internet 服务器提供商,如当地数据通信局)的收费邮箱,就会让用户凭空增加不少使用费;如果是 Hotmail 的邮箱,就会造成用户账号被查封;如果为其他的免费邮箱就可能造成正常邮件的丢失(因为邮箱被垃圾邮件填满并超出了原定容量,这时服务器会把该邮箱的邮件全部删除)。

常用的电子邮件的轰炸方法有以下 3 种。

(1) 直接轰炸,即使用一些发垃圾邮件的专用工具,通过多个 SMTP 服务器进行发送。这种方法的特点是速度快,可直接见效。

(2) 使用"电邮卡车"之类的软件,通过一些公共服务的服务器对邮箱进行轰炸。这种轰炸方式很少见,但是危害很大。攻击者一般使用国外服务器,只要发送一封电子邮件,服务器就可能给被炸用户发送成千上万的电子邮件,迫使用户更换新的邮箱。

(3) 给目标电子邮箱订阅大量的邮件广告。

解决办法:首先申请几个免费电子邮件邮箱,最好别用 ISP 的收费邮箱。接着设置过滤器,下面以 163.com 为例加以介绍。选择"收件过滤器"→"新建"→"如果邮件主题"→"包含"命令,然后在文本框中输入你要包含的文字,在"选择本规则操作"中选择"转发到指定用户",然后输入想要转发的电子邮件的地址。263 邮箱的邮件过滤器还可以设置自动回复,如果对方的邮件主题中不包含你的关键字,对方会收到你设置的自动回复信息。

14.2.3 安全电子邮件工作模式

一般情况下,安全电子邮件的发送必须经过邮件签名和邮件加密两个过程,而对于接收到的安全电子邮件,则要经过邮件解密和邮件验证两个过程。其工作模式如图 14-1 所示。

对于邮件加密,需要仔细研究采用什么样的加密算法。对称加密算法简便、高效,安全性高,但密钥必须秘密分配,管理大量的密钥十分困难。公开密钥算法虽然密钥分配简单,密钥保存量少,但加、解密速度慢,效率较低。所以在实际应用中可将两种算法结合起来使用,以充分发挥其各自的优势。邮件加密主要提供邮件的保密性,邮件签名主要提供邮件的

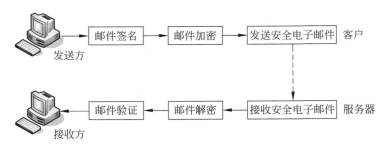

图 14-1　安全电子邮件工作模式

完整性和不可抵赖性服务。一般地,通过随机生成一个会话密钥,采用对称加密算法加密邮件体,利用消息摘要、公钥技术来实现邮件的签名与验证,通过数字信封技术实现会话密钥的传递。从而有机地将这两种加密技术结合起来,使邮件加密安全、高效,同时又具备良好的密钥管理功能。

以下分别介绍邮件签名、邮件加密、邮件解密和邮件验证的具体过程。

1. 邮件签名

对于一封已格式化好的电子邮件(如 MIME 格式),用相应摘要算法(如 MD5、SHA-1)计算其摘要值,然后用发送者的私钥对数字摘要采用相应的公钥算法(如 RSA)加密得到该邮件的数字签名,最后合成数字签名和原邮件体得到已签名的邮件。对普通邮件进行签名的过程如图 14-2 所示。

图 14-2　邮件签名过程

2. 邮件加密

只实现了数字签名的邮件在传送中仍然是明文,邮件有可能在传送过程中被截获而泄密,因此还必须对其加密,使其在传送过程中传送的是密文。这样即使邮件中途被截获,截获者得到的也只是密文,从而保证了邮件内容的安全性。对签名邮件进行加密的过程如图 14-3 所示。

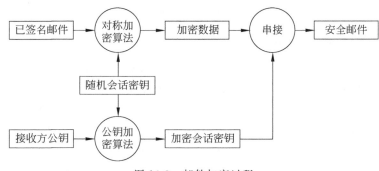

图 14-3　邮件加密过程

3. 邮件解密

当收到一封安全电子邮件后,首先将邮件按照相关协议拆分为两个部分,一部分为经相应公钥算法加密后的会话密钥,另一部分是经相应对称加密算法加密后的签名邮件;然后用收件人的私钥解密会话密钥;最后用会话密钥解密加密的邮件得到明文的签名邮件。对安全邮件进行解密的过程如图 14-4 所示。

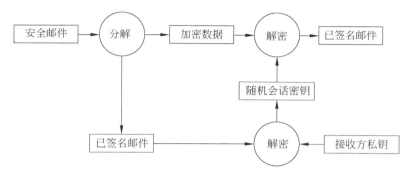

图 14-4　邮件解密过程

4. 邮件验证

当邮件接收者得到签名邮件后,首先按照相关协议将邮件拆分为数字签名和原始邮件两部分,然后用发送者的公钥对数字签名进行解密得到数字摘要,同时对得到的原始邮件利用相应的摘要算法重新计算其数字摘要,将两个数字摘要进行比较。如果相等,则邮件通过完整性验证,确实来源于邮件声称的发送方;否则,邮件验证失败,该邮件不可信。对邮件进行验证的过程如图 14-5 所示。

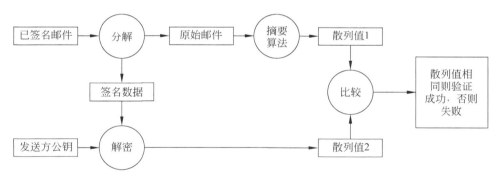

图 14-5　邮件验证过程

14.2.4　安全电子邮件系统

良好隐私邮件(Pretty Good Privacy,PGP)是一个已经得到广泛应用的安全电子邮件系统。最初,它是 Philip Zimmermann 的个人作品,自 1991 年发布了 PGP V1.0 以来,经过他个人的努力推动和全球众多志愿者的通力合作,PGP 得到了长足的发展。

PGP 是一个完整的安全电子邮件软件包,提供了保密、认证、数字签名和压缩功能。PGP 本身并没有使用什么新概念,而是将现有的一些算法综合在一起,供使用者选择,如公钥加密算法 RSA、DSS 和 Diffie-Hellman,常规加密算法 IDEA、3DES 和 CAST-128 以及

Hash 编码的 MD5、SHA-1 等。这些算法经过实践检验和人们大量评审后被证实是非常安全的。PGP 程序和文档在 Internet 可自由分发,并可以在各种平台(UNIX、Linux、Windows 和 Mac OS 等)上免费运行。由于 PGP 的适用范围广泛,它在机密性和身份验证服务上得到了大量的应用。

1. PGP 主要服务

PGP 软件包主要提供数字签名、保密性、压缩、邮件兼容和数据分段 5 种服务,主要功能描述如下。

1) 数字签名

使用 MD5、SHA-1 等算法创建消息的 Hash 代码,使用 RSA、DSS 等算法和发送者的私钥加密消息摘要,然后将结果附加到消息中。

PGP 提供的数字签名服务包括 Hash 编码或消息摘要的使用,签名算法以及公钥加密算法。它提供了对发送方的身份验证,其操作步骤如下。

(1) 发送方生成所要发送的消息。

(2) 发送方使用 MD5 算法产生消息的 128 位 Hash 编码。

(3) 发送方采用 RSA 算法和发送方的私钥对 Hash 编码进行加密,将加密后的 Hash 编码附在原始消息的头部。

(4) 接收方使用 RSA 算法和发送方的公钥对加密的 Hash 编码进行解密。

(5) 接收方产生所接收消息的新 Hash 编码,并与解密的 Hash 编码进行比较。如果两者相同,则认为消息是可信任的。

RSA 的强度保证了发送方的身份,MD5 的强度保证了签名的有效性。当然,PGP 还提供了备选方案,如使用 DSS 和 SHA-1 来产生数字签名。

一般情况下,尽管签名是附于被签署的消息或文件上的,但也并不是都是这样:PGP 也支持分离的签名。分离的签名可以独立于它所签署的消息而被存储和传送,这在一些环境中很有用。例如,用户可能希望为所有发送和接收的消息维护一个单独的签名日志。又如对于可执行程序而言,分离的签名能够检测出随后的病毒感染。最后,当多个实体签署诸如合同之类的一个文档时,也可以使用分离的签名。每个人的签名都是独立的,因此仅仅适用于该文档;否则,签名就得嵌套,第二个签名的人需要对文档和第一个签名两者进行签名,以此类推。

2) 保密性

使用 IDEA、3DES、CAST-128 等算法和发送者产生的一次性会话密钥加密消息,使用 Diffie-Hellman、RSA 等算法和接收者的公钥加密会话密钥,然后将结果附加到消息中。

PGP 通过使用常规加密算法,对将要传送的消息或在本地存储的文件进行加密。在 PGP 中,每个常规密钥只使用一次。也就是说,对于每个消息,都会产生随机的 128 位新密钥。由于仅仅使用一次,所以会话密钥和消息绑定在一起并进行传送。为了保护会话密钥,还要用接收方的公钥对其进行加密。保密性服务的操作步骤如下。

(1) 发送方生成所要发送的消息。

(2) 发送方产生仅仅适用于该消息的随机数字作为会话密钥。

(3) 发送方使用会话密钥和 IDEA(或 3DES、CAST-128 等)算法加密消息。

(4) 用接收方的公钥和 RSA 算法加密会话密钥,并将结果附在加密消息的头部。

（5）接收方使用自己的私钥和 RSA 算法解密会话密钥。

（6）接收方使用会话密钥解密消息。

数字签名和保密性这两种服务可以用在同一消息上。首先,对消息生成签名并附在原始消息上。然后,使用常规会话密钥对原始消息和签名一起进行加密。最后,用公钥加密算法加密会话密钥并将其附于加密的消息上。

3）压缩

使用 ZIP 算法来压缩消息,方便保存与传输。

在默认情况下,PGP 在数字签名服务和保密性服务之间提供数据压缩服务。也就是说,PGP 首先对消息进行签名,然后进行压缩,最后再对压缩消息加密。

数据压缩对邮件传输和存储都有好处,有利于节省空间和提高传输效率。数据压缩的位置非常重要,将其执行在数字签名之后、加密之前,这会带来以下好处：如压缩之前生成签名,验证时无须进行压缩;此外,PGP 压缩算法的多样性产生不同的压缩格式,而这些不同的压缩算法是可互操作的,如在加密前压缩,压缩后的消息比最初的明文具有更少的冗余,这样增加了密码分析的难度,提高了邮件的安全性。

4）邮件兼容性

使用 Radix 64 转换将加密后的消息从二进制数据流转换为 ASCII 字符流。

使用 PGP 的时候,所传送的消息通常是部分被加密的。如果只使用了数字签名服务,那么消息摘要是加密的(用发送方的私钥加密)。如果使用了保密性服务,那么消息和签名(如果有)都是加密的(用一次性的常规密钥加密)。这样一来,部分或者全部的结果块将由任意的 8 位二进制字节流组成。然而,很多电子邮件系统只允许使用纯 ASCII 文本构成的块。为了适应这种限制,PGP 提供了将原始的 8 位二进制字节流转换成可打印的 ASCII 字符串的服务。

5）数据分段

PGP 执行数据分段与重组服务,以便满足最大消息大小的限制。

电子邮件常常受限制于最大消息长度(一般限制在最大 50000B),因此,更长的消息需要进行分段处理,每一段分别发送。为了满足这个约束,PGP 自动将过大的消息划分为可以使用电子邮件发送的较小的消息段,并在接收时重组。

2. PGP 工作原理

PGP 是一个基于 RSA 公钥加密体系的邮件加密软件。可以用它对用户的邮件保密以防止非授权者阅读,它还能对用户的邮件加上数字签名从而使收信人可以确信邮件是谁发来的。它让用户可以安全地和从未见过的人们通信,事先并不需要任何保密的渠道用来传递密匙。它采用了审慎的密匙管理,一种 RSA 和传统加密的杂合算法,用于数字签名的邮件文摘算法,加密前压缩等,还有一个良好的人机工程设计。

PGP 结合了传统和现代的密码学方法,是一种混合的密码体系。其工作过程如下。

1）发送端

（1）首先对明文进行压缩。压缩明文一来可以减少传输量、缩短传输时间及节约成本等;更重要的是增加了加密、解密的强度。因为解密算法一般是通过分析明文中的 Pattern(字符码出现的规律等),压缩明文会减少这种相关性,因此其"耐解"强度会提高。

（2）PGP 产生一个 Session Key(它是一个"One-Time-Only"Key,有时效性),该 Key 是

根据鼠标的随机移动和键盘按键产生的一组随机数给出。接着该密钥对压缩后的明文进行加密，生成密文。之后，使用接收端传过来的"公开密钥"对 Session Key 进行加密（从理论上讲，从接收端的公开密钥无法计算出接收端的秘密密钥，但因为这两个密钥存在计算相关性，只要有足够的时间和计算能力，总会计算出结果），生成发送端的公开密钥。最后，将密文和发送端的公开密钥一起发给接收端。

2）接收端

接收端用自己的秘密密钥对发送端的公开密钥进行解密，得到原来的 Session Key，用这个 Key 来解密收到的密文，最后解压缩即可。

14.3　电子商务安全

随着因特网的飞速发展与广泛应用，电子商务的应用前景变得越来越诱人，同时它的安全问题也变得日益严重。如何创造安全的电子商务应用环境，已经成为企业与消费者共同关注的问题。

电子商务的核心是通过信息网络技术来传递商业信息和进行网络交易，电子商务系统是一个计算机系统，其安全性是一个系统的概念，不仅与计算机系统结构有关，还与电子商务应用的环境、人员素质和社会因素有关。总之，计算机安全的内容主要是指两个方面，即物理安全和逻辑安全。具体地说，它包括以下几个方面。

1. 电子商务系统硬件（物理）安全

硬件安全是指保护计算机系统硬件的安全，包括计算机的电气特性、防电防磁以及计算机网络设备的安全，受到物理保护而免于破坏、丢失等，保证其自身的可靠性和为系统提供基本安全机制。

2. 电子商务系统软件安全

软件安全是指保护软件和数据不被篡改、破坏和非法复制。系统软件安全的目标是使计算机系统逻辑上安全，主要是使系统中信息的存取、处理和传输满足系统安全策略的要求。根据计算机软件系统的组成，软件安全可分为操作系统安全、数据库安全、网络软件安全、通信软件安全和应用软件安全。

3. 电子商务系统运行安全

电子商务系统运行安全是指保护系统能连续、正常地运行。

4. 电子商务交易安全

电子商务交易安全是电子商务中同用户直接打交道的方面，它是在网络安全的基础上，围绕商务在网络中的应用而产生的，主要是为了保障电子商务交易的顺利进行，实现电子商务交易的私有性、完整性、可鉴别性和不可否认性等。

5. 电子商务安全立法

电子商务安全立法是对电子商务犯罪的约束，它是利用国家机器，通过安全立法，体现与犯罪斗争的国家意志。

综上所述，电子商务的安全问题是一个复杂的系统问题。

14.3.1　电子商务安全的现状

根据 CNNIC 发布的《中国互联网络热点调查报告》中显示：网上购物大军达到 2000 万

人,在全体互联网网民中,有过购物经历的网民占近 20％ 的比例。根据国家信息化办公室公布的数据,目前仍有 60％ 的中小企业的信息化程度处于初级阶段。因此,电子商务是互联网应用发展的必然趋势,也是国际金融贸易中越来越重要的经营模式,以后它还会逐渐地成为我们经济生活中一个重要部分。但同时也看到,我国的电子商务还处于发展的初级阶段,还有很长的路要走,从而安全是保证电子商务健康有序发展的关键因素。

根据调查显示,目前电子商务安全主要存在的问题如下。

（1）计算机网络安全。

（2）商品的品质。

（3）商家的诚信。

（4）货款的支付。

（5）商品的递送。

（6）买卖纠纷处理。

（7）网站售后服务。

以上问题可以归结为两大部分,即计算机网络安全和商务交易安全。

计算机网络安全与商务交易安全实际上是密不可分的,两者相辅相成、缺一不可。电子商务的一个重要技术特征是利用 IT 技术来传输和处理商业信息。没有计算机网络安全作为基础,商务交易安全就犹如空中楼阁,无从谈起。没有商务交易安全保障,即使计算机网络本身再安全,仍然无法达到电子商务所特有的安全要求。只有解决好以上矛盾,电子商务才能保证又快又好地发展。

相对互联网的应用,电子商务正如雨后春笋般蓬勃发展,但由于技术不完善和管理不到位,安全隐患还很突出。

（1）基础技术相对薄弱。国外有关电子商务的安全技术,其结构或加密算法等都不错,但由于受到本国密码政策的限制,公开的算法对于他们来说几乎不能保密了,潜在安全隐患极大。比较遗憾的是我国至今还没有自己研发成功的较为成熟的算法。

（2）体系结构不完整。电子商务安全以前大都担当着"救火队"的角色,头痛医头、脚痛医脚。这种"治标不治本"的做法,问题总是层出不穷。近年来,人们已经开始着手从体系结构来解决问题,应当说在理论上已取得了明显进展,但运用于实践还需要更大的努力。

（3）支持产品不过硬。目前,市场上有关电子商务安全的产品数量不少,但真正通过认证的相当少。主要是因为不少安全措施是从网上"移植"来的。另外,不少电子商务安全技术的厂商对网络技术很熟悉,但对安全技术普遍了解得不够,很难开发出真正实用的、足够的安全技术和产品。目前构成我国信息基础设施的网络、硬件、软件等产品几乎完全建立在以美国为首的少数几个发达国家的核心信息技术之上。

（4）多种"威胁"纷杂交织、频频发生。电子商务面临的安全威胁主要来源于 3 个方面:一是非人为、自然力造成的数据丢失、设备失效、线路阻断;二是人为但属于操作人员无意的失误造成的数据丢失;三是来自外部和内部人员的恶意攻击和入侵。最后一种是当前电子商务所面临的最大威胁,极大地影响了电子商务的顺利发展,因此它是电子商务安全对策最需要解决的问题。

"黑客"攻击电子商务系统的手段可以大致归纳为以下 5 种:①中断,即采取破坏硬件、线路或文件系统等,攻击系统的可用性;②窃取,即采取搭线、电磁窃取和分析业务流量等获取有用情报,攻击系统的机密性;③篡改,即结合其他手段修改秘密文件或核心内容,攻击内容的完整性;④伪造,即采取伪造假身份注入系统、假冒合法人接入系统、破坏消息的接收和发送,攻击系统的真实性;⑤轰炸,采取施放电子邮件炸弹等,攻击系统的健壮性。

14.3.2　电子商务安全面临的主要威胁

目前,电子商务主要存在的安全隐患有以下几个方面。

1. 身份冒充问题

攻击者通过非法手段盗用合法用户的身份信息,仿冒合法用户的身份与他人进行交易,进行信息欺诈与信息破坏,从而获得非法利益。主要表现有:冒充他人身份,冒充他人消费、栽赃,冒充主机欺骗合法主机及合法用户等。

2. 网络信息安全问题

其主要表现在攻击者在网络的传输信道上,通过物理或逻辑的手段,进行信息截获、篡改、删除和插入。

(1) 截获,即攻击者可能通过分析网络物理线路传输时的各种特征,截获机密信息或有用信息,如消费者的账号、密码等。

(2) 篡改,即改变信息流的次序,更改信息的内容。

(3) 删除,即删除某个信息或信息的某些部分。

(4) 插入,即在信息中插入一些信息,让收方读不懂或接收错误的信息。

3. 拒绝服务问题

攻击者使合法接入的信息、业务或其他资源受阻,主要表现为散布虚假资讯,扰乱正常的资讯通道。主要包括虚开网站和商店,给用户发电子邮件,收订货单;伪造大量用户,发电子邮件,穷尽商家资源,使合法用户不能正常访问网络资源,使有严格时间要求的服务不能及时得到响应。

4. 交易双方抵赖问题

某些用户可能对自己发出的信息进行恶意的否认,以推卸自己应承担的责任。例如,发布者事后否认曾经发送过某条信息或内容,收信者事后否认曾经收到过某条信息或内容,购买者做了订货单不承认,商家卖出的商品质量差但不承认原有的交易。在网络世界里谁为交易双方的纠纷进行公证、仲裁?

5. 计算机系统安全问题

计算机系统是进行电子商务的基本设备,如果不注意安全问题,它一样会威胁到电子商务的信息安全。计算机设备本身存在物理损坏、数据丢失、信息泄露等问题。计算机系统也经常会遭受非法的入侵攻击以及计算机病毒的破坏。同时,计算机系统存在工作人员管理的问题,如果职责不清、权限不明同样会影响计算机系统的安全。

14.3.3　电子商务安全的需求

电子商务对安全的要求主要有以下 5 个方面。

1. 信息的保密性

保密性服务是为防止被攻击而对网络中传输的信息进行保护。通过对所传送信息的安全要求不同,来为信息选择不同的保密级别。一般来说,需要保护两个用户间在一段时间内传送的用户数据。保密性服务要防止信息在传输中被截获与分析,这就要求系统采取必要的措施,使攻击者无法检测到信息流的源地址、目的地址与长度等特征。

2. 交易者身份的确定性

网上交易的双方很可能素昧平生,相隔千里。要使交易成功,首先要能确认对方的身份,商家要考虑客户端是不是骗子,而客户也会担心网上的商店是不是一个黑店。因此,能方便而可靠地确认对方的身份是交易的前提。鉴别包括源点鉴别和实体鉴别,即要能准确鉴别信息的来源、鉴别彼此通信的对等实体的身份。

3. 信息的不可否认性

交易的不可否认性是指保证发方不能否认自己发送了信息,同时收方也不能否认自己接收到信息。在传统的纸面贸易方式中,贸易双方通过在交易合同、契约等书面文件上签名,或是通过盖上印章来鉴别贸易伙伴,以确定合同、契约、交易的可靠性,并预防可能的否认行为的发生。

4. 信息的不可修改性

交易的文件是不可被修改的,如订购黄金,供货单位在收到订单后,发现金价大幅上涨了,如能改动文件内容,将订购数 1t 改为 1g,则可大幅受益,那么订货单位可能就会因此而蒙受损失。因此,电子交易文件也要能做到不可修改,以保障交易的严肃和公正。

5. 信息的完整性

要求数据在传输或存储过程中不会受到非法的修改、删除或重放,要确保信息的顺序完整性和内容完整性。

14.3.4 电子商务安全技术

安全问题是电子商务的核心,为了满足安全服务方面的要求,除了网络本身运行的安全外,电子商务系统还必须利用各种安全技术保证整个电子商务过程的安全与完整,并实现交易的防抵赖性等,综合起来主要有以下几种技术。

1. 防火墙技术

现有的防火墙技术包括两大类,即数据包过滤和代理服务技术。其中最简单、最常用的是包过滤防火墙,它检查接收到的每个数据报的头,以决定该数据包是否发送到目的地。由于防火墙能够对进出的数据进行有选择地过滤,所以可以有效地避免对其进行有意或无意的攻击,从而保证了专用私有网的安全。将包过滤防火墙与代理服务器结合起来使用是解决网络安全问题的一种非常有效的策略。防火墙技术的局限性主要在于:防火墙技术只能防止经由防火墙的攻击,不能防止网络内部用户对于网络的攻击;防火墙不能保证数据的秘密性,也不能保证网络不受病毒的攻击,它只能有效地保护企业内部网络不受主动攻击和入侵。

2. 虚拟专网技术

VPN 的实现过程使用了安全隧道技术、信息加密技术、用户认证技术、访问控制技术等。VPN 具投资小、易管理、适应性强等优点。VPN 可帮助远程用户、公司分支机构、商业伙伴及供应商与公司的内部网之间建立可信的安全连接,并保证数据的安全传输,以此达到在公共的 Internet 上或企业局域网之间实现完全的电子交易的目的。

3. 数据加密技术

加密技术是保证电子商务系统安全所采用的最基本的安全措施,它用于满足电子商务对保密性的需求。加密技术分为常规密钥密码体系和公开密钥密码体系两大类。如果进行通信的交易各方能够确保在密钥交换阶段未曾发生私有密钥泄露,可通过常规密钥密码体系的方法加密机密信息,并随报文发送报文摘要和报文散列值,以保证报文的机密性和完整性。

4. 安全认证技术

安全认证技术主要有以下几个。

(1) 数字摘要技术。它可以验证通过网络传输收到的明文是否被篡改,从而保证数据的完整性和有效性。

(2) 数字签名技术。它能够实现对原始报文的鉴别和不可否认性,同时还能阻止伪造签名。

(3) 数字时间戳技术。它用于提供电子文件发表时间的安全保护。

(4) 数字凭证技术。它又称为数字证书,负责用电子手段来证实用户的身份和对网络资源访问的权限。

(5) 认证中心。它负责审核用户的真实身份并对此提供证明,而不介入具体的认证过程,从而缓解了可信第三方的系统瓶颈问题,而且只需管理每个用户的一个公开密钥,大大降低了密钥管理的复杂性。这些优点使得非对称密钥认证系统可用于用户众多的大规模网络系统。

(6) 智能卡技术。它不但提供读写数据和存储数据的能力,而且还具有对数据进行处理的能力,可以实现对数据的加密和解密,能进行数字签名和验证数字签名,其存储器部分具有外部不可读特性。采用智能卡,可使身份识别更有效、安全,但它仅仅为身份识别提供一个硬件基础。如果要使身份认证更安全,还需要安全协议的配合。

5. 电子商务安全协议

不同交易协议的复杂性、开销、安全性各不相同,同时不同的应用环境对协议目标的要求也不尽相同。目前比较成熟的协议有以下几个。

(1) Netbill 协议。它是由 J. D. Tygar 等设计和开发的关于数字商品的电子商务协议,该协议假定了一个可信赖的第三方,将商品的传送和支付链接到一个原子事务中。

(2) 匿名原子交易协议。它由 J. D. Tygar 首次提出,具有匿名性和原子性,对著名的数字现金协议进行了补充和修改,改进了传统的分布式系统中常用的两阶段提交,引入了除客户、商家和银行之外的独立第四方交易日志(Transaction Log)以取代两阶段提交协议中的协调者(Coordinator)。

(3) 安全电子交易协议 SET。它由 Visa 公司和 MasterCard 公司联合开发设计。SET用于划分与界定电子商务活动中消费者、网上商家、交易双方银行、信用卡组织之间的权利和义务关系,它可以对交易各方进行认证,防止商家欺诈。SET 协议开销较大,客户、商家、银行都要安装相应软件。

(4) 安全套接字层协议(SSL)。它是目前使用最广泛的电子商务协议,它由 Netscape公司于 1996 年设计开发。它位于运输层和应用层之间,能很好地封装应用层数据,不用改变位于应用层的应用程序,对用户透明。然而,SSL 并不专为支持电子商务而设计,只支持双方认证,只能保证信息传送过程中不因被截而泄密,不能防止商家利用获取的信用卡号进行欺诈。

（5）JEPI(Joint Electronic Payment Initiative)。它是为了解决众多协议间的不兼容性而提出来的,是现有 HTTP 协议的扩展,在普遍 HTTP 协议之上增加了 PEP(Protocol Extension Protocol)和 UPP(Universal Payment Preamble)两层结构,其目的不是提出一种新的电子支付手段,而是在允许多种支付系统并存的情况下,帮助商家和顾客双方选取一个合适的支付系统。

下面就常用的电子商务安全协议技术做详细的分析论述。

在开放的因特网上进行电子商务,如何保证交易双方传输数据的安全成为电子商务能否普及的最重要的问题。在电子商务的交易过程中,首先是交流信息和需求并进行磋商;接着是交换单证;最后是电子支付。特别是电子支付涉及资金、账户、信用卡、银行等一系列对货币最敏感的部门,因此对安全有非常高的要求。SSL 安全协议有缺点,不足以担此重任。1996 年提出了有重大实用价值和深远影响的安全电子交易（Secure Electronic Transaction,SET）。SET 在保留对客户信用卡认证的前提下,又增加了对商家身份的认证,这对于需要支付货币的交易来讲是事关重大的。由于设计合理,SET 协议得到了 IBM、Microsoft 等许多大公司的支持,已成为事实上的工业标准。

SET 是一种以信用卡为基础的、在因特网上交易的付款协议书,是授权业务信息传输安全的标准,它采用 RSA 密码算法,利用公钥体系对通信双方进行认证,用 DES 等标准加密算法对信息加密传输,并用散列函数来鉴别信息的完整性。

网上信用卡交易的安全需求是:商家希望有一种简单的、符合经济效益的方法来完成网上交易;客户希望有一种安全、方便的、能够安心地到网上购物的机制;银行以及信用卡机构需要以现有的信用卡机制为基础的、变动较少的修改就能够在未来支持电子付款的方式。

因此 Visa 与 MasterCard 两家信用卡组织所共同推出,并且与众多 IT 公司,如 Microsoft、Netscape、RSA 等共同发展而成的 SET 应运而生。SET 是一种用来保护在因特网上付款交易的开放式规范,它包含交易双方身份的确认、个人和金融信息的隐秘性及传输数据完整性的保护,其规格融合了由 RSA 数据的双钥密码体制编成密码文件的技术,以保护任何开放型网上个人和金融信息的隐秘性。SET 提供了一套既安全又方便的交易模式,并采用开放式的结构以期支持各种信用卡的交易。在每一个交易环节中都加入电子商务的安全性认证过程。在 SET 的交易环境中,比现实社会多一个电子商务的安全性认证中心——电子商务的安全性 CA 参与其中,在 SET 交易中认证是很关键的。

（1）SET 安全协议要达到的目标。

① 信息传输的安全性。信息在因特网上安全传输,保证网上传输的数据不被外部或内部窃取。

② 信息的相互隔离。订单信息和个人账号信息的隔离,当包含持卡人账号信息的订单送到商家时,商家只能看到订货信息,而看不到持卡人的账户信息。

③ 多方认证的解决。要对消费者的信用卡认证;要对网上商店进行认证;消费者、商店与银行之间的认证。

④ 效仿 EDI 贸易形式,要求软件遵循相同协议和报文格式,使不同厂家开发的软件具有兼容和互操作功能,并且可以运行在不同的硬件和操作系统平台上。

⑤ 交易的实时性。所有的支付过程都是在线的。

（2）SET 的交易成员。

① 持卡人——消费者。持信用卡购买商品的人，包括个人消费者和团体消费者，按照网上商店的表单填写，通过由发卡银行发行的信用卡进行付费。

② 网上商家。在网上的符合 SET 规格的电子商店，提供商品或服务，它必须是具备相应电子货币使用的条件且从事商业交易的公司或组织。

③ 收单银行。通过支付网关处理持卡人和商店之间的交易付款问题事务。接受来自商店端送来的交易付款数据，向发卡银行验证无误后，取得信用卡付款授权以供商店清算。

④ 支付网关。这是由支付者或指定的第三方完成的功能。为了实现授权或支付功能，支付网关将 SET 和现有的银行卡支付的网络系统作为接口。在因特网上，商家与支付网关交换 SET 信息，而支付网关与支付者的财务处理系统具有一定直接连接或网络连接。

⑤ 发卡银行——电子货币发行公司或兼有电子货币发行的银行。发行信用卡给持卡人的银行机构；在交易过程开始前，发卡银行负责查验持卡人的数据，如果查验有效，整个交易才能成立。在交易过程中负责处理电子货币的审核和支付工作。

⑥ 认证中心 CA——可信赖、公正的组织。接受持卡人、商店、银行以及支付网关的数字认证申请书，并管理数字证书的相关事宜，如制定核发准则、发行和注销数字证书等。负责对交易双方的身份确认，对厂商的信誉和消费者的支付手段和支付能力进行认证。

（3）SET 的技术范围。

① 加密算法。

② 证书信息和对象格式。

③ 购买信息和对象格式。

④ 认可信息和对象格式。

⑤ 划账信息和对象格式。

⑥ 对话实体之间消息的传输协议。

（4）SET 软件的组件。SET 系统的动作是通过 4 款软件来完成的，包括电子钱包、商店服务器、支付网关和认证中心软件。这 4 款软件分别存储在持卡人、网上商店、银行以及认证中心的计算机中，相互运作来完成整个 SET 交易服务，如图 14-6 所示。

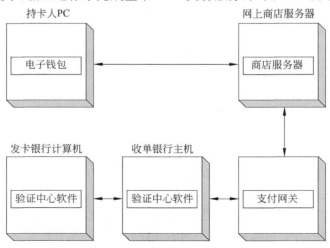

图 14-6　SET 交易服务完成过程

（5）SET 的认证过程。基于 SET 协议电子商务系统的业务过程可分为注册登记申请数字证书、动态认证和商业机构的处理。下面介绍其业务过程。

① SET 认证之一——注册登记。一个机构如要加入到基于 SET 协议的安全电子商务系统中，必须先上网申请注册登记，申请数字证书。

每个在认证中心进行了注册登记的用户都会得到双钥密码体制的一对密钥、一个公钥和一个私钥。公钥用于提供对方解密和加密回馈的信息内容，私钥用于解密对方的信息和加密发出的信息，这一对密钥在加密/解密处理过程的作用如下。

a. 对持卡人购买者的作用。用私钥解密回函，用商家公钥填发订单，用银行公钥填发付款单和数字签名等。

b. 对银行的作用。用私钥解密付款及金融数据，用商家公钥加密购买者付款通知。

c. 对商家供应商的作用。用私钥解密订单和付款通知，用购买者公钥发出付款通知和代理银行公钥。

SET 数字证书申请工作具体的步骤如图 14-7 所示。

图 14-7　SET 数字证书申请工作具体的步骤

② SET 认证之二——动态认证。一旦注册成功,就可以在网络上从事电子商务活动了。在实际从事电子商务活动时,SET 系统的动态认证工作步骤如图 14-8 所示。

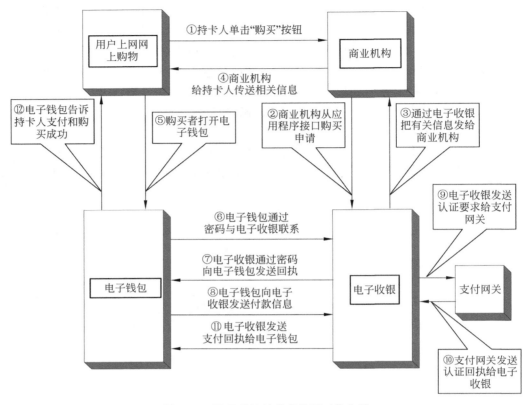

图 14-8　SET 系统的动态认证工作步骤

③ SET 认证之三——商业机构处理流程。商业机构的处理工作步骤如图 14-9 所示。

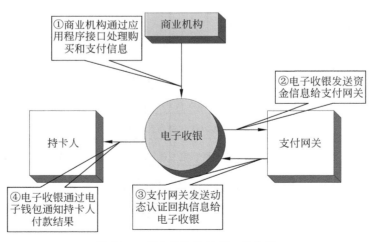

图 14-9　商业机构的处理工作步骤

（6）SET 协议的安全技术。SET 在不断地完善和发展变化。SET 有一个开放工具

SET Toolkit,任何电子商务系统都可以利用它来处理操作过程中的安全和保密问题。其中支付(Payment)和认证(Certificate)是 SET Toolkit 向系统开发者提供的两大主要功能。

目前的主要安全保障来自以下 3 个方面。

① 将所有消息文本用双钥密码体制加密。

② 将上述密钥的公钥和私钥的字长增加到 512～2048B。

③ 采用联机动态的授权(Authority)和认证检查(Certificate),以确保交易过程的安全可靠。

上述有 3 个安全保障措施的技术基础如下。

① 通过加密方式确保信息机密性。

② 通过数字化签名确保数据的完整性。

③ 通过数字化签名和商家认证确保交易各方身份的真实性。

④ 通过特殊的协议和消息形式确保动态交互式系统的可操作性。

通常网站上标明所采用的付款系统,如 SSL、SET,但这样是可靠的吗? 如何才能确切地知道某个网站是否支持 SET 交易呢?

Visa 和 MasterCard 公司为了确保 SET 软件符合规范要求,在 SET 发表后,成立了 Secure Electronic Transaction LLC(或称 SET Co)。它对 SET 软件建立了一套测试的准则,如测试通过后就可获得 SET 特约商标。所以,真正的 SET 网站,必须经过专门的测试和鉴别,并给予一个 SET 特约商店的商标。检查 SET 商店的商标就成为到 SET 商店安全购物的重要手段。

14.4　DNS 安全

DNS 是十分重要的 Internet 基础设施,可以认为 DNS 是 Internet 的基石。基于 Internet 的各种 Web 服务、E-Mail 服务、路由服务都依赖或者可能依赖 DNS,其在网站运行维护中起到至关重要的作用。一旦 DNS 系统瘫痪,所有用户都无法访问网站,网站上的所有应用与电子商务交易将无法进行。这将对网站产生灾难性的后果。

DNS 负责实现互联网绝大多数应用的实际寻址过程,可以看作是互联网的神经信息系统,它连接着互联网网络层和应用层。单从技术角度就可以看到其重要性。

(1) 域名系统本身是实现互联网资源到互联网协议(IP)地址间转换的事实标准,而域名系统是绝大部分互联网访问都需要使用的。

(2) 域名解析系统是一套实现互联网资源访问的可靠的分布式等级制查询服务,设计架构的可靠性保证了互联网的平稳运转。

(3) 域名技术的发展,以及基于域名技术的多种应用,丰富了互联网应用和协议,如 ENUM、RFID 等协议和应用无不基于域名系统。

业界曾经发生了多起域名劫持事件,从 google. cn 到 msn. com. cn,均被黑客指向到第三方网站,对互联网用户的正常访问造成了巨大的影响。DNS 的安全已经成为目前互联网最严重的安全漏洞与隐患之一。随着更多的域名劫持事件与 DNS 攻击事件的发生,域名已经成为越来越多的网络黑客的攻击目标。

14.4.1 常见的域名管理方面的黑客攻击手段

1. 域名劫持

域名劫持是指通过采用黑客手段控制域名管理密码和域名管理邮箱,然后将该域名的 DNS 记录指向黑客可以控制的 DNS 服务器,然后通过在该 DNS 服务器上添加相应域名记录,从而使网民访问该域名时进入了黑客所指向的内容。值得注意的是,域名被劫持后,不仅网站内容会被改变,甚至会导致域名所有权也旁落他人。如果是国内的 CN 域名被劫持,还可以通过和注册服务商或注册管理机构联系,较快地拿回控制权。如果是国际域名被劫持,恰巧又是通过国际注册商注册,那么其复杂的解决流程,再加上非本地化的服务,会使得夺回域名变得异常复杂。

2. 域名欺骗

域名欺骗(缓存投毒)的方式多种多样,但其攻击现象就是利用控制 DNS 缓存服务器,把原本准备访问某网站的用户在不知不觉中带到黑客指向的其他网站上,其实现方式可以通过利用网民 ISP 端的 DNS 缓存服务器的漏洞进行攻击或控制,从而改变该 ISP 内的用户访问域名的响应结果。或者黑客通过利用用户权威域名服务器上的漏洞,如当用户权威域名服务器同时可以被当作缓存服务器使用,黑客可以实现缓存投毒,将错误的域名记录存入缓存中,从而使所有使用该缓存服务器的用户得到错误的 DNS 解析结果。

3. 分布式拒绝服务攻击

针对 DNS 服务器的拒绝服务攻击有两种:一种攻击针对 DNS 服务器软件本身,通常利用 BIND 软件程序中的漏洞,导致 DNS 服务器崩溃或拒绝服务;另一种攻击的目标不是 DNS 服务器,而是利用 DNS 服务器作为中间的"攻击放大器",去攻击其他互联网上的主机,导致被攻击主机拒绝服务,这种攻击的原理为黑客向多个 DNS 服务器发送大量的查询请求,这些查询请求数据报中的源 IP 地址为被攻击主机的 IP 地址,DNS 服务器将大量的查询结果发送给被攻击主机,使被攻击主机所在的网络拥塞或不再对外提供服务。这种服务会导致域名的正常访问无法进行,即该域名下的 WWW 服务和邮件服务都将无法正常进行。

4. 缓冲区漏洞溢出攻击

黑客利用 DNS 服务器软件存在的漏洞,如对特定的输入没有进行严格检查,那么有可能被攻击者利用,攻击者构造特殊的畸形数据包来对 DNS 服务器进行缓冲区溢出攻击。如果这一攻击成功,就会造成 DNS 服务停止,或者攻击者能够在 DNS 服务器上执行其设定的任意代码。例如,针对 Linux 平台的 BIND 的攻击(e.g. Lion worm)程序,就是利用某些版本的 BIND 漏洞,取得 root 权限,一旦入侵完成,入侵者就可以完全控制整个相关的网络系统,影响非常严重。主要包括以下行为。

(1) 更改 MX 记录,造成邮件被截获、修改或删除。

(2) 更改 A 记录,使 WWW 服务器的域名指向黑客的具有同样 WWW 内容的主机,诱使访问者登录,获取访问者的密码等相关信息。添加 A 记录,使黑客的主机拥有被相信的域名,以此来入侵通过启用域名信任机制的系统。

(3) 利用这台主机作为攻击其他机器的"跳板"。

上述的第一种攻击行为,主要和用户管理域名的习惯有关,而第二种和第三种行为则都和用户对 DNS 系统的管理有关。目前,很多用户都认为 DNS 维护是很简单的,只需要买台服务器,装一个 BIND 软件,就可以提供 DNS 服务功能,但实际上 DNS 的维护需要很多相关的专业知识,并不是一件轻松的事情。

14.4.2　DNS 安全防范手段

1. 使用 DNS 转发器

DNS 转发器是为其他 DNS 服务器完成 DNS 查询的 DNS 服务器。使用 DNS 转发器的主要目的是减轻 DNS 处理的压力,把查询请求从 DNS 服务器转给转发器,从 DNS 转发器潜在的更大 DNS 高速缓存中受益。

使用 DNS 转发器的另一个好处是它阻止了 DNS 服务器转发来自互联网 DNS 服务器的查询请求。如果 DNS 服务器保存了内部的域 DNS 资源记录,这一点就非常重要。不让内部 DNS 服务器进行递归查询并直接联系 DNS 服务器,而是让它使用转发器来处理未授权的请求。

2. 使用只缓冲 DNS 服务器

只缓冲 DNS 服务器是针对未授权域名的,它被用作递归查询或者使用转发器。当只缓冲 DNS 服务器收到一个反馈,它把结果保存在高速缓存中,然后把结果发送给向它提出 DNS 查询请求的系统。随着时间的推移,只缓冲 DNS 服务器可以收集大量的 DNS 反馈,这能极大地缩短它提供 DNS 响应的时间。

把只缓冲 DNS 服务器作为转发器使用,可以提高组织安全性。内部 DNS 服务器可以把只缓冲 DNS 服务器当作自己的转发器,代替内部 DNS 服务器完成递归查询。使用只缓冲 DNS 服务器作为转发器能够提高安全性,因为不需要依赖 ISP 的 DNS 服务器作为转发器,在不能确认 ISP 的 DNS 服务器安全性的情况下更是如此。

3. 使用 DNS 广告者

DNS 广告者是一台负责解析域中查询的 DNS 服务器。例如,如果主机对于 domain.com 和 corp.com 是公开可用的资源,公共 DNS 服务器就应该为 domain.com 和 corp.com 配置 DNS 区文件。

除 DNS 区文件宿主的其他 DNS 服务器之外的 DNS 广告者设置,是 DNS 广告者只回答其授权的域名的查询。这种 DNS 服务器不会对其他 DNS 服务器进行递归查询。这让用户不能使用公共 DNS 服务器来解析其他域名。通过减少与运行一个公开 DNS 解析者相关的风险,包括缓存中毒,增加了安全性。

4. 使用 DNS 解析者

DNS 解析者是一台可以完成递归查询的 DNS 服务器,它能够解析为授权的域名。例如,你可能在内部网络上有一台 DNS 服务器,授权内部网络域名 internalcorp.com 的 DNS 服务器。当网络中的客户机使用这台 DNS 服务器去解析 techrepublic.com 时,这台 DNS 服务器通过向其他 DNS 服务器查询来执行递归以获得答案。

DNS 服务器和 DNS 解析者之间的区别是,DNS 解析者仅仅解析互联网主机名,DNS 解析者可以是未授权 DNS 域名的只缓存 DNS 服务器。可以让 DNS 解析者仅对内部用户使用,也可以让它仅为外部用户服务,这样就不用在无法控制的外部设立 DNS 服务器,从而提高安全性。当然,也可以让 DNS 解析者同时被内、外部用户使用。

5. 保护 DNS 不受缓存污染

DNS 缓存污染已经成了日益普遍的问题。绝大部分 DNS 服务器都能够将 DNS 查询结果在答复给发出请求的主机之前，就保存在高速缓存中。DNS 高速缓存能够极大地提高组织内部的 DNS 查询性能。问题是如果 DNS 服务器的高速缓存中被大量假的 DNS 信息"污染"，用户就有可能被送到恶意站点而不是他们原先想要访问的网站。

绝大部分 DNS 服务器都能够通过配置阻止缓存污染。Windows Server 2003 DNS 服务器默认的配置状态就能够防止缓存污染。如果使用的是 Windows 2000 DNS 服务器，可以这样配置，打开 DNS 服务器的 Properties 对话框，然后单击"高级"→"表"→"防止缓存污染"选项，然后重新启动 DNS 服务器。

6. 使 DNS 只用安全连接

很多 DNS 服务器接受动态更新。动态更新特性使这些 DNS 服务器能记录使用 DHCP 主机的主机名和 IP 地址。DNS 能够极大地减轻 DNS 管理员的管理费用；否则管理员必须手工配置这些主机的 DNS 资源记录。

然而，如果未检测到 DNS 更新，可能会带来很严重的安全问题。一个恶意用户可以配置主机成为一台文件服务器、Web 服务器或者数据库服务器动态更新的 DNS 主机记录，如果有人想连接到这些服务器就一定会被转移到其他的机器上。

减少恶意 DNS 升级的风险，可以通过要求安全连接到 DNS 服务器执行动态升级。只要配置 DNS 服务器使用活动目录综合区（Active Directory Integrated Zones），并要求安全动态升级就可以实现。这样一来，所有的域成员都能够安全、动态地更新他们的 DNS 信息。

7. 禁用区域传输

区域传输发生在主 DNS 服务器和从 DNS 服务器之间。主 DNS 服务器授权特定域名，并且带有可改写的 DNS 区域文件，在需要的时候可以对该文件进行更新。从 DNS 服务器从主 DNS 服务器接收这些区域文件的只读副本。从 DNS 服务器被用于提高来自内部或者互联网 DNS 查询响应性能。

然而，区域传输并不仅仅针对从 DNS 服务器。任何一个能够发出 DNS 查询请求的人都可能引起 DNS 服务器配置改变，允许区域传输自己的区域数据库文件。恶意用户可以使用这些信息来侦察你组织内部的命名计划，并攻击关键服务架构。配置 DNS 服务器，可以禁止区域传输请求，或者仅允许针对组织内特定服务器进行区域传输，以此来进行安全防范。

8. 使用防火墙来控制 DNS 访问

防火墙可以用来控制谁可以连接到你的 DNS 服务器上。对于那些仅仅响应内部用户查询请求的 DNS 服务器，应该设置防火墙的配置，阻止外部主机连接这些 DNS 服务器。对于用作只缓存转发器的 DNS 服务器，应该设置防火墙的配置，仅仅允许那些使用只缓存转发器的 DNS 服务器发来的查询请求。防火墙策略设置的重要一点是阻止内部用户使用 DNS 协议连接外部 DNS 服务器。

9. 在 DNS 注册表中建立访问控制

在基于 Windows 的 DNS 服务器中，应该在 DNS 服务器相关的注册表中设置访问控制，这样只有那些需要访问的账户才能够阅读或修改这些注册表设置。

HKLMCurrentControlSetServicesDNS 键应该仅仅允许管理员和系统账户访问，这些账户应该拥有完全控制权限。

10. 在 DNS 文件系统入口设置访问控制

在基于 Windows 的 DNS 服务器中,应该在 DNS 服务器相关的文件系统入口设置访问控制,这样只有需要访问的账户才能够阅读或修改这些文件。

%system_directory%DNS 文件夹及子文件夹应该仅仅允许系统账户访问,系统账户应该拥有完全控制权限。

14.5　电子投票选举安全

随着 Internet 的迅速发展,电子投票选举已成为电子商务和电子政务的一个主要内容。电子投票的研究始于 20 世纪 80 年代,由 Chaum 最早提出,它以各种密码学技术为理论基础,通过计算机和网络来完成投票的整个过程。相对于传统纸质投票方式,电子投票可以节省大量的人力和物力资源。投票者无须到一个固定的投票点投票,在任何地方都可以通过 Internet 进行投票,而管理机构也不必花费大量人力进行选票发放和选票统计工作,且电子投票系统可以减少各种人为的因素,做到更公平、更安全、更高效、更灵活。如何利用电子投票的优势,设计出更安全、更实用的电子投票方案,是目前安全学界研究的热点问题。

14.5.1　电子投票系统安全要求

一个安全的电子投票系统应满足以下几个基本特性:合法性、健壮性、公正性、匿名性、完整性。

(1) 合法性。只有合法的投票者才能参与投票。

(2) 健壮性。系统具有一定的容错能力,能够有效地抵御外部或内部的攻击。当出错程度在系统容忍的范围内时,系统可以继续正常工作。

(3) 公正性。任何参与方都不能干预投票结果,即在选举过程中不应泄露中间结果,从而影响公众的投票情绪及投票动向,以至影响最终的投票结果。

(4) 匿名性。所有的选票都是保密的,任何人都不能将选票和投票者对应起来以确定某个投票者投票的内容。

(5) 完整性。计票者应该接受任何合法投票者的投票,所有有效的选票都能被正确计票。

根据最近的研究,还加入了唯一性、准确性、可验证性、无收据性、抗强制性等特性,使电子投票概念逐步得到完善。

(1) 唯一性。只允许合法的投票者进行投票,而且只能投一次。

(2) 准确性。任何无效选票都不予计算。无论任何人对选票进行篡改、复制或删除,系统都能够检测出来并进行处理,使之不能扰乱正常的投票。

(3) 可验证性。任何投票者都可以检查自己的选票是否被正确统计,任何人都可以对投票结果进行验证。

(4) 无收据性。投票者无法向第三方证明他所投的选票内容,任何第三方也无法迫使投票者以某种方式投票或弃权。

(5) 抗强制性。投票者自己对选票进行填写,投票之后不可以向强制者或购票者证明他的投票内容。这主要是为了实际应用考虑,即考虑投票者的投票行为是否出于自由意识,或是受到暴力威胁及受到贿票的利诱。

14.5.2　电子投票系统安全限制

由于选举的结果非常重要,因此选举结果不应受到恶意者的威胁,以免被他们篡改。利用电子投票系统投票,投票者的选票将通过网络传输,这就使各种威胁的危害更大、数量更多、发生更频繁。电子投票安全是一个关系到电子投票能否存在的重大挑战,影响电子投票系统安全的主要限制有以下 3 个方面。

1. 技术限制

目前,对电子投票系统的攻击主要出于个人目的和金融收益两个方面。攻击可以分为两大类:一类是对电子投票系统的渗透,目的是修改数据、泄露某些保密信息或是破坏选民的匿名性;另一类是在电子投票系统服务器中植入恶意代码,危害选票的完整性和保密性,如异常大量的选票可能导致电子投票系统暂时不能使用。攻击者可能来自内部或外部,内部攻击者包括合法用户、滥用权限的操作员和有权访问系统但与选举无关的政府雇员,外部攻击者包括有恶意的个人或组织,其目的是篡改、盗窃数据,干扰或破坏选举过程。

2. 社会限制

投票者通过电子投票系统进行选举,首先要保证投票者都能方便地访问互联网,如果有些人无法访问互联网就不能参加选举过程,这就会危害投票系统的平等访问权。其次,投票者要掌握一定的计算机技术和知识才能使用投票系统,但是开发人员为了加强投票系统的安全性,可能会提高系统的复杂度,这样就提高了投票者使用系统的难度,降低了系统的可用性。另外,在这样具有重要安全性和隐私性的过程中使用电子技术,必须对投票系统进行测试和安全分析,以提高投票者对系统的信任度。最后,由于选举过程中没有物理限制,这就可能出现投票者被迫投票或买卖选票的问题。

3. 互联网的限制

现有的电子投票系统,一般都是基于互联网的在线投票系统。选民在普通的计算机上使用 Web 浏览器访问正确的投票网站,填写相关选举信息,并将填好的信息提交发送到选举服务器。

电子投票系统的安全主要依赖于投票者所使用的计算机和互联网的设施和架构,而目前的计算机和互联网架构都存在不同的弱点。恶意代码可以通过无数种渠道进入投票者的计算机,并往往以难以觉察的方式来干扰投票过程,它们可能导致投票者无法投票、选票的隐私被泄露、选票被篡改等情况的发生。标准的个人计算机操作系统存在大量漏洞,可能带来非常严重的问题,如隐蔽的病毒、蠕虫、木马等,还有在用户不知情的情况下下载的恶意软件,专门等着在选举日发动突然袭击。

由于互联网具有开放性、多样化、易操纵的特点,并且当前使用的 TCP/IP 协议簇也存在着潜在的安全漏洞,使得现有互联网安全问题显得非常突出。非法用户可以在任意时间任意地点对系统发起各种攻击,如拒绝服务攻击、欺骗攻击等,这都会导致各种问题,从而影响投票的过程和结果,而后果往往是不可弥补的。

14.5.3　电子投票协议

为保证电子投票的安全,常用的技术有零知识证明、比特承诺、盲数字签名、匿名通道的信息传递和同态加密等,本节主要介绍电子投票的协议。

电子投票协议是电子投票系统的核心。自开始研究电子投票至今,人们提出了很多投票协议来加强电子投票的安全性。这些协议都利用了计算、通信和密码技术迅速发展的成果,旨在满足投票系统的安全要求和其他要求。

第一个现代意义上的电子投票协议,是由 Chaum 于 1981 年提出的,它采用了公钥密码体制,并利用数字签名来隐藏投票人的身份,通过计算机和网络来完成投票的整个过程。1985 年,Cohen 和 Fisher 提出了基于同态加密技术的电子投票协议,该协议需要分散的组织机构来保护选民的秘密,并且要求所有的投票必须同时进行。接着 Benaloh、Yung、Iverson、Sako 和 Kilian 等也分别提出了基于同态加密技术的电子投票协议。同时,Chaum、Nurmi 等人也分别提出基于匿名信道的电子投票协议。但是,以上这些协议有的过于复杂,不适合大型投票,有的则在安全方面存在较大的漏洞。第一个实用的适合大规模投票的协议是由 Fujioka、Okamoto 和 Ohta 在 1992 年提出的 FOO 协议,该协议的核心采用了比特承诺技术和盲签名技术。该协议提出后,受到了社会的较大关注,被认为是一个能较好实现安全投票的电子投票协议。许多大学和公司的研究机构都对其进行改进,开发出相应的电子投票系统。其中比较著名的是麻省理工学院的 EVOX 系统和华盛顿大学的 Sensus 系统。1996 年,Juang 和 Lei 为了解决基于匿名信道的电子投票协议中遇到选票冲突问题,提出了一种基于唯一盲签名技术的协议。1999 年,台湾大学的 Wei-ChiKu 和 Wang-ShengDe 提出了一种基于 RSA 的电子投票协议。这两种协议都是对 FOO 协议的改进。

目前来说,既能很好地保证投票者利益,又能很好地保证投票结果公正的电子投票协议尚不存在,大多数协议都存在信息流程协议不够完善以及对选举机构过度信任的问题。

下面来介绍 FOO 协议。

1. FOO 协议的组成

FOO 协议的设计者认为,一个安全的电子投票协议应满足准确性、完整性、唯一性、公正性、匿名性和可验证性 6 个方面的要求。

FOO 中有 3 个参与实体,即投票者、管理者和计票者。其中管理者和计票者组成投票中心,各实体间通过匿名信道进行消息传送。协议中各实体及相关信息的符号表示如下。

系统选择并发布两个公共参数,即单项杂凑函数 H 和比特承诺算法 f。

投票者 V_i 的参数:唯一的身份标识 ID_i,用于比特承诺的随机数 k_i,盲化因子 r_i,签名方案 δ_i。

管理者的参数:加密算法的公钥 (e_0, n_0) 和私钥 d_0,签名算法。

计票者的参数:加密算法的公钥 (e_c, n_c) 和私钥 d_c。

2. FOO 协议描述

FOO 协议分 6 个阶段进行,描述如下。

(1) 预备阶段。投票者 V_i 选择并填写一张选票,其内容为 v_i,选择一个随机数 k_i 作为比特承诺的密钥,使用比特承诺方案 f 加密选票内容:$x_i = f(v_i, k_i)$。V_i 再选择一个随机数 r_i 作为盲化因子对 x_i 进行盲化处理:$e_i = r_i^{e_0} H(x_i) \bmod n_0$。接着对 e_i 签名:$S_i = S_i(e_i)$,然后 V_i 将 (ID_i, e_i, S_i) 发送给投票管理者 A。

(2) 管理者授权阶段。管理者 A 接收到 V_i 发送来的签名请求后,先验证 ID_i 是否合法,如果 ID_i 非法,则拒绝给 V_i 颁发投票授权证书。如果 ID_i 合法,则检查 V_i 是否是首次申请投票证书。如果 V_i 不是首次申请,则拒绝为其颁发证书。如果 V_i 是首次申请,A 首先检查 S_i 是否是 V_i 对 e_i 的合法签名,如果是,则 A 对 e_i 签名:$D_i = e_i^{d_0} \bmod n_0$,并将签名结果 D_i 作为投票授权证书发给 V_i。然后,A 修改自己已经颁发的证书总数,并将 (ID_i, e_i, S_i) 公布在电子公告牌上。

(3) 投票阶段。投票者 V_i 对 D_i 进行脱盲处理,得到 x_i 的签名 y_i:$y_i = r_i^{-1} D_i \bmod n_0$。$V_i$ 检查 y_i 是否是 A 对 x_i 的合法签名,如果不是,V_i 通过向 A 证明 (x_i, y_i) 的不合法性并选用另外一个 r_i 值来重新获取投票授权证书。如果 y_i 是 A 对 x_i 的合法签名,则 V_i 匿名的将 (x_i, y_i) 发送给计票者 C。

(4) 收集选票阶段。计票者 C 通过使用 A 的签名验证算法来验证 y_i 是否是 x_i 的合法签名,如果是,则 C 对 (x_i, y_i) 产生一个序号 w,并将 (w, x_i, y_i) 保存在合法选票列表中,同时修改自己保存的合法选票数目。在所有投票结束后,C 将此列表公布在电子公告牌上。

(5) 公开验证阶段。任何关心选举的人都可以验证 A 公布的投票者数目和 C 公布的选票数目是否相等。如果不相等,则要求投票者公布那些缺少的选票在加密时所使用的盲因子。

投票者 V_i 检查他的选票是否在表中,如果不在,他公开他的合法选票及其签名 (x_i, y_i),并要求投票中心将其选票正确统计。

(6) 统计并发布选举结果阶段。投票者 V_i 通过匿名信道将 (w, k_i) 发给 C。C 根据序号 w 的对应关系,用 k_i 打开经过比特承诺的选票,恢复出选票 v_i,并检查其是否是合法的选票。最后对所有的选票进行统计,并将统计结果公布在电子公告牌上。

3. FOO 协议的安全性分析

FOO 协议中使用了比特承诺、盲签名、公钥加密以及匿名通信等技术,来确保该协议能够较好地满足电子投票协议的安全性要求。

(1) 准确性。投票者扰乱选举的唯一途径是不断发送无效选票。该协议使用的比特承诺技术可以确保对于两张不同的选票不可能产生两个相同的选票比特承诺,出现多个相同的比特承诺只能认为是投票者一票多投。在计票阶段发现这些干扰行为,管理者可以采取一定的措施来对其进行取舍。

但是,如果投票者发送了不能打开选票的无效密钥,这样就无法区分不诚实投票者和不诚实计票者。另外,当投票者弃权而不进行投票时,管理者有可能冒充投票者进行投票而不被发现。

因此,只有在投票者不会发送不能打开选票的无效密钥和不会弃权而不进行投票时,该协议才满足准确性。

(2) 完整性。如果协议的各参与方都是诚实的,则选举结果将是可信的。由于投票者在投票之前必须得到投票授权,这样就确保了投票者的合法性。在投票过程中,由于设立了公告牌等跟踪机制,这样所有投票者以及任何关心选举的人都可以对选举结果进行跟踪验证,从而保证了选举结果的真实、可靠。因此,所有有效选票都会被正确统计,从而能够满足完整性。

(3) 唯一性。每个合法的投票者只有一个有效的(选票,管理者的盲签名)对,就是说他只能投一次票。如果他想投两次票,就必须拥有两个有效的(选票,管理者的盲签名)对,这样需要破解盲签名方案或与管理者合谋得到多次签名,并且这时也需要有人弃权而不进行投票,才可能做到一票多投。因而该协议满足唯一性。

（4）公正性。该协议分为投票和计票两个阶段进行。投票阶段,投票者发送的是加密后的选票,计票者收到位承诺后要将其公布,以便查询和验证。计票阶段,投票者再次发送可以解密位承诺的密钥,计票者用该密钥解开该位承诺,并将私钥和选票的真实内容一起公布。这样可避免计票者在计票阶段开始前泄露选举的中间结果。因而该协议满足公正性。

（5）匿名性。投票者将选票发送给管理者进行签名认证时,由于使用了盲签名技术,管理者只能看到投票者的身份号 ID_i 而看不到其选票的真实内容,这样就没办法将投票者的身份号 ID_i 与选票 x_i 联系起来,因而就不能确定某个投票者所投选票的真实内容。而且选票 x_i 与密钥 k_i 是通过匿名信道传送的,所以也不能够跟踪其通信过程而知道选票的内容。另外,当投票者发现管理者或计票者冒充自己投票而予以指出时,他只需出示 (x_i, y_i),而不需公开其选票 v_i。这样选票内容就是保密的,满足匿名性。

（6）可验证性。该协议在投票的各个阶段都会公布一些必要的信息供人们查询和验证,主要包括以下几点：在颁发投票验证签名阶段,管理者公布进行登记的投票人名单和签名申请 (ID_i, e_i, S_i)；在收集选票阶段,计票者公布选票的位承诺和各个管理者的签名 (w, x_i, y_i)；在统计选票阶段,计票者公布真正的选票和用于位承诺解密的随机数 (x_i, y_i, k_i, v_i)。

通过公布这些信息,人们可以检验有关信息的真实性。进行验证所需的信息都是公开的,因此任何人都可以对投票过程进行监督。

4. FOO 协议的不足

虽然 FOO 协议在一定程度上满足了电子投票选举协议的安全性要求,但还存在一些缺陷。

（1）不允许合法投票者弃权。由于管理者单独负责投票者的身份验证,选票的合法性完全由管理者决定。所以,如果有合法投票者弃权,管理者可以冒充弃权投票者进行投票。

（2）没有解决选票碰撞问题。在该协议中,仅通过比特承诺技术来区分不同投票者的选票。当多个投票者选择的承诺密钥和选票内容恰好相同,就会出现多张完全相同的选票,这样计票者只能选择其中一张而舍弃其他合法选票。由于比特承诺的密钥没有任何要求,所以,出现选票碰撞的概率是很小的,可以忽略不计。

（3）在匿名性方面存在缺陷。如果管理者伪造选票并进行投票,合法投票者为了表明其投票是合法的,需要出示盲化因子以及管理者的盲签名。提交盲化因子的过程破坏了匿名性。

此外,FOO 协议在同步、效率等方面也有一定的缺陷。

小　　结

本章从讨论网络服务安全入手,简要介绍了网络服务安全的层次结构及分类,并对几种典型的网络服务安全性做了简要的分析。接下来重点介绍了电子邮件安全,在分析电子邮件安全性现状的基础上,提出了电子邮件安全保护的技术和策略,并给出了安全电子邮件的模式,从而建立起安全电子邮件系统。

由于电子商务是当今网络应用领域的热点,其安全性理应得到极大的重视,因此本章重点介绍了电子商务信息安全技术,对电子商务安全的主要协议做了详尽的分析。接着介绍

DNS安全,包括常见的域名管理方面的黑客攻击手段以及常用的 DNS 安全防范手段。最后介绍了电子投票选举安全,在对电子投票系统安全要求和限制分析的基础上,对常用的电子投票协议做了详细的分析和阐述。

习 题 14

1. 结合自己的亲身体验,说明在 Internet 上 Web 的安全问题无处不在。

2. Web 服务器的安全漏洞有哪些? 分别指出它们有哪些危害?

3. Cookie 对用户计算机系统会产生伤害吗? 为什么说 Cookie 的存在对个人隐私是一种潜在的威胁?

4. 简述 Web 服务器、Web 浏览器的安全要求。

5. 黑客进行的攻击主要有哪几种类型?

6. 简要描述普通的电子邮件服务工作模式。

7. 简要描述安全电子邮件工作模式。

8. 什么是匿名转发? 什么是邮件炸弹? 简述电子邮件漏洞。

9. PGP 主要提供了哪几种服务功能?

10. PGP 同时使用了公钥加密和对称加密两种加密体制,试讨论它们的应用环节并分析为什么。

11. 什么是电子商务安全的?

12. 电子商务安全体系是什么?

13. SET 是如何保护在因特网上付款的交易安全的?

14. 简述认证机构在电子商务中的地位和作用。

15. 我国电子商务认证机构建设的思路是什么?

16. 电子商务认证机构建设基本原则有哪些?

17. 什么是 DNS 电子欺骗? 什么是 IP 电子欺骗?

18. 说出你所了解的防止 DNS 电子欺骗、IP 电子欺骗、Web 欺骗的措施。

19. 一个安全的电子投票方案都有哪些要求?

第 15 章　信息安全管理

本章导读：

随着网络技术的发展，网络系统的安全管理也显得非常重要。网络安全管理是指对所有计算机网络应用体系中各个方面的安全技术和产品进行统一的管理和协调，进而从整体上提高整个计算机网络防御入侵、抵抗攻击的能力的体系。通常，建立一个安全管理系统包括多个方面的建设，如技术上实现的计算机安全管理系统，为系统定制的安全管理方针，相应的安全管理制度和人员等。实现性能良好的网络信息安全管理需要对网络风险做全面的评估，本章重点介绍了网络风险分析与评估、等级保护与等级测评以及国内外的信息安全相关标准。

15.1　网络风险分析与评估

因特网已遍及世界 180 多个国家，为亿万用户提供了多样化的网络与信息服务。在因特网上，除了原来的电子邮件、新闻论坛等文本信息的交流与传播外，网络电话、网络传真、视频通信等技术都在不断地发展与完善。在信息化社会中，网络信息系统将在政治、军事、金融、商业、交通、电信、文教等方面发挥越来越大的作用。社会对网络信息系统的依赖也日益增强。各种各样完备的网络信息系统，使得秘密信息和财富高度集中于计算机中。另外，这些网络信息系统都依靠计算机网络接收和处理信息，实现相互间的联系和对目标的管理、控制。以网络方式获得信息和交流信息已成为现代信息社会的一个重要特征。网络正在逐步改变人们的工作方式和生活方式，成为当今社会发展的一个主题。

然而，伴随着信息产业发展而产生的互联网和网络信息的安全问题，也已成为各国政府有关部门、各大行业和企事业领导人关注的热点问题。目前，全世界每年由于信息系统的脆弱性而导致的经济损失逐年上升，安全问题日益严重。面对这种现实，各国政府有关部门和企业不得不重视网络安全的问题。

15.1.1　影响互联网安全的因素

互联网安全问题为什么这么严重？这些安全问题是怎么产生的呢？综合技术和管理等多方面的因素，可以归纳为 4 个方面，即互联网的开放性、自身的脆弱性、攻击的普遍性和管理的困难性。

1. 互联网是一个开放的网络、TCP/IP 是通用的协议

各种硬件和软件平台的计算机系统可以通过各种媒体接入，如果不加限制，世界各地均可以访问。于是各种安全威胁可以不受地理限制、不受平台约束，迅速通过互联网影响到世界的每一个角落。

2. 互联网自身的安全缺陷是导致互联网脆弱性的根本原因

互联网的脆弱性体现在设计、实现、维护的各个环节。设计阶段，由于最初的互联网只是用于少数可信的用户群体,因此设计时没有充分考虑安全威胁,互联网和所连接的计算机系统在实现阶段也留下了大量的安全漏洞。一般认为,软件中的错误数量和软件的规模成正比,由于网络和相关软件越来越复杂,其中所包含的安全漏洞也越来越多。互联网和软件系统维护阶段的安全漏洞也是安全攻击的重要目标。尽管系统提供了某些安全机制,但是由于管理员或者用户的技术水平限制、维护管理工作量大等因素,这些安全机制并没有发挥有效作用,如系统的默认安装和弱口令是大量攻击成功的原因之一。

3. 互联网威胁的普遍性是安全问题的另一个方面

随着互联网的发展,攻击互联网的手段也越来越简单、越来越普遍。目前攻击工具的功能越来越强,而对攻击者的知识水平要求却越来越低,因此攻击也更为普遍。

4. 管理方面的困难性也是互联网安全问题的重要原因

具体到一个企业内部的安全管理,受业务发展迅速、人员流动频繁、技术更新快等因素的影响,安全管理也非常复杂,经常出现人力投入不足、安全政策不明等现象。扩大到不同国家之间,虽然安全事件通常是不分国界的,但是安全管理却受国家、地理、政治、文化、语言等多种因素的限制。跨国界的安全事件的追踪非常困难。

15.1.2 网络安全的风险

互联网上存在着各种各样的危险,这些危险可能是恶意的,也可能是非恶意的,如因失误而造成的事故;恶意的危险又分为理智型的(如故意偷取企业机密)和非理智型的(如毁坏企业的数据)。比较典型的危险主要包括以下几个方面。

1. 软、硬件设计故障导致网络瘫痪

如防火墙意外瘫痪而导致失效,以致安全设置形同虚设;由于内、外部人员同时访问导致服务器负载过大以致死机、严重者导致数据丢失等。

2. 黑客入侵

一些不怀好意的人强行闯入企业网实施破坏;冒充合法的用户进入企业网内部,偷盗企业机密信息和破坏企业形象等。

3. 敏感信息泄露

企业内部的敏感信息被入侵者偷看,导致这种状况有几种原因,如寻径错误的电子邮件、配置错误的访问控制列表、没有严格设置好不同用户的访问权限等。

4. 信息删除

有时网管员对安全权限设置不当,导致某些怀有恶意的人故意破坏企业商业机密的完整性以及向竞争对手故意泄露商业机密等。

也就是说,互联网上的危险不仅来自于外部,而且有时也来自于内部。虽然在互联网上存在不同程度的危险,但为了企业的业务发展,很多企业不得不把企业的内部网联入互联网,向雇员提供互联网的访问。

15.1.3 网络风险评估要素的组成关系

网络信息是一种资产,资产所有者应对信息资产进行保护,通过分析信息资产的脆弱性来确定威胁可能利用哪些弱点来破坏其安全性。风险评估要识别资产相关要素的关系,从而判断资产面临的风险大小。

风险评估中各要素的关系如图 15-1 所示。

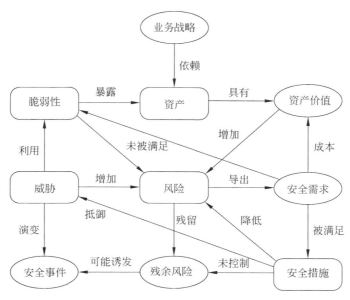

图 15-1　风险评估中各要素的关系

图 15-1 中,圆角方框部分的内容为风险评估的基本要素,椭圆部分的内容是与这些要素相关的属性。风险评估围绕其基本要素展开,在对这些要素的评估过程中需要充分考虑业务战略、资产价值、安全需求、安全事件、残余风险等与这些基本要素相关的各类属性。

图 15-1 中的风险要素及属性之间存在着以下关系。

（1）业务战略依赖资产去实现。

（2）资产是有价值的,组织的业务战略对资产的依赖度越高,资产价值就越大。

（3）资产价值越大则其面临的风险越大。

（4）风险是由威胁引发的,资产面临的威胁越多则风险越大,并可能演变成安全事件。

（5）弱点越多,威胁利用脆弱性导致安全事件的可能性越大。

（6）脆弱性是未被满足的安全需求,威胁要通过利用脆弱性来危害资产,从而形成风险。

（7）风险的存在及对风险的认识导出安全需求。

（8）安全需求可通过安全措施得以满足,需要结合资产价值考虑实施成本。

（9）安全措施可抵御威胁,降低安全事件发生的可能性,并减少影响。

（10）风险不可能也没有必要降为零,在实施了安全措施后还会有残留下来的风险。有些残余风险来自于安全措施可能不当或无效,在以后需要继续控制,而有些残余风险在综合考虑了安全成本与效益后,是可以被接受的。

（11）残余风险应受到密切监视,它可能会在将来诱发新的安全事件。

15.1.4　网络风险评估的模式

网络风险评估是个综合的过程。网络风险评估的内容不仅涉及信息系统本身,还有机构的组织系统、管理制度、人员基本素质等问题。同时,风险评估工作又是一个十分个性化的工作,针对不同的客户就有不同的客户运营目标、运作环境、组织机构等,所以必须构建一个通用的、全面的、系统的、受环境驱动的信息安全风险评估运作模式。为了实现该目标,需要考虑以下问题,即评估目标、评估范围、评估原则、评估实施过程以及安全加固实施建议。

1. 评估目标

对信息系统而言,由于威胁是动态的,风险、安全也是动态的。所以需要明确的是,安全评估不是目的而是一个过程或实施手段,它是信息系统安全工程的一个重要环节。通过安全评估识别出风险大小,在安全评估的基础上制定信息安全策略,采取适当的控制目标与控制方式对风险进行管理,从而达到加强系统安全性、降低系统风险性的目的。

在进行任何一次安全评估时都要明确评估目标,在对现有系统做出准确、客观安全评价的同时量化现有系统的风险性,选择适当的安全保护措施以帮助组织机构建立起一个完善的、动态的信息系统安全防护体系,管理与控制风险,使风险被避免、转移或降至一个可被接受的水平。

2. 评估范围

针对具体的组织机构,确定安全评估的范围可以有效帮助评估目标的实现。一般情况下应该从 3 个方面进行评估,即组织层次、管理层次以及信息技术层次。具体如下。

(1)组织层次。它包括各组织机构的安全重视情况、信息技术机构的安全意识、关键资产理解情况、当前组织策略和执行的缺陷、组织脆弱点等。

(2)管理层次。它包括人员安全管理、安全环境管理、软件安全管理、运行安全管理、设备安全管理、介质安全管理及文档安全管理。

(3)信息技术层次。硬件设备包括主机、网络设备、线路、电源等,系统软件包括操作系统、数据库、应用系统、备份系统等,网络结构包括远程接入安全、网络带宽评估、网络监控措施等,数据备份/恢复包括主机操作系统、数据库、应用程序等的数据备份/恢复机制。

3. 评估原则

(1)标准性原则。风险评估理论模型的设计和具体实施应该依据国内外相关的标准进行。

(2)规范性原则。风险评估的过程以及过程中涉及的文档应该具有很好的规范性,以便于项目的跟踪和控制。

(3)可控性原则。在风险评估项目实施过程中,应该按照标准的项目管理方法对人员、组织、项目进行风险控制管理,以保证风险评估在实施过程中的可控性。

(4)整体性原则。从管理(组织)和技术两个角度对系统进行评估,保证评估的全面性。

(5)最小影响原则。评估工作应尽可能小地影响组织机构系统和网络的正常运行。

(6)保密性原则。评估过程应该与组织机构签订相关的保密协议,以承诺对组织机构内部信息的保密。

4. 评估实施过程

风险评估的 4 个实施阶段如下。

(1)前期准备阶段。本阶段的主要工作是明确风险评估的目标、确定项目的范围、具体的成果表现形式以及最终制定的项目计划,同时明确个人职责与任务分工,以及进行项目实施的相关工作。

(2)现场调查阶段。本阶段主要进行现场的调查工作,该工作由人员访谈调查和技术调查两部分组成,分别对组织机构的信息系统、安全管理策略、关键资产的安全状况进行收集与整理,形成调查报告,为下一阶段的工作打好基础。

(3)风险分析阶段。本阶段的主要工作是根据现场收集的资料,结合专业安全的知识,对被调查组织机构的信息系统所面临的威胁、系统存在的脆弱性、威胁事件对信息系统以及组织的影响进行系统的分析,以最终评估信息系统的风险。

(4)安全规划阶段。本阶段的主要工作是根据第三阶段的成果选择适当的安全策略,并结合组织机构具体的应用特点形成策略体系,为最终的决策提供参考。

15.1.5 网络风险评估的意义

当今时代,信息是一个国家最重要的资源之一,信息与网络的运用也是 21 世纪国力的象征,以网络为载体、信息资源为核心的新经济改变了传统的资产运营模式,没有各种信息的支持,企业的生存和发展空间就会受到限制。信息的重要性使得它不得不面临着来自各方面的层出不穷的挑战,因此,需要对信息资产加以妥善保护。正如中国工程院院长徐匡迪所说:"没有安全的工程就是豆腐渣工程"。信息同样需要安全工程。人们在实践中逐渐认识到科学的管理是解决信息安全问题的关键。信息安全的内涵也在不断地延伸,从最初的信息保密性发展到信息的完整性、可用性、可控性和不可否认性,进而又发展为"攻(攻击)、防(防范)、测(检测)、控(控制)、管(管理)、评(评估)"等多方面的基础理论和实施技术。

如何保证组织一直保持一个比较安全的状态,保证企业的信息安全管理手段和安全技术发挥最大的作用,是企业最关心的问题,同时企业高层开始意识到信息安全策略的重要性。突然间,专业人员发现自己面临着挑战:设计信息安全政策该从何处着手?如何拟订具有约束力的安全政策?如何让公司员工真正接受安全策略并在日常工作中执行?借助信息安全风险评估和风险评估工具,能够回答以上的问题。

风险评估是对信息及信息处理设施的威胁、影响、脆弱性及三者发生的可能性的评估。它是确认安全风险及其大小的过程,即利用定性或定量的方法,借助风险评估工具,确定信息资产的风险等级和优先风险控制。

风险评估是风险管理的最根本依据,是对现有网络的安全性进行分析的第一手资料,也是网络安全领域内最重要的内容之一。企业在进行网络安全设备选型、网络安全需求分析、网络建设、网络改造、应用系统试运行、内网与外网互联、与第三方业务伙伴进行网上业务数据传输、电子政务等业务之前,进行风险评估会帮助组织在一个安全的框架下进行组织活动。它通过风险评估来识别风险大小,通过制定信息安全方针,采取适当的控制目标与控制方式对风险进行控制,使风险被避免、转移或降至一个可接受的水平。

信息安全风险评估经历了很长一段发展时期。风险评估的重点也从操作系统、网络环境发展到整个管理体系。西方国家在实践中不断发现,风险评估作为保证信息安全的重要基石发挥着关键的作用。在信息安全、安全技术的相关标准中,风险评估均作为关键步骤进行阐述,如 ISO13335、FIPS-30、BS7799-2 等。风险评估模型也从借鉴其他领域的模型发展到开发出适用于风险评估的模型。风险评估方法的定性分析和定量分析不断被学者和安全分析人员完善与扩充。

最重要的是,风险评估的过程逐渐转向自动化和标准化。应用于风险评估的工具层出不穷,越来越多的科研人员发现,自动化的风险评估工具不仅可以将分析人员从繁重的手工劳动中解脱出来,最主要的是它能够将专家知识进行集中,使专家的经验知识被广泛应用。

综上所述,信息安全评估具有以下作用。

(1) 明确企业信息系统的安全现状。进行信息安全评估后,可以让企业准确地了解自身的网络、各种应用系统以及管理制度规范的安全现状,从而明晰企业的安全需求。

(2) 确定企业信息系统的主要安全风险。在对网络和应用系统进行信息安全评估并进行风险分级后,可以确定企业信息系统的主要安全风险,并让企业选择避免、降低、接受等风险处置措施。

(3) 指导企业信息系统安全技术体系与管理体系的建设。对企业进行信息安全评估后,可以制定企业网络和系统的安全策略及安全解决方案,从而指导企业信息系统安全技术体系(如部署防火墙、入侵检测与漏洞扫描系统、防病毒系统、数据备份系统、建立公钥基础设施 PKI 等)与管理体系(安全组织保证、安全管理制度及安全培训机制等)的建设。

15.2 等级保护与测评

15.2.1 信息安全等级保护

1. 概述

信息安全等级保护是国家信息安全保障的基本制度、基本策略、基本方法。开展信息安全等级保护工作是保护信息化发展、维护国家信息安全的根本保障,是信息安全保障工作中国家意志的体现。

2. 相关法律法规

- 1994 年,《中华人民共和国计算机信息系统安全保护条例》规定,"计算机信息系统实行安全等级保护,安全等级的划分标准和安全等级保护的具体办法,由公安部会同有关部门制定"。

- 1999 年,强制性国家标准——《计算机信息系统安全保护等级划分准则》(GB 17859)。

- 2003 年,中办、国办转发的《国家信息化领导小组关于加强信息安全保障工作的意见》(中办发[2003]27 号)明确指出,"实行信息安全等级保护"。"要重点保护基础信息网络和关系国家安全、经济命脉、社会稳定等方面的重要信息系统,抓紧建立信息安全等级保护制度,制定信息安全等级保护的管理办法和技术指南"。

- 2004 年,公安部、国家保密局、国家密码管理局、国信办联合印发了《关于信息安全等级保护工作的实施意见》(66 号文件)。

- 2006 年 1 月,公安部、国家保密局、国家密码管理局、国信办联合制定了《信息安全等级保护管理办法》(公通字[2006]7 号)。

- 2011 年 9 月,国家电监会印发《关于组织开展电力行业重要管理信息安全等级保护测评试点工作的通知》,要求统一组织开展重要管理信息系统试点测评。

- 同年,《电力行业信息系统安全等级保护基本要求》出台,至今已更新至 V11.0。

3. 定级原则

国家信息安全等级保护坚持"自主定级、自主保护"与国家监管相结合的原则。信息系统的安全保护等级应当根据信息系统在国家安全、经济建设、社会生活中的重要程度,信息系统遭到破坏后对国家安全、社会秩序、公共利益以及公民、法人和其他组织的合法权益的危害程度等因素确定。

4. 定级原理

1)信息系统安全保护等级

根据等级保护相关管理文件,信息系统的安全保护等级分为以下 5 级。

第一级,信息系统受到破坏后,会对公民、法人和其他组织的合法权益造成损害,但不损害国家安全、社会秩序和公共利益。

第二级,信息系统受到破坏后,会对公民、法人和其他组织的合法权益产生严重损害,或者对社会秩序和公共利益造成损害,但不损害国家安全。

第三级,信息系统受到破坏后,会对社会秩序和公共利益造成严重损害,或者对国家安全造成损害。

第四级,信息系统受到破坏后,会对社会秩序和公共利益造成特别严重损害,或者对国家安全造成严重损害。

第五级,信息系统受到破坏后,会对国家安全造成特别严重损害。

2)信息系统安全保护等级的定级要素

信息系统的安全保护等级由两个定级要素决定,即等级保护对象受到破坏时所侵害的客体和对客体造成侵害的程度。

(1)受侵害的客体。等级保护对象受到破坏时所侵害的客体包括以下 3 个方面。

① 公民、法人和其他组织的合法权益。

② 社会秩序、公共利益。

③ 国家安全。

(2)对客体的侵害程度。对客体的侵害程度由客观方面的不同外在表现综合决定。由于对客体的侵害是通过对等级保护对象的破坏实现的,因此,对客体的侵害外在表现为对等级保护对象的破坏,通过危害方式、危害后果和危害程度加以描述。

等级保护对象受到破坏后对客体造成侵害的程度归结为以下 3 种。

① 造成一般损害。

② 造成严重损害。

③ 造成特别严重损害。

3)定级要素与等级的关系

定级要素与信息系统安全保护等级的关系如表 15-1 所示。

表 15-1　定级要素与安全保护等级的关系

受侵害的客体	对客体的侵害程度		
	一般损害	严重损害	特别严重损害
公民、法人和其他组织的合法权益	第一级	第二级	第三级
社会秩序、公共利益	第二级	第三级	第四级
国家安全	第三级	第四级	第五级

5．定级方法

1）定级的一般流程

信息系统安全包括业务信息安全和系统服务安全，与之相关的受侵害客体和对客体的侵害程度可能不同，因此，信息系统定级也应由业务信息安全和系统服务安全两方面确定。

从业务信息安全角度反映的信息系统安全保护等级，称为业务信息安全保护等级。

从系统服务安全角度反映的信息系统安全保护等级，称为系统服务安全保护等级。

确定信息系统安全保护等级的一般流程如下。

（1）确定作为定级对象的信息系统。

（2）确定业务信息安全受到破坏时所侵害的客体。

（3）根据不同的受侵害客体，从多个方面综合评定业务信息安全被破坏对客体的侵害程度。

（4）依据表 15-2，得到业务信息安全保护等级。

（5）确定系统服务安全受到破坏时所侵害的客体。

（6）根据不同的受侵害客体，从多个方面综合评定系统服务安全被破坏对客体的侵害程度。

（7）依据表 15-3，得到系统服务安全保护等级。

（8）将业务信息安全保护等级和系统服务安全保护等级的较高者确定为定级对象的安全保护等级。

上述步骤的一般流程如图 15-2 所示。

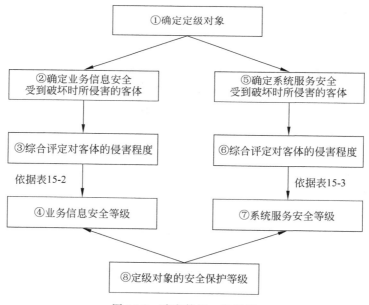

图 15-2　确定等级一般流程

2）确定定级对象

一个单位内运行的信息系统可能比较庞大，为了体现重要部分重点保护、有效控制信息安全建设成本、优化信息安全资源配置的等级保护原则，可将较大的信息系统划分为若干个较小的、可能具有不同安全保护等级的定级对象。

作为定级对象的信息系统，应具有以下基本特征。

（1）具有唯一确定的安全责任单位。作为定级对象的信息系统应能够唯一地确定其安全责任单位。如果一个单位的某个下级单位负责信息系统安全建设、运行维护等过程的全部安全责任，则这个下级单位可以称为信息系统的安全责任单位；如果一个单位中的不同下级单位分别承担信息系统不同方面的安全责任，则该信息系统的安全责任单位应是这些下级单位共同所属的单位。

（2）具有信息系统的基本要素。作为定级对象的信息系统应该是由相关的和配套的设备、设施按照一定的应用目标和规则组合而成的有形实体。应避免将某个单一的系统组件，如服务器、终端、网络设备等作为定级对象。

（3）承载单一或相对独立的业务应用。定级对象承载"单一"的业务应用是指该业务应用的业务流程独立，且与其他业务应用没有数据交换，且独享所有信息处理设备。定级对象承载"相对独立"的业务应用是指其业务应用的主要业务流程独立，同时与其他业务应用有少量的数据交换，定级对象可能会与其他业务应用共享一些设备，尤其是网络传输设备。

3）确定受侵害的客体

定级对象受到破坏时所侵害的客体包括国家安全、社会秩序、公众利益以及公民、法人和其他组织的合法权益。

（1）侵害国家安全的事项包括以下几个方面。

① 影响国家政权稳固和国防实力。

② 影响国家统一、民族团结和社会安定。

③ 影响国家对外活动中的政治、经济利益。

④ 影响国家重要的安全保卫工作。

⑤ 影响国家经济竞争力和科技实力。

⑥ 其他影响国家安全的事项。

（2）侵害社会秩序的事项包括以下几个方面。

① 影响国家机关社会管理和公共服务的工作秩序。

② 影响各种类型的经济活动秩序。

③ 影响各行业的科研、生产秩序。

④ 影响公众在法律约束和道德规范下的正常生活秩序等。

⑤ 其他影响社会秩序的事项。

（3）影响公共利益的事项包括以下几个方面。

① 影响社会成员使用公共设施。

② 影响社会成员获取公开信息资源。

③ 影响社会成员接受公共服务等方面。

④ 其他影响公共利益的事项。

（4）影响公民、法人和其他组织的合法权益是指由法律确认的并受法律保护的公民、法人和其他组织所享有的一定的社会权利和利益。

确定作为定级对象的信息系统受到破坏后所侵害的客体时，应首先判断是否侵害国家安全，然后判断是否侵害社会秩序或公众利益，最后判断是否侵害公民、法人和其他组织的合法权益。

各行业可根据本行业业务特点,分析各类信息和各类信息系统与国家安全、社会秩序、公共利益以及公民、法人和其他组织的合法权益的关系,从而确定本行业各类信息和各类信息系统受到破坏时所侵害的客体。

4)确定对客体的侵害程度

(1)侵害的客观方面。

在客观方面,对客体的侵害外在表现为对定级对象的破坏,其危害方式表现为对信息安全的破坏和对信息系统服务的破坏,其中信息安全是指确保信息系统内信息的保密性、完整性和可用性等,系统服务安全是指确保信息系统可以及时、有效地提供服务,以完成预定的业务目标。由于业务信息安全和系统服务安全受到破坏所侵害的客体和对客体的侵害程度可能会有所不同,在定级过程中,需要分别处理这两种危害方式。

信息安全和系统服务安全受到破坏后,可能产生以下危害后果。

① 影响行使工作职能。

② 导致业务能力下降。

③ 引起法律纠纷。

④ 导致财产损失。

⑤ 造成社会不良影响。

⑥ 对其他组织和个人造成损失。

⑦ 其他影响。

(2)综合判定侵害程度。

侵害程度是客观方面的不同外在表现的综合体现,因此,应首先根据不同的受侵害客体、不同危害后果分别确定其危害程度。对不同危害后果确定其危害程度所采取的方法和所考虑的角度可能不同。例如,系统服务安全被破坏导致业务能力下降的程度可以从信息系统服务覆盖的区域范围、用户人数或业务量等不同方面确定,业务信息安全被破坏导致的财物损失可以从直接的资金损失大小、间接的信息恢复费用等方面进行确定。

在针对不同的受侵害客体进行侵害程度的判断时,应参照以下不同的判别基准。

① 如果受侵害客体是公民、法人或其他组织的合法权益,则以本人或本单位的总体利益作为判断侵害程度的基准。

② 如果受侵害客体是社会秩序、公共利益或国家安全,则应以整个行业或国家的总体利益作为判断侵害程度的基准。

不同危害后果的3种危害程度描述如下。

① 一般损害。工作职能受到局部影响,业务能力有所降低但不影响主要功能的执行,出现较轻的法律问题,较低的财产损失,有限的社会不良影响,对其他组织和个人造成较低损害。

② 严重损害。工作职能受到严重影响,业务能力显著下降且严重影响主要功能执行,出现较严重的法律问题,较高的财产损失,较大范围的社会不良影响,对其他组织和个人造成较严重损害。

③ 特别严重损害。工作职能受到特别严重影响或丧失行使能力,业务能力严重下降或功能无法执行,出现极其严重的法律问题,极高的财产损失,大范围的社会不良影响,对其他

组织和个人造成非常严重的损害。

信息安全和系统服务安全被破坏后对客体的侵害程度,由对不同危害结果的危害程度进行综合评定得出。由于各行业信息系统所处理的信息种类和系统服务特点各不相同,信息安全和系统服务安全受到破坏后关注的危害结果、危害程度的计算方式均可能不同,各行业可根据本行业信息特点和系统服务特点,制定危害程度的综合评定方法,并给出侵害不同客体造成一般损害、严重损害、特别严重损害的具体定义。

5)确定定级对象的安全保护等级

根据业务信息安全被破坏时所侵害的客体以及对相应客体的侵害程度,依据表 15-2 所示的业务信息安全保护等级矩阵表,即可得到业务信息安全保护等级。

表 15-2 　业务信息安全保护等级矩阵表

业务信息安全被破坏时 所侵害的客体	对相应客体的侵害程度		
	一般损害	严重损害	特别严重损害
公民、法人和其他组织的合法权益	第一级	第二级	第二级
社会秩序、公共利益	第二级	第三级	第四级
国家安全	第三级	第四级	第五级

根据系统服务安全被破坏时所侵害的客体以及对相应客体的侵害程度,依据表 15-3 所示的系统服务安全保护等级矩阵表,即可得到系统服务安全保护等级。

表 15-3 　系统服务安全保护等级矩阵表

系统服务安全被破坏时 所侵害的客体	对相应客体的侵害程度		
	一般损害	严重损害	特别严重损害
公民、法人和其他组织的合法权益	第一级	第二级	第二级
社会秩序、公共利益	第二级	第三级	第四级
国家安全	第三级	第四级	第五级

作为定级对象的信息系统的安全保护等级,由业务信息安全保护等级和系统服务安全保护等级的较高者决定。

15.2.2 　信息安全等级测评

1. 概述

等级测评是指,测评机构依据国家信息安全等级保护制度规定,按照有关管理规范和技术标准,对非涉及国家秘密信息系统安全等级保护状况进行检测评估的活动。

1)等级测评的作用

依据《信息安全等级保护管理办法》(公通字[2007]43 号),信息系统运营、使用单位在进行信息系统备案后,都应当选择测评机构进行等级测评。等级测评是测评机构依据《信息系统安全等级保护测评要求》等管理规范和技术标准,检测评估信息系统安全等级保护状况是否达到相应等级基本要求的过程,是落实信息安全等级保护制度的重要环节。

在信息系统建设、整改时，信息系统运营、使用单位通过等级测评进行现状分析，确定系统的安全保护现状和存在的安全问题，并在此基础上确定系统的整改安全需求。

在信息系统运维过程中，信息系统运营、使用单位定期委托测评机构开展等级测评，对信息系统安全等级保护状况进行安全测试，对信息安全管控能力进行考察和评价，从而判定信息系统是否具备《信息安全技术信息系统安全等级保护基本要求》（GB/T 22239—2008）中相应等级安全保护能力。而且，等级测评报告是信息系统开展整改加固的重要指导性文件，也是信息系统备案的重要附件材料。等级测评结论为信息系统未达到相应等级的基本安全保护能力的，运营、使用单位应当根据等级测评报告，制定方案进行整改，尽快达到相应等级的安全保护能力。

2）等级测评执行主体

可以对三级及以上等级信息系统实施等级测评的等级测评执行主体应具备以下条件：在中华人民共和国境内注册成立（港澳台地区除外）；由中国公民投资、中国法人投资或者国家投资的企事业单位（港澳台地区除外）；从事相关检测评估工作两年以上，无违法记录；工作人员仅限于中国公民；法人及主要业务、技术人员无犯罪记录；使用的技术装备、设施应当符合《信息安全等级保护管理办法》（公通字〔2007〕43 号）对信息安全产品的要求；具有完备的保密管理、项目管理、质量管理、人员管理和培训教育等安全管理制度；对国家安全、社会秩序、公共利益不构成威胁（摘自《信息安全等级保护管理办法》（公通字〔2007〕43 号））。

等级测评执行主体应履行以下义务：遵守国家有关法律法规和技术标准，提供安全、客观、公正的检测评估服务，保证测评的质量和效果；保守在测评活动中知悉的国家秘密、商业秘密和个人隐私，防范测评风险；对测评人员进行安全保密教育，与其签订安全保密责任书，规定应当履行的安全保密义务和承担的法律责任，并负责检查落实。

3）等级测评风险

等级测评实施过程中，被测系统可能面临以下风险。

（1）验证测试影响系统正常运行。在现场测评时，需要对设备和系统进行一定的验证测试工作，部分测试内容需要上机查看一些信息，这就可能对系统的运行造成一定的影响，甚至存在误操作的可能。

（2）工具测试影响系统正常运行。在现场测评时，会使用一些技术测试工具进行漏洞扫描测试、性能测试甚至抗渗透能力测试。测试可能会对系统的负载造成一定的影响，漏洞扫描测试和渗透测试可能对服务器和网络通信造成一定影响甚至伤害。

（3）敏感信息泄露。泄露被测系统状态信息，如网络拓扑、IP 地址、业务流程、安全机制、安全隐患和有关文档信息。

2. 等级测评过程

等级测评过程分为 4 个基本测评活动，即测评准备活动、方案编制活动、现场测评活动、分析及报告编制活动。

（1）测评准备活动。本活动是开展等级测评工作的前提和基础，是整个等级测评过程有效性的保证。测评准备工作是否充分直接关系到后续工作能否顺利开展。本活动的主要任务是掌握被测系统的详细情况，准备测试工具，为编制测评方案做好准备。

（2）方案编制活动。本活动是开展等级测评工作的关键活动，为现场测评提供最基本的文档和指导方案。本活动的主要任务是确定与被测信息系统相适应的测评对象、测评指标及测评内容等,并根据需要重用或开发测评指导书,形成测评方案。

（3）现场测评活动。本活动是开展等级测评工作的核心活动。本活动的主要任务是按照测评方案的总体要求,严格执行测评指导书,分步实施所有测评项目,包括单元测评和整体测评两个方面,以了解系统的真实保护情况,获取足够证据,发现系统存在的安全问题。

（4）分析及报告编制活动。本活动是给出等级测评工作结果的活动,是总结被测系统整体安全保护能力的综合评价活动。本活动的主要任务是根据现场测评结果和《信息系统安全等级保护实施指南》(GB/T 25058—2010)的有关要求,通过单项测评结果判定、单元测评结果判定、整体测评和风险分析等方法,找出整个系统的安全保护现状与相应等级的保护要求之间的差距,并分析这些差距导致被测系统面临的风险,从而给出等级测评结论,形成测评报告文本。

3. 等级测评报告

下面给出等级测评报告的一个通用模板,由于篇幅限制,本书仅给出报告的前 4 页,如果读者想阅读完整版本,请到百度文库中下载。

报告编号：××××××××××-×××××-××-××××-××

信息系统安全等级测评报告

模板（2015 年版）

系统名称：＿＿＿＿＿＿＿＿＿＿＿

委托单位：＿＿＿＿＿＿＿＿＿＿＿

测评单位：＿＿＿＿＿＿＿＿＿＿＿

报告时间：＿＿＿＿年＿＿月＿＿日

说明：

一、每个备案信息系统单独出具测评报告。

二、测评报告编号为四组数据。各组含义和编码规则如下：

第一组为信息系统备案表编号,由2段16位数字组成,可以从公安机关颁发的信息系统备案证明(或备案回执)上获得。第1段即备案证明编号的前11位(前6位为受理备案公安机关代码,后5位为受理备案的公安机关给出的备案单位的顺序编号);第2段即备案证明编号的后5位(系统编号)。

第二组为年份,由2位数字组成。例如09代表2009年。

第三组为测评机构代码,由四位数字组成。前两位为省级行政区划数字代码的前两位或行业主管部门编号:00为公安部,11为北京,12为天津,13为河北,14为山西,15为内蒙古,21为辽宁,22为吉林,23为黑龙江,31为上海,32为江苏,33为浙江,34为安徽,35为福建,36为江西,37为山东,41为河南,42为湖北,43为湖南,44为广东,45为广西,46为海南,50为重庆,51为四川,52为贵州,53为云南,54为西藏,61为陕西,62为甘肃,63为青海,64为宁夏,65为新疆,66为新疆兵团,90为国防科工局,91为电监会,92为教育部。后两位为公安机关或行业主管部门推荐的测评机构顺序号。

第四组为本年度信息系统测评次数,由两位构成。例如02表示该信息系统本年度测评2次。

信息系统等级测评基本信息表

信息系统				
系统名称		安全保护等级		
备案证明编号		测评结论		
被测单位				
单位名称				
单位地址				邮政编码
联系人	姓名		职务/职称	
	所属部门		办公电话	
	移动电话		电子邮件	
测评单位				
单位名称			单位代码	
通信地址			邮政编码	
联系人	姓名		职务/职称	
	所属部门		办公电话	
	移动电话		电子邮件	
审核批准	编制人	(签名)	编制日期	
	审核人	(签名)	审核日期	
	批准人	(签名)	批准日期	

注:单位代码由受理测评机构备案的公安机关给出。

声　明

（声明是测评机构对测评报告的有效性前提、测评结论的适用范围以及使用方式等有关事项的陈述。针对特殊情况下的测评工作,测评机构可在以下建议内容的基础上增加特殊声明）。

本报告是×××信息系统的等级测评报告。

本报告测评结论的有效性建立在被测评单位提供相关证据的真实性基础之上。

本报告中给出的测评结论仅对被测信息系统当时的安全状态有效。当测评工作完成后,由于信息系统发生变更而涉及的系统构成组件(或子系统)都应重新进行等级测评,本报告不再适用。

本报告中给出的测评结论不能作为对信息系统内部署的相关系统构成组件(或产品)的测评结论。

在任何情况下,若需引用本报告中的测评结果或结论都应保持其原有的意义,不得对相关内容擅自进行增加、修改和伪造或掩盖事实。

单位名称(加盖单位公章)

年　　月

15.3　信息安全相关标准

15.3.1　国际重要的信息安全标准

本小节主要介绍在信息安全管理领域研究与使用较多的国际性标准,这些标准在国际信息安全领域占有很重要的地位。

1. 信息技术安全性评估通用准则

1996 年,六国七方(英国、加拿大、法国、德国、荷兰、NSA 和 NISA)公布了《信息技术安全性评估通用准则》(Common Criterion,CC),该标准是北美和欧盟联合以开发一个统一的国际互认的安全准则的结果,是在美国、加拿大、欧洲等国家和地区分别自行推出的评估标准及具体实践的基础上,通过互相间的总结和互补发展起来的。1998 年,六国七方又公布了 CC 的 2.0 版。1999 年 12 月国际标准化组织(ISO)采纳 CC 作为国际标准 ISO 15408 发布,因此,ISO/IEC 15408 实际上是 CC 标准在国际标准化组织里的称呼。

CC 标准是第一个信息技术安全评价国际标准,是信息技术安全评价标准以及信息安全技术发展的一个重要里程碑。

2. 《信息技术系统风险管理指南》(NIST SP 800—30)

SP 800—30(《信息技术系统风险管理指南》)于 2002 年 1 月由 NIST 发布。本指南为制定有效的风险管理项目提供了基础信息,包括评估和削减 IT 系统风险所需的定义和实务指导。

NIST SP 800—30 提出了风险评估的方法论和一般原则,并在信息安全风险评估领域得到了较好的应用。

NIST SP 800—30 定义了风险及风险评估概念:风险就是不利事件发生的可能性。风险管理是评估风险、采取步骤将风险削减到可接受的水平并且维持这一风险级别的过程。政府和企业日常的风险管理是金字塔形的。例如,为了将投资回报最大化,决定是采用高速增长型(但是风险高)还是采用低速增长型(但是更安全)的投资计划是常见的商业决策。这些决策需要对风险、相应的潜在收益、对其他选择的考虑进行分析,最终实施管理层决定采取的最佳行动。

3. 系统安全工程能力成熟度

SSE-CMM(Systems Security Engineering Capability Maturity Model,系统安全工程能力成熟度模型)描述了一个组织的安全工程过程必须包含的本质特征,这些特征是完善的安全工程保证。尽管 SSE-CMM 没有规定一个特定的过程和步骤,但是它汇集了工业界常见的实施方法。

4.《风险管理标准》(AS/NZS 4360—1999)

《风险管理标准》(AS/NZS 4360—1999)是澳大利亚和新西兰联合开发的风险管理标准,第一版于 1995 年发布。澳大利亚在风险管理方面的实施方法主要延续了英国 BSI 的思想,认为风险管理是风险评估基础上的一系列实施的动作,目标是维护所有者的利益。与 BSI 7799 不同的是,它将对象定位在"信息系统";在资产识别和评估时,采取半定量化的方法,将威胁、风险发生可能性、造成的影响划分为不同的等级,并对不同等级的风险给出了相应的处理方法。

在《风险管理标准》(AS/NZS 4360—1999)中,风险管理过程分为建立环境、风险识别、风险分析、风险评价、风险处置等步骤。每个步骤的实施中,通过交流与协商、监控与回顾两个基本环节进行不断调整,从而将整个过程连贯起来。

《风险管理标准》(AS/NZS 4360—1999)是风险管理的通用指南,它给出了一整套风险管理的流程,对信息安全风险评估具有指导作用。目前该标准已广泛应用于新南威尔士州、澳大利亚政府、英联邦卫生组织等机构。

5.《信息安全管理体系 要求》(ISO/IEC 27001)

1998 年,BSI 公布《信息安全管理规范》(BS 7799-2),按照安全、法律和业务要求,规定了要实施的控制措施,并成为内部审核和信息安全管理认证的依据;1999 年发布修订版的 BS 7799-2,标准内容和修订版的 BS 7799-1:1999 中的控制措施配套使用;2002 年推出了新版本的 BS 7799-2:2002。2004 年 ISO 启动了以 BS 7799-2:2002 为基础的 ISMS 国际标准的制定工作,最终于 2005 年发布了 ISO/IEC 27001:2005,它是建立 ISMS 的一套规范,其中详细说明了建立、实施和维护信息安全管理系统的要求,可用来指导相关人员去应用 ISO 17799,其最终目的在于建立适合组织需要的 ISMS。

2005 年 4 月,国际上正式通过了 ISMS 系列标准的开发计划,即 ISO/IEC 27000。ISO/IEC 27000 系列标准是目前国际标准化组织、大部分欧洲国家以及日本、韩国、新加坡等亚洲国家在信息安全管理标准领域的重点研究对象。在我国,也有许多信息安全部门和企业、安全管理和服务咨询企业、管理体系认证机构等在密切关注该系列标准的进展。

该系列标准以一个组织（或机构）面临的业务安全风险为起点，通过持续改进的 PDCA 过程模型，为一个组织建立、实施、运行、监视、评审、维护和改进一个与其规模、安全需求和目标等相适应的 ISMS 提供了指南。该系列标准适用于具有信息安全管理需求的任何类型、规模和业务特性的组织，包括企业和政府部门等。

ISO/IEC 27000 系列共包括 10 个标准，此标准在国际上也处于研究与制定过程中。

《信息安全管理体系 基础和词汇》（ISO/IEC 27000）主要以《信息和通信技术安全管理 第 1 部分：信息和通信技术安全管理的概念和模型》（ISO/IEC 13335—1:2004）为基础进行研究，该标准将规定 27000 系列标准所共用的基本原则、概念和词汇。

ISO/IEC 27001《信息安全管理体系 要求》，ISO 在 2005 年 10 月发布第一版，要求组织通过持续改进的 PDCA 过程模型达到有效的信息安全。该标准与 ISO/IEC 17799 共同使用，组织在按照 ISO 27001 实施其 ISMS 的过程中，应首先选择 ISO 17799 中推荐的安全控制措施。

《信息安全管理实用规则》（ISO/IEC 27002），即 ISO/IEC 17799:2005。

《信息安全管理体系 实施指南》（ISO/IEC 27003）目前处于工作草案阶段，提供了 27001 具体实施的指南，包括 PDCA 过程的详细指导和帮助。

《信息安全管理测量》（ISO/IEC 27004）目前处于草案阶段，主要测量组织信息安全管理体系实施的有效性、过程的有效性和控制措施的有效性。

《信息安全风险管理》（ISO/IEC 27005）目前处于委员会草案阶段，它主要以《信息技术 信息和通信技术安全管理 第 2 部分：信息安全风险管理》（ISO/IEC 13335—2）为基础进行制定，描述了信息安全风险管理和一般过程及每个过程的详细内容，包括风险分析、风险评价、风险处理、监视和评审风险、保持和改进风险等内容。

6. OCTAVE（可操作的关键威胁、资产和薄弱点评估）

OCTAVE（Operationally Critical Threat, Asset, and Vulnerability Evaluation Framework）是由卡耐基·梅隆大学软件工程研究所（CMU/SEI）开发的一种综合的、系统的信息安全风险评估方法，已经成为美国企业进行风险评估的一种事实标准。

OCTAVE 使组织通过技术和组织两方面的手段理清关键的资产、威胁和脆弱点。该方法分为 3 个阶段、8 个过程。3 个阶段分别是建立企业范围内的安全需要、识别基础设施脆弱性、决定安全风险管理策略。建立企业范围内的安全需求包括识别企业知识、识别操作层的知识、识别员工知识、建立安全需求 4 个过程。标识基础设施的脆弱性包括：标识关键组件；评估选定的组件两个过程。决定安全风险管理策略包括实施多维的风险分析、开发保护战略。OCTAVE 要求从与系统相关的各方面进行调查，包括领导、中层、一般员工，从而获得对资产与威胁的认识程度。

基于上述框架，CMU/SEI 又开发了 OCTAVE 实施指南，该实施指南阐述了具体的安全策略、威胁轮廓和实施调查表。

OCTAVE 与 BS 7799 有异曲同工之处，即识别企业的资产。但不同之处在于，OCTAVE 的风险识别围绕在信息系统上展开，并不一定要求涉及企业整体范围。OCTAVE 的相关调查过程、调查内容等在我国的信息安全风险评估中是适用的。具体到风险管理，还需要在风险处理计划、控制等方面做进一步的拓展。

15.3.2 我国信息安全标准

1. 国内信息安全标准的发展现状

我国的信息安全标准化工作起步较晚，与国际的标准化工作有一定的差距，但 21 世纪初，我国的标准化制定机构与国际标准化组织紧密合作，加强信息化标准制定工作的力度。

1）建立国家信息安全组织保障体系

2003 年 7 月，国务院信息化领导小组第三次会议上专题讨论并通过了《关于加强信息安全保障工作的意见》（2003[27]号文件）。27 号文件第一次把信息安全提升到了促进经济发展、维护社会稳定、保障国家安全、加强精神文明建设的高度，并提出了"积极防御，综合防范"的信息安全管理方针。

2）制定和引进信息安全管理标准

为了更好地推进我国信息安全管理工作，国家公安部主持制定、国家质量技术监督局发布了中华人民共和国国家标准《计算机信息系统安全保护等级划分准则》（GB 17895—1999），并引进了国际上著名的《信息安全管理实用规则》（GB 17899—2005）、《信息安全管理体系 要求》（ISO 27001—2005）、《信息技术安全性评估准则》（GB/T 18336—2001）（ISO/IEC 15408—1999）、《SSE-CMM 系统安全工程能力成熟度模型》等信息安全管理标准。

3）制定重要的信息安全管理的法律法规

从 20 世纪 90 年代初起，为配合信息安全管理的需要，国家相关部门、行业和地方政府相继制定了《中华人民共和国计算机信息网络国际联网管理暂行规定》《商用密码管理条例》《互联网信息服务管理办法》《计算机信息网络国际联网安全保护管理办法》《计算机病毒防治管理办法》《互联网电子公告服务管理规定》《软件产品管理办法》《电信网间互联管理暂行规定》《电子签名法》等有关信息安全管理的法律法规文件。

2. 国内重要的信息安全标准

(1)《计算机信息系统安全保护等级划分准则》（GB 17859—1999）。

为提高我国计算机信息系统安全保护水平，1999 年 9 月由公安部主持制定、国家质量技术监督局发布了国家标准《计算机信息系统安全保护等级划分准则》（GB 17859—1999），它是建立信息系统安全保护等级、实施安全等级管理的重要基础性标准。

该标准的制定参照了美国的 TCSEC 及 TNI，有 3 个主要目的：一是为计算机信息系统安全法规的制定和执法部门的监督检查提供依据；二是为安全产品的研制提供技术支持；三是为安全系统的建设和管理提供技术指导。

(2)《信息技术安全性评估准则》（GB/T 18336—2001）。

自 1996 年 CC 1.0 版本发布后，我国相关标准制定部门一直进行跟踪研究，密切关注着 CC 的发展情况，并尝试将 CC 标准与信息安全实践相结合。2001 年 3 月，国家质量技术监督局正式颁布了等同采用 CC 的国家标准《信息技术安全性评估准则》（GB/T 18336—2001）。

(3)《信息技术 信息安全管理实用规则》（GB/T 19716—2005）。

我国在 ISO/IEC 17799:2000 的基础上，于 2005 年颁布了国家标准《信息技术 信息安全管理实用规则》（GB/T 19716—2005），此标准基本等同于 ISO/IEC 17799:2005，包含 11 个控制要项、39 个控制目标。

（4）《信息安全技术 信息系统安全管理要求》（GB/T 20269—2006）。

该标准依据《计算机信息系统安全保护等级划分准则》（GB 17859—1999）的等级划分，对信息和信息系统的安全保护提出了分等级安全管理的要求，阐述了安全管理要素及其强度，并将管理要求落实到信息安全等级保护所规定的 5 个等级上，有利于对安全管理的实施、评估和检查。

（5）《信息安全技术 信息安全风险评估规范》（GB/T 20984—2007）。

该标准提出了风险评估的基本概念、要素关系、分析原理、实施流程和评估方法，以及风险评估在信息系统生命周期不同阶段的实施要点和工作形式，适用于规范组织开展的风险评估工作。

该标准指出了信息安全风险的有关要素，并阐述了它们之间的相互关系，给出了风险分析原理、风险评估实施流程和常见的评估方法。

（6）《党政机关信息系统安全评测规范》（DB11/T 171—2002）。

《党政机关信息系统安全评测规范》（DB11/T 171—2002）是北京市电子政务信息系统测评的地方标准。它是在参考《信息技术安全性评估准则》（GB/T 18336—2001）、《信息技术信息安全管理实用规则》（GB/T 19716—2005）、《信息技术安全性评估准则》（GB/T 18336—2001）3 个国家标准的基础上制定的，形成了一个完整的信息系统安全测评体系。

该标准吸纳了《计算机信息系统安全保护等级划分准则》（GB 17859—1999）的等级保护思想，根据各安全等级（类型）系统处理的信息价值、面临的典型安全威胁和保护能力要求，对各安全等级系统提出了相应的安全技术要求和安全管理要求。

该标准的安全技术要求是参考《信息技术 安全技术 信息技术安全性评估标准》（GB/T 18336—2001）的安全功能要求的组织和结构，选择《信息技术安全性评估标准》的相关安全功能组件描述安全技术要求，安全技术要求共包括 10 大类、40 个子类，是针对网络平台、操作系统平台、公共应用平台和应用系统提出来的；同时，《党政机关信息系统安全评测规范》（GB/T 171—2002）中的安全技术要求对各安全等级的基线要求，等级保护的实施，应从系统实际情况出发，既要满足等级保护的基线要求，又要满足系统实际的安全需求。系统安全保障应按照某一安全等级要求进行设计和实施，但同时也应根据系统实际面临的安全威胁，满足特定的安全要求。

该标准的安全管理要求参考的是《信息技术 信息安全管理实用规则》（ISO/IEC 17799—2000）（我国于 2005 年等同采纳该标准为《信息技术 信息安全管理实用规则》（GB 19716—2005））。

小　　结

风险评估是信息安全建设的基础性工作，是信息安全建设的指南。本章在介绍了风险和风险评估的基本概念的基础上，给出了风险评估的原则，对风险评估的目的、评估要素及其关系、风险评估的流程进行了介绍。通过本章的学习，使读者对风险评估的概念、流程和使用的技术与工具有一个基本的了解。

其次，本章对等级保护与等级测评进行了系统的阐述，给出了等级保护与等级测评的基本概念，并概述了等级保护相关的法律法规，给出了信息系统的定级原则以及为信息系统定级的一般流程与方法。在等级测评方面,主要介绍了等级测评的过程,并通过一个实例——通用等级测评报告模板让读者更深刻地认识等级测评。

最后介绍了国际上比较重要的信息安全标准,分析了目前我国信息安全标准的现状,并对国内重要的信息安全标准进行了介绍。

习 题 15

1. 威胁信息系统的主要方法有哪些?
2. 结构化保护级的主要特征有哪些?
3. 风险评估的定义是什么?
4. 风险评估要解决的问题有哪些?
5. 风险评估的流程是什么?
6. 风险评估的原则有哪些?
7. 风险评估的目的是什么?
8. 简述风险评估的各要素。
9. 如何实现风险评估要素之间作用关系的形式化描述?
10. 什么是等级保护?什么是等级测评?两者之间有什么关系?
11. 国际有哪些重要的信息安全标准?
12. 国内有哪些重要的信息安全标准?

第 16 章　信息安全法律法规

本章导读：

保障信息安全是一个复杂的系统工程，需要多管齐下、综合治理。目前，信息安全技术、信息安全标准和信息安全法律法规已成为保障信息安全的三大支柱。本章首先介绍信息安全法规的概念、基本原则以及法律地位，然后概括介绍美国、欧洲和日本等国的信息安全法律法规情况，接着详细介绍我国信息安全法律法规，重点介绍《中华人民共和国刑法》《全国人大常务委员会关于维护互联网安全的决定》《中华人民共和国电子签名法》《中华人民共和国计算机信息系统安全保护条例》以及《信息网络传播权保护条例》。

16.1　综　　述

16.1.1　信息安全法规的概念

为尽快制订适应和保障我国信息化发展的计算机信息系统安全总体策略，全面提高安全水平，规范安全管理，国务院、公安部等有关单位从 1994 年起制定发布了一系列信息系统安全方面的法规，这些法规是指导信息安全工作的依据。

16.1.2　信息安全法律法规的基本原则

1. 谁主管谁负责的原则

例如，《互联网上网服务营业场所管理条例》第四条规定如下。

县级以上人民政府文化行政部门负责互联网上网服务营业场所经营单位的设立审批，并负责对依法设立的互联网上网服务营业场所经营单位经营活动的监督管理。

公安机关负责对互联网上网服务营业场所经营单位的信息网络安全、治安及消防安全的监督管理。

工商行政管理部门负责对互联网上网服务营业场所经营单位登记注册和营业执照的管理，并依法查处无照经营活动。

电信管理等其他有关部门在各自职责范围内，依照本条例和有关法律、行政法规的规定，对互联网上网服务营业场所经营单位分别实施有关监督管理。

2. 突出重点的原则

例如，《中华人民共和国计算机信息系统安全保护条例》第四条规定：计算机信息系统的安全保护工作，重点维护国家事务、经济建设、尖端科学技术等重要领域的计算机信息系统的安全。

3. 预防为主的原则

如对病毒的预防、对非法入侵的防范（使用防火墙）等。

4. 安全审计的原则

例如，在《计算机信息系统安全保护等级划分准则》的第 4.4.6 款中，有关审计的说明如下。

计算机信息系统可信计算基能维护受保护的客体的访问审计跟踪记录,并能阻止非授权的用户对它访问或破坏。

计算机信息系统可信计算基能记录下述事件:使用身份鉴别机制;将客体引入用户地址空间(如打开文件、程序初始化);删除客体;由操作员、系统管理员或(和)系统安全管理员实施的动作,以及其他与系统安全有关的事件。对于每一件事,其审计记录包括:事件的日期和时间、用户、事件类型、事件是否成功。对于身份鉴别事件,审计记录包含请求的来源(如终端标识符);对于客体引入用户地址空间的事件及客体删除事件,审计记录包含客体及客体的安全级别。此外,计算机信息系统可信计算基具有审计更改可读输出记号的能力。

对不能由计算机信息系统可信计算基独立分辨的审计事件,审计机制提供审计记录接口,可由授权主体调用。这些审计记录区别于计算机信息系统可信计算基独立分辨的审计记录。

5. 风险管理的原则

事物的运动发展过程中都存在着风险,它是一种潜在的危险或损害。风险具有客观可能性、偶然性(风险损害的发生有不确定性)、可测性(有规律,风险发生可以用概率加以测度)和可规避性(加强认识,积极防范,可降低风险损害发生的概率)。

信息安全工作的风险主要来自信息系统中存在的脆弱点(漏洞和缺陷),这种脆弱点可能存在于计算机系统和网络中或者管理过程中。脆弱点可以利用它的技术难度和级别来表征。脆弱点也很容易受到威胁或攻击。

解决问题的最好办法是进行风险管理。风险管理又名危机管理,是指如何在一个肯定有风险的环境里把风险降至最低的管理过程。

对于信息系统的安全,风险管理主要做的工作如下。

(1) 主动寻找系统的脆弱点,识别出威胁,采取有效的防范措施,化解风险于萌芽状态。

(2) 当威胁出现后或攻击成功时,对系统所遭受的损失及时进行评估,制定防范措施,避免风险的再次出现。

(3) 研究制定风险应变策略,从容应对各种可能的风险的发生。

16.1.3　信息安全法律法规的法律地位

信息安全的法律保护不是靠一部法律所能实现的,而是要靠涉及信息安全技术各分支的信息安全法律法规体系来实现。因此,信息安全法律在我国法律体系中具有特殊地位,兼具有安全法、网络法的双重地位,必须与网络技术和网络立法同步建设。因此,具有优先发展的地位。

1. 信息安全立法的必要性和紧迫性

(1) 没有信息安全就没有完全意义上的国家安全。

(2) 国家对信息资源的支配和控制能力,将决定国家的主权和命运。

(3) 对信息的强有力的控制是打赢未来信息战的保证。

(4) 信息安全保障能力是 21 世纪综合国力、经济竞争力和生存发展能力的重要组成部分。

2. 信息安全法律规范的作用

（1）指引作用，是指法律作为一种行为规范，为人们提供了某种行为模式，指引人们可以这样行为、必须这样行为或不得这样行为。

（2）评价作用，是指法律具有判断、衡量他人行为是否合法或违法以及违法性质和程度的作用。

（3）预测作用，是指当事人可以根据法律预先估计到他们相互将如何行为以及某行为在法律上的后果。

（4）教育作用，是指通过法律的实施对一般人今后的行为所产生的影响。

（5）强制作用，是指法律对违法行为具有制裁、惩罚的作用。

16.2　国际的相关法律法规

目前，世界上已有 30 多个国家先后从不同侧面制定了有关计算机及网络犯罪的法律法规，主要用来保证和保护互联网和各种网络系统、网站、信息的保密和信息安全运行，惩治利用互联网进行犯罪的行为。这些法律法规为预防、打击计算机及网络犯罪提供了必要的法律依据和法律保证。瑞典于 1973 年颁布了涉及计算机犯罪问题的《数据法》，这是世界上第一部保护计算机数据的法律。以下分别介绍美国、欧洲和日本等的信息安全法律法规情况。

1. 美国信息安全法律法规

美国作为当今世界信息大国，不仅信息技术具有国际领先水平，有关信息安全的立法活动也进行得较早。因此，与其他国家相比，美国是信息安全方面的法案最多而且较为完善的国家。美国的国家信息安全机关除人们所熟知的国家安全局（NSA）、中央情报局（CIA）、联邦调查局（FBI）外，1996 年成立了总统关键设施保护委员会，1998 年成立了国家设施保护中心，以及国家计算机安全中心、设施威胁评估中心。美国信息安全法律制度调整的对象涉及的范围比较广泛，大致可以分为 3 个方面：一是政府的信息安全；二是商业组织的信息安全；三是个人隐私信息的安全。下面将从以上 3 个方面分别对美国的信息安全法律法规进行简单的介绍。

1）政府信息安全法律

《信息自由法》：该法制定于 1966 年，主要是保障公民的个人自由。其利用"例外"的立法方式，将需要保护的信息加以列举。其列举了 9 种不能公开的信息。《信息自由法》是美国最重要的信息法律，构成了其他信息安全保护法律的基础。与此相类似，还有《阳光政府法》（Government in Sunshine of 1976），又叫《联邦公开会议法》，该法影响着约 50 个联邦部门、委员会和机构，要求它们公开所有会议的情况和记录档案。

《爱国者法》：这是"9·11"事件以后美国为保障国家安全颁布的最为重要的一部法律，也是目前争议最大的一部法律。该法原名《2001 年为团结和强化美国而提供有效措施抗击恐怖主义法案》，是联邦法。它的目的主要是：从法律上授予美国国内执法机构和国际情报机构非常广泛的权力和相应的设施以防止、侦破和打击恐怖主义活动，使美国人民能够生活在安全的环境中。该法共分 10 个章节，范围广泛，内容复杂，同时，还对美国现有的十几部法律作出了修改。

《联邦信息安全管理法案》：该法将"信息安全"定义为"保护信息和信息系统以避免未

授权的访问、使用、泄露、破坏、修改或者销毁,以确保信息的完整性、保密性和可用性"。同时,对"国家安全系统"的概念进行了界定。该法还授权各管理部门行使国家信息安全管理职责,比如:授权国家标准与技术局(NIST)为联邦政府使用的系统制定安全标准与指南;授权管理与预算办公室(OMB)主任对安全政策、原则、标准、指南等的制定、执行(包括遵守)情况进行监督。该法是美国政府在"9·11"恐怖袭击事件后为加强国家安全颁布的另一部非常重要的法律。

《美国企业改革法案》:该法又名《公众公司会计改革与投资者保护法》(简称《萨班斯-奥克斯利法》)。法案要求某些公司为保证其内部金融控制的准确性,证券交易委员会(SEC)有权制定标准并执行这些规则,并与其他对金融组织拥有管辖权的机构共同负责对金融组织计算机系统上的有关个人金融信息隐私的规则的执行。SEC还负责大量私营公司内部金融控制(包括关联公司计算机系统的内部金融控制)认证规则的执行。该法是在包括安然、世界通信等一系列公司财务丑闻爆发之后由国会订立的,主要目的是加强对上市公司内部金融信息的监管,以维护金融市场的秩序和安全。

2)商业组织信息安全法律

美国是一个高度发达的工商业社会,市场化程度非常高,甚至军工生产都由私营企业来承担。随着网络在工商业中的广泛应用,信息安全问题显得越来越重要和突出。比如,黑客攻击了纽约证券交易所的网络,或有人窃取了花旗银行的所有客户账号与密码等,这样的损害和损失将是十分严重的。要解决这样的问题,要靠技术、管理,更要靠法律的约束。对商业组织信息特别是商业秘密的保护主要是依据各州的法律,主要是普通法。

(1)商业秘密的保护。

商业秘密是一种信息或过程,它能使商业组织比没有掌握这种信息或过程的竞争者更具有竞争优势。在美国,保护商业秘密的法律有普通法、成文法,另外还有相关方签订劳动合同或保密协议的方式。

根据《侵权法重述》第757节,"某人未经授权泄露或使用他人的商业秘密,在下列条件下要承担法律责任:①用不适当方式泄露秘密,或②泄露或使用是违背告诉者与之之间的保密信用关系的。"工业间谍进入竞争者的计算机盗取商业机密的行为,也属于商业秘密盗窃。

直到最近,实质上所有涉及商业秘密的法律都是普通法。但由于普通法具有复杂性和不可预测性,1985年美国制定了《保护商业秘密统一示范法》,供各州选择适用。法案的部分条款已在20多个州适用。

《商业秘密法案》(the Trade Secrets Act of 2000)。该法规定未经授权泄露商业秘密的行为为犯罪。

(2)对版权作品的保护。

《数字千年版权法》(The Digital Millennium copyright Act of 1998 DMCA,17 U.S.C. §1201-05)。该法涉及网上作品的临时复制(Temporary copies)、网络上文件的传输(Digital Transmissions)、数字出版发行(Digital Publication)、作品合理使用范围的重新定义、数据库的保护等,规定未经允许在网上下载音乐、电影、游戏、软件等为非法,要承担相应的民事或刑事责任。在刑事责任方面:根据该法第1204条的规定,对初犯者,惩罚为高达500000美元的罚款和5年监禁。对再犯者,罚款可达1000000美元和10年监禁。在民事责任方面：恢复原状；没收违法利润；法定赔偿金最高可达 2500 美元（每次违法行为）。任意赔偿金可包括：最近 3 年来受损害方可以证明的利益损失的 3 倍、受害方申请禁令和聘请律师的费用等。

3）个人隐私信息安全法律

美国公众对个人隐私的保护非常重视，但美国的法律体系明确承认隐私权是在 19 世纪末。此前，主要是依据宪法第一修正案、第三修正案、第四修正案、第五修正案中的原则来保护个人隐私，同时普通法中也有一些间接的保护隐私的例子。公认的对隐私权的真正确立是始于 1890 年学者山姆利·沃伦（Samul Warren）和路易斯·布伦迪斯（Louis Brandeis）在《哈佛法律评论》上发表的一篇文章"论隐私权"。到今天，隐私权已成为一项可以抗辩的法律主张。作为一项法律权利，隐私权在美国整个法律体系的权利序列中，处于较高地位。假如政府或个人的行为对大众有利却侵犯了隐私权，则这些行为仍然是违法的。

对个人隐私保护的联邦成文法非常多。主要列举如下。

① 1980 年《隐私保护法》，确立了执法机构使用报纸和其他媒体拥有的记录和其他信息的标准。

② 1986 年《电子通信隐私法》，该法是对 1969 年《综合犯罪控制和街道安全法》的修订，目的在于根据计算机和数字技术所导致的电子通信的变化而更新联邦的信息保护法。

③ 1996 年《电讯法》，规定电讯经营者有保守客户财产信息秘密的义务。该法是为了适应信息化的发展而对 20 世纪 30 年代的原有法律进行全面修订而制定的全新法律，它综合了以往分别进行管理的广播、电视、通信和计算机等内容，部分内容体现了试图查禁色情贩子肆无忌惮地在网际空间促销淫秽资讯的活动，保护儿童和少年的身心健康。

④ 1999 年《儿童网上隐私保护法》，该法是第一个保护由网络和因特网的在线服务所处理的个人信息的联邦法律。没有父母的同意，联邦法律和法规限制搜集和使用儿童的个人信息。

欧洲各国在关于信息安全方面的法律体系与美国的法律体系不同。例如，英国不存在类似美国的州政府和联邦政府的法律，所有法律都适用于整个国家；而苏格兰的法律在许多方面不同，但在计算机滥用和相关方面的法律却是相同的。下面以英国、法国和德国为例介绍欧洲信息安全法律法规现状。

2. 英国信息安全法律法规

英国于 1996 年 9 月 23 日由互联网络服务提供商协会（ISPA）执委会、伦敦互联网络交换中心、互联网络安全基金会等部门提出并实施 3R 规则，分别代表"分级认定、检举揭发和承担责任"。

该规则是针对英国境内互联网络中的非法资料特别是色情淫秽内容而提出的行业性倡议。规则提及的一系列管理措施由互联网络服务提供商协会（ISPA）、伦敦互联网络交换中心（LINX）和互联网络安全基金会共同制定，并经英国贸工部牵头协调，与各互联网络服务提供商、首都警署、内政部等部门充分协商后，作为行业性的倡议而公布的。该规则为英国网络行业的管理迈出了坚实而具体的一步，为行业管理的进一步发展打下基础。

有关计算机犯罪的立法，英国经历了一个发展过程。

（1）1981 年，通过修订《伪造文书及货币法》，扩大"伪造文件"的概念，将伪造电磁记录纳入"伪造文书罪"的范围。

（2）1984 年，在《治安与犯罪证据法》中规定："警察可根据计算机中的情报作为证据"，从而明确了电子记录在刑事诉讼中的证据效力。

（3）1985 年，通过修订《著作权法》，将复制计算机程序的行为视为犯罪行为，给予相应的刑罚处罚。

（4）1990 年，制定《计算机滥用法》（以下简称《滥用法》）。在《滥用法》里，重点规定了以下 3 种计算机犯罪：①非法侵入计算机罪；②有其他犯罪企图的非法侵入计算机罪；③非法修改计算机程序或数据罪。

3. 法国信息安全法律法规

在法国，1992 年通过、1994 年生效的新刑法典设专章"侵犯资料自动处理系统罪"对计算机犯罪作了规定。根据该章的规定，共有以下 3 种计算机罪。

（1）侵入资料自动处理系统罪。

刑法典第 323-1 条规定："采用欺诈手段，进入或不肯退出某一资料数据自动处理系统之全部或一部的，处 1 年监禁并处 10 万法郎罚金。如造成系统内储存之数据资料被删除或被更改，或者导致该系统运行受到损坏，处 2 年监禁并处 20 万法郎罚金。"

（2）妨害资料自动处理系统运作罪。

刑法典第 323-2 条规定："妨碍或扰乱数据资料自动处理系统之运作的，处 3 年监禁并处 30 万法郎罚金。"

（3）非法输入、取消、变更资料罪。

刑法典第 323-3 条规定："采取不正当手段，将数据资料输入某一自动处理系统，或者取消或变更该系统储存之资料的，处 3 年监禁并处 30 万法郎罚金。"

此外，该章还规定：法人亦可构成上述犯罪，科处罚金；对自然人和法人，还可判处"禁止从事在活动中或活动时实行了犯罪的那种职业性或社会性活动"等资格刑；未遂也要处罚。

互联网络上所遇到的众多问题有一个新的特点，那就是互联网络是一个国际化的网络，一个国家的法律却难以规范所有的网上行为。然而互联网络的成员所面对的又并非一个法律的真空，他们要应付繁多的被要求协调执行的规则，这些规则本来是针对一些公司和协会的，后来也适用于一些未经接受充分法律培训的个人。为此，互联网络的成员认为必须通过发表《互联网络宪章》，来阐明、确定并公布他们彼此之间为对法国社会负责所应遵守的规则。互联网络的成员设立了互联网络理事会，这是法国唯一一个负责自我调节和协调的独立机构。宪章及互联网络理事会提出的意见和建议具有为司法当局提供参考的价值。而且互联网络的成员通过宪章表明了他们对维护互联网络开辟的新的表现自由的空间的强烈要求。他们同时表示，行使这种自由应严格尊重个人，尤其是儿童。

4. 德国信息安全法律法规

信息网络发展迅速的德国当然也拥有比较健全的信息安全法案。1997 年 8 月 1 日，德国《多媒体法》正式颁布实施。这部法律标志着人类对网络这一高科技领域的法治正式起步，因而受到多国政府和立法者的普遍重视。该法也是世界上第一部规范互联网行为的法律，共 11 条，通过修正以前的有关法律规定，使现行法律适用网络的虚拟空间。

《多媒体法》的全称为《信息与通信服务确立基本规范的联邦法》，简称《信息与通信服务法》。该法律的优点在于：立法者既考虑到了要通过立法防止滥用新的信息与服务手段危害青少年身心健康的行为,同时又考虑到了要确保公民能够一如既往地行使广泛自由和通信自由的权利。本法案的推行目的是:为电子信息和通信服务的各种利用可能性规定统一的经济框架条件。

该法案适用于一切私人利用信号、图像、声音等数据而提供的通过电信传输的电子信息和通信服务(电信服务)。而本法不适用于以下情况。

(1) 电信服务部门和根据 1996 年 7 月 25 日施行的电信法第 3 条由电信部门提供的业务。

(2) 按照国家广播协定第 2 条规定的无线电广播(不涉及新闻发布的有关规定)。

同时该法还明确提出了现在比较著名的法律"数字签名法",它为数字签名提供框架条件,这些条件下,数字签名被认为是可靠的,并且能可靠地认出假的数字签名或者能识别出伪造的数字签名。而且其他未被本法条例规定是不能采用的数字签名方法是允许使用的。

5. 日本信息安全法律法规

在亚洲国家中,日本的网络发展相对更为迅速,据 Ipso Insight 公司的市场调查显示,2004—2005 年期间日本仍然保持着全球互联网普及率第一的位置。根据日本总务省的统计,2005 年 3 月末日本互联网用户数为 7948 万,互联网家庭普及率为 87%。面对如此高普及率的互联网发展,近年来日本政府对有关互联网信息安全管理及法律制度的研究兵出多路,除内阁外,总务省、经济产业省、警察厅以及法务省、国家公安委员会等均有相应举措,此外,其他各相关省厅则依其主管事务,配合各相关法律制度的推动或研究。

日本政府按照各机构各负其责的原则,根据各相关省厅(部委)的职能、职责,采取联合管理互联网的方式。凡涉及网络犯罪问题均由警察厅负责立法起草工作和执法;涉及商务领域的问题由经济产业省负责立法起草工作和执法;只有涉及网络服务与内容提供等问题才由总务省负责立法起草工作和执法。即在互联网管理工作中,政府各部门有着较为明确的责任划分,其依据是现行的政府职能。因此总务省、经济产业省和警察厅 3 个机构是互联网主要管理部门,承担着与互联网管理相关的立法起草工作和执法任务,其他各相关省厅根据各自的事务职责协同推进互联网的管理工作。

自互联网在日本快速发展以来,日本政府在互联网信息安全管理方面的做法发生了很大变化。20 世纪 90 年代实行"重行业自律,轻政府管理"的管理机制,但到 2000 年后政府认识到互联网管理的重要性,注重互联网信息安全立法工作,出台了一批有关互联网信息安全的新法律法规。在立法模式上既在原有法律条文中修改、增加互联网管理的内容,也根据互联网业务特点制定出新的法律法规。此外,日本互联网相关的行业组织也制定了一些行业自律条文,特别是在技术层面提供了不少互联网管理的新技术手段,对著作权等管理上也拟定了一些行规,这些都对互联网管理法律制度的建立起到了一定作用。但面对互联网引发的诸多严重问题,行业自律的效力显得较弱,其覆盖面也有限,最终还要依靠法律层面的规定起决定性的作用。

日本是信息和通信发达国家,其电子信息和通信服务已渗透到所有经济和生活领域。日本政府在意识到互联网的重要性及其存在的问题之后,积极地关注互联网的发展并修改、制定了一系列有关法律。与信息安全相关的法律如表 16-1 所示。

表 16-1　日本信息安全相关法律

序号	法 律 名 称	说 明	管 制 机 构
1	《刑法》	1987 年增加互联网相关内容	法务省、警察厅
2	《禁止非法链接法》	1999 年法律第 128 号,针对盗用他人密码等非法链接行为	总务省、经济产业省、警察厅
3	《电子签名法》	2000 年法律第 102 号,规范了新生的电子签名事务	总务省、法务省、经济产业省
4	《特定电子商务法》	2000 年法律第 126 号,针对电子商务业务	经济产业省
5	《电子合同法》	2001 年法律第 95 号,根据《民法》制定的消费者执行电子合同的法律规定	经济产业省
6	《网络服务商责任法》	2001 年法律第 137 号,明确业务提供商责任	总务省
7	《反垃圾邮件法》	2002 年法律第 26 号,针对垃圾邮件的规定	总务省
8	《色情网站管制法》	2003 年法律第 83 号,禁止 18 岁以下青少年卖淫行为的管制	警察厅
9	《个人信息保护法》	2003 年法律第 119 号,个人信息的有用性和保护个人的权利、利益	内阁官方、总务省
10	《促进内容创作、保护及应用法》	2004 年法律第 81 号,促进内容的创作、保护和应用	内阁官方

16.3　我国的法律法规

16.3.1　我国信息安全法律法规体系

随着经济全球化和信息化的快速发展,信息安全威胁日益严峻。恶性病毒的危害、黑客攻击的日益猖獗、垃圾邮件的不断侵扰以及不良信息内容的肆意传播,使得全球信息安全形势越发严峻。美国、俄罗斯、日本和韩国等国家均把信息安全摆到与国家安全同等高度,进行了相应的机构整合,制订了指导整个国家信息安全发展的战略和规划。我国政府对信息安全工作也给予了高度重视,进一步明确了国家信息安全领导体制,组织研究国家信息安全发展战略,实行积极防御、综合防范的方针,全面、系统地规划我国的信息安全保障体系建设。

在我国信息安全保障体系的建设中,法律环境的建设是必不可少的一环,也可以说是至关重要的一环,信息安全的基本原则和基本制度、信息安全保障体系的建设、信息安全相关行为的规范、信息安全中各方权利和义务的明确、违反信息安全行为的处罚等,都是通过相关法律法规予以明确的。有了一个完善的信息安全法律体系,有了相应的严格司法、执法的保障环境,有了广大机关、企事业单位及个人对法律规定的遵守及应尽义务的履行,才可能创造信息安全的环境,保障国家、经济建设和信息化事业的安全。经过 10 多年的发展,目前我国现行法律法规及规章中,与信息安全有关的已有近百部,它们涉及网络与信息系统安全、信息内容安全、信息安全系统与产品、保密及密码管理、计算机病毒与危害性程序防治、金融等特定领域的信息安全、信息安全犯罪制裁等多个领域,在文件形式上,有法律、有关法律问题的决定、司法解释及相关文件、行政法规、法规性文件、部门规章及相关文件、地方性法规与地方政府规章及相关文件多个层次,初步形成了我国信息安全的法律体系。按照法律位阶列举如下。

1. 法律类

(1)《中华人民共和国刑法》(1997 年 3 月 14 日全国人民代表大会修订,1997 年 10 月 1 日起施行)。

(2)《全国人大常委会关于维护互联网安全的决定》(2000 年 12 月 28 日第九届全国人民代表大会常务委员会第十九次会议通过)。

(3)《中华人民共和国电子签名法》(2004 年 8 月 28 日第十届全国人民代表大会常务委员会第十一次会议通过,2005 年 4 月 1 日起施行)。

2. 行政法规类

(1)《计算机软件保护条例》(2001 年 10 月 1 日国务院发布并实施)。

(2)《中华人民共和国计算机信息系统安全保护条例》(1994 年 2 月 18 日国务院发布并施行)。

(3)《中华人民共和国计算机信息网络国际联网管理暂行规定》(1996 年 2 月 1 日国务院发布并施行,根据 1997 年 5 月 20 日《国务院关于〈中华人民共和国计算机信息网络国际联网管理暂行规定〉的决定》修正公布)。

(4)《中华人民共和国电信条例》(2000 年 9 月 25 日国务院发布并施行)。

(5)《互联网信息服务管理办法》(2000 年 9 月 20 日国务院发布并施行)。

(6)《信息网络传播权保护条例》(2006 年 7 月 1 日国务院发布并施行)。

3. 司法解释类

《关于审理扰乱电信市场管理秩序案件具体应用法律若干问题的解释》(2000 年 5 月 12 日最高人民法院发布,2000 年 5 月 24 日起施行)。

4. 行政规章类

(1)《计算机信息网络国际联网出入口信道管理办法》(1996 年 4 月 9 日原邮电部(现为工业和信息化部)发布并施行)。

(2)《计算机信息网络国际联网安全保护管理条例》(1997 年 12 月 11 日由国务院批准,1997 年 12 月 30 日由公安部发布并施行)。

(3)《中华人民共和国计算机信息网络国际联网管理暂行规定实施办法》(1998 年 2 月 13 日国务院信息化工作领导小组发布并施行)。

(4)《计算机信息系统国际联网保密管理暂行规定》(1998 年 2 月 26 日国家保密局发布并实行)。

(5)《计算机信息系统国际联网保密管理规定》(国家保密局发布,2000 年 1 月 1 日起施行)。

(6)《计算机病毒防治管理办法》(2000 年 4 月 26 日公安部发布并施行)。

(7)《互联网电子公告服务管理规定》(2000 年 11 月 7 日信息产业部(现为工业和信息化部)发布并施行)。

(8)《互联网站从事登载新闻业务管理暂行规定》(2000 年 11 月 7 日国务院新闻办公

室、信息产业部发布并施行）。

5. 其他

《关于对〈中华人民共和国计算机信息系统安全保护条例〉中涉及的"有害数据"问题的批复》（公安部 1996 年 5 月 9 日发布）。

通过对目前我国现行信息安全相关法律法规的整理分析，可以初步概括出目前我国信息安全法律体系的主要特点。

1）信息安全法律法规体系初步形成

目前我国现行法律法规及规章中，与信息安全直接相关的是 65 部，它们涉及网络与信息系统安全、信息内容安全、信息安全系统与产品、保密及密码管理、计算机病毒与危害性程序防治、金融等特定领域的信息安全、信息安全犯罪制裁等多个领域，在文件形式上，有法律、有关法律问题的决定、司法解释及相关文件、行政法规、法规性文件、部门规章及相关文件、地方性法规与地方政府规章及相关文件多个层次。

其中，全面规范信息安全的法律法规有 18 部，包括 1994 年的《中华人民共和国计算机信息系统安全保护条例》等法规，也包括 2003 年的《广东省计算机信息系统安全保护管理规定》、1998 年的《重庆市计算机信息系统安全保护条例》等地方法规；侧重于互联网安全的有 7 部，包括 2000 年《全国人民代表大会常务委员会关于维护互联网安全的决定》等法律层面的文件，也包括 1997 年的《计算机信息网络国际联网安全保护管理办法》等部门规章；侧重于信息安全系统与产品的有 3 部，包括 1997 年的《计算机信息系统安全专用产品检测和销售许可证管理办法》等部门规章；侧重于保密的有 10 部，既包括 1989 年的《中华人民共和国保守国家秘密法》等法律，也包括 1998 年的《计算机信息系统保密管理暂行规定》、2000 年的《计算机信息系统国际联网保密管理规定》、1997 年的《农业部计算机信息网络系统安全保密管理暂行规定》等部门规章；侧重于密码管理及应用的有 5 部，包括 1999 年的《商用密码管理条例》等法规，也包括 2005 年的《电子认证服务管理办法》《电子认证服务密码管理办法》等部门规章，还包括 2002 年的《上海市数字认证管理办法》、2001 年的《海南省数字证书认证管理试行办法》等地方法规或规章；侧重于计算机病毒与危害性程序防治的有 9 部，包括 2000 年的《计算机病毒防治管理办法》等部门规章，也包括 1994 年的《北京市计算机信息系统病毒预防和控制管理办法》、2002 年的《天津市预防和控制计算机病毒办法》等地方法规或规章；侧重于特定领域信息安全的有 9 部，包括 1998 年的《金融机构计算机信息安全保护工作暂行规定》、2003 年的《铁路计算机信息系统安全保护办法》、2005 年的《证券期货业信息安全保障管理暂行办法》等部门规章，也包括 2003 年的《广东省电子政务信息安全管理暂行办法》等地方法规或规章；侧重于信息安全监管的有 3 部，包括 2004 年的《上海市信息系统安全测评管理办法》等地方法规或规章；侧重于信息安全犯罪处罚的主要是我国刑法第二百八十五条、二百八十六条、二百八十七条等相关规定。

总体来看，这些信息安全法律法规或多或少所体现的我国信息安全的基本原则可以简单归纳为国家安全、单位安全和个人安全相结合的原则，等级保护的原则，保障信息权利的原则，救济原则，依法监管的原则，技术中立原则，权利与义务统一的原则；而基本制度可以简单归纳为统一领导与分工负责制度，等级保护制度，技术检测与风险评估制度，安全产品认证制度，生产销售许可制度，信息安全通报制度，备份制度等。

2）与信息安全相关的司法和行政管理体系迅速完善

有了《中华人民共和国刑法》（第二百一十七、二百一十八、二百八十五、二百八十六、二百八十七、二百八十八条）、《全国人民代表大会常务委员会关于维护互联网安全的决定》《中华人民共和国计算机信息系统安全保护条例》《电信条例》《互联网信息服务管理办法》等法律依据，有了《最高人民法院最高人民检察院关于办理利用互联网、移动通信终端、声讯台制作、复制、出版、贩卖、传播淫秽电子信息刑事案件具体应用法律若干问题的解释》等司法解释，一些危害信息安全的案例迅速得到裁判，如广州市中级人民法院裁判的吕薛文破坏计算机信息系统案、乌鲁木齐市中级人民法院裁判的何朴利用其担任银行计算机操作员的职务便利贪污巨额公款案等，震慑了违法犯罪分子，维护了计算机信息网络的正常秩序。经过多年的工作，在我国信息安全行政管理方面，信息安全保障体系建设也已初见成效，与信息安全法律法规体系相配套的标准体系建设、应急处理体系建设、等级保护体系建设、电子认证体系建设、安全测评体系建设、计算机病毒疫情调查和控制体系建设以及违法和不良信息举报制度建设等都得到较快的发展，为电子政务、电子商务及信息化做出了贡献。

3）目前法律规定中法律少而规章等偏多、缺乏信息安全的基本法

虽然可以说目前我国信息安全的法律体系已初步形成，但还很不成熟，在这一体系中，部门规章、地方法规及规章等占了绝大多数，而法律、法规只占到 65 部中的 8 部，为 12%。部门规章、地方法规及规章等效力层级较低，适用范围有限，相互之间可能产生冲突，也不能作为法院裁判的依据，直接影响了这些措施的效果。并且十分关键的是，目前还没有一部信息安全的基本法，对于信息安全的基本法，指的是一部确立信息安全的基本原则、基本制度及一些核心内容的法律，而前面提到的很多规定都应是从这部法律的基本框架中延伸出来的，只有有了这部法律，我国的信息安全法律体系才能说是有了主干。国外类似的法律如美国 2002 年的《联邦信息安全管理法》、1987 年的《计算机安全法案》、俄罗斯 1995 年的《联邦信息、信息化和信息保护法》等。

4）相关法律规定篇幅偏小、行为规范较简单

我国现有信息安全相关法律规定普遍存在的问题是篇幅较小，规定得比较笼统。例如，《全国人民代表大会常务委员会关于维护互联网安全的决定》共 7 条，《中华人民共和国计算机信息系统安全保护条例》共 31 条，《中华人民共和国计算机信息网络国际联网管理暂行规定》共 17 条，《计算机信息网络国际联网安全保护管理办法》（公安部）共 25 条，《互联网信息服务管理办法》共 27 条，《计算机信息系统安全专用产品检测和销售许可证管理办法》（公安部）共 26 条，《商用密码管理条例》共 27 条，《计算机信息系统国际联网保密管理规定》（国家保密局）共 20 条，《计算机病毒防治管理办法》（公安部）为 22 条。

此外，总体看来，目前这些法律法规主要存在 3 个方面有待完善的地方：第一，这些法律法规主要内容集中在对物理环境的要求、行政管理的要求等方面，对于涉及信息安全的行为规范一般都规定得比较简单，在具体执行上指引性还不是很强；第二，目前这些法律法规普遍在处罚措施方面规定得不够具体，导致在信息安全领域实施处罚时法律依据不足；第三，在一些特定的信息化应用领域，如电子商务、电子政务、网上支付等，相应的信息安全规范相对欠缺，有待于进一步发展。

5）与信息安全相关的其他法律有待完善

在建立健全信息安全法律体系的同时，与信息安全相关的其他法律法规的出台和完善

也非常必要,如电信法、个人数据保护法等,这些法律法规与信息安全法律体系一起构成我国信息安全大的法律环境,并且互为支撑、缺一不可。

16.3.2　国内信息安全法律法规

1.《中华人民共和国刑法》

《中华人民共和国刑法》的任务,是用刑罚同一切犯罪行为做斗争,以保卫国家安全,保卫人民民主专政的政权和社会主义制度,保护国有财产和劳动群众集体所有的财产,保护公民私人所有的财产,保护公民的人身权利、民主权利和其他权利,维护社会秩序、经济秩序,保障社会主义建设事业的顺利进行。它是为了惩罚犯罪,保护人民,根据宪法,结合我国同犯罪做斗争的具体经验及实际情况而制定。在1997年刑法重新修订时,为了加强对计算机犯罪的打击力度,加进了部分关于计算机犯罪的条款。现在刑法中涉及信息安全的部分分别有第二百一十七、二百一十八、二百八十五～二百八十八条。

第二百一十七条规定以营利为目的,有下列侵犯著作权情形之一,违法所得数额较大或者有其他严重情节的,处3年以下有期徒刑或者拘役,并处或者单处罚金;违法所得数额巨大或者有其他特别严重情节的,处3年以上7年以下有期徒刑,并处罚金:未经著作权人许可,复制发行其文字作品、音乐、电影、电视、录像作品、计算机软件及其他作品的;出版他人享有专有出版权的图书的;未经录音录像制作者许可,复制发行其制作的录音录像的;制作、出售假冒他人署名的美术作品的。

第二百一十八条规定以盈利为目的,销售明知是本法第二百一十七条规定的侵权复制品,违法所得数额巨大的,处3年以下有期徒刑或者拘役,并处或者单处罚金。

第二百八十五条规定违反国家规定,侵入国家事务、国防建设、尖端科学技术领域的计算机信息系统的,处3年以下有期徒刑或者拘役。

第二百八十六条规定违反国家规定,对计算机信息系统功能进行删除、修改、增加、干扰,造成计算机信息系统不能正常运行,后果严重的,处5年以下有期徒刑或者拘役;后果特别严重的,处5年以上有期徒刑。违反国家规定,对计算机信息系统中存储、处理或者传输的数据和应用程序进行删除、修改、增加的操作,后果严重的,依照前款的规定处罚。故意制作、传播计算机病毒等破坏性程序,影响计算机系统正常运行,后果严重的,依照第一款的规定处罚。

第二百八十七条规定利用计算机实施金融诈骗、盗窃、贪污、挪用公款、窃取国家秘密或者其他犯罪的,依照本法有关规定定罪处罚。

第二百八十八条规定违反国家规定,擅自设置、使用无线电台(站),或者擅自占用频率,经责令停止使用后拒不停止使用,干扰无线电通信正常进行,造成严重后果的,处3年以下有期徒刑、拘役或者管制,并处或者单处罚金。

2.《全国人大常务委员会关于维护互联网安全的决定》

《全国人大常务委员会关于维护互联网安全的决定》于2000年12月28日第九届全国人民代表大会常务委员会第19次会议通过。它是为了兴利除弊,促进我国互联网的健康发展,维护国家安全和社会公共利益,保护个人、法人和其他组织的合法权益而做的决定,它从4个角度界定了犯罪行为。

(1)为了保障互联网的运行安全,对有下列行为之一,构成犯罪的,依照刑法有关规定追究刑事责任。

① 侵入国家事务、国防建设、尖端科学技术领域的计算机信息系统。

② 故意制作、传播计算机病毒等破坏性程序,攻击计算机系统及通信网络,致使计算机系统及通信网络遭受损害。

③ 违反国家规定,擅自中断计算机网络或者通信服务,造成计算机网络或者通信系统不能正常运行。

（2）为了维护国家安全和社会稳定,对有下列行为之一,构成犯罪的,依照刑法有关规定追究刑事责任。

① 利用互联网造谣、诽谤或者发表、传播其他有害信息,煽动颠覆国家政权、推翻社会主义制度,或者煽动分裂国家、破坏国家统一。

② 通过互联网窃取、泄露国家秘密、情报或者军事秘密。

③ 利用互联网煽动民族仇恨、民族歧视,破坏民族团结。

④ 利用互联网组织邪教组织、联络邪教组织成员,破坏国家法律、行政法规实施。

（3）为了维护社会主义市场经济秩序和社会管理秩序,对有下列行为之一,构成犯罪的,依照刑法有关规定追究刑事责任。

① 利用互联网销售伪劣产品或者对商品、服务作虚假宣传。

② 利用互联网损害他人商业信誉和商品声誉。

③ 利用互联网侵犯他人知识产权。

④ 利用互联网编造并传播影响证券、期货交易或者其他扰乱金融秩序的虚假信息。

⑤ 在互联网上建立淫秽网站、网页,提供淫秽站点链接服务,或者传播淫秽书刊、影片、音像、图片。

（4）为了保护个人、法人和其他组织的人身、财产等合法权利,对有下列行为之一,构成犯罪的,依照刑法有关规定追究刑事责任。

① 利用互联网侮辱他人或者捏造事实诽谤他人。

② 非法截获、篡改、删除他人电子邮件或者其他数据资料,侵犯公民通信自由和通信秘密。

③ 利用互联网进行盗窃、诈骗、敲诈勒索。

此外,还补充说明了利用互联网实施本决定第一条、第二条、第三条、第四条所列行为以外的其他行为,构成犯罪的,依照刑法有关规定追究刑事责任。利用互联网实施违法行为,违反社会治安管理,尚不构成犯罪的,由公安机关依照《治安管理处罚条例》予以处罚;违反其他法律、行政法规,尚不构成犯罪的,由有关行政管理部门依法给予行政处罚;对直接负责的主管人员和其他直接责任人员,依法给予行政处分或者纪律处分。利用互联网侵犯他人合法权益,构成民事侵权的,依法承担民事责任。

3.《中华人民共和国电子签名法》

《中华人民共和国电子签名法》由中华人民共和国第十届全国人民代表大会常务委员会第 11 次会议于 2004 年 8 月 28 日通过,自 2005 年 4 月 1 日起施行,其配套部门规章《电子认证服务管理办法》同时实施。电子签名法被喻为"我国首部真正意义的信息化法律",也是我国首部真正意义上的电子商务立法。它是为了规范电子签名行为,确立电子签名的法律效力,维护有关各方的合法权益而制定的。

电子签名法规定,民事活动中的合同或者其他文件、单证等文书,当事人可以约定使用或者不使用电子签名、数据电文。当事人约定使用电子签名、数据电文的文书,不得仅因为其采用电子签名、数据电文的形式而否定其法律效力。

根据我国电子商务发展的实际需要,借鉴联合国及有关国家和地区有关电子签名立法的做法,我国电子签名立法的重点为:确立电子签名的法律效力;规范电子签名的行为;明确认证机构的法律地位及认证程序;规定电子签名的安全保障措施。

法律规定,电子签名必须同时符合"电子签名制作数据用于电子签名时,属于电子签名人专有""签署时电子签名制作数据仅由电子签名人控制""签署后对电子签名的任何改动能够被发现""签署后对数据电文内容和形式的任何改动能够被发现"等几种条件,才能被视为可靠的电子签名。法律还规定,当事人也可以选择使用符合其约定的可靠条件的电子签名。

为保护电子签名人的合法权益,法律规定,伪造、冒用、盗用他人的电子签名,构成犯罪的,依法追究刑事责任;给他人造成损失的,依法承担相应的民事责任。

《电子签名法》赋予电子签章与数据电文以法律效力,将在很大程度上消除网络信用危机。可以设想这样一种情景:一个完全数字化的环境,所有的交流都由数字间的传输来完成,人们用微型计算机处理以前必须存储在实体介质上的工作,并用网络来传递这些信息。从一定意义上说,《电子签名法》拉开了信息数字化时代的立法序幕,而且也将大大促进和规范我国电子交易的发展。

4.《中华人民共和国计算机信息系统安全保护条例》

1994 年 2 月 18 日国务院 147 号令发布了《中华人民共和国计算机信息系统安全保护条例》,条例是为了保护计算机信息系统的安全,促进计算机的应用和发展,保障社会主义现代化建设的顺利进行而制定,它规定了计算机信息系统的范围:由计算机及其相关的和配套的设备、设施(含网络)构成的,按照一定的应用目标和规则对信息进行采集、加工、存储、传输、检索等处理的人机系统。其安全保护应达到的标准:应当保障计算机及其相关的和配套的设备、设施(含网络)的安全,运行环境的安全,保障信息的安全,保障计算机功能的正常发挥,以维护计算机信息系统的安全运行。

条例中指出计算机信息系统的安全保护工作,是重点维护国家事务、经济建设、尖端科学技术等重要领域的计算机信息系统的安全。条例还指出了计算机信息系统安全保护工作由公安部主管,中华人民共和国境内的计算机信息系统,均受限于此条例,在保护条例的第二章中制定了安全保护制度,第三章中制定了安全监督制度,并于第四章规定了相应的法律责任。

5.《信息网络传播权保护条例》

《信息网络传播权保护条例》是为保护著作权人、表演者、录音录像制作者(以下统称权利人)的信息网络传播权,鼓励有益于社会主义精神文明、物质文明建设的作品的创作和传播,根据《中华人民共和国著作权法》(以下简称《著作权法》)而制定的,它于 2006 年 5 月 10 日国务院第 135 次常务会议通过,自 2006 年 7 月 1 日起施行。

条例中主要就如何实现权利人、网络服务提供者、作品使用者的利益平衡,正确地处理三者之间的关系而展开,对权利保护、权利限制以及网络服务提供者责任免除等作了规定。

根据信息网络传播权的特点,条例主要从以下方面对权利人权益规定了保护措施。一是,保护信息网络传播权。除法律、行政法规另有规定的外,通过信息网络向公众提供权利人作品,应当取得权利人许可,并支付报酬。二是,保护为保护权利人信息网络传播权采取的技术措施。条例不仅禁止故意避开或者破坏技术措施的行为,而且还禁止制造、进口或者向公众提供主要用于避开、破坏技术措施的装置、部件或者为他人避开或者破坏技术措施提供技术服务的行为。三是,保护用来说明作品权利归属或者使用条件的权利管理电子信息。条例不仅禁止故意删除或者改变权利管理电子信息的行为,而且禁止提供明知或者应知未经权利人许可被删除或者改变权利管理电子信息的作品。四是,建立处理侵权纠纷的"通知与删除"简便程序。

条例以著作权法的有关规定为基础,在不低于相关国际公约最低要求的前提下,对信息网络传播权作了合理限制。一是,合理使用。条例结合网络环境的特点,将著作权法规定的合理使用情形合理延伸到网络环境,规定为课堂教学、国家机关执行公务等目的在内通过信息网络提供权利人作品,可以不经权利人许可,不向其支付报酬。此外,考虑到我国图书馆、档案馆等机构已购置了一批数字作品,对一些损毁、丢失或者存储格式已过时的作品进行了合法数字化。为了借助信息网络发挥这些数字作品的作用,条例还规定,图书馆、档案馆等机构可以通过信息网络向馆舍内服务对象提供这些作品。二是,法定许可。为了发展社会公益事业,条例结合我国实际,规定了两种法定许可:其一,为发展教育设定的法定许可。为通过信息网络实施九年制义务教育或者国家教育规划,可以使用权利人作品的片段或者短小的文字作品、音乐作品或者单幅的美术作品、摄影作品制作课件,由法定教育机构通过信息网络向注册学生提供,但应当支付报酬。其二,为扶助贫困设定的法定许可。为扶助贫困,通过信息网络向农村地区的公众免费提供中国公民、法人或者其他组织已经发表的与扶助贫困有关的作品和适应基本文化需求的作品,网络服务提供者可以通过公告的方式征询权利人的意见,并支付报酬,但不得直接或者间接获取经济利益。条例关于信息网络传播权限制的规定完全符合互联网公约的有关要求。

网络服务提供者作为作品传播的中间环节,也负有相应的法律责任,网络服务提供者包括网络信息服务提供者和网络接入服务提供者,是权利人和作品使用者之间的桥梁。为了促进网络产业发展,有必要降低网络服务提供者通过信息网络提供作品的成本和风险。而且,网络服务提供者对服务对象提供侵权作品的行为,往往不具有主观过错。为此,条例借鉴一些国家的有效做法,对网络服务提供者提供服务规定了 4 种免除赔偿责任的情形:一是,网络服务提供者提供自动接入服务、自动传输服务的,只要按照服务对象的指令提供服务,不对传输的作品进行修改,不向规定对象以外的人传输作品,不承担赔偿责任。二是,网络服务提供者为了提高网络传输效率自动存储信息向服务对象提供的,只要不改变存储的作品、不影响提供该作品网站对使用该作品的监控,并根据该网站对作品的处置而做相应的处置,不承担赔偿责任。三是,网络服务提供者向服务对象提供信息存储空间服务的,只要标明是提供服务、不改变存储的作品、不明知或者应知存储的作品侵权、没有从侵权行为中直接获得利益、接到权利人通知书后立即删除侵权作品,不承担赔偿责任。四是,网络服务提供者提供搜索、链接服务的,在接到权利人通知书后立即断开与侵权作品的链接,不承担赔偿责任。但是,如果明知或者应知作品侵权仍链接的,则应承担共同侵权责任。

小　　结

　　信息安全法规是我国现行法律法规的重要组成部分,我国现有的法律法规体系分为3个层次,一是法律层次,从国家宪法和其他部门法的高度对个人、法人和其他组织的涉及国家安全的信息活动的权利和义务进行规范;二是行政法规体系;三是部门规章层次。

　　计算机犯罪是信息安全法规重点关注的对象,信息安全法规为知识产权保护以及电子商务的安全提供了法律上的保障。在我国,具有代表性的信息安全法规《电子签名法》为电子认证服务业、电子商务安全认证体系和网络信任体系的建立奠定了基础。

　　信息安全法规为预防、打击计算机及网络犯罪提供了必要的法律依据和法律保证。目前,世界上已有30多个国家先后从不同方面制定了有关计算机及网络犯罪的法律法规。美国、英国、法国、俄罗斯、德国和日本等发达国家,更是走在世界的前列。各国制定的信息安全法规,为我国信息安全法规建设提供了有益的参考。

习　题　16

1. 信息安全法律法规的基本原则是什么?
2. 我国信息安全法律法规有哪些不同层次?
3. 简述我国电子签名法的意义。
4. 分析信息安全法律法规在构建信息安全保障体系中的作用。

附录　网络与信息安全实验

实验一　Windows 操作系统安全及口令破解

【实验目的与要求】

（1）理解 Windows 操作系统的相关安全策略。

（2）掌握 Windows 口令破解工具的使用。

【预备知识】

熟练掌握 Windows 操作系统的使用。

【实验内容】

（1）Windows 操作系统的相关安全策略。

① 账户与密码的安全设置。

② 文件系统的保护和加密。

③ 安全策略与安全模板的使用。

（2）Windows 口令破解工具。

SAMinside 和 LC5 的使用。

实验二　个人数字证书的使用

【实验目的与要求】

掌握数字证书的使用方法，以加深对数字证书工作原理的理解。

【预备知识】

了解数字证书的基本原理。

【实验内容】

（1）在支付宝网站 https://www.alipay.com 或者 CA365 网站 http://www.ca365.com 申请数字证书。

（2）在浏览器中查看数字证书，将数字证书连同私钥导出成 *.pfx 格式的文件。

（3）将导出的数字证书再导入到计算机中。

实验三　Superscan 开放端口扫描和 X-Scan 漏洞扫描实验

【实验目的与要求】

学习端口扫描技术基本原理，了解其在网络攻防中的作用，通过上机实验，学会使用 Superscan 对目标主机的端口进行扫描，了解目标主机开放的端口和服务程序，从而获取系统的有用信息。

【预备知识】

熟练掌握 IP 地址的查看方法，了解基本的 TCP/IP 协议和端口知识。

【实验内容】

（1）Superscan 软件和 X-Scan 的使用。

（2）软件参数的设置。

（3）开放端口的扫描。

（4）扫描结果分析。

实验四　局域网 ARP 攻击实验

【实验目的与要求】

了解 ARP 的工作原理，能够使用 ARP 攻击器 winARPattacker 对局域网主机进行 ARP 攻击。

【预备知识】

了解 ARP 攻击欺骗原理，掌握 WinPcap 的安装使用方法。

【实验内容】

（1）路由器 ARP 表欺骗。

① 运行 winARPattacker.exe，打开 Scan→Scan Lan 即可扫描到本局域网内的所有活动主机。

② 勾选目标主机。

③ 对目标主机进行 IP 占用，执行 Attack→IP conflict。

④ winARPattacker 通过伪造此 IP 的数据包进行路由器 ARP 表欺骗，这样，此 IP 的主机数据包达不到网关，使其不能连接网络。

（2）网关欺骗。

选择 Attack→Bangateway 进行网关欺骗，通过"网关欺骗"可以使局域网内部的主机不能通过真正的网关连接到因特网。

实验五　密码学基础实验

【实验目的与要求】

通过实验,掌握一些常用密码学软件的使用,进一步加深对常用加密算法原理(包括对称加密、公钥加密、单向散列函数等)的理解。

【预备知识】

掌握常用加密算法的基本原理;熟练掌握软件的下载与安装;掌握一门程序设计语言,熟练掌握其编程技术。

【实验内容】

(1) 安装 DES 加密/解密器、RSA-Tool、Hash.exe 等 3 种加密软件(也可以自行选择安装相关加解密软件)。

(2) 运行 DES 加密/解密器,输入任意的明文和密钥,进行加密;输入密文,进行解密。

(3) 运行 RSA-Tool,输入任意的明文和私钥,对明文加密得到密文;输入密文和公钥,对密文解密得到明文。

(4) 运行 Hash.exe,输入任意的文本信息,得到其单向散列值。

(5) 用一种程序设计语言实现一个加解密算法。运行自己编写的算法程序,输入任意的明文和密钥,进行加密;输入密文,进行解密。

实验六　**Burp Suite 漏洞扫描软件实验**

【实验目的与要求】

学习漏洞扫描技术基本原理,了解其在网络攻防中的作用,通过上机实验学会使用 paros 对目标网站扫描,并根据报告做出相应的防护措施。

【预备知识】

Burp Suite 是 Web 应用程序测试的最佳工具之一,其多种功能可以帮助我们执行各种任务。请求的拦截和修改,扫描 Web 应用程序漏洞,以暴力破解登录表单,执行会话令牌等多种随机性检查。

【实验内容】

(1) Burp Suite 扫描器的使用。

(2) 软件参数的设置。

(3) 网站漏洞扫描。

(4) 扫描结果分析。

参 考 文 献

[1] 蔡皖东.网络信息安全技术[M].北京：清华大学出版社,2015.

[2] 唐四薪.电子商务安全[M].北京：清华大学出版社,2013.

[3] 冯登国,徐静.网络安全原理与技术[M].2版.北京：科学出版社,2010.

[4] 安葳鹏,刘沛骞.网络信息安全[M].北京：清华大学出版社,2010.

[5] 闫大顺,石玉强.网络安全原理与应用[M].北京：中国电力出版社,2010.

[6] 王凤英,程震.网络与信息安全[M].2版.北京：中国铁道出版社,2010.

[7] 蒋天发.网络信息安全[M].北京：电子工业出版社,2009.

[8] 周继军,蔡毅.网络与信息安全基础[M].北京：清华大学出版社,2008.

[9] 程光,张艳丽,江洁欣.信息与网络安全[M].北京：北京交通大学出版社,2008.

[10] 徐国爱,陈秀波,郭燕慧.信息安全管理[M].2版.北京：北京邮电大学出版社,2011.

[11] 李剑.入侵检测技术[M].北京：高等教育出版社,2008.

[12] 曹天杰,张永平,汪楚娇.安全协议[M].北京：北京邮电大学出版社,2009.

[13] 奥巴代特,布德里卡.计算机网络安全导论[M].毕红军,张凯,译.北京：电子工业出版社,2009.

[14] 胡道元,闵京华.网络安全[M].2版.北京：清华大学出版社,2008.

[15] 徐茂智,邹维.信息安全概论[M].北京：人民邮电出版社,2007.

[16] 彭长根.现代密码学趣味之旅[M].北京：金城出版社,2015.

[17] 赵俊阁.信息安全工程[M].武汉：武汉大学出版社,2008.

[18] 陈克非,黄征.信息安全技术导论[M].北京：电子工业出版社,2007.

[19] 王群.计算机网络安全技术[M].北京：清华大学出版社,2008.

[20] 李剑.信息安全导论[M].北京：北京邮电大学出版社,2007.

[21] 陈忠文,麦永浩.信息安全标准与法律法规[M].武汉：武汉大学出版社,2011.

[22] 曹元大,薛静锋.入侵检测技术[M].北京：人民邮电出版社,2007.

[23] Wenbo Mao.现代密码学理论与实践[M].王继林,译.北京：电子工业出版社,2004.

[24] 陈广山.网络与信息安全技术[M].北京：机械工业出版社,2007.

[25] PAAR C,PELZL J.深入浅出密码学——常用加密技术原理与应用[M].马小婷,译.北京：清华大学出版社,2012.

[26] William Stallings,Lawrie Brown.计算机安全原理与实践[M].贾春福,译.北京：机械工业出版社,2008.

[27] Michael E Whitman,Herbert J Mattord.信息安全原理[M].2版.齐立博,译.北京：清华大学出版社,2006.

[28] GB/T 28448—2012,信息安全技术 信息系统安全等级保护测评要求[S].北京：中国标准出版社,2012.

[29] GB/T 28449—2012,信息系统安全等级保护测评过程指南[S].北京：中国标准出版社,2012.

[30] GB/T 22240—2008,信息安全技术 信息系统安全等级保护定级指南[S].北京：中国标准出版社,2008.